“十三五”国家重点出版物出版规划项目
卓越工程能力培养与工程教育专业认证系列规划教材
（电气工程及其自动化、自动化专业）

过程控制

主　编　薄翠梅
参　编　徐　启　汤吉海

机械工业出版社

本书共13章，阐述了过程控制系统的结构、原理、特点、设计及应用等问题，探讨了流程工业典型生产单元控制方案的工程设计、系统调试与运行分析。方法篇（第1~5章）详细介绍了过程特性、检测仪表、执行器和常用控制系统；应用篇（第6~10章）讲解了流体输送设备、传热设备、锅炉设备、精馏塔、化学反应器等典型单元的控制方案设计与应用；设计篇（第11~13章）讲解了过程控制工程设计以及化工过程设计实例与模拟仿真系统开发实例。全书内容丰富，覆盖面广，理论联系实际，为便于学习与理解，提供了丰富的习题。

本书可作为高校自动化专业的过程控制教材，也可作为流程工业工程技术人员和管理人员的自学用书，还可作为高等院校本专科相关专业师生的参考用书。

本书配有电子课件，欢迎选用本书作教材的教师登录 www. cmpedu. com 注册下载，或发邮件至 jinacmp@ 163. com 索取。

图书在版编目（CIP）数据

过程控制/薄翠梅主编．—北京：机械工业出版社，2020.12（2023.1重印）
“十三五”国家重点出版物出版规划项目　卓越工程能力培养与工程教育专业认证系列规划教材电气工程及其自动化、自动化专业
ISBN 978-7-111-66919-7

Ⅰ.①过…　Ⅱ.①薄…　Ⅲ.①过程控制—高等学校—教材　Ⅳ.①TP273

中国版本图书馆 CIP 数据核字（2020）第 222394 号

机械工业出版社（北京市百万庄大街22号　邮政编码100037）
策划编辑：吉　玲　责任编辑：吉　玲　章承林
责任校对：王　欣　封面设计：严娅萍
责任印制：单爱军
北京虎彩文化传播有限公司印刷
2023年1月第1版第4次印刷
184mm×260mm・20印张・506千字
标准书号：ISBN 978-7-111-66919-7
定价：53.00元

电话服务　　　　　　　　　　网络服务
客服电话：010-88361066　　机　工　官　网：www. cmpbook. com
　　　　　010-88379833　　机　工　官　博：weibo. com/cmp1952
　　　　　010-68326294　　金　　书　　网：www. golden-book. com
封底无防伪标均为盗版　　机工教育服务网：www. cmpedu. com

"十三五"国家重点出版物出版规划项目

卓越工程能力培养与工程教育专业认证系列规划教材

（电气工程及其自动化、自动化专业）

编审委员会

序

工程教育在我国高等教育中占有重要地位，高素质工程科技人才是支撑产业转型升级、实施国家重大发展战略的重要保障。当前，世界范围内新一轮科技革命和产业变革加速进行，以新技术、新业态、新产业、新模式为特点的新经济蓬勃发展，迫切需要培养、造就一大批多样化、创新型卓越工程科技人才。目前，我国高等工程教育规模世界第一。我国工科本科在校生约占我国本科在校生总数的1/3，近年来我国每年工科本科毕业生约占世界工科本科毕业生总数的1/3以上。如何保证和提高高等工程教育质量，如何适应国家战略需求和企业需要，一直受到教育界、工程界和社会各方面的关注。多年以来，我国一直致力于提高高等教育的质量，组织并实施了多项重大工程，包括卓越工程师教育培养计划（以下简称卓越计划）、工程教育专业认证和新工科建设等。

卓越计划的主要任务是探索建立高校与行业企业联合培养人才的新机制，创新工程教育人才培养模式，建设高水平工程教育教师队伍，扩大工程教育的对外开放。计划实施以来，各相关部门建立了协同育人机制。卓越计划要求试点专业要大力改革课程体系和教学形式，依据卓越计划培养标准，遵循工程的集成与创新特征，以强化工程实践能力、工程设计能力与工程创新能力为核心，重构课程体系和教学内容；加强跨专业、跨学科的复合型人才培养；着力推动基于问题的学习、基于项目的学习、基于案例的学习等多种研究性学习方法，加强学生创新能力训练，"真刀真枪"做毕业设计。卓越计划实施以来，培养了一批获得行业认可、具备很好的国际视野和创新能力、适应经济社会发展需要的各类型高质量人才，教育培养模式改革创新取得突破，教师队伍建设初见成效，为卓越计划的后续实施和最终目标的达成奠定了坚实基础。各高校以卓越计划为突破口，逐渐形成各具特色的人才培养模式。

2016年6月2日，我国正式成为工程教育"华盛顿协议"第18个成员，标志着我国工程教育真正融入世界工程教育，人才培养质量开始与其他成员达到了实质等效，同时，也为以后我国参加国际工程师认证奠定了基础，为我国工程师走向世界创造了条件。专业认证把以学生为中心、以产出为导向和持续改进作为三大基本理念，与传统的内容驱动、重视投入的教育形成了鲜明对比，是一种教育范式的革新。通过专业认证，把先进的教育理念引入了我国工程教育，有力地推动了我国工程教育专业教学改革，逐步引导我国高等工程教育实现从课程导向向产出导向转变、从以教师为中心向以学生为中心转变、从质量监控向持续改进转变。

在实施卓越计划和开展工程教育专业认证的过程中，许多高校的电气工程及其自动化、自动化专业结合自身的办学特色，引入先进的教育理念，在专业建设、人才培养模式、教学内容、教学方法、课程建设等方面积极开展教学改革，取得了较好的效果，建设了一大批优质课程。为了将这些优秀的教学改革经验和教学内容推广给广大高校，中国工程教育专业认证协会电子信息与电气工程类专业认证分委员会、教育部高等学校电气类专业教学指导委员会、教育部高等学校自动化类专业教学指导委员会、中国机械工业教育协会自动化学科教学委员会、中国机械工业教育协会电气工程及其自动化学科教学委员会联合组织规划了"卓越工程能力培养与工程教育专业认证系列规划教材（电气工程及其自动化、自动化专业）”。本套教材通过国家新闻出版广电总局的评审，入选了“十三五”国家重点图书。本套教材密切联系行业和市场需求，以学生工程能力培养为主线，以教育培养优秀工程师为目标，突出学生工程理念、工程思维和工程能力的培养。本套教材在广泛吸纳相关学校在“卓越工程师教育培养计划”实施和工程教育专业认证过程中的经验和成果的基础上，针对目前同类教材存在的内容滞后、与工程脱节等问题，紧密结合工程应用和行业企业需求，突出实际工程案例，强化学生工程能力的教育培养，积极进行教材内容、结构、体系和展现形式的改革。

经过全体教材编审委员会委员和编者的努力，本套教材陆续跟读者见面了。由于时间紧迫，各校相关专业教学改革推进的程度不同，本套教材还存在许多问题。希望各位老师对本套教材多提宝贵意见，以使教材内容不断完善提高。也希望通过本套教材在高校的推广使用，促进我国高等工程教育教学质量的提高，为实现高等教育的内涵式发展贡献一份力量。

卓越工程能力培养与工程教育专业认证系列规划教材
（电气工程及其自动化、自动化专业）
编审委员会

前　言

随着现代过程工业的快速发展，工业生产规模由小型化向大型化发展，工业过程控制由传统计算机控制、分散控制系统向工业过程控制智能化发展。在工业生产过程中，自动控制不仅要保证生产过程平稳、运行安全，还要在降低生产成本、提高产品质量、减少环境污染等方面发挥重要作用。目前，随着工业生产过程对“两化”（大型化和智能化）融合的需求不断增加，社会对自动化类复合型人才的需求日益高涨，过程控制工程专业教学更加注重工程教育，强化学生的工程创新能力。

本书是过程控制工程专业的专业课教材，内容上将化工生产过程特性与过程控制技术紧密结合，在深入分析化工工艺开发过程机理和需求的基础上，着重讲述过程控制的基本原理及其工程实现，阐述如何将控制理论知识应用到实际工业过程，内容简洁明了，通俗易懂，图文并茂，重点突出。

本书共 13 章，分为方法篇（第 1~5 章）、应用篇（第 6~10 章）和设计篇（第 11~13 章）。

第 1~5 章为方法篇。第 1 章绪论，主要概述了过程控制的研究对象和目标、过程控制系统的发展和趋势等。第 2 章过程检测仪表，主要介绍了温度检测、流量检测、压力检测和物位检测四个典型的工业过程控制参数，还介绍了成分和物性参数的检测以及变送器。第 3 章执行器，介绍了执行器的构成原理、流量特性和阀门的选择。第 4 章简单控制系统，介绍了控制系统的组成与性能指标、典型过程动态特性与建模、控制器的模拟控制算法、简单控制系统的工程设计与实现。第 5 章常用复杂控制系统，介绍了串级、均匀、前馈、比值、分程、选择性、双重等复杂控制的基本原理与系统设计方法。

第 6~10 章为应用篇，主要介绍了流体输送设备、传热设备、锅炉设备、精馏塔、化学反应器等典型单元的过程控制方案设计与分析。

第 11~13 章为设计篇，可作为过程控制课程设计（实习）指导参考。第 11 章介绍了过程控制工程设计与实例分析，主要从方案设计、工程设计和安装调试三个方面介绍设计原则与实施步骤。第 12 章给出了两个化工过程控制系统工程设计案例，分别从项目设计概况、工艺流程解析、厂级过程控制方案、仪器仪表选型、DCS（集散控制系统）实现、SIS（安全仪表系统）设计等方面展开。第 13 章给出了化工过程设计实训和仿真平台实训，从三水箱、化学反应器、TE 过程机理模型、MATLAB 程序实现、控制方案设计与动态模拟、过程组态监控、数据通信等方面进行详细讲解，理论与实际结合，通过实例清晰讲解仿真平台的建立过程，可作为过程控制的课程设计使用。

本书由薄翠梅主编，李俊、汤吉海、徐启编写了部分章节。其中，薄翠梅编写第 1、4、

5、8、9、10、11 章和第 12 章案例 1，李俊编写第 3、6、7 章，徐启编写第 2、13 章，汤吉海编写第 12 章案例 2。本书在编写过程中得到了南京工业大学电气工程与控制科学学院刘艳萍、汤舒淇、陈宇鑫、曲振阳、杨建东等研究生的支持。在此，谨向他们表示衷心的感谢。

由于编者水平有限，以及所做研究和实践工作的局限性，书中难免存在不妥之处，恳请广大读者批评指正。

编　者
于南京

目　录

第1章 绪论

1.1 概述

在石油、化工、冶金、电力、轻工和建材等工业生产中连续的或按一定程序周期进行的生产过程的自动控制称为生产过程自动化。生产过程自动化是保持生产稳定、降低消耗、降低成本、改善劳动条件、保证生产安全和提高劳动生产率的重要手段。采用模拟或数字控制方式对生产过程的某一个或某些物理参数进行的自动控制称为过程控制。过程控制系统（Process Control System）可以分为常规仪表过程控制系统和计算机过程控制系统两大类。随着工业生产规模走向大型化、复杂化、精细化、批量化，依赖仪表控制系统已很难达到生产和管理要求。计算机过程控制系统是几十年发展起来的以计算机为核心的控制系统。

所谓过程控制（Process Control）是指根据工业生产过程的特点，采用测量仪表、执行机构和计算机等自动化工具，应用控制理论，设计工业生产过程控制系统，主要解决生产过程中的温度、压力、流量、液位（或物位）以及成分等参数的自动监测与控制问题，使得生产过程达到安全、稳定、长期运行，实现经济效益最大化、环境污染最小等目标。

过程控制与其他自动控制系统比较，主要有以下几个特点：

1）连续工业生产过程常与化学反应、生化反应、物理反应、相变过程、能量转换、传热传质等复杂化学反应或物理过程相伴随。这些过程或反应的进行，必须满足一定的内部和外部条件。满足这些条件，并且使这些条件保持稳定，生产过程就能正常、稳定进行，产品的产量和质量就能得到保证。

2）连续生产过程工业是一个庞大的工业系统，设备多样化，工作机理各不相同，因而被控对象形式复杂多变，具有惯性大、延时大、时变、非线性、多变量相互耦合等特点，很难得出其精确的动态数学模型，因而控制难度较大。

3）由于生产过程工艺复杂，要求高，有多个参数（被控量）需要控制，又有多个变量可用作控制量，变量之间存在交互影响的耦合关系。控制系统间既独立又相互影响，因此必须合理协调各控制系统间相互关联、相互制约的关系，从整个生产过程的全局出发，进行厂级控制系统的设计、操作、调优等，以求得整个生产过程的最优。

4）连续生产过程的生产条件和环境往往比较特殊，如高温高压、低温真空、易燃易爆、有毒、存在放射性等，因而必须将自动化、信息化技术与安全环保工程相结合，在正常生产、非正常工况、事故工况下，都能确保人员安全以及不对环境造成污染。

5）连续过程工业设备多，结构复杂，因此干扰因素也多，干扰的形式较复杂。这就要求过程控制的各个控制系统具有较强的抗干扰能力，快速克服扰动因素对生产的影响。

6）尽管连续生产过程工业部门间有时差别很大，如电力和化工，但由于被控参数相似或相同，过程控制系统中，不少控制系统在工作原理、系统组成上都有许多的相似甚至完全相同的特点。过程控制系统的自动化装置都是标准化仪表，仪表的合理选型及调整也是过程控制的一项重要工作。

1.2 过程控制的研究对象和目标

过程控制的任务是在充分了解生产过程的工艺流程和动静态特性的基础上，应用控制理论对系统进行分析与综合，以生产过程中物流变化信息量作为被控量，选用适宜的技术手段和自动化装置，达到优质、高产、低耗的控制目标。

工业生产对过程控制系统的性能要求主要包含三个方面，即安全性、稳定性和经济性。安全性是指在整个生产过程中，要确保人身和设备的安全，这是最重要也是最基础的要求，通常采用参数越限警报、联锁保护等措施加以实现。随着工业生产过程的连续化和大型化，上述的措施已经不能满足要求，还必须设计在线故障诊断系统和容错控制系统等来进一步提高生产运行的安全性。稳定性是指系统具有抑制外部干扰、保持生产过程长期稳定运行的能力，这也是过程控制能够运行的基本保证。经济性是指要求生产成本低而效率高，这也是现代工业生产所追求的目标。为此，过程控制的任务是指在了解、掌握工艺流程和被控过程的静态与动态特性的基础上，应用控制理论分析和设计符合上述三项要求的过程控制系统，并采用适宜的技术手段加以实现。因此，过程控制是集控制理论、工艺知识、自动化仪表与计算机等为一体的综合性应用技术。

生产工艺过程的工艺变量（被控变量）要求保持在工艺操作所需要的指标（设定值），为此需要检测元件和变送器获得这些被控变量，在控制装置中与设定值比较后，按一定的控制规律输出信号到执行器，调整操作变量，使被控变量达到和保持在设定值，以及如何按工艺要求，选择被控变量、操作变量、控制算法、执行器，设计简单合理的控制方案。总的来说，过程控制系统要解决图 1-1 所示控制系统的方案设计、分析和应用问题。

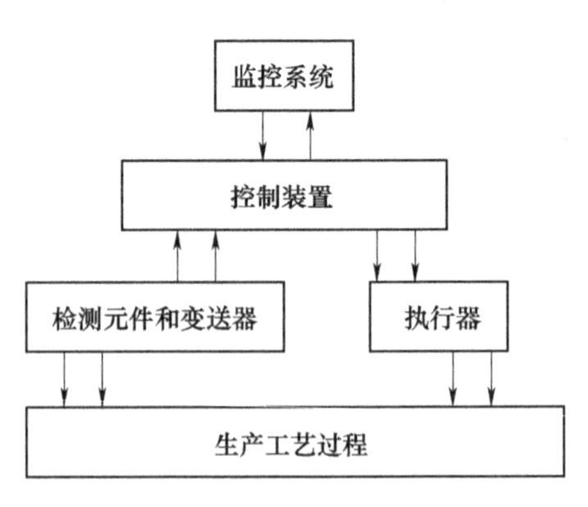

图 1-1　控制系统的控制结构

1.3 过程控制的发展和趋势

过程控制的发展与控制理论、仪表技术、计算机技术、电子与微电子技术以及生产工艺技术等多种学科与应用技术的发展有着紧密的关系。

在初期阶段，生产规模小，设备少，工艺简单，生产过程的控制主要靠一些简单的测量仪表，由人工操作来完成。后续有一些简单的自动控制系统开始形成，例如水位控制、流量控制等。

20 世纪 50 年代、60 年代，随着连续生产过程工业向大规模、高效率方向的发展，自动化技术获得了较迅速的发展。自动化仪表形成了标准化系列，出现了以单元仪表为代表的具有明显不同特点的若干代产品。自动控制系统由简单回路发展到了复杂控制系统。控制方式由简单控制方式逐步发展到集中控制方式。这个时期控制的目标是保证生产稳定、正常地进行，减少事故。

20 世纪 70 年代，生产过程自动化的水平有了更大的提高。集散控制系统（DCS）的出现，标志着过程控制进入了计算机时代。自动化仪表的技术更新也明显加快。特别是智能化仪表的出现，使过程控制达到了一个新的水平。

20 世纪 80 年代，现场总线控制系统比集散控制系统有了更大的进步。它集计算机技术、控制技术、网络技术、通信技术于一身，给过程控制带来了又一场革命，过程控制进入计算机时代，为最优控制、智能控制等先进控制方式的应用创造了条件。过程控制的目标也已经由过去的维持生产变为优质高产、低消耗低污染。

20 世纪 90 年代后，随着生产过程向大规模、连续化、高效率方向的发展，也使生产过程多变量的耦合、非线性等特点变得突出起来，工业过程控制与信息化、智能化结合更加紧密。计算机集成制造系统（CIMS）在过程控制领域逐步推广应用。流程工业 CIMS 是一个复杂的综合自动化系统，处理的对象是整个企业的全部生产活动，集散控制系统（DCS）作为一种有效的工具和实现手段，在流程工业 CIMS 中完成重要的基础控制和实时生产数据采集、动态监控等功能。与管理类计算机相比，DCS 能够提供更加可靠的生产过程数据，使 CIMS 所做出的优化决策更加可靠。从功能上看，流程工业 CIMS 中的生产自动化系统、动态监控系统和在线质量控制都可以由 DCS 实现。从流程工业 CIMS 的层次结构看，DCS 主要担负过程控制和过程优化任务，有些生产调度和生产管理工作也可在 DCS 上完成。

在 21 世纪伊始，过程控制由局部控制逐步发展到全局控制及全局的最优控制。然而过程控制对象的数学模型常常是未知的或非常粗糙的，在有些情况下，由于生产条件变化等原因还会使模型的参数甚至结构发生变化，现有的基于模型的先进控制技术在实际应用或后期维护时存在问题。过程控制中遇到的高度非线性问题、复杂控制任务的实现等，采用传统的基于模型的先进控制理论去解决，也有较大的难度。

随着生产力的发展，世界市场的激烈竞争，高质量、高效益、高节能、低成本及市场的高度适应性将成为过程控制进一步追求的目标。实现连续生产过程工业的生产、管理、产品更新与技术发展的综合自动化，是过程控制的必然发展趋势。智能控制在过程控制中的应用将会大大促进连续生产过程工业的发展。在未来，工业控制软件将继续向标准化、网络化、智能化和开放性方向发展。工业信息化是指在工业生产、管理、经营过程中，通过信息基础设施，在集成平台上，实现信息的采集、信息的传输、信息的处理以及信息的综合利用等。大力发展工业自动化是加快传统产业改造提升、提高企业整体素质、提高国家整体国力、调整工业结构、迅速搞活大中型企业的有效途径和手段。随着《中国制造 2025》和工业 4.0 逐步推进，工业过程控制将继续通过实施一系列工业过程自动化、高技术产业化专项，用信息化带动工业化，推动工业自动化技术的进一步发展，加强技术创新，实现产业化，解决国民经济发展面临的深层问题，进一步提高国民经济整体素质和综合国力，实现跨越式发展。

1.4　过程控制系统的国内外应用现状

近十几年，过程控制系统发展非常迅速，由于集散控制系统是这一领域的主导发展方向，各国厂商都在这一市场不断推陈出新。美国和日本的产品代表两个主要的发展方向：美国厂商重点推出开放型集散系统，加速研制现场总线产品，推广应用智能变送器；日本厂商则着重发展高功能集散系统，从软件开发入手，挖掘软件工作的潜力，强调控制功能和管理功能的结合。

20 世纪 80 年代，比较著名的大型集散控制系统新产品有美国 Honeywell 公司的 TDC-3000，Foxboro 公司的 I/AS，Bailey 公司的 INFI-90，日本横河公司的 CENTRUMXL，英国 Oxford Automation 公司的 SYSTEM-86，德国 Siemens 公司的 TELEPERM 系统等。这些都属于第三代集散控制系统（DCS），控制点可达到一万点以上，系统结构接近标准化，采用局域网技术。在局域网络方面采用了符合国际标准化组织（ISO）的开放系统互连（OSI）的参考模型，因此，在符合开放系统的各制造厂商产品间可以互相连接、互相通信和进行数据交换，第三方的应用软件也能在系统中应用，从而使集散控制系统进入了更高的阶段。

在 20 世纪 90 年代初，随着对控制和管理要求的不断提高，第四代集散控制系统（DCS）以管控一体化的形式出现。它在硬件上采用了开放的工作站，使用精简指令集计算机（RISC）替代复杂指令集计算机（CISC），采用了客户机/服务器（Client/Server）的结构。在网络结构上增加了工厂信息网（Intranet），并可与国际信息网（Internet）联网。在软件上则采用 UNIX 系统和 X-Window 的图形用户界面，系统的软件更丰富。同时，计算机集成制造系统（CIMS）在制造业得到了应用，并展示了应用信息管理系统的经济效益。随着现场总线技术的出现，在世界上引起了广泛重视，各大仪表制造厂商纷纷在自己的 DCS 中融入现场总线技术，推出现场总线控制系统及相应的现场总线仪表装置。第四代集散控制系统的典型产品有 Honeywell 公司的 TPS 控制系统，横河公司的 CENTER-CS 控制系统，Foxboro 公司 I/AS50/51 系列控制系统，ABB 公司的 Advant 系列开放控制系统（OCS）等，它们在信息的管理、通信等方面提供了综合的解决方案。

我国的工业过程计算机控制技术起步于 20 世纪 50 年代末期，经历了巡回检测装置、小型工业控制机、可编程序控制器等几个阶段以后，20 世纪 70 年代中期研制了小型工业控制计算机网络系统。20 世纪 70 年代末，有少数几家化工企业从国外引进了集散控制系统。20 世纪 80 年代中期，集散控制系统进入冶金、电力等行业。20 世纪 90 年代初期，我国将集散控制系统与工业控制局部网络列入国家攻关计划，并取得了一些可喜的成果。我国石化行业在“八五”期间新建和技改的石化生产装置大多数采用集散控制系统（DCS），同时开展了计算机集成制造系统（CIMS）试点，近些年 CIMS 在石油行业已开始应用。

我国自动化仪表行业通过引进技术和与外商合作，还合资组装生产了 DCS，逐步实现了国产化。如上海的福克斯波罗、西安横河、北京贝利、四川仪表总厂等都有相应的 DCS 产品。我国独立自主开发的集散控制系统（DCS）主要有 JX-300XP 系统（浙江中控集团有限公司）、MACS-S 系统（和利时自动化有限公司）、NT6000 系统（南京科远自动化有限公司）、DJK-7500 系统（重庆自动化研究所）、FB-2000 系统（浙江威盛自动化有限公司）等。由于建立大型的控制与管理相结合的管理信息系统所需投资较大，一般企业无法承受，而且我国当前的生产过程与国际先进水平还有一定的差距，这对过程控制系统的发展产生了一定的影响。

1.5 过程控制系统的发展趋势

计算机控制系统以其特有的优势和强大的功能，已在过程控制领域得到了广泛的应用。

同时，随着计算机软硬件技术和通信技术的飞速发展，新的控制理论和新的控制方法层出不穷。展望未来，过程控制系统的发展趋势主要有以下几个方面：

1）大力推广应用成熟的先进技术。普及应用具有智能 I/O 模块的、功能强、可靠性高的可编程序控制器（PLC），广泛使用智能化调节器，采用以位总线（Bitbus）、现场总线（Fieldbus）技术等先进网络通信技术为基础的新型集散控制系统和现场总线控制系统（FCS）。

2）大力研究和发展智能控制系统。智能控制是一种无需人的干预就能够自主地驱动智能机器实现其目标的过程，也是用机器模拟人类智能的又一重要领域。智能控制系统的类型主要包括分级阶梯智能控制系统、模糊控制系统、专家控制系统、学习控制系统、人工神经网络控制系统和基于规则的仿人工智能控制系统等。

3）控制与管理结合，向低成本自动化（Low Cost Automation，LCA）方向发展。LCA 是一种以现代技术实现常规自动化系统中的主要的、关键的功能，而投资较低的自动化系统。在 DCS 和 FCS 的基础上，采用先进的控制策略，将生产过程控制任务和企业管理任务共同兼顾，构成计算机集成控制系统（CIPS），可实现向低成本综合自动化系统的方向发展。

总之，由于计算机过程控制在控制、管理功能、经济效益等方面的显著优点，使之在石油、化工、冶金、航空、航天、电力、纺织、印刷、医药、食品等众多工业领域中得到了广泛的应用。计算机控制系统将会随着计算机软硬件技术、控制技术和通信技术的进一步发展而得到更大的发展，并深入生产的各部门。在未来，工业控制软件将继续向标准化、网络化、智能化和开放性方向发展。

第2章 过程检测仪表

2.1 概述

过程控制通常是对生产过程中的温度、压力、流量、物位、成分等关键变量进行控制，使其符合工艺要求（保持定值或以某种规律变动），以便生产过程按最优化目标自动进行，并确保产品质量和生产安全。在实施控制前，首先要对这些关键变量进行检测，这就需要检测仪表来完成。由于检测元件的输出信号种类繁多，且信号较弱不易察觉，一般都需要将其经过变送器处理，变送器经过转换电路或者其他操作，将各式各样的检测信号转换成标准统一的电气信号（如4~20mA或0~10mA的直流电流信号，20~100kPa的气压信号），方便检测结果被接收与处理，送往显示仪表，指示或记录工艺变量，或同时送往控制器对控制变量进行控制。有时将检测元件、变送器及显示装置统称为检测仪表，或者将检测元件称为一次仪表，将变送器和显示装置称为二次仪表。

检测技术是实现信息技术的前提，离开检测技术这一基本环节，“看不见摸不着”的变量就无法进入信息网络系统，就不能构成自动控制系统，再好的信息网络技术也无法落实于生产过程。

2.1.1 检测误差

在生产过程中对各种变量进行检测时，尽管检测技术和检测仪表有所不同，但从本质上检测环节可以分成两个部分：一是能量形式的一次或多次转换过程；二是将被测变量与其相应的测量单位进行比较并输出检测结果。

而检测仪表就是实施检测功能的。由于在检测过程中所使用的工具本身准确性有高低之分，或者检测环境发生变化，加之观测者的主观意志的差别，因此必然影响检测结果的准确性。从而使从检测仪表获得的被测值与实际被测变量真值之间存在一定的差距，即测量误差。

测量误差有绝对误差和相对误差之分。绝对误差Δ是指仪表指示值x与被测量的真值x_0之间的差值，即

$$\Delta = |x - x_0| \tag{2-1}$$

但是被测量的真值是无法真正得到的。因此，在一台仪表的标尺范围内，各示值的绝对误差是指用标准表（精确度较高）和该表（精确度较低）对同一变量测量时得到的两个示值之差，即把式（2-1）中的被测量真值用标准表的示值代替。

但是检测仪表都有各自的测量标尺范围，即仪表的量程。同一台仪表的量程若发生变化，也会影响测量的准确性。因此，工业上定义了一个相对误差——仪表引用误差δ，它是绝对误差与测量标尺范围（$x_{max}-x_{min}$）之比，即

$$\delta = \pm \frac{x - x_0}{X_{max} - X_{min}} \times 100\% \tag{2-2}$$

考虑整个测量标尺范围内的最大绝对误差，则可得到仪表最大引用误差δ_{max}，即

$$\delta_{max} = \pm \frac{(x - x_0)_{max}}{X_{max} - X_{min}} \times 100\% \tag{2-3}$$

仪表最大引用误差又称为允许误差，它是仪表基本误差的主要形式。

各种测量过程都是在一定的环境条件下进行的，外界温度、湿度、电压的波动以及仪表的安装等都会造成附加的测量误差。因此考虑仪表测量误差时不仅要考虑其自身性能，还要注意使用条件，尽量减小附加误差。

2.1.2　仪表的性能指标

仪表的性能指标是评价仪表性能好坏、质量优劣的主要依据。仪表的性能指标主要有以下几个方面：

1. 精确度

仪表的精确度简称精度，是用来表示仪表测量结果的可靠程度。任何测量过程都存在着测量误差。精确度和误差可以说是孪生兄弟，因为有误差的存在，才有精确度这个概念。仪表精确度简言之就是仪表测量值接近真值的准确程度，一般用允许引用误差作为确定精度的尺寸。

仪表的准确度等级是按国家统一规定的允许误差大小来划分成若干等级的。仪表准确度等级数值越小，说明仪表测量准确度越高。目前我国生产的仪表准确度等级有 0.005 级、0.02 级、0.1 级、0.2 级、0.4 级、0.5 级、1.0 级、1.5 级、2.5 级、4.0 级等。仪表的准确度等级是将仪表允许误差的“±”号及“%”去掉后的数值，以一定的符号形式表示在仪表表尺板上，如 1.0 外加一个圆圈或者三角形。准确度等级 1.0，说明该仪表允许误差为 1.0%。

下面举两个实际例子来说明仪表的允许误差与准确度等级的关系。

【例 2-1】 某台测温仪表的量程是 600~1100℃，仪表的最大绝对误差为±4℃，试确定该仪表的准确度等级。

解　仪表的最大引用误差

$$\delta_{max} = \pm \frac{4}{1100 - 600} \times 100\% = \pm 0.8\%$$

由于国家规定的准确度等级中没有 0.8 级仪表，而该仪表的最大引用误差超过了 0.5 级仪表的允许误差，因此这台仪表的准确度等级应定为 1.0 级。

【例 2-2】 某仪表量程是 600~1100℃，工艺要求该仪表指示值的误差不得超过±4℃，应选准确度等级为多少的仪表才能满足工艺要求？

解　根据工艺要求，仪表的最大引用误差

$$\delta_{\max} = \pm \frac{4}{1100 - 600} \times 100\% = \pm 0.8\%$$

±0.8%介于允许误差±0.5%与±1.0%之间，如果选择允许误差为±1.0%，则其准确度等级应为1.0级。量程为600~1100℃，准确度等级为1.0级的仪表，可能产生的最大绝对误差为±5℃，超过了工艺的要求。因此只能选择一台允许误差为±0.5%，即准确度等级为0.5级的仪表，才能满足工艺要求。

由这两个例子可以说明根据仪表校验数据来确定仪表准确度等级和根据工艺要求来选择仪表准确度等级的要求是不同的。根据仪表校验数据来确定仪表准确度等级时，仪表的允许误差应大于或至少等于仪表检验结果所得的最大引用误差；根据工艺要求来选择仪表准确度等级时，仪表的允许误差应小于或至多等于工艺上所允许的最大引用误差。

仪表精度与量程有关，量程是根据所要测的工艺变量来确定的。在仪表准确度等级一定的前提下适当缩小量程，可以减小测量误差，提高测量准确性。一般而言，仪表的上限应为被测工艺变量的4/3倍或3/2倍，若工艺变量波动较大，例如测量泵的出口压力，则相应取为3/2倍或2倍。为了保证测量值的准确度，通常被测工艺变量的值以不低于仪表全量程的1/3为宜。

2. 变差

变差是指在外界条件不变的情况下使用同一仪表对某一变量进行正反行程（即在仪表全部测量值范围内逐渐从小到大和从大到小）测量时对应于同一测量值表示值之间的差异。造成变差的原因很多，例如传动机构的间隙、运动部件的摩擦、弹性元件的弹性滞后等。在仪表使用过程中，要求仪表的变差不能超出仪表的允许误差。

3. 线性度

通常总是希望检测仪表的输入输出信号之间存在线性对应关系，并且将仪表的刻度制成线性刻度，但是实际测量过程中由于各种因素的影响，实际特性往往偏离线性，如图2-1所示。线性度就是衡量实际特性偏离线性程度的指标。回差的大小反映了仪表的精密度，因此要求仪表的回差不能超出仪表准确度等级所限定的允许误差。

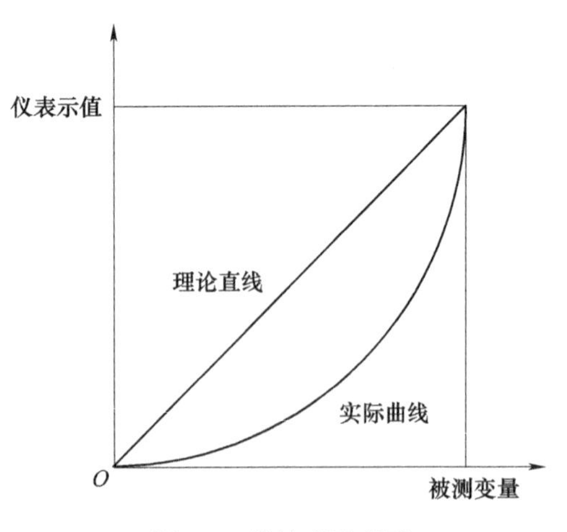

图2-1 线性度示意图

4. 灵敏度和分辨率

灵敏度s是指仪表输出变化量ΔY与引起此变化的输入变化ΔX之比，即

$$s = \frac{\Delta Y}{\Delta X} \tag{2-4}$$

对于模拟式仪表而言，ΔY是仪表指针的角位移或线位移。灵敏度反映了仪表对被测量变化的灵敏程度。

分辨率又称仪表灵敏度，是仪表输出能响应和分辨的最小输入变化量。分辨率是灵敏度的一种反映，一般来说，仪表的灵敏度越高，则分辨率越高。对于数字式仪表而言，分辨率就是数字显示器末位数字间隔代表被测量的变化与量程的比值。

5. 动态误差

以上考虑的性能指标都是静态的，是指仪表在静止状态或者是在被测量变化非常缓慢时呈现的误差情况。但是仪表动作都有惯性延迟（时间常数）和测量传递滞后（纯滞后），当被测量突然变化后必须经过一段时间才能准确显示出来，这样造成的误差就是动态误差。在被测量变化较快时不能忽视动态误差的影响。

6. 可靠性

可靠性是工业自动化仪表所追求的另一项重要性能指标。可靠性和仪表维护量是相辅相成的，仪表可靠性高说明仪表维护量小，反之仪表可靠性差，仪表维护量就大。对于化工企业检测与过程控制仪表，大部分安装在有毒、易燃易爆的环境，这些恶劣条件给仪表维护增加了很多困难，因此考虑化工生产安全和仪表维护人员的人身安全，化工企业使用检测与过程控制仪表要求维护量越小越好，即要求仪表可靠性尽可能高。

随着仪表更新换代，特别是微电子技术引入仪表制造行业，使仪表可靠性大大提高。仪表生产厂商对这个性能指标也越来越重视，通过用平均故障时间（MTBF）来描述仪表的可靠性。一台全智能变送器的 MTBF 比一般非智能仪表（如电动Ⅲ型变送器）要高 10 倍左右，前者可高达 100~390 年。

7. 重复性

测量重复性是在不同测量条件下，如不同的方法和不同的观测者，在不同的检测环境对同一被检测的量进行检测时，其测量结果一致的程度。测量重复性是检测仪表的重要性能指标。

2.2　温度检测

温度是表征物体冷热程度的物理量。物体的许多物理现象和化学性质都与温度有关。大多数生产过程都是在一定温度范围内进行的，因此对温度的检测和控制是过程自动化的一项重要内容。

2.2.1　温度的检测方法

温度的检测方法按测温元件和被测介质接触与否可以分成接触式和非接触式两大类。

接触式测温时，测温元件与被测对象接触，依靠传热和对流进行热交换。接触式温度计结构简单、可靠，测温精度较高，但是由于测温元件与被测对象必须经过充分的热交换且达到平衡后才能测量，这样容易破坏被测对象的温度场，同时带来测温过程的延迟现象，不适于测量热容量小、极高温和处于运动中的对象的温度，不适于直接对腐蚀性介质的测量。

非接触式测温时，测温元件不与被测对象接触，而是通过热辐射进行热交换，或测温元件接收被测对象的部分热辐射能，由热辐射能大小推出被测对象的温度。从原理上讲测量范围可从超低温到极高温，且不破坏被测对象温度场。非接触式测温响应快，对被测对象扰动小，可用于测量运动的被测对象和有强电磁干扰、强腐蚀的场合；但其缺点是容易受到外界因素的扰动，测量误差较大，且结构复杂、价格比较昂贵。

表 2-1 列出了几种主要测温方法及其特点。

表 2-1　几种主要测温方法及其特点

测温方法	类别和仪表		测温范围/℃	作用原理	使用场合
接触式	膨胀式	玻璃液体	-100~600	液体受热时产生膨胀	轴承、定子等处的温度作为现场指示
		双金属	-80~600	两种金属的热膨胀差	
	压力式	气体	-20~350	封闭在固定体积中的气体、液体或某种液体的饱和蒸汽受热产生体积膨胀或压力变化	用于测量易爆、易燃、振动处的温度，传送距离不远
		蒸汽	0~250		
		液体	-30~600		
	热电类	热电偶	0~1600	热电效应	液体、气体、蒸汽的中、高温，能远距离传送
	热电阻	铂电阻	-200~850	导体或半导体材料受热后电阻值变化	液体、气体、蒸汽的中、低温，能远距离传送
		铜电阻	-50~150		
		热敏电阻	-50~300		
	其他电学	集成温度传感器	-50~150	半导体器件的温度效应	
		石英晶体温度计	-50~120	晶体的固有频率随温度变化	
非接触式	光纤类	光纤温度传感器	-50~400	光纤的温度特性或作为传光介质	用于有强烈电磁干扰、强辐射的恶劣环境
		光纤辐射传感器	200~4000		
	辐射式	辐射式	400~2000	物体辐射能随温度变化	用于测量火焰、钢液等不能接触测量的高温场合
		光学式	800~3200		
		比色式	500~3200		

2.2.2　热电偶

1. 热电偶介绍

热电偶的测温原理是基于热电偶的热电效应，如图 2-2 所示。将两种不同材料的导体或半导体 A 和 B 连在一起组成一个闭合回路，而且两个接点的温度 $t \neq t_0$，则回路内将有电流产生，电流大小正比于接点温度 t 和 t_0的函数之差，而其极性则取决于 A 和 B 的材料。显然，回路内电流的出现，证实了 $t \neq t_0$时内部有热电势存在，即热电效应。图 2-2a 中 A、B 称为热电极，A 为正极，B 为负极。放置于被测介质温度为 t 的一端，称为工作端或热端；另一端称为参比端或冷端（通常处于室温或恒定的温度之中）。在此回路中产生的热电势可表示为

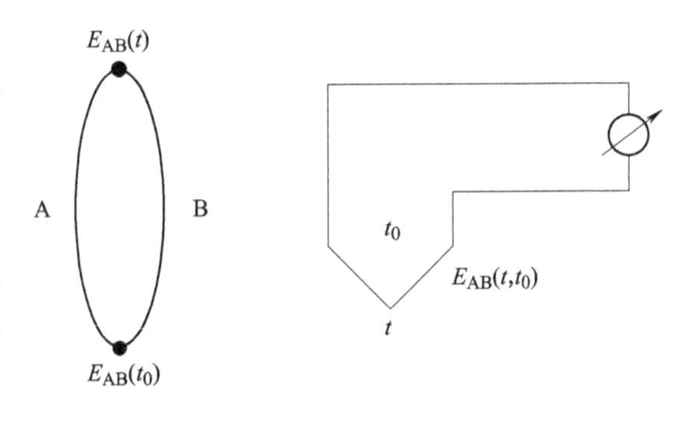

a) 热电偶热电效应　　　b) 热电偶测温电路

图 2-2　热电偶原理及测温回路示意图

$$E_{AB}(t,t_0) = E_{AB}(t) - E_{AB}(t_0) \tag{2-5}$$

式中，$E_{AB}(t)$ 表示工作端（热端）温度为 t 时在 A、B 接点处产生的热电势；$E_{AB}(t_0)$ 表示参比端（冷端）温度为 t_0时在 A、B 另一端接点处产生的热电势。为了达到正确测量温度的目的，必须使参比端温度维持恒定，这样对一定材料的热电偶总热电势 E_{AB} 便是被测温度的单值函数了。即

$$E_{AB}(t,t_0)=f(t)-C=\psi(t) \tag{2-6}$$

此时只要测出热电势的大小，就能判断被测介质温度。

在用热电偶测量温度时，要想得到热电势数值，必定要在热电偶回路中引入第三种导体，接入测量仪表。根据热电偶的“中间导体定律”可知：热电偶回路中接入第三种导体后，只要该导体两端温度相同，热电偶回路中所产生的总热电势与没有接入第三种导体时热电偶所产生的总热电势相同；同理，如果回路中接入更多种导体时，只要同一导体两端温度相同，也不影响热电偶所产生的热电势值。因此热电偶回路可以接入各种显示仪表、变送器、连接导线等，如图 2-2b 所示。

在参比端温度为 0℃ 的条件下，常用热电偶热电势与温度一一对应的关系都可以从标准数据表中查到。这种表称为热电偶的分度表。与分度表所对应的该热电偶的代号则称为分度号。几种工业常用热电偶的测温范围和使用特点见表 2-2。

表 2-2 几种工业常用热电偶的测温范围和使用特点

热电偶名称	分度号	测温范围/℃		特点
		长期	短期	
铂铑$_{30}$-铂铑$_6$	B	0~1600	1800	1. 热电势小，测量温度高，精度高 2. 适用于中性和氧化性介质 3. 价格高
铂铑$_{10}$-铂	S	0~1300	1600	1. 热电势小，精度高，线性差 2. 适用于中性和氧化性介质 3. 价格高
镍铬-镍硅 （镍铬-镍铝）	K	0~1000	1200	1. 热电势大，线性好 2. 适用于中性和氧化性介质 3. 价格便宜，是工业上最常用的一种
镍铬-康铜	E	0~550	750	1. 热电势大，线性差 2. 适用于氧化及弱还原性介质 3. 价格低

2. 补偿导线

热电偶测温时要求参比端温度恒定。由于热电偶工作端与参比端靠得很近，热传导、辐射会影响参比端温度；此外，参比端温度还受周围设备、管道、环境温度的影响，这些影响很不规则，因此参比端温度难以保持恒定。这就希望将热电偶做得很长，使参比端远离工作端且进入恒温环境，但这样做要消耗大量贵重的电极材料，很不经济。因此可以使用专用的导线，将热电偶的参比端延伸出来，以解决参比端温度的恒定问题。这种导线就是补偿导线。补偿导线通常用比两根热电极便宜得多的两种金属材料做成，它在 0~100℃ 范围内的热电性质与要补偿的热电偶的热电性质几乎完全一样，因此使用补偿导线犹如将热电偶延长，把热电偶的参比端延伸到离热源较远、温度较恒定又较低的地方。补偿导线的连接如图 2-3 所示。

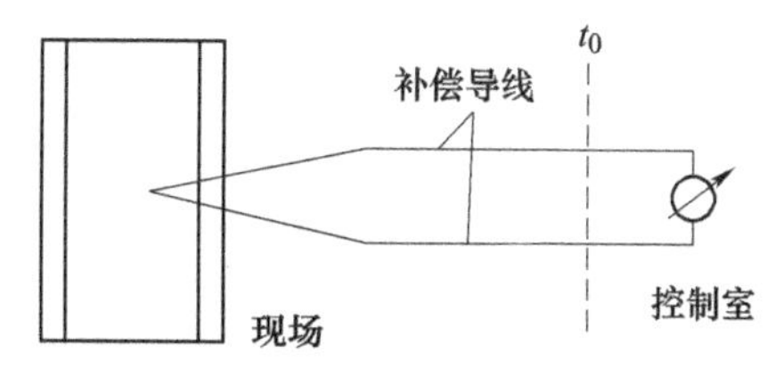

图 2-3 补偿导线的连接

图 2-3 中原来的热电偶参比端温度很不稳定，使用补偿导线后，参比端可移到温度恒定的 t_0 处。常见热电偶的补偿导线见表 2-3。

表 2-3 常见热电偶的补偿导线

补偿导线型号	配用热电偶的分度号	补偿导线材料		边缘层着色	
		正极	负极	正极	负极
SC	S（铂铑$_{10}$-铂）	铜	铜镍	红	绿
KC	K（镍铬-镍硅，镍铬-镍铝）	铜	铜镍	红	蓝
EX	E（镍铬-康铜）	镍铬	康铜	红	棕

注：C—补偿型；X—延伸型。

3. 热电偶参比端温度补偿

使用补偿导线只解决了参比端温度比较恒定的问题。但是在配热电偶的显示仪表上面的温度标尺分度或温度变送器的输出信号都是根据分度表来确定的。分度表是在参比端温度为0℃的条件下得到的。由于工业上使用的热电偶其参比端温度通常并不是0℃，因此测量得到的热电势如果不经修正就输出显示，则会带来测量误差。测量得到的热电势必须通过参比端温度补偿，才能使被测温度与热电势的关系符合分度表中热电偶静态特性关系，以使被测温度能真实地反映到仪表上来。

下面介绍参比端温度补偿原理。

当热电偶工作端温度为t，参比端温度为t_0时，热电偶产生的热电势

$$E(t,t_0)=E(t)-E(t_0)=E(t,0)-E(t_0,0) \tag{2-7}$$

也可写成

$$E(t,0)=E(t,t_0)+E(t_0,0) \tag{2-8}$$

这就是说，要使热电偶的热电势符合分度表，只要将热电偶测得的热电势加上即可。各种补偿方法都是基于此原理得到的。

参比端温度补偿方法有以下几种。

（1）计算法　根据补偿原理计算修正。由式（2-8），将热电偶测得的热电势$E(t,\ t_0)$加上根据参比端温度查分度表所得的电势$E(t_0,\ 0)$，得到工作端温度相对于参比端温度为0℃对应的电势$E(t,\ 0)$，再查分度表得到工作端温度。

例如，用镍格-镍硅（K）热电偶测温，热电偶参比端温度$t_0=20℃$，测得的热电势$E(t_1,\ t_0)=32.479\text{mV}$。由K分度表中查得$E(20,\ 0)=0.798\text{mV}$，则

$$E(t,\ 0)=E(t,\ 20)+E(20,\ 0)=(32.479+0.798)\text{mV}=33.277\text{mV}$$

再反查K分度表，得实际温度是800℃。

计算法由于要查表计算，使用时不太方便，因此仅在实验室或临时测温时采用，但是在智能仪表和计算机控制系统中可以通过事先编写好的查分度表和计算的软件程序进行自动补偿。

（2）冰浴法　将热电偶的参比端放入冰水混合物中，使参比端温度保持在0℃。这种方法一般仅用于实验室。

（3）机械调零法　一般仪表在未工作时指针指在零位（机械零点），在参比端温度不为0℃时，可以预先将仪表指针调到参比端温度处。如果参比端温度就是室温，那么就将仪表指针调到室温，但若室温不恒定，则也会带来测量误差。

（4）补偿电桥法　在温度变送器、电子电位差计中采用补偿电桥法进行自动补偿。补偿电桥法是利用参比端温度补偿器产生的不平衡电势去补偿热电偶因温度变化而引起的热电

势变化值，其原理将在温度变送器及电子电位差计章节中介绍。

2.2.3　热电阻

1. 金属热电阻

金属热电阻测温原理是基于导体的电阻会随温度的变化而变化的特性。因此只要测出感温元件热电阻的阻值变化，就可测得被测温度。工业上常用的热电阻是铜电阻和铂电阻两种，见表 2-4。

表 2-4　工业常用热电阻

热电阻名称	0℃时阻值	分度号	测温范围	特点
铂电阻	50Ω	Pt50	-200~500℃	1. 精度高，价格贵 2. 适用于中性和氧化性介质
	100Ω	Pt100		
铜电阻	50Ω	Cu50	-50~150℃	1. 线性好，价格低 2. 适用于无腐蚀性介质

工业用热电阻的结构型式有普通型、铠装型和专用型等。

普通型热电阻一般包括电阻体、绝缘子、保护套管和接线盒等部分。

铠装型热电阻将电阻体预先拉制成形并与绝缘材料和保护套管连成一体，直径小，易弯曲，抗振性能好。

专用型热电阻用于一些特殊的测温场合。如端面热电阻由特殊处理的线材绕制而成，与一般热电阻相比，能更紧地贴在被测物体的表曲；轴承热电阻带有防振结构，能紧密地贴在被测轴承表面，用于测量带轴承设备上的轴承温度。

2. 半导体热敏电阻

半导体热敏电阻是利用某些半导体材料的电阻值随温度的升高而减小（或升高）特性制成的。半导体热敏电阻结构简单、电阻值大、灵敏度高、体积小、热惯性小；但是其非线性严重、互换性差、测温范围较窄。

具有负温度系数的热敏电阻称为 NTC 型热敏电阻，大多数热敏电阻属于此类。NTC 型热敏电阻主要由锰、镍、铁、钴、钛、钼、镁等复合氧化物高温烧结而成，通过不同的材料组合得到不同的温度特性。NTC 型热敏电阻在低温段比在高温段更灵敏。

具有正温度系数的热敏电阻称为 PTC 型热敏电阳，它是在由 $BaTiO_3$和 $SrTiO_3$为主的成分中加入少量 Y_2O_3和 Mn_2O_3烧结而成。PTC 型热敏电阻在某个温度段内电阻值急剧上升，可用作位式（开关型）温度检测元件。

2.2.4　热电偶、热电阻的选用

1. 选择

热电偶和热电阻都是常用工业测温元件，一般热电偶用于较高温度的测量，在 500℃以下（特别是 300℃以下），用热电偶测温就不十分妥当。这是因为：

1）在中低温区，热电偶输出的热电势很小，对测量仪表放大器和抗干扰要求很高。

2）由于参比端温度变化不易得到完全补偿，在较低温度区内引起的相对误差就很突出。

因此，在中低温区应采用热电阻进行测温。另外，选用热电偶和热电阻时，应注意工作

环境，如环境温度、介质性质（氧化性、还原性、腐蚀性）等，并选择适当的保护套管、连接导线等。

2. 安装

1）选择有代表性的测温点位置，测温元件有足够的插入深度。测量管道内流体介质温度时，应迎着流动方向插入，至少与被测介质正交。测温点应处在管道中心位置，且流速最大。图 2-4 所示为测温元件安装示意图。

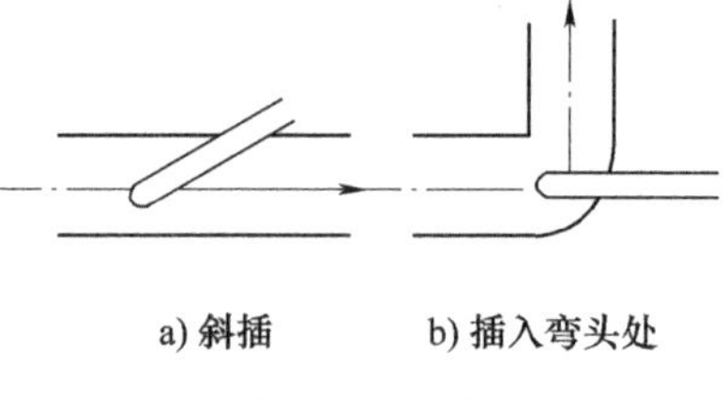

图 2-4　测温元件安装示意图

2）热电偶或热电阻的接线盒的出线孔应朝下，以免积水及灰尘等造成接触不良，防止引入扰动信号。

3）检测元件应避开热辐射强烈影响处。要密封安装孔，避免被测介质逸出或冷空气吸入而引入误差。

3. 使用

热电偶测温时，一定要注意参比端温度补偿。除正确选择补偿导线，正、负极性不能接反外，热电偶的分度号应与配接的变送、显示仪表分度号一致。在与采用补偿电桥法进行参比端温度补偿的仪表（如电子电位差计、温度变送器等）配套测温时，热电偶的参比端要与补偿电阻感受相同温度。

金属热电阻在与自动平衡电桥、温度变送器等配套使用时，为了消除连接导线阻值变化对测量结果的影响，除要求固定每根导线的阻值外，还要采用三导线法（参见本章温度变送器部分）。此外热电阻分度号要与配接的温度变送器、显示仪表分度表一致。

2.3　流量检测

在生产过程中，为了有效地进行生产操作和控制，经常需要测量生产过程中各种介质（如液体、气体和蒸汽等）的流量，以便为生产操作和控制提供依据。同时，为了进行经济核算，也需要知道在一段时间（如一班、一天等）内流过的介质总量。因此，对管道内介质流量的测量和变送是实现生产过程的控制以及进行经济核算所必需的。流量指的是在单位时间内流过管道某一截面的流体的数量，即瞬时流量。在某一时段内流过流体的总和，即瞬时流量在某一时段的累积量，称为累积流量（总流量）。

2.3.1　流量的检测方法

流量通常有以下两种表示方法：

1. 质量流量

质量流量是指单位时间内流过某截面的流体的质量，其单位为 kg/s。

2. 体积流量

体积流量又可以分为工作状态下的体积流量 q_V和标准状态下的体积流量 q_{Vn}。

工作状态下的体积流量 q_V指的是单位时间内流过某截面的流体的体积，其单位为 m^3/s。它与质量流量 q_m 的关系是

$$q_m = q_V\rho \text{ 或 } q_V = q_m/\rho \tag{2-9}$$

式中，ρ 是流体密度。

气体是可压缩的，q_V会随工作状态而变化，q_{Vn}就是折算到标准的压力和温度状态下的体积流量。在仪表计量上多数以20℃及1atm（1atm＝101325Pa）为标准状态。

q_{V_n}与q_m和q_V的关系是

$$q_{V_n} = q_m / \rho_n \text{ 或 } q_m = q_{V_n} \rho_n \tag{2-10}$$

$$q_{V_n} = q_m \rho / \rho_n \text{ 或 } q_V = q_{V_n} \rho_n / \rho \tag{2-11}$$

式中，ρ_n是气体在标准状态下的密度。

根据这两种流量表示方式，流量计也可以分为体积流量计和质量流量计。

2.3.2　质量流量计

质量流量计是测量所经过的流体质量。目前，属于此类流量计的有惯性力式质量流量计（属于直接式的一种，还有所谓补偿式）、推导式质量流量计等。这种测定方式具有被测流体流量不受流体的温度、压力、密度、黏度等变化的影响，是一种处于发展中的流量测定方式。

1. 科里奥利质量流量计

科里奥利质量流量计简称科氏力流量计，其测量原理基于流体在振动管中流动时将产生与质量流量成正比的科里奥利力。

其中，U形管式科氏力流量计的U形管的两个开口端固定，流体由此流入和流出。在U形管顶端装上电磁装置，激发U形管按固有的自振频率振动，振动方向垂直于U形管所在平面。U形管内的流体在沿管道流动的同时又随管道做垂直运动，此时流体就会产生一个科里奥利加速度，并以科里奥利力反作用于U形管。由于流体在U形管两侧的流动方向相反，因此作用于U形管两侧的科里奥利力大小相等、方向相反，于是形成一个作用力矩。U形管在该力矩的作用之下将发生扭曲，扭转的角度与通过流体的质量流量成正比。如果在U形管两侧中心平面处安装两个电磁传感器测出U形管扭转角度的大小，就可以得到所测质量流量。质量流量与扭曲角度、振动角速度和U形管跨度半径有一确定关系。另外，也可以由U形管两侧中心平面的时间差Δt从而求得质量流量，且与振动频率及角速度无关。

科氏力流量计的特点是直接测量质量流量，不受流体物性（密度、黏度等）影响，测量精度高；测量值不受管道内流场影响，无上、下游直管段长度的要求；可测量各种非牛顿流体以及黏滞的和含微粒的浆液。但是它的阻力损失较大，平面零点不稳定以及管路振动会影响测量精度。

2. 量热式质量流量计

其测量原理基于流体中热传递和热转移与流体质量流量的关系。两组作为加热及测温的线圈绕组对称地绕在测量管道外壁，通过管壁给流体传递热量。当流量为零时，测量管温度按中心线对称分布，测量电桥处于平衡状态。当气体流量流动时，气体将上游的部分热量带给下游，因而上游段温度下降，而下游段温度上升，最高温度点沿中心线移向下游，电桥测得两组线圈的平均温差ΔT，就可以求得质量流量。

量热式流量计属非接触式，可靠性高，可以测量微小气体流量，但是灵敏度较低，被测气体介质必须干燥洁净。

3. 间接式质量流量计

其测量原理是在测量体积流量的同时测量被测流体密度，再将体积流量和密度结合起来求得质量流量。密度的测量还可以通过压力和温度的测量来得到。间接式质量流量计结构复杂。目前多将微机技术用于间接式质量流量计中，以实现有关计算功能。

2.3.3 容积式流量计

容积式流量计，又称定排量流量计，在流量仪表中是精度最高的一类。它利用机械测量元件把流体连续不断地分割成单个已知的体积部分，根据测量室逐次重复地充满和排放该体积部分流体的次数来测量流体体积总量。目前容积式流量计大致可以分为齿轮式、活塞式、刮板式等。

流量测量是采用固定的小容积来反复计量通过流量计的流体体积，因此，在容积式流量计内部必须具有构成一个标准体积的空间，通常称其为容积式流量计的“计量空间”或“计量室”。这个空间由仪表壳的内壁和流量计转动部件一起构成。容积式流量计的工作原理：流体通过流量计，就会在流量计进、出口之间产生一定的压力差，流量计的转动部件（简称转子）在这个压力差作用下将产生旋转，并将流体由入口排向出口；在这个过程中，流体一次次地充满流量计的“计量空间”，然后又不断地被送往出口，在给定流量计的条件下，该计量空间的体积是确定的，只要测得转子的转动次数，就可以得到通过流量计的流体体积的累积值。

图 2-5 所示为椭圆齿轮式流量计，它的计量原理与一般容积式流量计相同，它的计量转子是一对相互啮合的椭圆齿轮。被测流体在外部压力作用下流入流量计腔体，推动互相啮合的椭圆齿轮转动。在椭圆齿轮转动过程中会形成计量腔，如图中椭圆齿轮的转动角度为 0 与 π/2 时，当椭圆齿轮的齿顶圆与计量腔有两处线密封存在时，便会将两线密封之间的被测流体分割为一个计量腔。转子转过一周时，上述的计量腔会出现 4 次，即转子转过一周就会排出 4 个单位体积的被测流体。

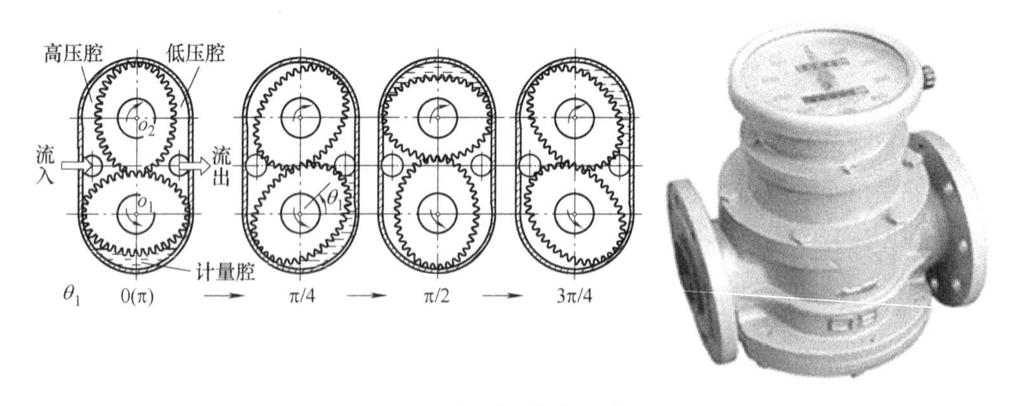

图 2-5 椭圆齿轮式流量计

2.3.4 差压式流量计

1. 节流式流量计

节流式流量计是根据差压计算流量的。流体在有节流元件的管道中流动时，在节流元件前后的管壁处，流体的静压力产生差异的现象称为节流现象。所谓节流装置就是设置在管道中能使流体产生局部收缩的节流元件和取压装置的总称。

节流式流量计的测量原理是以能量守恒定律和流体流动的连续性定律为依据的，在此以孔板为例。图 2-6 所示为标准孔板前后流体的静压力和流动速度的分布情况。充满管道稳定连续流动的流体流经孔板时，流束在截面 1 处开始收缩，位于边缘处的流体向中心加速。流束中央的压力开始下降。在截面 2 处流束达到最小收缩截面，此处流速最快，静压力最低。在截面 2 后流束开始扩张，流动速度逐渐减慢，静压力逐渐恢复。但是，由于流体流经节流装置时有压力损失，因此静压力不能恢复到收缩前的最大压力值。

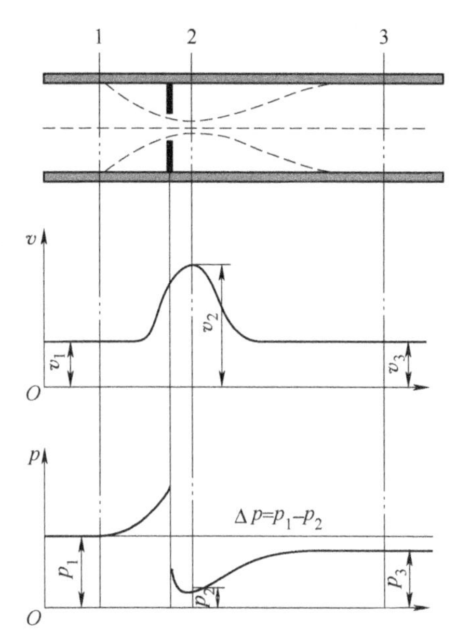

图 2-6　节流装置前后的压力分布

差压 Δp 与体积流量 q_V 或质量流量 q_m 有如下关系

$$q_V = \alpha\varepsilon A_0\sqrt{\frac{2\Delta p}{\rho}} \tag{2-12}$$

$$q_m = \alpha\varepsilon A_0\sqrt{2\Delta p\rho} \tag{2-13}$$

式中，ρ 为流体密度；A_0 为最小收缩截面面积；ε 为体积膨胀校正系数，取决于上游压力 p_1、差压 Δp 及流体性质，对不可压缩流体，或虽为气体但 Δp 不大时，$\varepsilon=1$，对于气体，当 Δp 较大时，$\varepsilon<1$；α 为流量系数，取决于开孔直径、流动状态等因素。由式（2-12）和式（2-13）就可以得出节流装置的输出压差与流量之间的关系。

当测量蒸汽等气体流量时，由于其可压缩性，常遇到工作条件密度 ρ 与设计密度 ρ_C 不同，此时要对所测得的流量进行修正，修正公式如下：

$$q_V = C_{q_V} q'_V,\quad q_m = C_{q_m} q'_m,\ q_{V_n} = C_{q_V} q'_{V_n}$$

式中

$$C_{q_V} = \sqrt{\frac{\rho_C}{\rho}},\quad C_{q_m} = \sqrt{\frac{\rho}{\rho_C}}$$

其他标准节流装置板如喷嘴和文丘里管的原理也类似，如图 2-7 所示。

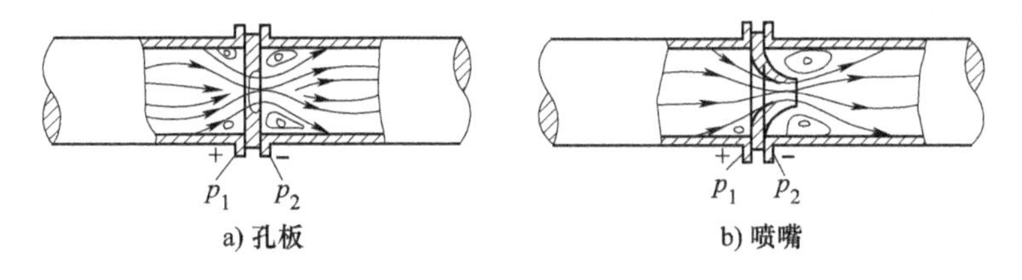

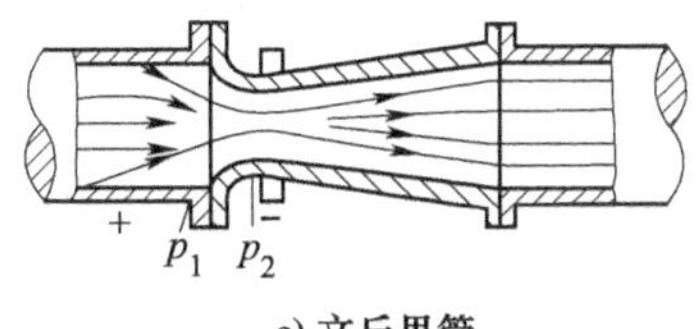

图 2-7　标准节流装置示意图

当节流装置形状一定，测压点位置也一定时，根据测得的差压就可以求出流量。孔板的测压点选取有两种标准方式：一种是紧邻着孔板，称为角接取压；另一种为法兰取压。

角接取压：分为环室取压和单独钻孔取压，上、下侧压力在紧邻着节流件前后端面处取出。如图 2-7a 所示，上半部为环室角接取压，下半部为单独钻孔角接取压。

法兰取压：上、下侧压力在连接法兰上距节流件前后端面 25.4mm（1in）处取出。

节流装置是目前各工业部门最广泛应用的检测元件。节流装置的结构简单，使用寿命长，适应性较广，能测量各种工况下的流体流量，且已标准化而不需要单独标定。但是其量程比较小，即范围狭窄，最大流量与最小流量之比为 3：1，压力损耗较大，刻度为非线性。

2. 浮子流量计

浮子流量计也是根据节流原理测量流体流量的，但是它是改变流体的流通面积来保持浮子上下的差压 $\Delta p=p_1-p_2$ 恒定，故又称变流通面积恒差压流量计，也称为转子流量计。

浮子流量计的测量主体由一根自下而上扩大的垂直锥形管和一只可以沿锥管轴线向上向下自由移动的浮子组成，如图 2-8 所示。

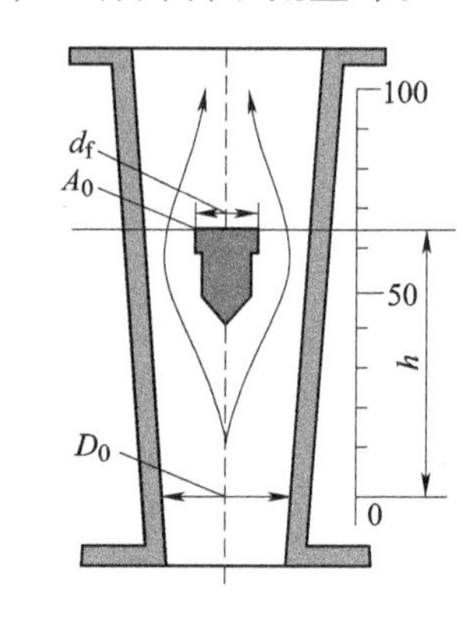

图 2-8　浮子流量计测量原理

流体由锥管的下端进入，经过浮子与锥管间的环形流通面积从上端流出。当流体通过环形流通面积时，由于节流作用在浮子上下端面形成差压 Δp，Δp 作用于浮子而形成浮子的上升力。当此上升力与浮子在流体中的重力相等时，浮子就稳定在一个平衡位置上，平衡位置的高度与所通过的流量有对应关系，因此，可以用浮子的平衡高度代表流量值。根据浮子在锥形管中的受力平衡条件，可写出平衡公式

$$V(\rho_t-\rho_f)g=\Delta p\cdot A \tag{2-14}$$

式中，A 和 V 分别为浮子的截面积和体积；ρ_t 为浮子密度；ρ_f 为被测流体的密度；g 为重力加速度。将式（2-14）的恒差压 Δp 代入节流式流量计的流量方程式（2-12）得

$$q_V=\alpha\varepsilon A_0\sqrt{\frac{2V(\rho_t-\rho_f)g}{\rho_f A}} \tag{2-15}$$

式中，A_0为浮子高度为 h 时的环形流通面积。设浮子高度为 h 时，锥管的半径为 R，浮子的最大半径为 r，则环形流通面积 A_0近似有 $A_0=ch$；系数 c 与转子和锥管的几何形状及尺寸有关。将其代入式（2-15）可得

$$q_V=\alpha\varepsilon ch\sqrt{\frac{2V(\rho_t-\rho_f)g}{\rho_f A}}=\phi h\sqrt{\frac{2V(\rho_t-\rho_f)g}{\rho_f A}} \tag{2-16}$$

令 $\phi=\alpha\varepsilon c$（常数）。由式（2-16）可知，浮子的停浮高度 h 与流量 q_V 呈线性对应关系。可见，浮子流量计具有线性的流量特性。

浮子流量计有玻璃管式直读式和金属管式电远传式两个大类，如图 2-9 所示。前者将流量标尺直接刻在锥管上，由浮子高度直接读取流量值；后者利用差动变压器将浮子的位移转换成 DC 4~20mA 统一标准信号，供显示器或调节器对被控参数进行控制。

金属管浮子流量计用于连续测量封闭管道中液体和气体的体积流量，结构坚固可靠，能适应各种场合的流量测量，具有结构简单、压力损失小、流量范围大、运行可靠、维修方便等特点，广泛应用于国防、石油、化工、冶金、电力、医药、能源等工业部门的流量检测和过程控制。

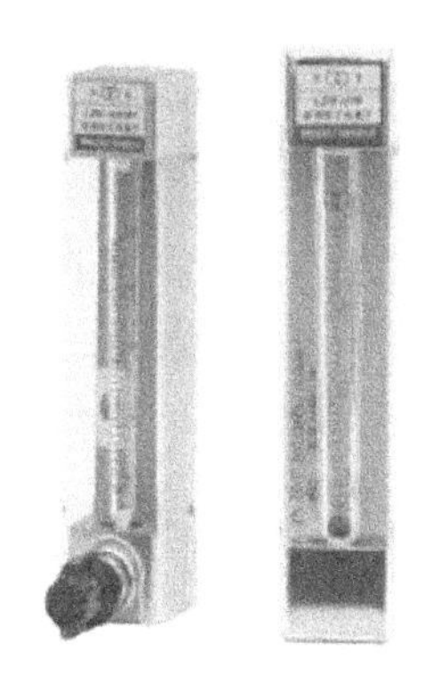

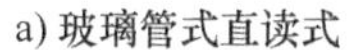

a) 玻璃管式直读式　　b) 金属管式电远传式

图 2-9　浮子流量计实物图

2.3.5　速度式流量计

1. 涡轮流量计

涡轮流量计是一种速度式流量仪表，它根据涡轮的旋转速度随流量变化来测量流量。涡轮流量计的结构示意图和实物图如图 2-10 所示。

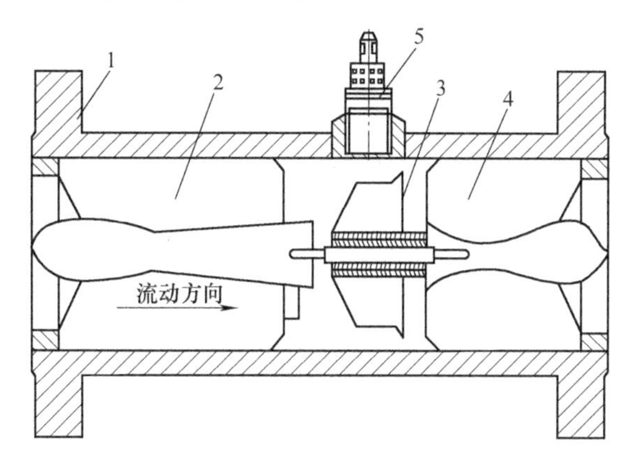

a) 结构示意图

b) 实物图

图 2-10　涡轮流量计

1—壳体　2—前导流器　3—涡轮　4—后导流器　5—带放大器的磁电感应转换器

由图 2-10 可见，涡轮流量计主要由壳体、导流器、涡轮和磁电感应转换器组成。涡轮是测量元件，它由磁导率较高的不锈钢材料制成，轴芯上装有数片呈螺旋形或直线形叶片，流体作用于叶片，使涡轮转动。壳体和前、后导流器由非导磁的不锈钢材料制成，导流器起导直流体的作用。在导流器上装有滚动轴承或滑动轴承，用来支撑转动的涡轮。

将涡轮转速转换成电信号的方法以磁电式转换方法的应用最为广泛。磁电信号检测器包括磁电转换器和前置放大器。磁电转换器由线圈和永久磁钢组成，用于产生与叶片转速成比例的电信号。前置放大器放大微弱的电信号，使之便于远传。

流体流过涡轮流量计时，推动涡轮转动，涡轮叶片周期性地扫过磁钢，使磁路的磁阻发生周期性变化，感应线圈便产生交流信号，其频率与涡轮的转速成正比，即与流体的流动速

度成正比。因此，涡轮流量计的流量方程为

$$Q_V = \frac{f}{\xi} \tag{2-17}$$

式中，f 为脉冲信号的频率；ξ 为仪表常数。仪表常数 ξ 与流量计的涡轮结构等因素有关。在流量较小时，ξ 值随流量的增加而增大，当流量达到一定数值后，ξ 近似为常数。在流量计的使用范围内，ξ 值保持为常数，其单位为脉冲/L。因此，必须保证流体的雷诺数大于界限雷诺数。

频率为 f 的交流电信号经过前置放大器放大，然后整形成方波脉冲信号，便可用电子计数器计数，并以 m^2/h 显示。同时频率为 f 的方波脉冲可经 F/V 和 V/I 电路转换成 4~20mA 的统一标准信号输出。

涡轮流量计可测量气体和液体流量，其测量准确度等级较高，一般为 0.5 级，小量程范围准确度等级达 0.1 级，因此常作为标准仪器校验其他流量计。涡轮流量计一般水平安装，并保证其前后要有一定直管段，为保证被测介质洁净，表前装过滤装置。这种检测元件的优点是精度高，动态响应好，压力损失较小，但是流体必须不含污物及固体杂质，以减少磨损和防止涡轮被卡。涡轮流量计适宜于测量比较洁净而黏度又低的液体流量。

2. 电磁流量计

电磁流量计是根据法拉第电磁感应定律进行流量测量的流量计。它可测量导电的酸溶液、碱溶液、盐溶液、水、污水、腐蚀性液体以及泥浆、矿浆、纸浆等的流体流量。但它不能测量气体、蒸汽以及纯净水的流量。

当导体在磁场中做切割磁力线运动时，在导体中会产生感应电动势，感应电动势的大小与导体在磁场中的有效长度及导体在磁场中做垂直于磁场方向运动的速度成正比。同理，导电流体在磁场中做垂直方向流动而切割磁力线时，也会在管道两边的电极上产生感应电动势。如图 2-11 所示，当充满管道连续流动的导电液体在磁场中垂直于磁力线方向流过时，由于导电液体切割磁力线，则在管道两侧的电极上产生感应电动势 E，E(V) 的大小与液体流动速度 v(m/s) 有关，即

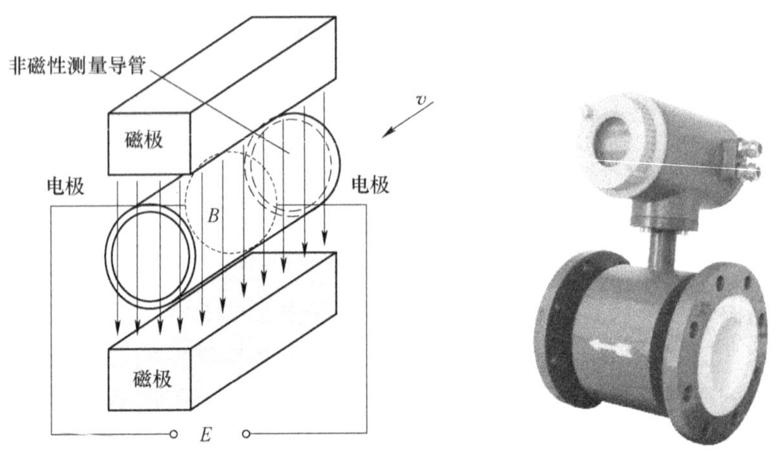

图 2-11 电磁流量计

$$E = BDv \tag{2-18}$$

式中，B 为磁感应强度（T）；D 为管道直径（m）。

流体的体积流量 $Q(m^3/s)$ 与流速 $v(m/s)$ 的关系为

$$Q = \frac{\pi}{4} D^2 v \tag{2-19}$$

再将式（2-19）代入式（2-18）得

$$E = \frac{4B}{\pi D} Q = kQ \tag{2-20}$$

式中，当 B 和 D 一定时，k 为常数。

由式（2-20）可见，电磁流量计的感应电动势与流量具有良好的线性关系。

电磁流量变送器的转换部分将感应电动势进行电压放大、相敏检波、功率放大和 V/I 转换，最后转换成 DC 4~20mA 的统一标准信号 I_o 输出，可见 I_o 与被测流量具有线性关系。

电磁流量变送器的测量管道中无阻力元件，其压力损失小，流速范围大，可达 0.5~10m/s；量程比达 10∶1，其准确度等级可优于 0.5 级，适用的工业管径范围宽，最大可达 3m，输出信号和被测流量呈线性。电磁流量变送器对被测液体的电导率有一定的要求，一般要求电导率 $\gamma > 10^{-4}$S/cm，同时，流量计前后要有一定的直管道长度，通常大于（5~10）D，其中 D 为管道直径。电磁流量变送器一般为水平安装，液体应充满管道连续流动；也可以垂直安装，要求液体自下而上流过变送器。

2.3.6 流量仪表的选用

各种测量对象对测量的要求不同，有时要求在较宽的流量范围内保持测量的准确度，有时要求在某一特定范围内满足一定的准确度即可。一般过程控制中对流量的测量可靠性和重复性要求较高，而在流量结算、商贸储运中对测量的准确性要求较高。因此，应该针对具体的测量目的有所侧重地选择仪表。

流体特性对仪表的选用有很大影响。流体物性参数与流动参数对测量精确度影响较大；流体化学性质、脏物结垢等对测量的可靠性影响较大。在众多物性参数中，影响最大的是密度和黏度。

各种流量计对安装要求差异很大，如差压式流量计、旋涡式流量计需要长的上游直管段以保证检测元件进口端为充分发展的管流，而容积式流量计就无此要求。质量式流量计中包括推导运算，上、下游直管段长度的要求是保证测量准确性的必要条件。因此，选用流量仪表时必须考虑安装条件。

流量仪表一般由检测元件、转换器及显示仪组成。而转换器及显示仪受环境条件影响较大，要注意测量环境温度、湿度、大气压、安全性、电气干扰等对测量结果的影响。

表 2-5 列出了常用流量计的各种特性。

表 2-5 常用流量计的各种特性

流量计类型	工作原理	刻度特性	量程比	准确度等级	适用场合
差压式	伯努利方程，节流装置前后压差与流量有一定的联系	二次方根	3∶1	1~2.5	已标准化、耐高温高压、中大流量、应用最广；各种工况下的单相流体流量
浮子式	浮子平衡位置的高度与流量有一定的关系，定差压，环流流通面积变化	线性	10∶1	1.5~2.5	小流量

（续）

流量计类型	工作原理	刻度特性	量程比	准确度等级	适用场合
靶式	靶上所受的流体作用力与流量有一定的关系	二次方根	3∶1	2.5	黏稠、高温、腐蚀性介质，耐高温及较高压力
电磁式	被测流体的流量转换成感应电动势，电磁感应定律	线性	30∶1	0.5~1.5	导电液体、大流量
涡轮式	涡轮被流体冲转，其转速与流体流量存在一定关系	线性	30∶1	0.5~1	低黏度、清洁液体，耐高、中温
旋涡式	旋涡发生体后放出的旋涡频率与流量有一定的关系	线性	100∶1	0.5~1	流体、气体或蒸汽介质中，大流量应用较广
超声波式	声波传播速度与流体的流速有关，测量声波在流动介质中的传播速度来求出流体的流量	线性	5∶1	1~1.5	高黏稠、强腐蚀介质
质量式	根据科里奥利原理来测量流体的质量	线性	100∶1	0.1~1	高黏稠介质，气体的测量

2.4 压力检测

压力是工业生产过程中的重要参数之一。在许多生产过程中，要求系统只有在一定的压力条件下工作，才能达到预期效果，同时压力也是监控安全生产的保证。因此，压力检测与控制是保证工业生产过程经济性和安全性的重要环节。

在物理学中，垂直作用在单位面积上的力称为压强，在工程上称为压力，其计算公式为

$$p = \frac{F}{S} \tag{2-21}$$

式中，S 表示受力面积；F 表示垂直作用力；p 表示压力。

压力是生产过程控制中的重要参数。许多生产过程（特别是化工、炼油等生产过程）都是在一定的压力条件下进行的，如连续催化重整反应器要求控制压力在 0.24MPa，高压聚乙烯要求将压力控制在 150MPa 以上，而减压蒸馏则要在比大气压低很多的真空下进行。因此，测量和控制压力能够保证生产过程安全、正常运行，以保证产品质量。另外，有些变量的测量，如流量和物位，也可以通过测量压力或压差而获得。

2.4.1 压力的表示方法

压力有三种表示方法，它们之间的关系如图 2-12 所示。绝对压力是指物体所受的实际压力。

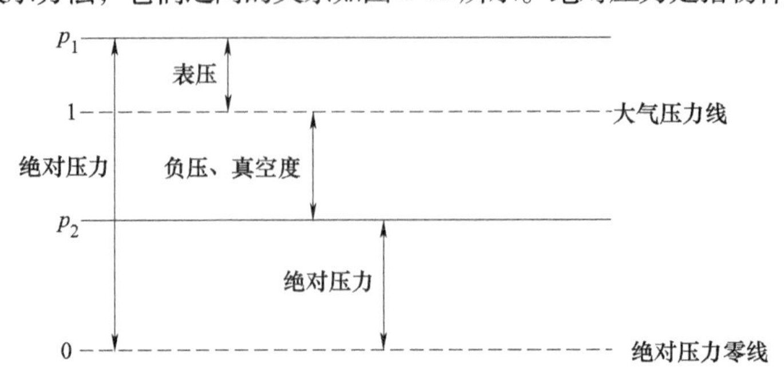

图 2-12　绝对压力、表压、负压或真空度之间的关系

表压是指一般压力仪表所测得的压力，它是高于大气压力的绝对大气压力之差，即

$$p_{表压} = p_{绝对压力} - p_{大气压力} \tag{2-22}$$

真空度是指大气压与低于大气压的绝对压力之差，是负的表压（负压），即

$$p_{真空度} = p_{大气压力} - p_{绝对压力} \tag{2-23}$$

通常情况下，因为各种工艺设备和测量仪表都处于大气中，所以工程上都用表压或真空度来表示压力的大小。人们用压力表来测量压力的数值，实际上也都是表压或真空度（绝对压力表的指示值除外）。因此，在工程上无特别说明时，所提的压力均指表压或真空度。

2.4.2　常用压力检测仪表

1. 弹性式压力表

弹性式管压力表是压力仪表的主要类型之一，它有着极为广泛的应用价值，它具有结构简单、品种规格齐全、测量范围广、便于制造和维修以及价格低廉等特点。弹簧管压力表是单圈弹簧压力表的简称。它主要由弹簧管、齿轮传动机构（包括拉杆、扇形齿轮、太阳齿轮）、示值装置（指针和分度盘）以及外壳等几部分组成，如图 2-13 所示。弹簧管是一端封闭并弯成 270°圆弧形的空心管子。

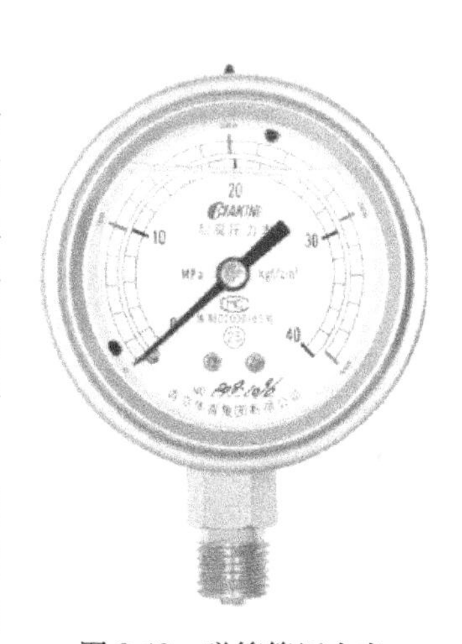

图 2-13　弹簧管压力表

弹簧管压力表结构简单、使用方便、价格便宜、使用范围广泛、测量范围宽，可以测量负压、微压、低压、中压和高压，因而是目前工业上用得最多的压力表，其测量准确度等级最高可以达到 0.15 级。

2. 应变片压力传感器

压力传感器是工业实践中最为常用的一种传感器，它广泛应用于各种工业自控环境，涉及水利水电、铁路交通、智能建筑、生产自控、航空航天、军工、石化、油井、电力、船舶、机床、管道等众多行业，能够检测压力并进行远传信号，能够满足自动化系统集中检测显示和控制的要求，压力传感器输出的电信号可进一步变换成统一的标准信号。下面简单介绍几种常见的压力传感器。

应变式变送器以电能为能源，它利用应变片作为转换元件，将被测压力转换成应变片电阻值的变化，然后经过桥式电路得到毫伏级的电量输出，供显示仪表显示被测压力或经放大电路转换成统一的标准信号后，再传送到记录仪和调节器等仪表。在电阻体受到外力作用时，其电阻阻值 R 发生变化，相对变化量为

$$\frac{\Delta R}{R} = k\varepsilon \tag{2-24}$$

式中，ε 是材料轴向长度的相对变化量，称为应变；k 是材料的电阻应变系数。

应变片有金属电阻应变片（金属丝粘贴在基底上组成的元件）和半导体应变片两类。金属电阻应变片的结构形式有丝式和箔式，半导体应变片的结构形式有体形和扩散形。图 2-14 所示为金属电阻应变片的几种结构形式。

半导体材料应变片的灵敏度比金属应变片的灵敏度大，但受温度影响较大。

3. 压电式压力传感器

当某些材料受到某一方向的压力作用而发生变形时，内部就产生极化现象，同时在它的

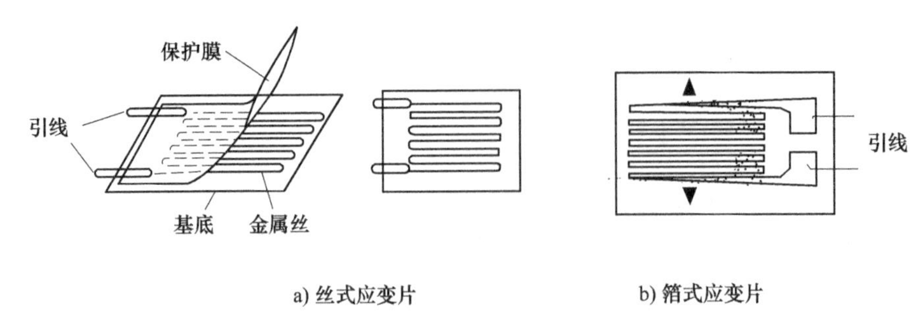

a) 丝式应变片　　b) 箔式应变片

图 2-14　金属电阻应变片的几种结构形式

两个表面上就产生符号相反的电荷；当压力去掉后，又重新恢复不带电状态。这种现象称为压电效应。具有压电效应的材料称为压电材料。压电材料的种类较多，有压电单晶体，如石英、酒石酸钾钠等；多晶压电陶瓷，如钛酸钡、锆钛酸铅、铌镁酸铅等，又称为压电陶瓷。此外，聚偏二氟乙烯（PVDF）作为一种新型的高分子物性型传感材料得到了广泛的应用。

图 2-15 所示为压电式压力传感器的结构示意图。压电元件被夹在两块弹性膜片之间，压电元件一个侧面与膜片接触并接地，另一个侧面通过金属箔和引线将电量引出。压力作用于膜片时，压电元件受力而产生电荷，电荷量经放大可转换成电压或电流输出。

压电式压力传感器结构简单、体积小、线性度好、量程范围大，但是由于晶体上产生的电荷量很小，因此对电荷放大处理的要求较高。

4. 压阻式压力传感器

压阻式压力传感器又称扩散硅压力传感器。压阻式压力传感器应用最为广泛，它具有极低的价格和较高的精度以及较好的线性特性。

压阻元件是指在半导体材料的基片上用集成电路工艺制成的扩散电阻。它是基于压阻效应工作的，即当它受压时，其电阻值随电阻率的改变而变化。常用的压阻元件有单晶硅膜片以及在 N 型单晶硅膜片上扩散 P 型杂质的扩散硅等，也是依附于弹性元件而工作的。图 2-16 所示为压阻式压力传感器的结构示意图。在硅杯底部布置着四个应变电阻。硅杯将两个气腔隔开，一端通入被测压力，另一端通入参考压力。当存在压力差时，硅杯底部的膜片发生变形，使得两对应变电阻的阻值产生变化，电桥就失去平衡，其输出电压与膜片承受的压力差成比例。

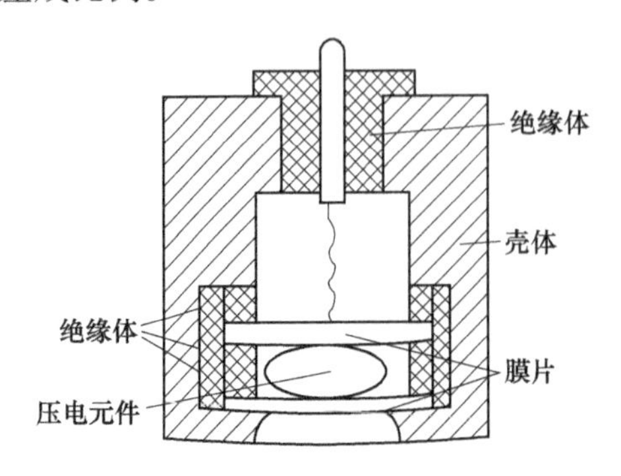

图 2-15　压电式压力传感器的结构示意图

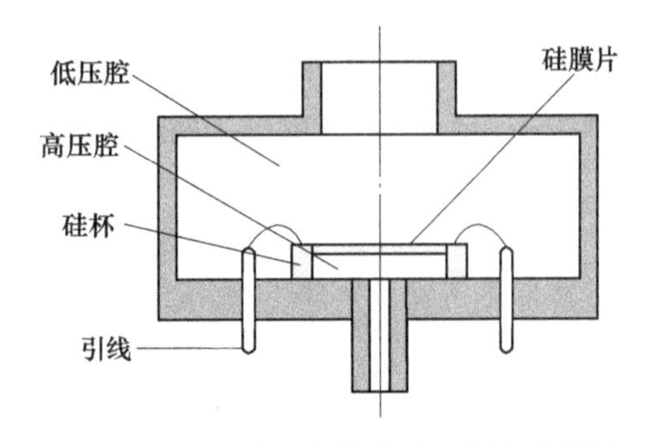

图 2-16　压阻式压力传感器的结构示意图

压阻式压力传感器的主要优点是体积小、结构简单、性能稳定可靠、寿命长、精度高、无活动部件，能测出微小压力的变化，动态响应好，便于成批生产。其主要缺点是测压元件容易受到温度的扰动影响而改变压电系数。为克服这一缺点，在加工制造硅片时利用集成电路的制造工艺，将温度补偿电路、放大电路甚至电源变换电路都集中在同一块硅片上，从而大大提高了传感器性能。

5. 电容式压力传感器

其测量原理是将弹性元件的位移转换为电容量的变化。将测压膜片作为电容器的可动极板，它与固定极板组成可变电容器。当被测压力变化时，由于测压膜片的弹性变形产生位移改变了两块极板之间的距离，造成电容量发生变化。图 2-17 所示为电容式压力传感器的结构示意图及其实物图。测压元件是一个全焊接的差动电容膜盒，以玻璃绝缘层内侧凹球面金属镀膜作为固定电极，以中间弹性膜片作为可动电极。整个膜盒用隔离膜片密封，在其内部充满硅油。隔离膜片感受两侧的压力，通过硅油将压力传到中间弹性膜片上，使它产生位移，引起两侧电容器电容量的变化。电容量的变化再经过适当的转换电路输出 4~20mA 标准信号，就构成目前常用的电容式压力传感器。

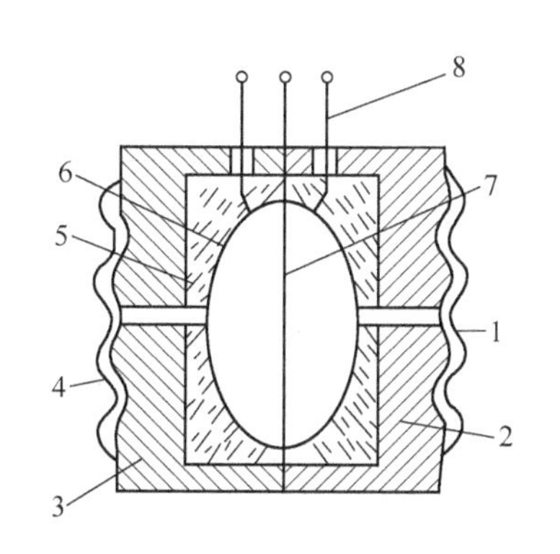

图 2-17　电容式压力传感器

1、4—隔离膜片　2、3—不锈钢基座　5—玻璃绝缘层　6—固定电极　7—弹性膜片　8—引线

电容式压力传感器的结构紧凑、灵敏度高、过载能力大，测量准确度等级可达 0.2 级，可以测量压力和压力差。

2.4.3　压力表的选用

压力表的选用应根据工艺生产过程对压力测量的要求，主要包括仪表型式、量程范围、精度和灵敏度、外形尺寸以及是否还需要远传和其他功能，如指示、记录、报警、控制等。

1. 类型的选用

仪表类型的选用必须满足工艺生产的要求。例如是否需要远传变送、自动记录或报警；被测介质的物理化学性质（如腐蚀性、温度高低、黏度大小、脏污程度、易燃易爆等）是否对仪表提出特殊要求；现场环境条件（如高温、电磁场、振动等）对仪表有否特殊要求等。

普通压力表的弹簧管材料多采用铜合金，高压的也有采用碳钢的；而氨用压力表的弹簧管材料都采用碳钢的；不允许采用铜合金。因为氨气对铜的腐蚀极强，所以普通压力表用于氨气压力测量很快就会被损坏。

氧气压力表与普通压力表在结构和材质上完全相同，只是氧用压力表禁油。因为油进入氧气系统会引起爆炸。如果必须采用现有的带油污的压力表测量氧气压力时，使用前必须用四氯化碳反复清洗，认真检查直到无油污为止。

2. 测量范围的确定

仪表的测量范围是根据被测压力的大小来确定的。对于弹性式压力表，为保证弹性元件能在弹性变形的完全范围内可靠地工作，量程的上限值应高于工艺生产中可能的最大压力值。根据“化工自控设计技术规定”，在测量稳定压力时，最大工作压力不应超过量程的2/3；测量脉动压力时，最大工作压力不超过量程的1/2；测量高压压力时，最大工作压力不应超过量程的3/5。

为了保证测量的准确度，所测的压力值不能太接近仪表的下限值，即仪表的量程不能选得太大，一般被测压力的最小值应不低于量程的1/3。

按上述要求算出后，选取稍大的相邻系列值，一般可在相应的产品目录中查到。

3. 准确度等级的选取

仪表的精度主要是根据生产上允许的最大测量误差来确定的。此外，在满足工艺要求的前提下，还要考虑经济性，即尽可能选用精度较低、价廉耐用的仪表。

选用的依据如下：

1）必须满足工艺生产过程的要求，包括量程和精度。

2）必须考虑被测介质的性质，如温度、压力、黏度、腐蚀性、易燃易爆程度等。

3）必须注意仪表安装使用时所处的现场环境条件，如环境温度、电磁场、振动等。

从被测介质的性质来看，对腐蚀性较强的介质应使用像不锈钢之类的弹性元件或传感器，对氧气、乙炔等介质应选用专用压力仪表。

从对仪表输出信号的要求来看，对于只需要观察压力变化的情况，可选用弹簧管或U形液柱式那样直接指示型的仪表；对于需要将压力信号远传到控制室或其他电动仪表的情况，则应选用电气式压力检测仪表或其他具有电信号输出的仪表，如应变片压力传感器、电容式压力传感器；对于要检测快速变化的压力信号的情况，则应选用电气式压力检测仪表，如扩散硅压力传感器。

从仪表使用环境来看，对于温度特别高或特别低的环境，应选择温度系数小的敏感元件；对于爆炸性较强的环境，在使用电气式压力表时，应选择安全防爆型压力表。

各种压力表各有其特点和适用范围。在选择压力表后，还应该正确安装，避免因安装不当造成的测量误差。有关压力表的安装必须严格按照各种压力表的使用说明书规定进行。

2.5 物位检测

在工业生产过程中测量液位、固体颗粒和粉粒位，以及液-液、液-固相界面位置的仪表，一般测量液体液面位置的称为液位计，测量固体、粉料位置的称为料位计，测量液-液、液-固相界面位置的称为相界面计。在工业生产过程中广泛应用物位测量仪表，测量锅炉水位的液位计就是一例。发电厂大容量锅炉水位是十分重要的工艺参数，水位过高、过低都会引起严重的安全事故，因此要求准确地测量和控制锅炉水位。水塔的水位、油罐的油液位、煤仓的煤块堆积高度、化工生产的反应塔溶液液位等，都需要采用物位测量仪表测量。物位测量的目的在于正确地测知容器中所贮藏物质的容量或质量；随时知道容器内物位的高低，对物位上、下限进行报警；连续地监视生产和进行调节，使物位保持在所要求的高度。物位测量对于保证设备的安全运行也十分重要。

2.5.1　物位检测的方法

在生产过程的物位测量中，不仅有常温、常压、一般性介质的液位、料面、界面的测量，而且还常常会遇到高温、低温、高压、易燃易爆、黏性及多泡沫沸腾状介质的物位测量问题。为满足生产过程物位测量的要求，目前已建立起各种各样的物位测量方法，如直读法、浮力法、静压法、电容法、放射性同位素法、超声波法以及激光法、微波法等。在上述方法中，直读法是直接用与被测容器旁通的玻璃管或带夹缝的玻璃板显示容器中的液位高度，此方法直观，结构简单。除此之外，生产过程中应用较广泛的方法是静压法、浮力法和电容法。

直读式物位仪表：玻璃管液位计、玻璃板液位计等。

差压式物位仪表：利用液柱或物料堆积对某定点产生压力的原理工作。

浮力式物位仪表：利用浮子高度或浮力随液位高度而变化的原理工作。

电磁式物位仪表：使物位的变化转换为一些电量的变化，如电容。

核辐射物位仪表：利用射线透过物料时其强度随物质层的厚度而变化的原理工作。

声波式物位仪表：由于物位的变化引起声阻抗的变化、声波的遮断和声波反射距离的不同，测出这些变化就可测知物位。根据工作原理分为声波遮断式、反射式和阻尼式。

光学式物位仪表：利用物位对光波的遮断和反射原理工作。

2.5.2　常用的物位检测仪表

1. 磁翻板液位计

磁翻板（磁翻柱）液位计是根据浮力原理和磁性耦合作用，结合机械传动的特性制成的一种用于液位测量的装置。如图2-18所示，该类型的仪表都有一个容纳浮球的腔体（称为主体管或外壳），腔体通过法兰或其他接口与容器组成一个连通器，从而使仪表腔体内的液面与容器内的液面等高。

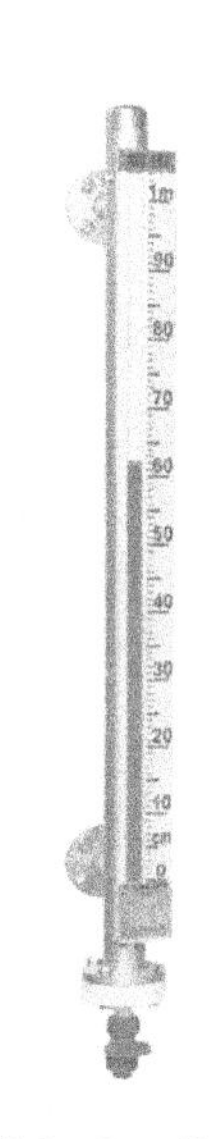

图2-18　磁翻板液位计

腔体内的浮球随被测液位等量变化，当被测容器中的液位升降时，液位计磁性浮子也随之升降。腔体的外面还有一个翻柱显示器，浮球沉入液体与浮出部分的交界处安装了磁钢，它与浮球随液面升降时，它的磁性透过外壳传递给翻柱显示器，推动磁翻柱翻转180°；由于磁翻柱是有红、白两个半圆柱合成的圆柱体，因此翻转180°后朝向翻柱显示器外的会改变颜色（液面以下红色、以上白色），两色交界处即是液面的高度。当液位下降时翻板由红色转变为白色，当液位上升时翻板由白色转变为红色，容器内部液位的实际高度为指示器的红白交界处，从而实现液位清晰的指示。

为了扩大它的使用范围，还可以根据相关标准及要求增加液位变送装置，以输出多种电信号，如电阻信号、电压信号或者电流信号。其中，4~20mA的电流信号是比较常用的一种。比如，在监测液位的同时磁控开关信号可用于对液位进行控制或报警；在翻柱液位计的基础上增加了4~20mA变送传感器，在现场监测液位的同时，将液位的变化通过变送传感器、线缆及仪表传到控制室，从而实现远程监测和控制。

2. 电接点液位计

电接点液位计由水位测量筒、电接点和数字显示仪等部分构成，由于水和汽的导电性能差别极大，一般水的电阻为几十千欧，汽的电阻在 1MΩ 以上，电接点的绝缘子使电接点与水位测量筒外壳绝缘。当水位浸没电接点时，由于水的电阻较低，使电接点与容器外壳接通，通过水和汽的电阻值的变化，转换成电信号传送至数字显示仪进行处理，然后通过 4~20mA 的电流信号输出。电接点液位计如图 2-19 所示。

3. 浮筒液位计

浮筒液位计是油气生产中大量应用的一种液位测量仪表，用于敞口式压力容器的液位和界面测量。根据配置不同，它可实现现场液位指示、信号远传等功能。

浮筒液位计利用变浮力原理测量液位，其敏感元件是浮筒，根据浮筒被液体浸没高度不同导致所受浮力的不同来检测液位的变化。

下面以扭力管式浮筒液位计为例，说明其工作原理。如图 2-20 所示，扭力管式浮筒液位计主要由浮筒、杠杆、扭力管、芯轴和外壳五部分组成。液位检测元件浮筒垂直地悬挂在杠杆的左端，杠杆的右端与扭力管以及装于扭力管内的芯轴垂直紧固连接，并由固定在外壳上的支点所支撑。扭力管的另一端固定在外壳上，芯轴的另一端为自由端，用于输出角位移。

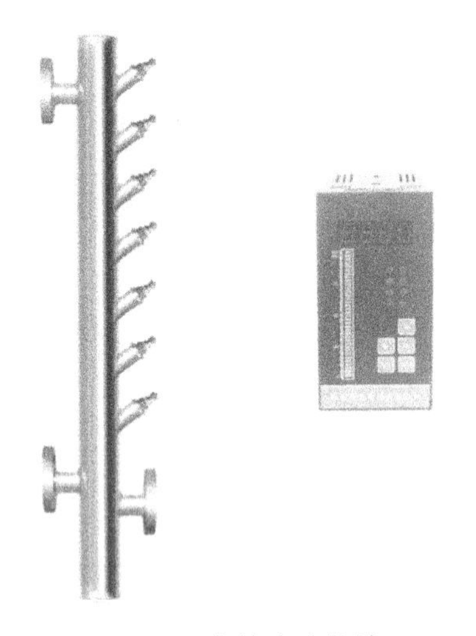

图 2-19　电接点液位计

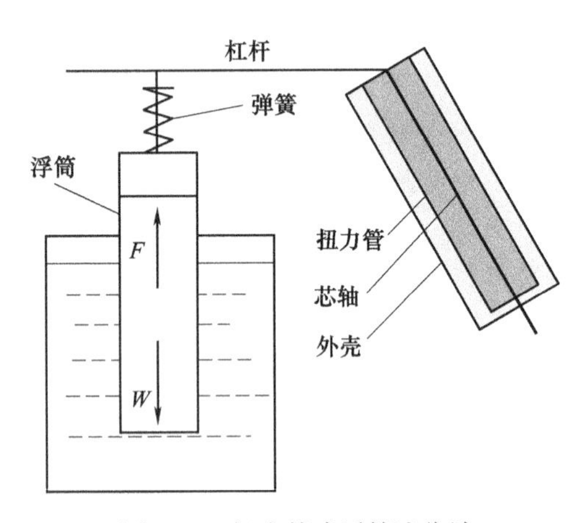

图 2-20　扭力管式浮筒液位计

当液位低于浮筒下端时，浮筒的全部质量作用于杠杆上，此时作用力 $F=W$，其中 W 为浮筒本身的重力。此时，经杠杆作用于扭力管上的扭力矩最大，使扭力管产生最大的扭角 $\Delta\theta_{max}$（大约 7°）。当液位浸没整个浮筒时，作用在扭力管上的扭力矩最小，使扭力管产生最小的扭角（大约 2°）。当液位高度为 H 时，浮筒上移的距离为 Δx，此时，浮筒的浸没高度为 $H-\Delta x$，作用在杠杆上的力 $F_x=W-A\rho g(H-\Delta x)$。其中，$A$ 为浮筒的截面面积；ρ 为液体的密度。浮筒上移的距离与液位高度成正比，即 $\Delta x=KH$；扭力管的扭角 θ 与所受力 F_x 成正比，因此，当 H 升高时，θ 线性减小。

实际应用时，可通过机械传动装置带动指针就地指示液位高度，也可以利用变送器，将此角位移转换为标准的电信号，实现测量结果的远传。

4. 差压式液位计

差压式液位计实物如图 2-21a 所示，它利用静压原理来测量。液位与压差之间的关系可简述如下：

对于敞口容器，p_A为大气压力，只需将差压变送器的负压室通大气即可。对于密闭容器，差压式液位计的正压侧与容器底部相通，负压侧连接容器上面部分的气体空间，如图 2-21b 所示。如果不需要远传，可在容器底部或侧面液位零位处引出压力信号到压力表上，仪表指示的表压力直接反映对应的液柱静压，可根据压力与液位的关系直接在压力表上按液位进行刻度。

在使用差压式液位计实际测量时，要注意零液位与检测仪表取压口（差压式液位计的正压室）保持同一水平高度，否则会产生附加的静压误差。但是现场往往由于客观条件的限制不能做到这一点，因此必须进行量程迁移和零点迁移。现以气动差压式液位计为例说明。

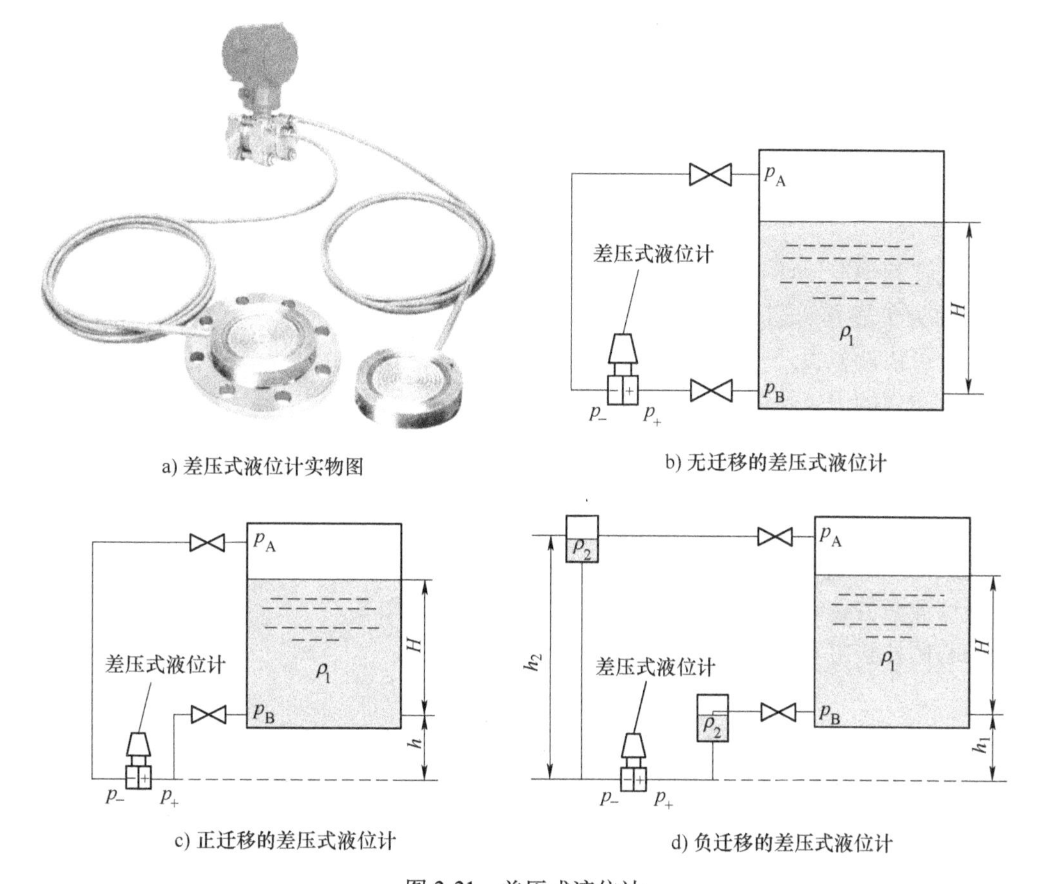

a) 差压式液位计实物图　　b) 无迁移的差压式液位计

c) 正迁移的差压式液位计　　d) 负迁移的差压式液位计

图 2-21　差压式液位计

用气动差压式液位计测量液位时，其输出信号为 20～100kPa 的气压信号，当按照图 2-21b 所示的安装方法时，液位高度 $H=0$ 时，输出为 20kPa，H 为最高液位时，输出为 100kPa。H 在零与最高液位之间时，则对应在 20～100kPa 之间有一个输出气压信号，这是液位测量中最简单的情况。它被称为“无迁移”。令正压室压力为 p_+，负压室压力为 p_-，则

$$p_- = p_A$$

$$p_{+}=p_{B}=p_{A}+\rho gH$$

$$\Delta p=p_{+}-p_{-}=\rho gH \tag{2-25}$$

可以看出，当 $\Delta p=0$ 时，$H=0$，输出信号为 20kPa。

图 2-21c 所示为正迁移的差压式液位计，此时取压口安装于储槽底部，则当液位实际为零时，液位计输出并不是 20kPa，其输出值包含了液柱静压的影响。此时，必须进行量程迁移，缩小量程，从而消除液柱静压的影响。由图可知

$$p_{-}=p_{A}$$

$$p_{+}=p_{B}+\rho gh=p_{A}+\rho gH+\rho gh$$

$$\Delta p=p_{+}-p_{-}=\rho g(H+h) \tag{2-26}$$

由于 $h\rho g$ 作用在正压室上，故称之为正迁移。通过调整仪表的迁移弹簧张力，可以抵消 $h\rho g$ 作用在正压室的力，从而达到迁移量程的目的。迁移后测量范围在 $0\sim H_{max}\rho g$，再通过零点迁移，使差压式液位计的测量范围调整到 $h\rho g\sim(h+H_{max})\rho g$。

图 2-21d 所示为负迁移的差压式液位计。对于腐蚀性流体，差压式液位计正、负压室之间分别装有隔离，并充以隔离液，以防止具有腐蚀作用的液体或气体进入液位计造成对仪表的腐蚀，若被测介质密度为 ρ_1，隔离液密度为 ρ_2（$\rho_2>\rho_1$），则

$$p_{+}=p_{A}+\rho_1 gH+\rho_2 gh_1$$

$$p_{-}=p_{A}+\rho_2 gh_2$$

$$\Delta p=p_{+}-p_{-}=\rho_1 gH-\rho_2 g(h_2-h_1) \tag{2-27}$$

对比无迁移情况，Δp 多了一项压力作用于负压室，因此这种情况被称为负迁移。当 $H=0$ 时，$p_0<20\text{kPa}$，为了消除负迁移的影响，可以调整负迁移弹簧的张力来进行负迁移，以抵消施加于负压室内的力，从而达到负迁移的目的。

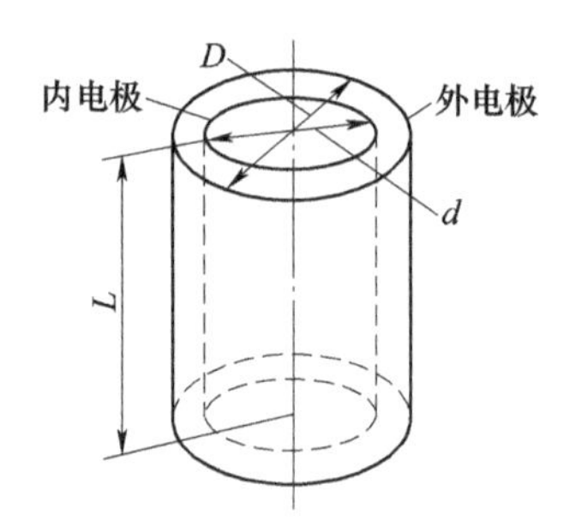

图 2-22　电容式液位计

5. 电容式液位计

电容式液位计利用液位高低变化影响电容器电容量大小的原理进行测量。电容式液位计的结构形式很多，有平极板式、同心圆柱式等。它既能测量导电介质，也能测量非导电介质。当需要连续测量液位时，多使用同心圆柱式电容器，如图 2-22 所示。同心圆柱式电容器的电容量：

$$C=2\pi\varepsilon L/\ln(D/d)=kL \tag{2-28}$$

式中，D、d 分别为外电极内径（m）和内电极外径（m）；ε 为极板间介质介电常数（F/m）；L 为极板相互重叠的长度（m）。液位变化会引起等效介电常数 k 变化，从而使电容器的电容量变化，继而通过变送转换标准信号输出。

选用电容式液位计时应注意温度以及其他因素对介电常数的影响。物位对电容量的影响往往只有几百微法，它引起电容值的变化极易受干扰影响，使用时要考虑抗干扰问题。

图 2-23　雷达液位计

6. 雷达液位计

雷达液位计如图 2-23 所示，它利用超高频电磁波经天线向被测容器的液面发射，当电磁波碰到液面后反射回来，检测出发射波及回波的时差，即可计算出液面高度，因此它通常安装在设备

项部。

雷达液位计不受气体、真空、高温、变化的压力、变化的密度、气泡等因素影响，可用于易燃、易爆、强腐蚀性等介质的液位测量，特别适用于大型立罐和球罐等测量。

7. 超声波液位计

超声波在气体、液体和固体介质中以一定速度传播时因被吸收而衰减，但衰减程度不同，在气体中衰减最大，而在固体中衰减最小；超声波从液体（固体）介质传播到气体介质中，或从气体介质传播到液体（固体）介质中，由于两种介质声阻抗相差悬殊，超声波几乎全被反射。利用这些特性，超声波可用于测量物位，如回波反射式超声波物位计通过测量从发射超声波至接收到被物位界面反射的回波的时间间隔来确定物位的高低。

图 2-24a 所示为超声波测量物位的原理图。在容器顶部放置一个超声波探头，探头上装有超声波发射器和接收器。当发射器向液面发射短促的超声波时，在液面处产生反射，反射的回波被接收器接收。若当前液位高度为 H，超声波探头的安装高度为 S，至液面的高度为 L，超声波在空气中传播的速度为 v，从发射超声波至接收到反射回波间隔时间为 t，则有如下关系

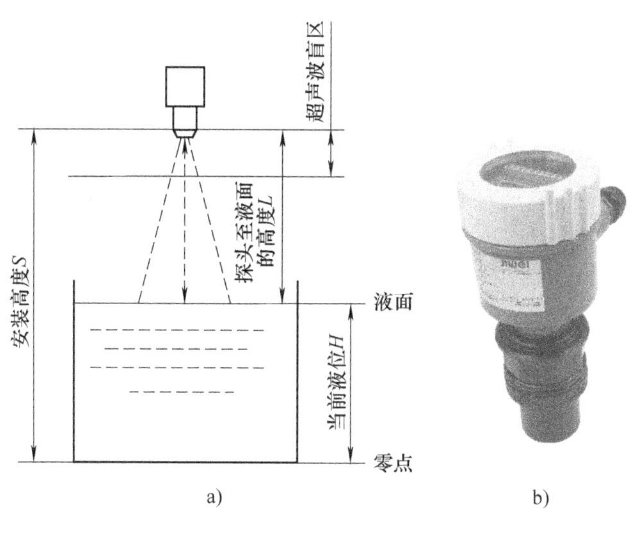

图 2-24 超声波液位计

$$H = S - L = S - \frac{1}{2}vt \tag{2-29}$$

式中，只要 v 已知，测出 t，就可得到物位高度 H。

超声波物位计主要包括超声换能器和电子装置两部分。超声换能器由压电材料制成，实现电能和机械能的相互转换，其发射器和接收器可以装在同一个探头上，也可分开装在两个探头上，探头可以装在容器的上方或者下方。电子装置用于产生电信号激励超声换能器发射超声波，并接收和处理经过超声换能器转换的电信号。由于超声波物位计检测的精度主要取决于超声波的传播速度和传播时间，而传播速度容易受到介质温度、成分等变化的影响，因此需要进行补偿。通常的补偿方法是在超声换能器附近安装一个温度传感器，根据已知的声速与温度之间的关系自动进行声速补偿。另外也可以设置一个校正器具定期校正声速。

超声波物位计采用的是非接触测量，因此适用于液体、颗粒状、粉状物以及黏稠、有毒

介质的物位测量，能够实现防爆，但有些介质对超声波吸收能力很强，无法采用超声波检测。

2.5.3 物位检测仪表的选用

各种物位检测仪表都有其特点和适用范围，有些可以检测液位，有些可以检测料位。选择物位计时必须考虑测量范围、测量精度、被测介质的物理化学性质、环境操作条件、容器结构形状等因素。在液位检测中最为常用的就是静压式和浮力式测量方法，但必须在容器上开孔安装引压管或在介质中插入浮筒，因此在介质为高黏度或者易燃易爆场合不能使用这些方法。在料位检测中可以采用电容式、超声波式、射线式等测量方法。各种物位测量方法的特点都是检测元件与被测介质的某一个特性参数有关，如静压式和浮力式液位计与介质的密度有关，电容式物位计与介质的介电常数有关，超声波物位计与超声波在介质中的传播速度有关，核辐射物位计与介质对射线的吸收系数有关。这些特性参数有时会随着温度、组分等变化而发生变化，直接关系到测量精度，因此必须注意对它们进行补偿或修正。

2.6 成分和物性参数的检测

在工业生产过程中，成分是最直接的控制指标。对于化学反应过程，要求产量多、收率高；对于分离过程，要求得到更多的纯度合格产品。为此，一方面要对温度、压力、液位、流量等变量进行观察、控制，使工艺条件平稳；另一方面又要取样分析、检验成分。例如，在氨的合成中，合成气中一氧化碳（CO）和二氧化碳（CO_2）含量高时，合成塔催化剂会中毒；氢氮比不适当，转化率会低。像这些成分都需要进行分析。又如在石油蒸馏中，塔顶及侧线产品的质量不仅取决于沸点温度，也与密度等许多物性参数有关。大气环境监测分析，需要对有关气体成分参数进行测量。因此，成分、物性的测量和控制是非常重要的。

2.6.1 热导式气体成分检测

热导式气体成分检测利用各种气体的热导率不同来测出气体的成分。由图 2-25 可以看出，氢气（H_2）的热导率最大，是空气的 7 倍多。在测量中必须满足两个条件：第一，待测组分的热导率与混合气体中其余组分的热导率相差要大，越大越灵敏；第二，其余各组分的热导率要相等或十分接近。这样混合气体的热导率随待测组分的体积含量而变化，因此只要测出混合气体的热导率便可得知待测组分的含量。然而，直接测量热导率很困难，故要设法将热导率的差异转化为电阻的变化，为此，将混合气体送入热导池，通过在热导池内用恒定电流加热的铂丝，铂丝的平衡温度将取决于混合气体的热导率，即待测组分的含量。例如，待测组分是氢气，当氢气的百分含量增加后，铂丝周围气体的热导率升高，铂丝的平衡温度将降低，电阻值则减少。电阻值可利用不平衡电桥来测得，如图 2-26 所示。

图 2-26 所示为一个双臂-差比不平衡电桥，以补偿电源电压及环境温度变化时对铂丝平衡温度的影响，并提高测量灵敏度。与待测气体成分成比例的桥路输出电压可转换成相应的标准直流电流信号。热导式气体成分检测装置可用于氢气（H_2）、二氧化碳（CO_2）、氨（NH_3）、二氧化硫（SO_2）等成分分析。

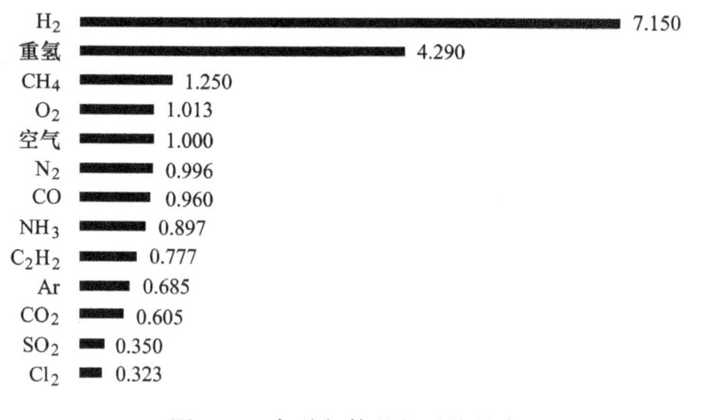

图 2-25　各种气体的相对热导率

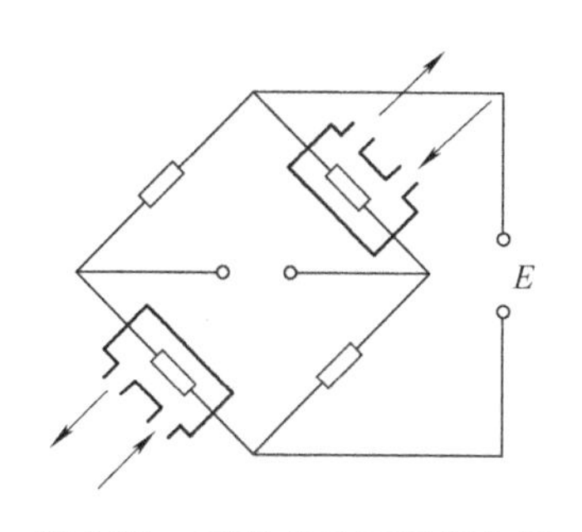

图 2-26　双臂-差比不平衡电桥

2.6.2　磁导式含氧量检测

磁导式含氧量检测是通过测定混合气体的磁化率来推知氧气浓度的，由表 2-6 可以看出，氧气的体积磁化率最高而且是正值，故它在磁场中会受到吸引力。

表 2-6　气体的体积磁化率

气体名称	体积磁化率（0℃）	相对磁化率（0℃）	气体名称	体积磁化率（0℃）	相对磁化率（0℃）
氧气	146	100	一氧化氮	53	36.2
氮气	-0.58	-0.4	二氧化氮	9	6.16
二氧化碳	-0.84	-0.57	氢气	-0.164	-0.11
水蒸气	-0.58	-0.4	氨	-0.84	-0.57
甲烷	-1	-0.68			

图 2-27 所示为热磁式含氧量分析的工作原理，混合气体通过测量环室，在无氧组分时，水平通道中将无气体流动，铂丝 R_1 和 R_2 的温度及阻值相等，桥路输出为零；当混合气体中含有氧组分时，由于恒定的不均匀磁场的作用，则有气流通过水平通道，这股气流称为磁风，磁风将铂加热丝冷却，使它的电阻值降低，含氧量越高，气流速度越大，磁风也越大，铂丝的温度就越低，阻值也越低，完成成分-电阻的转换，电阻的变化使不平衡电桥输出相应的电压，经转换后获得标准直流电流信号。

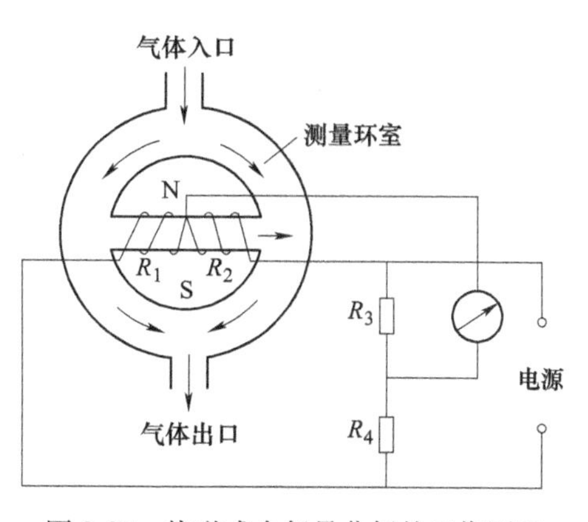

图 2-27　热磁式含氧量分析的工作原理

由于热磁对流的影响，铂电阻 R_1 被气流带走的热量要比从 R_2 被带走的热量多，由于冷的样品气首先经过 R_1，样品气吸收 R_1 的热量后，再流经 R_2，因此，R_1 的温度比 R_2 的温度低，R_1 的阻值比 R_2 的阻值小，将 R_1 和 R_2 与固定阻值的锰铜电阻 R_3 和 R_4 组成桥路，这样桥路失去平衡，输出不平衡电压或电流，桥路输出信号的大小反映了样气中含氧量之值。桥路输出的不平衡信号幅值较小，经放大和 U/I 转换后，输出 DC 1~5V 和 DC 4~20mA 的统一标准信号远传，供控制系统对含氧量进行自动控制，或经显示记录仪显示和记录含氧量的大小。

2.6.3 红外气体分析仪

红外气体分析仪如图 2-28 所示，其基本工作原理是基于某些气体对红外线的选择性吸收。简单说就是将待测气体连续不断地通过一定长度和容积的容器，从容器可以透光的两个端面中的一个端面一侧入射一束红外光，然后在另一个端面测定红外线的辐射强度，然后依据红外线的吸收与吸光物质的浓度成正比就可知道被测气体的浓度。凡是不对称结构的双原子和多原子气体分子，都能在某些波长范围内吸收红外线，并且都具有各自的特征吸收波长。因此，测量气体的浓度就是要测量被气体吸收掉的红外线能量 ΔE。但是直接测量 ΔE 是很麻烦的，因此红外线气体成分检测也是采用间接测量方法。例如光声式检测器（又称薄膜电容器或微音器），它将一恒定的红外线能量与被气体吸收后的红外线能量进行比较，得出能量差 ΔE，继而把 ΔE 变为电容的变化，最后把电容调制成低频电信号，再经过放大、整流，用电流显示出待测气体浓度。

2.6.4 气相色谱仪

色谱法的分离原理是利用混合物中各组分在流动相和固定相中具有不同的溶解-解析能力、吸附-脱附能力，或其他亲和作用力的差异，当两相做相对运动时，样品各组分在两相中反复多次（$\geq 10^3$ 次）受到上述各种作用力的作用，从而使混合物各组分获得互相分离。

如图 2-29 所示，当样品（例如含 A、B 两组分的混合物）进入色谱柱头以后，流动相把样品带入色谱柱内，刚进入柱子时，组分 A 和 B 以混合谱带出现。由于各组分在固定相中的溶解-解析，或吸附-脱附，或其他亲和作用力的差异，各组分在色谱柱中的滞留时间也就不同，即它们在柱中的运行速度不同。随着流动相的不断流过，组分在柱中两相间经过了反复多次的分配和平衡过程，当运行一定的柱长以后，样品中各组分得到了分离。当组分 A 离开色谱柱出口流过检测器时，记录仪记录出组分 A 的色谱峰；当组分 B 离开色谱柱流过检测器时，记录仪就记录出组分 B 的色谱峰。

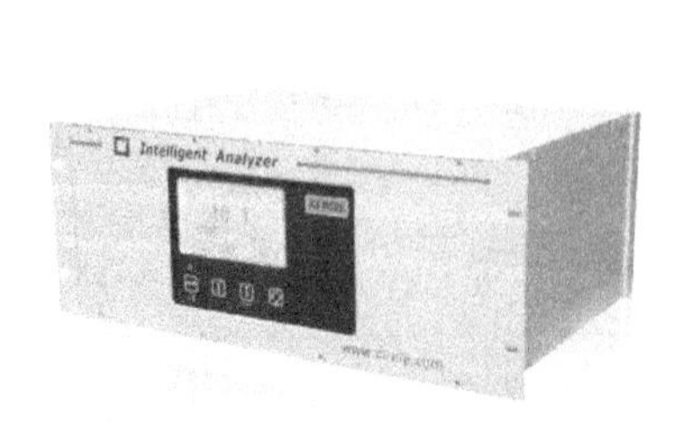

图 2-28 红外气体分析仪

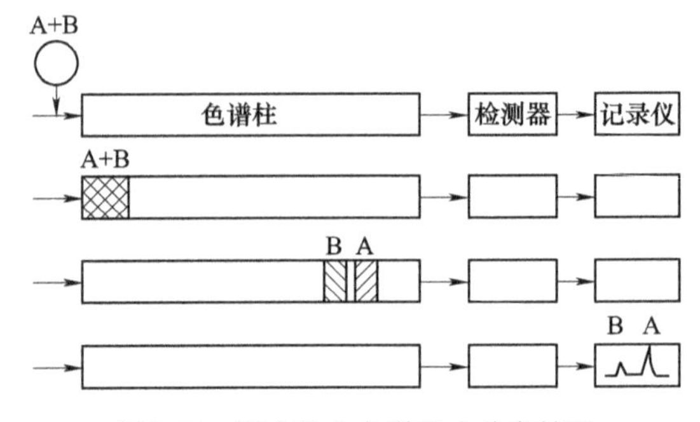

图 2-29 混合物在色谱柱中分离情况

其分析过程可以分为三步：首先，被分析样品在流动相带动下通过色谱柱，进行多组分混合物的逐一分离；然后由热导或氢火焰检测器逐一测定通过的各组分物质含量，并将其转换成电信号送到记录装置，得到反映各组分含量的色谱峰谱图，最后对谱图或检测器输出的电信号进行人工或自动的数据处理。具体的谱图如图 2-30 所示。

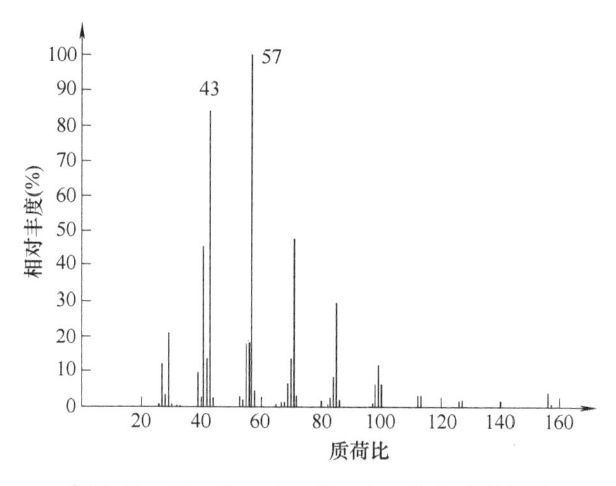

图 2-30　丁二酸、乙二酸、十一烷的质谱谱图

2.7　变送器

变送器是单元组合仪表中不可缺少的基本单元，其作用是将检测元件的输出信号转换成标准统一信号（如 4~20mA 的直流电流）送往显示仪表或控制仪表进行显示、记录或控制。由于生产过程变量种类繁多，因此相应地有许多变送器，如温度变送器、差压变送器、压力变送器、液位变送器、流量变送器等。有的变送器将测量单元和变送单元做在一起（如压力变送器），有的则仅有变送功能（如温度变送器）。

变送器是基于负反馈原理工作的，包括测量（输入转换）、放大和反馈三个部分。其原理如图 2-31 所示。

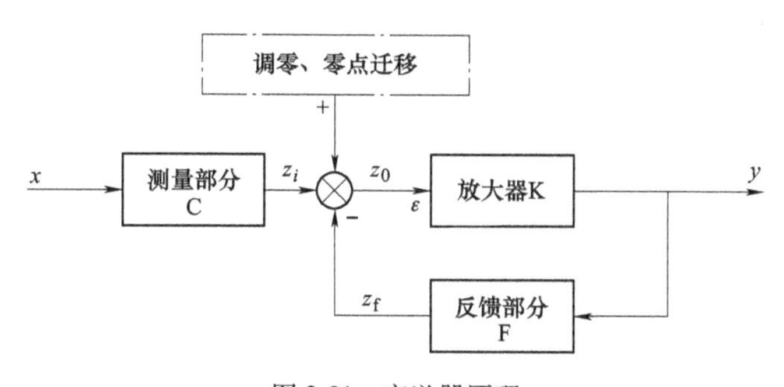

图 2-31　变送器原理

测量部分的作用是检测被测参数 x，并将其转换成电压（或电流、位移、力矩、作用大等）信号 z_i 送到放大器输入端。反馈部分的作用是将变送器的输出信号 y 转换成反馈信号，再送回放大器输入端。z_i 与调零信号 z_0 的代数和与反馈信号 z_f 进行比较，其差值 ε 送入放大器进行放大，并转换成标准输出信号 y。

2.7.1　量程迁移和零点迁移

量程调整或称满度调整的目的，是使变送器输出信号的上限值（或满度值）y_{max} 与输入测量信号上限值 x_{max} 相对应。量程调整相当于改变变送器的灵敏度，即输入输出特性的斜率，如图 2-32 所示。

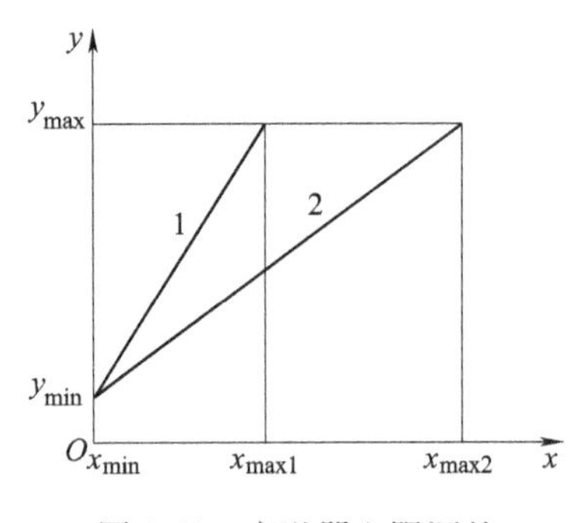

图 2-32　变送器上限调整

变送器零点调整的目的是使其输出信号的下限值 y_{min} 与输入信号的下限值 x_{min} 相对应。例如，当输入 $x_{min}=0$ 时，其输出应为 $y_{min}=4\text{mA}$，否则应进行零点调整，如图 2-33a 所示。

将变送器的测量起始点由零点迁移到某一正值或负值，称为零点迁移。零点迁移有正迁移和负迁移。将变送器的测量起始点由零点迁移到某一正值，称为正迁移，如图 2-33b 所示；而将测量起始点迁移到某一负值，称为负迁移，如图 2-33c 所示。

变送器零点迁移后，若其测量范围 $x_{min}\sim x_{max}$ 不变，其输入输出特性仅沿 x 轴方向向左或向右平移某一距离，变送器的灵敏度不变，斜率不变，如图 2-33b、c 所示。但是，变送器零点迁移后，若其测量范围扩大或减小，则其灵敏度减小或提高。因此，工程上常利用零点迁移和量程调整，以提高其灵敏度。

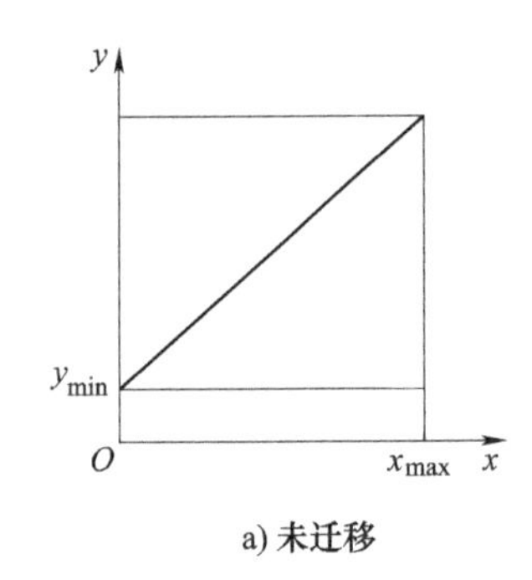

a) 未迁移

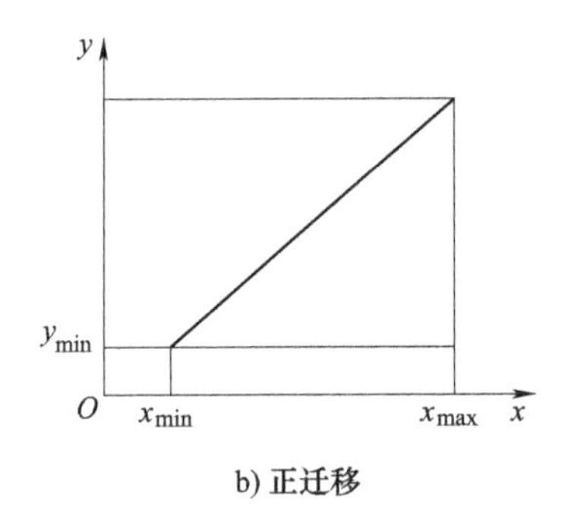

b) 正迁移

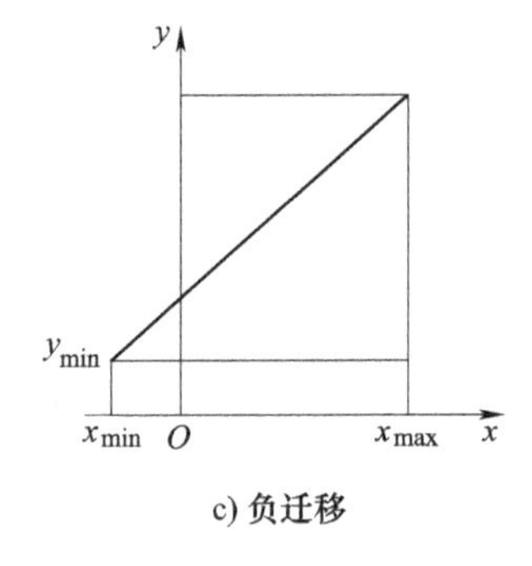

c) 负迁移

图 2-33　变送器零点迁移

2.7.2　温度变送器

温度变送器是电动单元组合仪表的一个主要单元。其作用是将热电偶、热电阻的检测信号转换成标准统信号，如 0～10mA 的直流电流、4～20mA 的直流电流、1～5V 的直流电压，输出给显示仪表或控制器实现对温度的显示、记录或自动控制。温度变送器还可以作为直流毫伏转换器来使用，以将其他能够转换成直流毫伏信号的工艺参数也变成标准统信号输出。因此，温度变送器被广泛使用。

如图 2-34 所示，温度变送器有四线制和两线制之分。所谓四线制是指供电电源和输出信号分别用两根导线传输，目前使用的大多数变送器均是这种形式。由于电源与信号分别传送，因此对电流信号的零点及元器件的功耗无严格要求。所谓两线制是指变送器与控制室之间仅用两根导线传输。这两根导线既是电源线又是信号线，既节省了大量电缆线等费用，又有利于安全防爆。

两线制和四线制温度变送器各有三种类型：①直流毫伏变送器；②热电偶温度变送器；③热电阻温度变送器。这三种变送器在线路结构上都由量程单元和放大单元两部分组成。其中，放大单元是通用的，而量程单元则随品种、测量范围的不同而异。

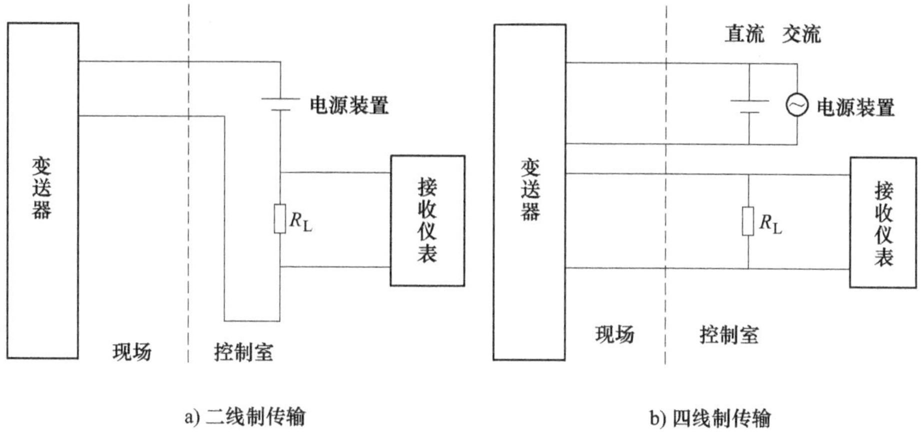

a) 二线制传输　　b) 四线制传输

图 2-34　二线制传输与四线制传输示意图

图 2-35 所示为四线制温度变送器的原理图。图中，“⇨”表示供电回路，“→”表示信号回路。反映被测参数大小的输入毫伏信号 U_i 与桥路部分的输出信号 U'_z 以及反馈信号 U'_f 相叠加，送入放大单元，经电压放大、功率放大和隔离输出电路，转换成 DC 4~20mA 的电流 I_o 和 DC 1~5V 的电压 U_o 输出。

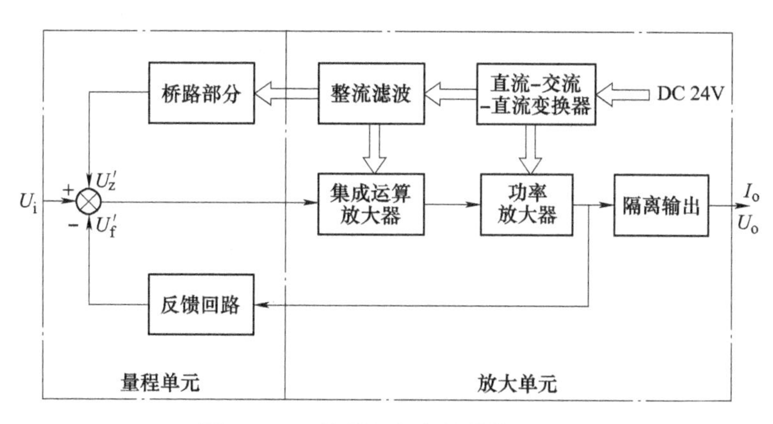

图 2-35　四线制温度变送器的原理图

1. 热电偶温度变送器的量程单元

热电偶温度变送器的量程单元原理图如图 2-36 所示，图中包含热电偶的冷端补偿电路，零点调整、零点迁移和量程调整电路，还有线性化电路。

（1）冷端补偿　其中铜电阻 R_{Cu1} 和 R_{Cu2} 作为补偿电阻，感受冷端温度。如果冷端温度升高，热电偶测量电势减小，同时铜电阻变大，恰当地选择电阻就可以补偿温度变化带来的影响。

（2）调整功能　改变 R_{106} 可进行大幅度零点迁移，改变 R_{108} 和调整电位器 W_1 可获得满量程上下 5%的零点调整范围。改变 R_{111} 可大幅度改变变送器量程范围，改变 W_2 可获得满量程上下 5%的量程调整范围。

（3）线性化功能　热电偶输出电势信号与所对应的温度之间是非线性的。为此，在量程单元的反馈回路中加入了非线性校正环节。该非线性校正环节由稳压管（VZ_{103} ~ VZ_{106}）、基准电压（U_{s1}~U_{s4}）及电阻等组成，其非线性特性与所用热电偶非线性特性一致。这样就使整机输出（I_o，U_o）与被测温度呈线性关系。

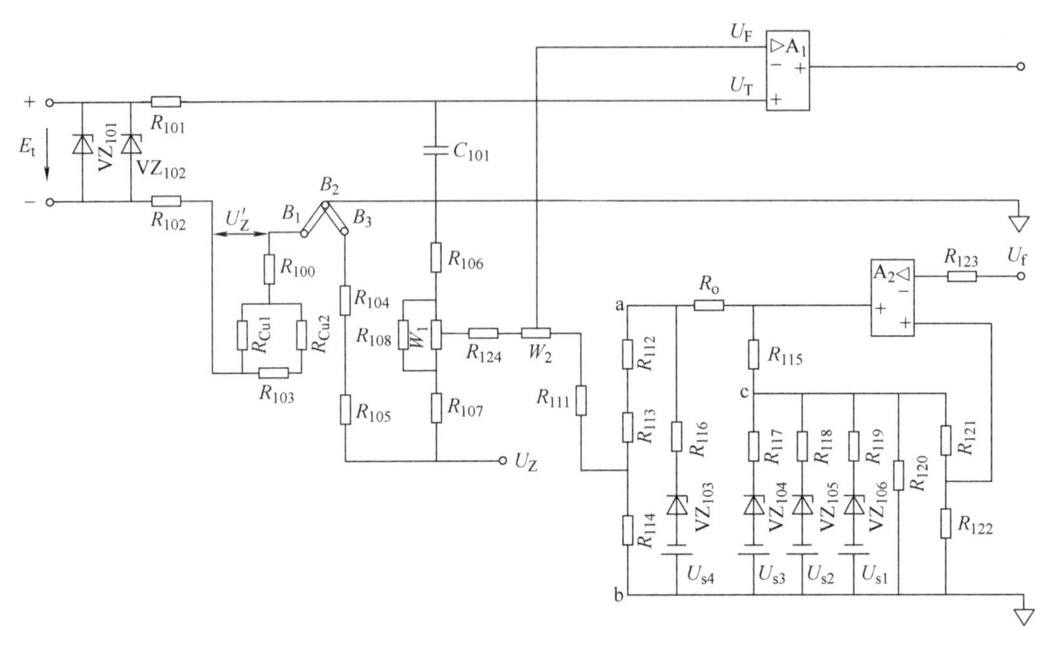

图 2-36　热电偶温度变送器的量程单元原理图

2. 热电阻温度变送器量程单元

图 2-37 所示热电阻温度变送器的量程单元原理图，包含线性化电路和热电阻导线电阻补偿电路。

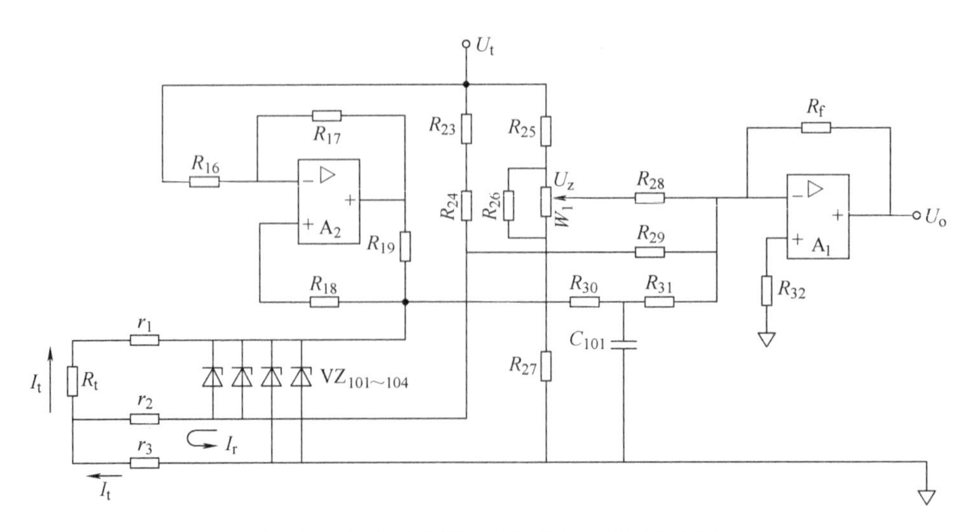

图 2-37　热电阻温度变送器的量程单元原理图

热电阻和被测温度之间也存在非线性关系，因此在输入回路中加进了线性化电路。零点调整、零点迁移及量程调整工作情况与热电偶温度变送器中相似。

为了避免了热电阻引线电阻由于随环境温度变化而引起测量误差，三个热电阻使用三线制接法，调整 R_{24}，使热电阻及 r_3 上流过的电流 I_t与流过 r_2 、r_3 的电流 I_r相等。这样，r_3 上不产生压降，r_1 上的压降 $I_r r_1$ 与 r_2 上的压降 $I_r r_2$ 分别通过电阻 R_{30}、R_{31}和 R_{29}引至 A_1的反向端，由于这两个压降大小相等而极性相反，并且设计时使 $R_{29}=R_{30}+R_{31}$，因此引线 r_1上的压降与引线 r_2 上的压降相抵消。

3. 直流毫伏变送器量程单元

与热电偶温度变送器量程单元相比，除了输入信号为直流毫伏、不需要参比端温度补偿电路、调零电位器 W_1不在反馈回路上，以及反馈回路中不需要线性化电路外，其余情况大致相似。

2.7.3　差压变送器

差压（压力）变送器作为过程控制系统的检测变送部分，将液体、气体或蒸汽的差压（压力）、流量、液位等工艺参数，转换成统一的标准信号，作为显示记录仪、运算器和调节器的输入信号，以实现生产过程的连续检测和自动控制。差压变送器主要有力矩平衡式差压变送器、电容式差压变送器和扩散硅式差压变送器。

1. 力矩平衡式差压变送器

力矩平衡式差压变送器的原理图如图 2-38 所示。被测压力通过高压室和低压室的比较转换成压力差 $\Delta p=p_1-p_2$，该压力差作用于敏感元件膜片或膜盒上，产生输入力 F_i，F_i作用于主杠杆下端，使主杠杆以密封膜片 O_1为支点按逆时针方向偏转。其结果形成力 F_1推动矢量机构沿水平方向移动。矢量机构将 F_1分解成垂直向上的分力 F_2和斜向分力 F_3。F_2作用于副杠杆上使其以支点 O_2做顺时针方向偏转，使固定在副杠杆上的位移检测片靠近差动变压器，因此其气隙减小，差动变压器的输出电压增加，通过放大器转换成 4~20mA 的输出电流 I_o也增大。输出电流 I_o流过反馈线圈，在永久磁钢作用下产生反馈力 F_f，F_f作用在副杠杆上，使副杠杆按逆时针方向偏转。当反馈力 F_f与作用力 F_2在副杠杆上形成的力矩达到动态平衡时，杠杆系统保持稳定状态，放大器的输出电流 I_o就稳定在某一数值，I_o的大小就反映了被测量压力差 Δp 的大小。

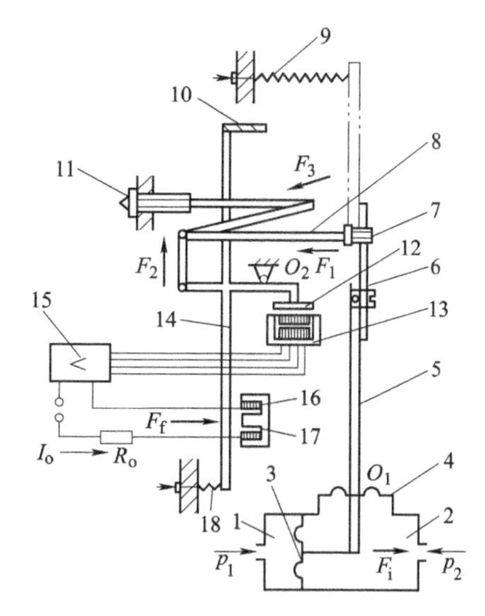

图 2-38　力矩平衡式差压变送器的原理图

1—高压室　2—低压室　3—膜片或膜盒　4—密封膜片　5—主杠杆　6—过载保护簧片　7—静压调整螺钉　8—矢量机构　9—零点迁移弹簧　10—平衡锤　11—量程调整螺钉　12—检测片　13—差动变压器　14—副杠杆　15—放大器　16—反馈线圈　17—永久磁钢　18—调零弹簧

2. 电容式差压变送器

电容式差压变送器的构成框图如图 2-39 所示。输入压力差 Δp_i 作用于感压膜片，使其产生位移，从而使感压膜片（即可动电极）与固定电极所组成的差动电容的电容发生变化，此电容变化再经电容-电流转换电路转换成直流电流信号，电流信号与调零信号的代数和同反馈信号进行比较，其差值送入放大电路，经放大得到 4~20mA 的直流电流输出。

图 2-40a 所示为差动电容式差压变送器的结构示意图。压力 p_1和 p_2分别作用于两侧膜

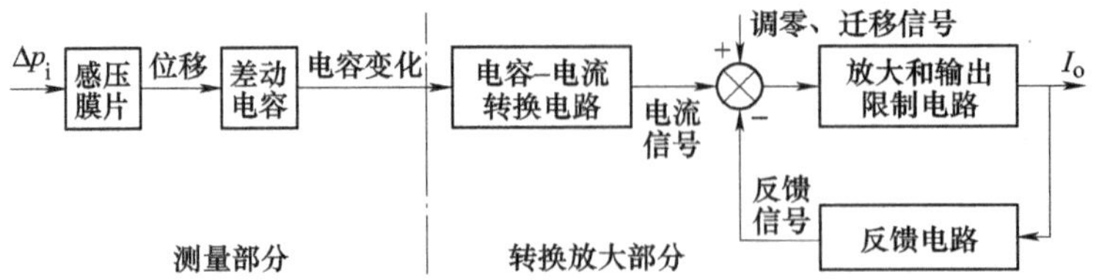

图 2-39　电容式差压变送器构成框图

片，通过硅油传递到差动电容的动极板两侧。当 $p_1=p_2$时，动极板处于中间位置，即 $d_1=d_2=d_0$，此时

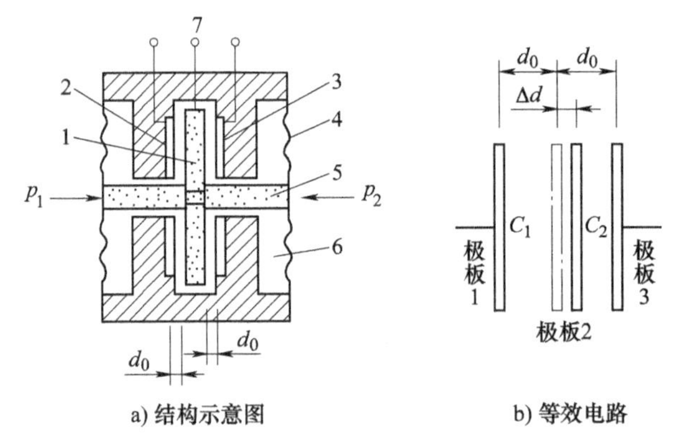

a) 结构示意图　　b) 等效电路

图 2-40　电容式差压变送器原理图

1—可动电极　2、3—固定电极　4—膜片　5—连接轴　6—硅油　7—引线

$$C_1 = C_2 = C_0 = \frac{\varepsilon A}{d_0} \tag{2-30}$$

式中，ε 为介电常数；A 为板极面积。

p_1接于高压室，p_2接于低压室，即 $p_1>p_2$。电容可动极板的位移 Δd 与压力差 Δp 呈线性关系。当 $p_1>p_2$时，中间动板极向右位移 Δd，如图 2-40b 所示，于是，$d_1=d_0+\Delta d$，$d_2=d_0-\Delta d$，因此 C_1和 C_2的电容量可分别表示为

$$C_1 = \frac{\varepsilon A}{d_0 + \Delta d}$$

$$C_2 = \frac{\varepsilon A}{d_0 - \Delta d} \tag{2-31}$$

选取差动电容的电容之比为 $\frac{C_2 - C_1}{C_1 + C_2}$，于是有

$$\frac{C_2 - C_1}{C_1 + C_2} = \frac{\dfrac{\varepsilon A}{d_0 - \Delta d} - \dfrac{\varepsilon A}{d_0 + \Delta d}}{\dfrac{\varepsilon A}{d_0 + \Delta d} + \dfrac{\varepsilon A}{d_0 - \Delta d}} = \frac{\Delta d}{d_0} = K_2 \Delta d \tag{2-32}$$

式中，K_2为常数，$K_2 = 1/d_0$。于是产生和位移呈线性关系的差动电容。差动电容式差压变送器的电容电流转换电路的作用就是将式（2-32）的电容比提取出来，并转变成 DC 4~20mA 输出。

3. 扩散硅式差压变送器

扩散硅式差压变送器采用硅杯压阻传感器为敏感元件，具有体积小、重量轻、结构简单和稳定性好的优点，精度也较高。其测量部件如图 2-41 所示。

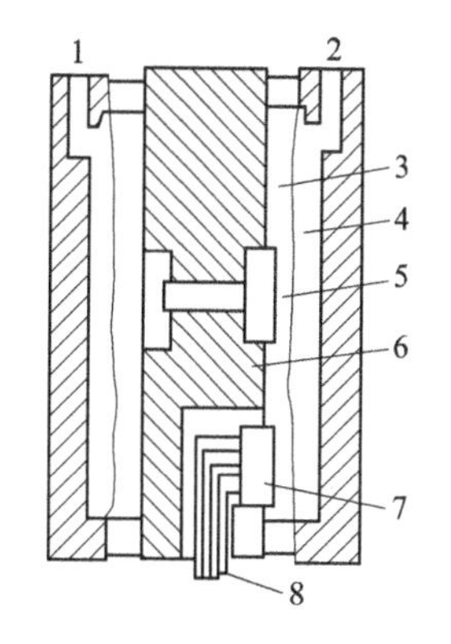

图 2-41 扩散硅式差压变送器的测量部件

1—负压导压口 2—正压导压口 3—硅油 4—隔离膜片 5—硅杯 6—支座 7—玻璃密封 8—引线

敏感元件由两片研磨后胶合成杯状的硅片组成，即图 2-41 中的硅杯。当硅杯受压时，压阻效应使其上的应变电阻阻值发生变化，从而使由这些电阻组成的电桥产生不平衡电压。硅杯两面浸在硅油中，硅油和被测介质之间用金属隔离膜片分开。当被测差压输入到测量室内作用于隔离膜片上时，膜片将驱使硅油移动，并把压力传递给硅杯压阻传感器。于是传感器上的不平衡电桥就有电压信号输出给放大器，经放大处理输出 4~20mA 的直流电流信号。

习 题

一、简答题

2-1 什么是检测仪表的零点调整、零点迁移和量程调整？

2-2 温度检测主要有哪些方法？叙述它们的作用原理和使用场合。

2-3 热电偶测温时，为什么要参比端温度补偿？参比端温度补偿方法有哪几种？为什么热电偶不适用于测量低温？

2-4 热电阻测温时，为什么要采用三线制接法？

2-5 流量检测有很多分类方法，可以怎么分类？它们又各自包含哪些检测方法？

2-6 为什么差压式流量计在精确测流量时气体或蒸汽要进行温压补偿，而测液体流量时却不需要？

2-7 叙述各种流量计在应用上的特点和适用场合。

2-8 常用压力检测仪表有哪些？叙述各自特点。

2-9 如何选用压力表？

2-10 物位检测方法有哪些？如何选用物位检测仪表？

2-11 成分、物性检测元件有哪些？分别是基于什么原理检测的？

2-12 温度变送器有何作用？

2-13 常用的差压变送器有哪几种？

二、设计题

2-14 现有一台准确度等级为 0.5 级的测量仪表，量程为 0~1000℃，正常情况下进行校验，其最大绝对误差为 6℃。求该仪表的最大引用误差，并确定该仪表的精度是否合格。

2-15 若被测压力变化范围为 0.5~1.4MPa，要求测量误差不大于压力示值的±5%。可供选择的压力表规格有量程为 0~1.6MPa、0~2.5MPa，准确度等级为 1.0 级、1.5 级、2.5 级三种，试选择合适量程和精度的压力表。

2-16 用镍铬镍硅（K）热电偶测量温度，已知冷端温度为 40℃，用高精度毫伏表测得此时的热电动势为 29.188mV，求被测点的温度。（镍铬-镍硅热电偶分度表查出 $E(40, 0) = 1.638\text{mV}$）

2-17 有一测量温差的温度系统，接线如图 2-42 所示，两支热电偶的分度号分别为 K 和 E，它们通过配套的补偿导线接到电子电位差计上，室温$t_0=20$℃，试求：当热端温度$t_1=800$℃，热端温度$t_2=500$℃时，仪表的指示值为多少？表 2-7 列出了热电偶的分度表。

表 2-7　热电偶的分度表

温度/℃	20	500	800	980	990
K 热电偶热电势/mV	0. 798	20. 64	33. 277	40. 488	40. 879
E 热电偶热电势/mV	1. 192	36. 999	61. 022	74. 857	75. 608

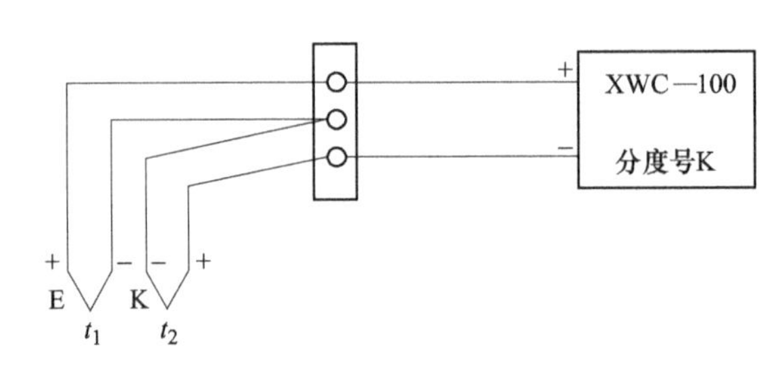

图 2-42　温差系统接线图

第 3 章 执行器

在自动控制系统中，执行器的作用就是接收控制器输出的控制信号，改变操纵变量，使生产过程按预设要求正常进行。执行器直接安装在生产现场，直接控制工艺介质，若选型或使用不当，将直接会给生产过程的自动控制带来困难。因此执行器的选择和使用是一个重要的问题。

3.1 执行器的构成原理

广义上的执行器由执行机构和调节机构组成，如图 3-1 所示。执行机构是指根据控制器控制信号产生推力或位移的装置；调节机构是根据执行机构输出信号去改变能量或物料输送量的装置，通常指调节阀。

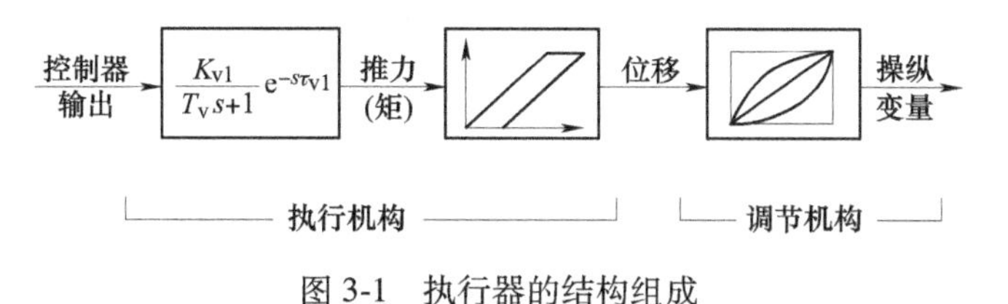

图 3-1 执行器的结构组成

执行器按其能源分为气动、电动和液动三种。气动执行器的执行机构和调节机构是统一的整体，最大的优点是安全性高，对使用环境要求低，可应用于易燃易爆的工作场合；电动执行器的执行机构和调节机构是分开的两部分，结构复杂，价格贵，适合用于防爆要求不高和缺乏气源的场所；液动执行器推力大，但体积较大，管路结构复杂，目前适用于大型水利系统。

调节机构的口径需要根据工作状况的流量、阀前后压力、介质特性计算，通常应使调节结构的开度为 15%~85%；控制阀的基本公式为

$$Q = C_v\sqrt{\frac{p_v}{\rho}} \tag{3-1}$$

式中，Q 为流过控制阀的流体流量；p_v 为阀两端的压差；ρ 为流体密度；C_v 为比例系数，即流通能力，与控制阀的类型、口径和阀门开度有关。

3.1.1 气动执行器

气动执行器包含气动执行机构与调节机构（调节阀），它们通常是一个整体。气动执行

机构有薄膜式和活塞式两类，最常见的是气动薄膜执行机构。

图 3-2 所示为气动薄膜执行器（由于工业上也简称执行器为阀门，因此气动薄膜执行器也被叫作气动薄膜调节阀），执行机构部分由膜片、阀杆和平衡弹簧组成，执行机构是执行器的推动装置。气动调节器或电/气转换器输出气压信号，经膜片转换成推力并克服弹簧弹力后，使阀杆产生位移。阀杆是执行机构和调节机构的连接装置，它带动阀芯动作，从而起到调节空隙大小和改变流量的作用。

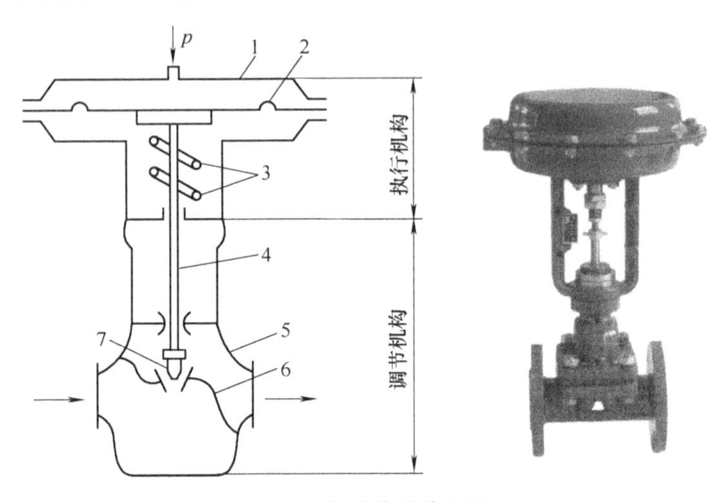

图 3-2　气动薄膜执行器

1—上盖　2—膜片　3—平衡弹簧　4—阀杆　5—阀体　6—阀座　7—阀芯

图 3-3 所示为气动执行机构的受力分析图，信号压力通过波纹膜片的上方（正作用式）或下方（反作用式）进入气室后，在波纹膜片上产生一个作用力，使阀杆移动并压缩或拉伸弹簧，当弹簧的反作用力与薄膜上的作用力相平衡时，阀杆稳定在一个新的位置。信号压力越大，作用在波纹膜片上的作用力越大，弹簧的反作用力也越大，即阀杆的位移量越大。执行机构中，将控制器的输出信号转换为力矩，推力的计算公式为

$$\pm F = 0.1 A_e [p - (p_i + p_r)] \tag{3-2}$$

式中，A_e是膜片的有效面积；p 是操作压力；p_i是弹簧初始压力；p_r是弹簧压力范围。

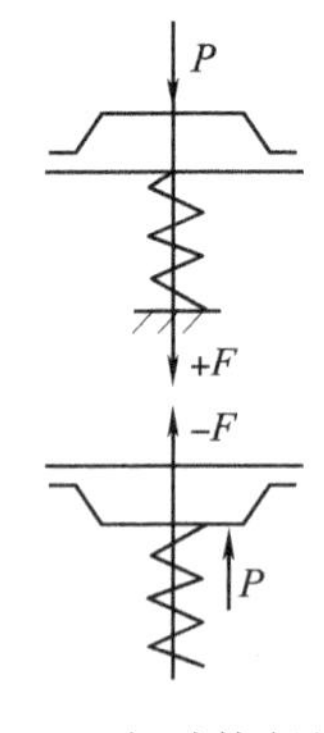

图 3-3　气动执行机构的受力分析图

在执行机构中，通常存在死区。死区是执行器输入变化不能使流过执行器的流量发生变化时，执行器输入的变化范围。造成死区的原因如下：

1）当控制器输出反向时，摩擦力与原合力方向相反，造成回差。

2）由于回差，阀杆不能及时响应控制器的输出，使控制不及时。

3）增益变化时，造成偏离度增大，使控制系统不稳定。

气动执行器有气开与气关两种形式。如图 3-4 所示，当输入信号气压增加时，流量逐渐增加，称为气开型；反之，当输入信号气压增加时，流量逐渐减小，称为气关型。

气动薄膜执行机构的传递函数可由一阶时滞环节近似：

$$G_v(s) = \frac{K_{v1}}{T_v s + 1} e^{-s\tau_{v1}} \tag{3-3}$$

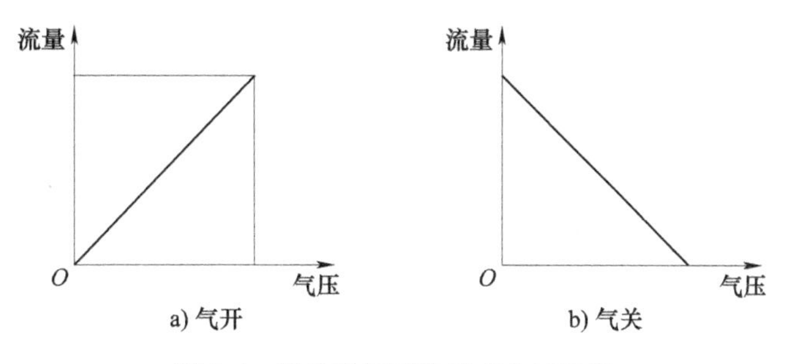

图 3-4　流量随气压信号变化特性图

从传递函数来考虑，如果要增大增益，就需要加大操作压力、增大有效面积、减小弹簧初始力等。如果要减小时间常数，则要增大管径、缩短管线长度等。

而另外一种气动执行机构——活塞式执行机构，其行程长，属于强力气动执行机构，且无弹簧抵消推力，因此输出推力很大，特别适用于高静压、高压差、大口径场合和控制质量要求较高的系统；而薄膜式行程较小，只能直接带动阀杆。

3.1.2　电动执行机构

在防爆要求不高且无合适气源的情况下可以使用电动执行器。电动执行机构都是由电动机带动减速装置，在电信号的作用下产生直线运动和角度旋转运动。电动执行机构一般可分为直行程、角行程和多转式三种。这三种类型的电气原理完全相同。图 3-5 所示为电动执行机构的组成框图。它由放大单元和执行机构两部分组成，由位置发送器发送并转换成标准电信号的位置信息与控制器发出的控制信号相比较，差值被送入伺服放大器经放大后控制伺服电动机，再经减速，从而调节阀的开度，同时，输出轴的位移又被位置发送器感知，从而完成反馈调节。

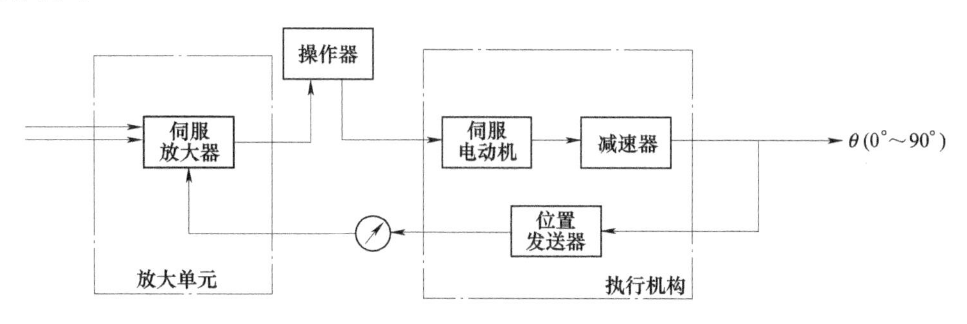

图 3-5　电动执行机构的组成框图

3.1.3　调节阀

从流体力学观点看，调节阀是一个局部阻力可以改变的节流元件，由于阀芯在阀体内移动，改变了阀芯与阀座间的流通面积，即改变了阀的阻力系数，操纵变量（调节介质）的流量也就相应地改变，从而达到控制工艺变量的目的。

最常用的调节阀是直通双座调节阀，如图 3-6 所示，阀体内有一个阀芯和一个阀座，阀芯链接阀杆，阀杆上端通过螺母与执行机构推杆相连接，推杆带动阀杆及阀杆下端的阀芯上下移动，流体从左侧进入控制阀，经两个阀芯和阀座后，汇合到右侧流出。阀芯与阀杆间用销钉连接，根据需要可以正装阀芯（正作用），也可以倒装阀芯（反作用）。调节阀正作用时，阀杆下移，空隙变小，流量减小；反作用时，阀杆下移，空隙变大，流量增加。

调节阀的阀芯与阀杆间用销钉连接，这种连接形式使阀芯根据需要可以正装（正作用），也可以倒装（反作用）。如图3-6所示，调节阀正作用时，阀杆下移时，空隙变小，流量减小；反作用时，阀杆下移时，空隙变大，流量增加。

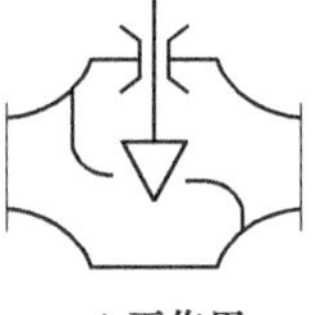
a) 正作用

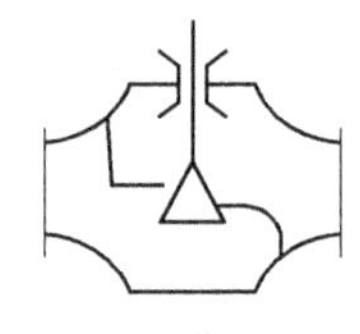
b) 反作用

图3-6 调节阀的正反作用

3.1.4 执行器的气开与气关

执行器如气动薄膜控制阀的执行机构和调节机构组合起来可以实现气开和气关式两种调节。由于执行器有正、反两个作用方式，控制阀也有正、反两种作用方式，因此就可以有四种组合方式组成气开或气关型，见表3-1。

1）执行机构分正作用与反作用：正作用执行机构，当控制器输出增加，阀杆下移；反作用执行机构，当控制器输出增加，阀杆上移。

2）调节机构有正体阀和反体阀：正体阀阀杆下移时，流量减小；反体阀阀杆下移时，流量增加。

执行机构和调节机构组成的控制阀分为气开式和气关式。气开式是输入气压信号越高时开度越大，表示输入到执行机构的信号增加时，流过执行器的流量增加，而在失气时则全关，故称FC型；气关式是输入气压越高时开度越小，表示输入到执行机构的信号增加时，流过执行器的流量减小，而在失气时则全开，故称FO型。

表3-1 气开与气关组合方式

执行机构作用方式	调节机构作用方式	执行器作用方式
正作用	正体阀	气关型
正作用	反体阀	气开型
反作用	正体阀	气开型
反作用	反体阀	气关型

调节阀的气开、气关的选择，主要从工艺生产的安全来考虑。换句话说，当发生断电或其他故障引起控制信号中断时，执行器的工作状态应避免损失设备和伤害操作人员。例如，一般加热器应选用“气开”式，这样当控制信号中断时，执行器处于关闭状态，停止加热，使设备不致因温度过高而发生事故或危险；又如，锅炉进水的执行器应选用“气关”式，即当控制信号中断时，执行器处于打开状态，保证有水进入锅炉，不致产生烧干或爆炸事故。

3.2 流量特性

调节阀的流量特性是指控制介质流过阀门的相对流量与阀门相对开度之间的关系，其数学表达式为

$$q = \frac{Q}{Q_{max}} = f\left(\frac{L}{L_{max}}\right) \tag{3-4}$$

式中，Q/Q_{max}表示调节阀某一开度的流量与全开时的流量之比，称为相对流量；L/L_{max}表示调节阀某一开度下阀杆行程与全开时阀杆全行程之比，称为相对开度。

3.2.1 理想流量特性

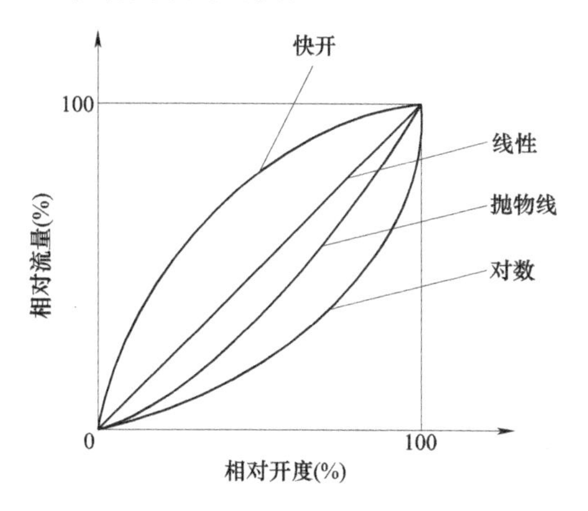

图 3-7 调节阀的理想流量特性

理想流量特性（固有流量特性），即在调节阀的前后压力差固定的条件下，流量与阀杆位移之间的关系，它完全取决于阀的结构，即阀芯的形状，不同的阀芯曲面可有不同的流量特性。

理想流量特性主要有线性、对数（等百分比）、快开和抛物线四种，如图 3-7 所示。

1. 线性流量特性

线性流量特性是指控制阀的相对流量与相对开度呈直线关系，即阀杆单位行程变化所引起的流量变化是常数。其数学表达式为

$$\frac{d\left(\frac{q}{q_{max}}\right)}{d\left(\frac{l}{l_{max}}\right)} = k \tag{3-5}$$

将式（3-5）积分得

$$\frac{q}{q_{max}} = k\frac{l}{l_{max}} + C \tag{3-6}$$

式中，C 为积分常数。根据已知边界条件，$l=0$ 时，$q=q_{min}$；$l = l_{max}$ 时，$q=q_{max}$，可解得 $C=q_{min}/q_{max}$，$k = 1 - C = 1 - (1/R)$。其中，R 为控制阀所能控制的最大流量与最小流量之比，称为控制阀的可调比（可调范围），它反映了控制阀调节能力的大小。国内生产的调节阀的可调比 $R=30$。将 k 和 C 值代入式（3-6）可得

$$\frac{q}{q_{max}} = \left(1 - \frac{1}{R}\right)\frac{l}{l_{max}} + \frac{1}{R} \tag{3-7}$$

式（3-7）表明流过阀门的相对流量与阀杆相对行程是直线关系。当 $l/l_{max} = 100\%$ 时，$q/q_{max} = 100\%$；当 $l/l_{max} = 0$ 时，$q/q_{max} = 3.3\%$，它反映出控制阀的最小流量是其所能控制的最小流量，而不是控制阀全关时的泄漏量。

线性调节阀的放大系数 K_v是一个常数，不论阀杆原来在什么位置，只要阀杆做相同的变化，流量的数值也做相同的变化。可见，线性控制阀在开度较小时流量相对变化值大，这时灵敏度过高，控制作用过强，容易产生振荡，对控制不利；在开度较大时流量相对变化值小，这时灵敏度又太小，控制缓慢，削弱了控制作用。因此当线性调节阀工作在小开度或大开度的情况下，控制性能都较差，不宜用于负荷变化大的场合。

2. 对数流量特性（等百分比流量特性）

对数流量特性是指单位行程变化所引起的相对流量变化与此点的相对流量成正比关系，

即控制阀的放大系数 K_v 是变化的，它随相对流量的增加而增加，其数学表达式为

$$\frac{\mathrm{d}\left(\frac{q}{q_{max}}\right)}{\mathrm{d}\left(\frac{l}{l_{max}}\right)} = k\frac{q}{q_{max}} \tag{3-8}$$

将式（3-8）积分得

$$\ln\left(\frac{q}{q_{max}}\right) = k\left(\frac{l}{l_{max}}\right) + C \tag{3-9}$$

将前述已知条件带入可得

$$C = \ln(1/R) = -\ln R\ , \qquad k = \ln R = \ln 30 = 3.4$$

最后得

$$\frac{q}{q_{max}} = R^{\left(\frac{l}{l_{max}}-1\right)} \tag{3-10}$$

式（3-10）表明相对行程与相对流量成对数关系，在直角坐标上得到的是一条对数曲线，故称对数流量特性。又因为阀杆位移增加 1%，流量在原来基础上约增加 3.4%，所以也称为等百分比流量特性。

由于对数阀的放大系数 K_v 随相对开度的增加而增加，因此，对数阀有利于自动控制系统。在小开度时控制阀的放大系数小，控制平稳缓和；在大开度时放大系数大，控制灵敏有效。

3. 快开流量特性

这种流量特性在开度较小时就有较大流量，随着开度的增大，流量很快就达到最大，随后再增加开度时流量的变化甚小，故称为快开特性。快开特性控制阀主要适用于迅速启闭的切断阀或双位控制系统。

4. 抛物线流量特性

抛物线流量特性指的是流体流过阀门的流量与阀门开度成抛物线关系，它的特性很接近于等百分比特性，但是在上升速度上有细微的区别。

3.2.2 压降比对流量特性的影响

工作流量特性是指在工作条件下，阀门两端压力差变化时，流量与阀杆位移之间的关系。调节阀是整个管路系统中的一部分，安装在管道上或者与其他设备串联或者与旁路管道并联，因此工作特性不仅取决于调节阀的结构参数，也与配管情况有关，其中最重要的影响因素就是压降比 S 的影响。下面以调节阀和管道阻力串联的情况为例进行说明。

压降比 S 为阀全开时的前后压力差 Δp_{vmin} 与系统总压力差 Δp 之比，即

$$S = \frac{\Delta p_{vmin}}{\Delta p} \tag{3-11}$$

串联管道中的工作流量特性以图 3-8a 所示的串联系统为例，当系统的总压力差一定时，随着通过管道流量的增大，阻力损失与流速的二次方成正比，串联管道的阻力损失也增大，即压降比 S 增大，如图 3-8b 所示。这样，使控制阀上的压力差减小，引起流量特性的变化，理想流量特性变为工作流量特性。

以 q_{max} 表示理想流量特性下阀全开时的流量，则在不同的压降比 S 下，可以得到串联管

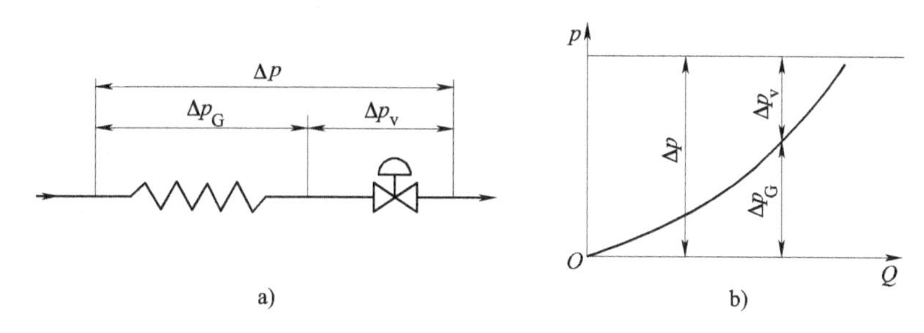

图 3-8　调节阀和管道阻力串联的情况

道时以 q_{max} 作为参比值的工作流量特性，如图 3-9 所示。

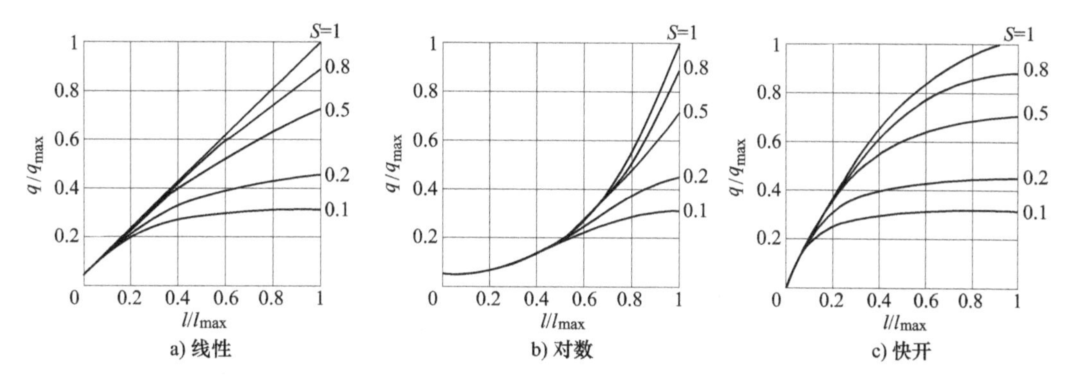

图 3-9　压降比对流量特性的影响

图 3-9 中，$S=1$ 时管道阻力损失为零，系统的总压力差全部降在控制阀上，工作流量特性和理想流量特性一致。随着 S 的减小，即管道阻力的增加，带来两个不利后果：一是因为系统的总压力差不变，管道阻力的增加意味着控制阀全开时压力差减小，全开时的流量也就减小，控制阀的可调范围 R 变得越来越小；二是控制阀的流量特性发生很大畸变，理想线性特性渐渐趋近快开特性，理想对数特性渐渐趋近线性特性。故在实际使用中，S 选得过大或过小都有不妥之处。S 选得过大，在流量相同的情况下，管路阻力损耗不变，但是阀上压降很大，消耗能量过多；S 选得过小，则对控制不利。一般希望 S 最小不低于 0.3。当 $S\geqslant 0.6$ 时，可以认为工业特性与理想特性相差无几。但在有些情况下，控制阀必须在低 S 值（$S\leqslant 0.3$）下运行，例如由于流体输送泵的能力限制，控制阀上的压降不得不降低。由于结构的原因，高压力差控制阀两端的压降不能超过一定限值，否则很易磨损。又如为了节能，使控制阀在低 S 值下运行，低 S 值时控制阀流量特性严重畸变，但可以对该特性进行静态非线性补偿，常采用阀门定位器的凸轮片形状变化或改变阀芯型面来实现补偿。

在现场使用中，当控制阀选得过大或非满负荷生产时，为了使控制阀有一定开度，往往把工艺阀门关小些以增加管道阻力。虽然这样做看上去控制阀有较大的行程，但却由于 S 值的减小而使控制阀工作特性严重畸变造成控制质量的恶化。

3.3　控制阀口径的确定

确定控制阀口径影响到工艺操作能否正常进行以及控制质量的好坏。

3.3.1 控制阀流量系数 K_v 的计算

流量系数 K_v的大小直接反映了流体通过控制阀的最大能力，它是控制阀的一个重要参数。流量系数 K_v的定义：控制阀全开时，阀前后压力差为 100kPa、流体密度为 $1g/cm^3$ 时，每小时流经控制阀的流量值（m^3/h）。例如，有一控制阀的 $K_v=40$，表示当此阀两端的压力差为 100kPa 时，每小时能通过 $40m^3$的水量。K_v值可由控制阀流量公式求得。

控制阀是一个可以改变局部阻力的节流元件，对不可压缩流体，可推导出流经控制阀的体积流量 q_V为

$$q_V=\frac{A}{\sqrt{\xi}}\sqrt{2\frac{\Delta p}{\rho}} \tag{3-12}$$

式中，A 为控制阀接管的截面面积，$A=(\pi/4)\ D_g{}^2$，D_g为接管直径（公称通径）；ξ 为阻力系数。若采用下列单位：q_V的单位为 m^3/h，D_g的单位为 cm，Δp 的单位为 kPa，ρ 的单位为 kg/cm^3，代入式（3-12），可得

$$q_V=\frac{40\ D_g^2}{\sqrt{\xi}}\sqrt{\frac{\Delta p}{\rho}} \tag{3-13}$$

因此，流量系数

$$K_v=\frac{40D_g^2}{\sqrt{\xi}} \tag{3-14}$$

由式（3-14）可见，流量系数 K_v取决于控制阀的公称通径 D_g和阻力系数 ξ。阻力系数主要取决于阀的结构。当生产工艺中流体性质一定、所需流量和阀前后压力差决定后，只要算出 K_v的大小就可以确定阀的口径尺寸，即公称通径 D_g和阀座直径 d_g。

国外采用 C_v值表示流量系数，其定义：保持阀两端压力差为 $1lb/in^2$，控制阀全开时，每分钟流过阀门的温度为 40~60℉的水的美加仑数。K_v与 C_v的换算关系：$C_v=1.17K_v$。

3.3.2 控制阀口径的确定步骤

控制阀口径的确定步骤如下：

1）根据生产能力、设备负荷决定最大流量 q_{vmax}。

2）根据所选的流量特性及系统特点选定 S 值，然后求出阀门全开时的压力差。

3）根据流通能力计算公式求得最大流量时的 K_{vmax}。

4）根据已求得的 K_{vmax}，在所选用的产品型号的标准系列中选取大于 K_{vmax}并最接近的 K_v值，从而选取阀门口径。

5）验证控制阀开度和可调比，一般要求最大流量时阀开度不超过 90%，最小流量时阀开度不小于 10%。

验证合格后，根据 K_v确定控制阀的公称通径和阀座直径。

3.4 阀门定位器

阀门定位器是气动调节阀的主要附件，它与气动调节阀配套使用。阀门定位器接收控制

器输出信号，然后将控制器的输出信号成比例地输出到执行机构，当阀杆移动以后，其位移量又通过机械装置负反馈作用于阀门定位器，因此它与执行机构组成一个闭环系统。采用阀门定位器能够增加执行机构的输出功率，改善控制阀性能。由于目前使用电动控制器居多，因此这里介绍电-气阀门定位器。

3.4.1 电-气阀门定位器

电-气阀门定位器原理图如图3-10所示，将电动调节器或手动操作器输出的DC 0~10mA或DC 4~20mA的气压信号用于控制气动执行器。它起到了电-气转换器和阀门定位器的作用。电-气阀门定位器是按力矩平衡原理工作的，电流输入由永久磁铁和线圈组成的电磁力转换机构时，转换成作用于主杠杆的输入力，使主杠杆以支点做逆时针方向偏转。因此，挡板靠近喷嘴，其背压升高，经气动执行器的膜头，使阀杆下移，并同时通过反馈杆带动反馈凸轮绕支点做顺时针方向偏转，并拉伸反馈弹簧，于是产生一个反馈力，所产生的力矩达到动态平衡时，整个系统便处于平衡状态。

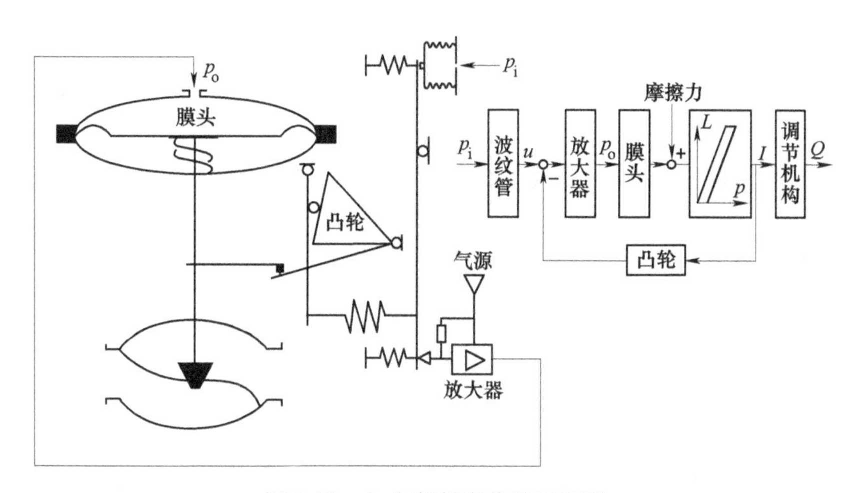

图3-10 电-气阀门定位器原理图

3.4.2 阀门定位器的作用

1. 改善阀的静态特性

用了阀门定位器后，只要控制器输出信号稍有变化，经过喷嘴-挡板系统及放大器的作用，就可使通往控制阀膜头的气压大有变动，以克服阀杆的摩擦和消除控制阀不平衡力的影响，从而保证阀门位置按控制器发出的信号正确定位。改善静态特性后，能使控制阀适用于下列情况：

1）要求阀位做精确调整的场合。

2）大口径、高压力差等不平衡力较大的场合。

3）为防止泄漏而需要将填料压得很紧，例如高压、高温或低温等场合。

4）工艺介质中有固体颗粒被卡住，或是高黏滞的情况。

2. 改善阀的动态特性

定位器改变了原来阀的一阶滞后特性，减小了时间常数，使之成为比例特性。一般来说，如果气压传送管线超过 60m 时，应采用阀门定位器。

3. 改变阀的流量特性

通过改变定位器反馈凸轮的形状，可使控制阀的线性、对数、快开流量特性互换。

4. 用于分程控制

用一个控制器控制两个以上的控制阀，使它们分别在信号的某一个区段内完成全行程移动。例如使两个控制阀分别在 DC 4~12mA 电流及 DC 12~20mA 电流的信号范围内完成全行程移动。

5. 用于阀门的反向动作

阀门定位器有正、反作用之分。正作用时，输入信号增大，输出气压也增大；反作用时，输入信号增大，输出气压减小。采用反作用式定位器可使气开阀变为气关阀。

3.5 气动薄膜控制阀的选用

在选择控制阀时要对控制过程认真分析，了解控制系统对控制阀的要求，包括操作性能、可靠性、安全性等方面。如果使用条件要求不高，有数种类型都可以使用，则以考虑成本高低为准则。一般包括控制阀结构形式及材质的选择，气开、气关的选择，以及控制阀流量特性的选择。

3.5.1 控制阀结构形式及材质的选择

在选择控制阀的结构形式和材质时应从工艺条件和介质特性考虑。例如，当控制阀前后压力差较小，要求泄漏量也较小的场合应选用直通单座阀；当控制阀前后压力差较大，并且允许有较大泄漏量的场合选用直通双座阀；当介质为高黏度且含有悬浮颗粒物时，为避免黏结堵塞现象和便于清洗应选用角型控制阀。

下面结合一些比较特殊的情况进行讨论。

1. 闪蒸和空化

当压力为 p_1 的液体流经节流孔时，流速突然急剧增加，而静压力骤然下降当节流孔后压力 p_2 达到或者低于该流体所在工况的饱和蒸气压 p_V 时，部分液体就气化成气体，形成气液两相共存的现象，这种现象就是闪蒸。如果产生闪蒸之后，p_2 不是保持在饱和蒸气压以下，在离开节流孔之后又急剧上升，这时气泡产生破裂并转化为液态，这个过程就是空化作用。因此，空化作用的第一阶段是闪蒸阶段，在液体内部形成空腔或气泡；第二阶段是空化阶段，使气泡破裂。在闪蒸阶段，对阀芯和阀座环的接触线附近造成破坏，阀芯外表面产生一道道磨痕。在空化阶段，由于气泡的突然破裂，所有的能量集中在破裂点，产生极大的冲击力，严重冲撞和破坏阀芯、阀体和阀座，将固体表层撕裂成粗糙的、渣孔般的外表面。空化过程产生的破坏作用十分严重，在高压力差恶劣条件的空化情况下，极硬的阀芯和阀座也只能使用很短的时间。

为避免或减少空化的发生，可以从压力差上考虑，选择压力恢复系数小的控制阀，如球阀、碟阀等；从结构上考虑，选择特殊结构的阀芯、阀座，如阀芯上带有锥孔等，使高速液体通过阀芯、阀座时每一点的压力都高于在该温度下的饱和蒸气压，或者使液体本身相互冲撞，在通道间导致高度湍流，使控制阀中液体动能由于相互摩擦而变为热能，减少气泡的形成；从材料上考虑，一般来说，材料越硬，抵御空化作用的能力越强，但在有空化作用的情况下很难保证材料长期不受损伤，因此选择阀门结构时必须考虑阀芯、阀座便于更换。

2. 磨损

阀芯、阀座和流体介质直接接触，由于不断节流和切换流向，当流体速度高并含有颗粒物时，磨损是非常严重的。为减小磨损，选择控制阀时尽量要求流路光滑，采用坚硬的阀内件，如套筒阀材料应选耐磨性好的；也可以选择有弹性衬里的隔膜阀、蝶阀、球阀等。

3. 腐蚀

在腐蚀流体中操作的控制阀要求其结构越简单越好，以便于添加衬里。可选用适应于腐蚀介质的隔膜阀、加衬蝶阀等。如果介质是极强的有机酸和无机酸，则可以用价格昂贵的全控制阀。

4. 高温

选择耐高温材料的球阀、角阀、蝶阀，并且在阀体结构上考虑装上散热片，阀内件采用热硬材料，或者考虑采用陶瓷衬里的特殊阀门。

当温度低于-30℃时要保护阀杆填料不被冻结。在-100～300℃的低温范围要求材料不脆化，可以在控制阀上安装不锈钢阀盖，其内部装有高度绝缘的冷箱。角阀、蝶阀等可以利用特制的真空套以减少热传递。

5. 高压力降

阀芯、阀座的表面材料必须能经受流体的高速和大作用力影响，可选择角阀等。在高压力降下很容易使液体产生闪蒸和空化作用，因此可以选择防空化控制阀。

3.5.2 控制阀流量特性的选择

选择控制阀流量特性首先要了解控制系统稳定运行准则。控制系统静态稳定运行条件是控制系统各开环增益之积基本恒定；控制系统动态稳定运行条件是控制系统总开环传递函数的模基本恒定。选择控制阀工作流量特性的目的就是通过控制阀调节机构的增益来补偿对象增益变化而造成开环总增益的变化。

1. 随动控制系统

随动控制系统中设定值变化，负荷线不变，因此，设定值变化时，应根据不同对象特性选择不同的控制阀工作流量特性。

如图3-11a所示，设定值R变化，测量值Y与控制阀输出流量Q之间为线性关系，即特性曲线的斜率K_p是常数，为使控制系统的总放大系数K_o不变，应选控制阀的静态放大系数K_v恒定，因此，选择控制阀静态特性为线性。

如图3-11b所示，测量值Y与控制阀输出流量Q之间为非线性关系，即特性曲线的斜率K_p不是常数，为使控制系统的总放大系数K_o不变，应选控制阀的静态放大系数K_v变化。对图示对象，K_p随Q增加而减小，即当Q大时，K_p小，则应选K_v大；当Q小时，K_p大，则应选K_v小。因此，选择控制阀静态特性为对数或抛物线特性。

如图3-11c所示，K_v随Q增加而增加，即当Q大时，K_p大，则选K_v小；当Q小时，K_p小，则选K_v大。因此，选择控制阀静态特性为快开特性。

2. 定值控制系统

定值控制系统受负荷扰动影响，设定值不变，负荷线随负荷变化，可根据不同被控对象

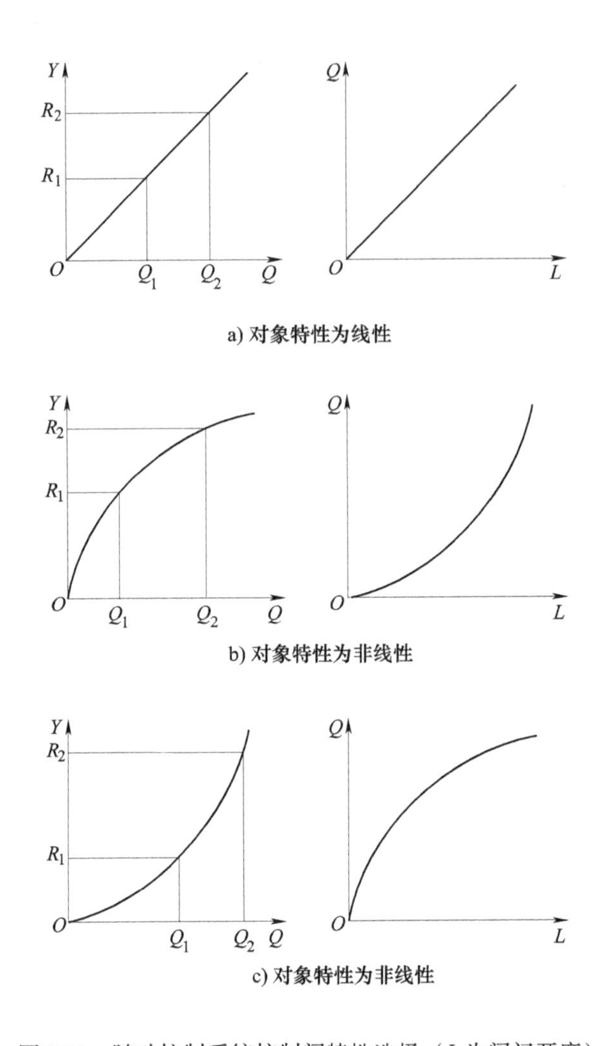

a) 对象特性为线性

b) 对象特性为非线性

c) 对象特性为非线性

图 3-11 随动控制系统控制阀特性选择（L 为阀门开度）

特性选择不同的控制阀工作流量特性。

如图 3-12a 所示，测量值 Y 与控制阀输出流量 Q 之间为线性关系，即负荷曲线的斜率 K_p 是常数，为使控制系统的总放大系数 K_o 不变，应选控制阀的静态放大系数 K_v 恒定。因此，选择控制阀静态特性为线性。

如图 3-12b 所示，测量值 Y 与控制阀输出流量 Q 之间为非线性关系，即负荷曲线的斜率 K_p 不是常数，为使控制系统的总放大系数 K_o 不变，应选控制阀的静态放大系数 K_v 变化。对图示对象，K_p 随 Q 增加而减小，则应选 K_v 小的。因此，选择控制阀静态特性为对数或抛物线特性。

如图 3-12c 所示，K_p 随 Q 增加而增加，即当 Q 大（Q_2）时，K_p 大，则选 K_v 小；当 Q 小（Q_1）时，K_p 小，则选 K_v 大。因此，选择控制阀静态特性为快开特性。

由于控制阀制造厂提供的控制阀流量特性是理想流量特性，因此，在确定控制阀工作流量特性后，应根据被控变量类型和对象特性、压降比 S 的影响等，确定理想流量特性。根据被控变量类型和对象特性确定流量特性的经验方法见表 3-2。

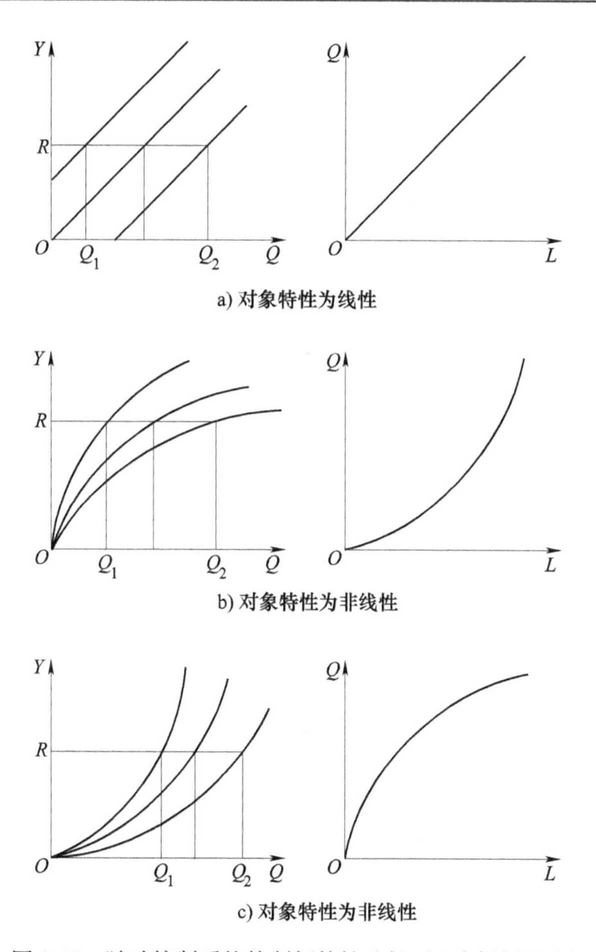

图 3-12 随动控制系统控制阀特性选择（L 为阀门开度）

表 3-2 选择控制阀的流量特性的经验方法

被控变量	有关情况	选用理想特性
液位	Δp_v 恒定	线性
	$(\Delta p_v)_{Q_{max}} < 0.2(\Delta p_v)_{Q_{min}}$	对数
	$(\Delta p_v)_{Q_{max}} > 2(\Delta p_v)_{Q_{min}}$	快开
压力	快过程	对数
	慢过程，Δp_v 恒定	线性
	慢过程，$(\Delta p_v)_{Q_{max}} < 0.2(\Delta p_v)_{Q_{min}}$	对数
流量（变送器输出与 Q 成正比）	设定值变化	线性
	负荷变化	对数
流量（变送器输出与 Q^2 成正比）	串接，设定值变化	线性
	串接，负荷变化	对数
	旁路连接	对数
温度		对数

在总结经验的基础上，现已归纳出一些结论，可以直接根据被控变量和有关情况选择控制阀的理想特性。

3.5.3 气动薄膜控制阀的安装和使用

执行器能否在控制系统中起到良好作用，一方面取决于控制阀的结构类型、流量特性及口径的选择是否正确；另一方面与控制阀的安装和使用有关，应考虑以下几点：

控制阀最好垂直安装在水平管道上，在特殊情况下需要水平或倾斜安装时一般要加支撑。控制阀应安装在环境温度不高于60℃和不低于-40℃的地方，以防止气动执行机构的薄膜老化，并远离振动设备及腐蚀严重的地方。

控制阀应尽量安装在靠近地面或楼板的地方，在其上下方应留有足够的空间，以便于维护检修。

控制阀安装到管道上时应使流体流动方向与控制阀体箭头方向一致。

控制阀的公称通径与管道直径不同时，两者之间应加一根异径管。

控制阀在安装时一般应设置旁路，以便在发生故障或维修时，可通过旁路继续维持生产。此时在执行器两边应装切断阀，在旁路上装旁路阀。

在日常使用中，应注意填料的密封和阀杆上、下移动的情况是否良好，气路接头及膜片有无漏气等，要定期进行维修。

在使用中，有时会遇到阀门口径过大或过小的情况，控制器输出经常处于下限或上限附近。遇到口径过大，若把上、下游切断阀关小，流量虽可以减小，但流量特性畸变，可调范围有所下降。遇到口径过小，如果旁路阀打开一些，虽可加大流量，但可调范围大大缩小。因此，这两种方法都只能作为临时措施，采用合适的口径才是最恰当的办法。

习 题

一、简答题

3-1 什么是执行器？执行器在控制系统中有何作用？

3-2 执行器的组成是什么？分别起到什么作用？

3-3 执行机构有哪几种？工业现场为什么大多数使用气动执行器？

3-4 阀门的主体是什么？何谓控制阀的理想流量特性和工作流量特性？常用的调节阀理想流量特性有哪些？

3-5 电气阀门定位器有哪些作用？

3-6 控制阀在安装、使用中应该注意哪些问题？

二、设计题

3-7 图3-13所示为蒸汽加热器出口温度控制系统。冷物料通过蒸汽加热器加热，出口温度要求控制严格。如果被加热的物料过热时则易分解，试确定调节阀的气开、气关形式。

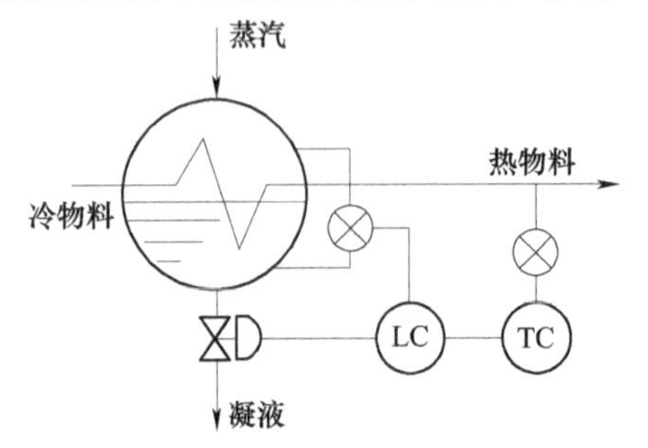

图3-13 蒸汽加热器出口温度控制系统

第 4 章

简单控制系统

简单控制系统是指单输入-单输出（SI-SO）的线性控制系统，是控制系统的基本形式。其特点是结构简单，而且具有相当广泛的适应性。在计算机控制已占主流的今天，即使在高水平的自动控制设计中，简单控制系统仍占控制回路的85%以上。控制系统设计的基本准则是力求简单、可靠、经济和保证控制效果。

4.1 控制系统的组成与性能指标

4.1.1 控制系统的组成

工业生产过程中，对于生产装置的温度、压力、流量、液位等工艺变量常常要求维持在一定的数值上，或按一定的规律变化，以满足生产工艺的要求。图4-1给出了两个简单反馈控制系统的实例。

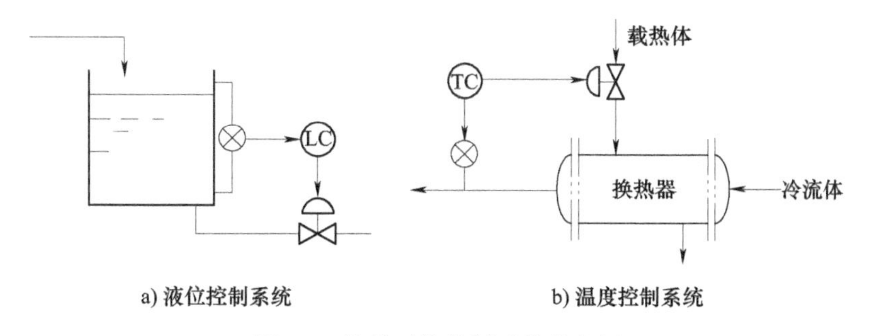

图4-1 简单反馈控制系统的实例

在上面两个控制系统中，被控制的设备或装置被称为被控对象，如水箱、换热器等。需要对其进行控制的工艺变量，必须保持在某一期望值的变量或工艺参数被称为被控变量。过程控制中被控变量主要有压力、流量、温度、物位和成分五大类。为了使被控变量与希望的设定值保持一致，需要有一种控制手段，这种用于调节的变量称为操纵变量。

当系统受到扰动或者设定值的影响时，被控变量发生变化，检测变送信号在控制器中与设定值进行比较，其偏差值按照一定的控制规律运算，输出信号驱动执行机构（控制阀）改变操纵变量，使被控变量恢复到设定值。

可见，简单控制系统由检测变送单元、控制器、执行器和被控对象组成。

检测元件和变送器用于检测被控变量，并将检测到的信号转换为标准信号输出。例如，热电阻或热电偶和温度变送器、压力变送器和液位变送器、流量变送器等。

控制器用于将检测变送单元的输出信号与设定值信号进行比较，并按照一定的控制规律对其偏差信号进行运算，将运算结果输出到执行器。控制器可以采用模拟仪表的控制器或由微处理器组成的数字控制器。

执行器是控制系统环路中的最终元件，直接用于控制操纵变量变化。执行器接收控制器的输出信号，通过改变执行器节流件的流通面积来改变操纵变量。它可以是气动薄膜控制阀、带电气阀门定位器的电动控制阀等，也可用变频调速电动机等实现。

在研究自动控制系统时，为了更清楚地表示控制系统各环节的组成、特性和相互间的信号联系，一般都采用控制系统框图表示，如图 4-2 所示。

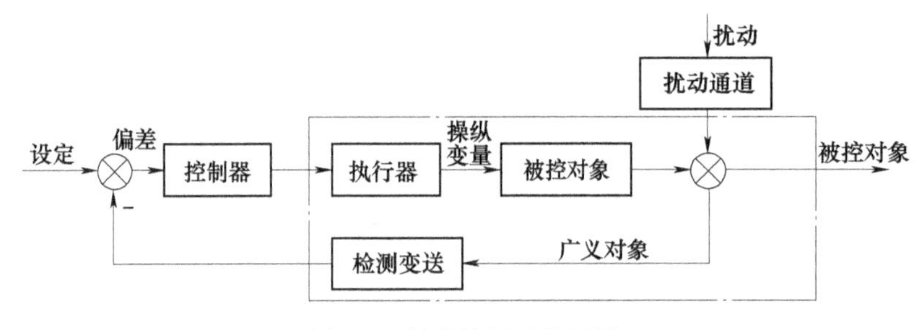

图 4-2　简单控制系统框图

图 4-3 所示为简单控制系统的传递函数描述。

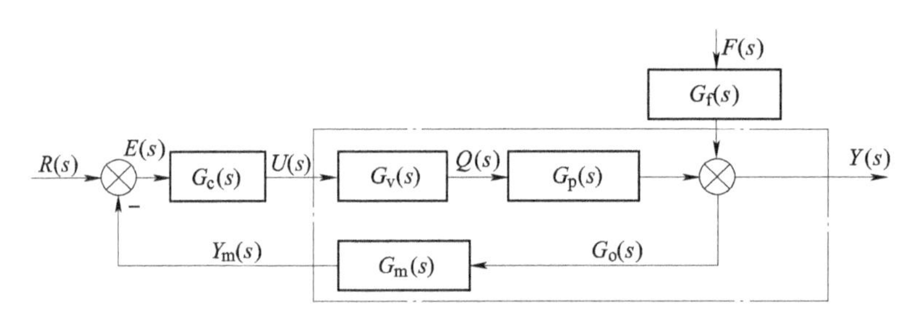

图 4-3　简单控制系统的传递函数描述

简单控制系统的设计主要是被控变量和操纵变量的选择。被控变量的选择原则：尽可能地选择直接被控变量，有足够的灵敏度，工艺合理等。操纵变量的选择原则：静态合理，动态迅速，稳定性和经济性好，对工艺有直接影响等。

4.1.2　控制系统的性能指标

一个控制系统在受到外作用时，要求被控变量要平稳、迅速和准确地趋近或恢复到设定值。因此，应在稳定性、快速性、准确性三个方面提出各种单项控制指标和综合性指标。阶跃信号是在实际中广泛使用的一种典型信号，且输入变化可以很好激励系统动态响应性能，因此这里以阶跃信号作为输入信号，对控制系统进行性能分析。控制系统的控制性能指标应根据工艺过程的控制要求而定，不同被控对象对控制要求会不同。

1. 单项性能指标

如图 4-4 所示，系统的单项性能指标包括衰减比、超调量、最大动态偏差、余差、调节时间和振荡频率。

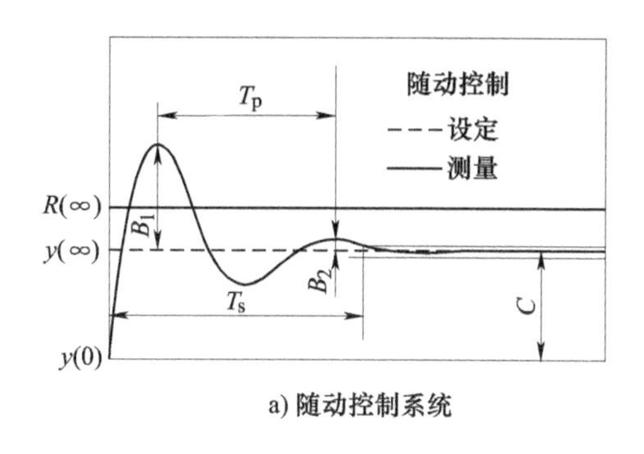

a) 随动控制系统

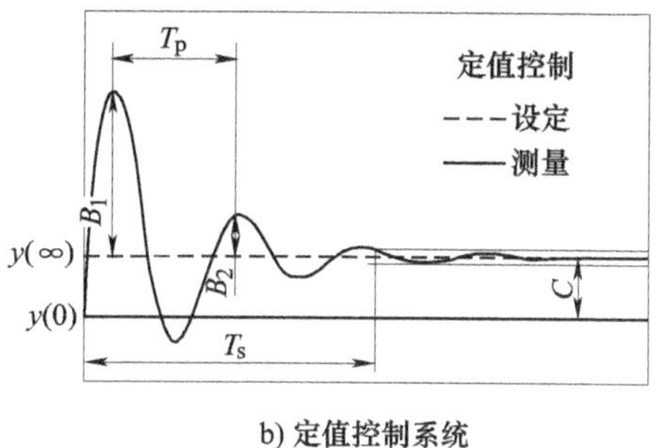

b) 定值控制系统

图 4-4　阶跃信号下的特性

1）衰减比 n，定义为第一个波的振幅与同方向第二个波的振幅之比（$n=B_1/B_2$），描述控制系统稳定性指标。n 恒大于 1 时，n 越小，意味着控制系统的振荡过程越剧烈，稳定性也降低；n 接近于 1 时，控制系统的过渡过程接近于等幅振荡过程。反之，n 越大，则控制系统的稳定性也越好，为保持足够的稳定裕度，一般希望过渡过程衰减比在 4∶1~10∶1 的范围内。

2）超调量 σ 或最大动态偏差 e_{max}，是描述被控变量设定值最大程度的物理量，也是衡量过渡过程稳定性的一个动态指标。在随动控制系统中，通常采用超调量来表示被控变量偏离设定值的程度，定义是第一个波的峰值 B_1 与最终稳态值 C 之比。一般超调量以百分数给出，即

$$\sigma = \frac{B_1}{C} \times 100\% \tag{4-1}$$

对于定值控制系统，其最大动态偏差是指第一个波的峰值，即 $|e_{max}| = |B_1+C|$。

3）余差 $e(\infty)$，是控制系统进入稳态时设定值 r 与被控变量稳态值 $y(\infty)$ 之差，即 $e(\infty)=r-y(\infty)$。余差是反映控制系统稳态准确性的一个重要稳态指标，一般希望其为零，或不超过预定的范围，但不是所有的控制系统对余差都有很高的要求。

4）调节时间 T_s，表示控制系统过渡过程的长短。即控制系统在受到阶跃外作用后，被控变量从原有稳态值达到新的稳态值所需要的时间。对于定值控制系统，被控变量进入工艺允许的稳态值所需要的时间称调节时间。对于随动控制系统，被控变量进入稳态值附近 ±5%或±2%的范围内所需要的时间称为调节时间。调节时间短，表示控制系统的过渡过程快；反之，调节时间长，表示控制系统的过渡过程慢。调节时间是反映控制快速性的一个指标。

5）振荡频率 ω，是振荡周期 T 的倒数，满足

$$\omega = \frac{2\pi}{T} \tag{4-2}$$

在衰减比相同的条件下，振荡频率与调节时间成反比，因此振荡频率也可作为衡量控制快速性的指标，定值控制系统常用振动频率来衡量控制系统的快慢。必须说明，这些控制指标在不同的控制系统中各有其重要性，而且相互之间又有着内在的联系。高标准地同时要求满足这几个控制指标是很困难的，因此，应根据工艺生产的具体要求，对主要的控制指标应优先保证。

2. 综合控制指标

一般还采用过渡过程中偏差 e 和时间 t 的函数在时间轴上的积分性能指标反映系统的综合性能指标。常用的综合性能指标采用以下三种表达形式。

（1）绝对值误差积分准则 IAE

$$\mathrm{IAE} = \int_0^\infty |e| \mathrm{d}t \tag{4-3}$$

图 4-5 所示为控制变量与操纵变量的反应曲线，图中清楚地标注了上升时间 T_r、衰减比 n、最大超调量等重要的单项性能指标参数，其中阴影部分的面积就是对应的该绝对值误差积分的值。

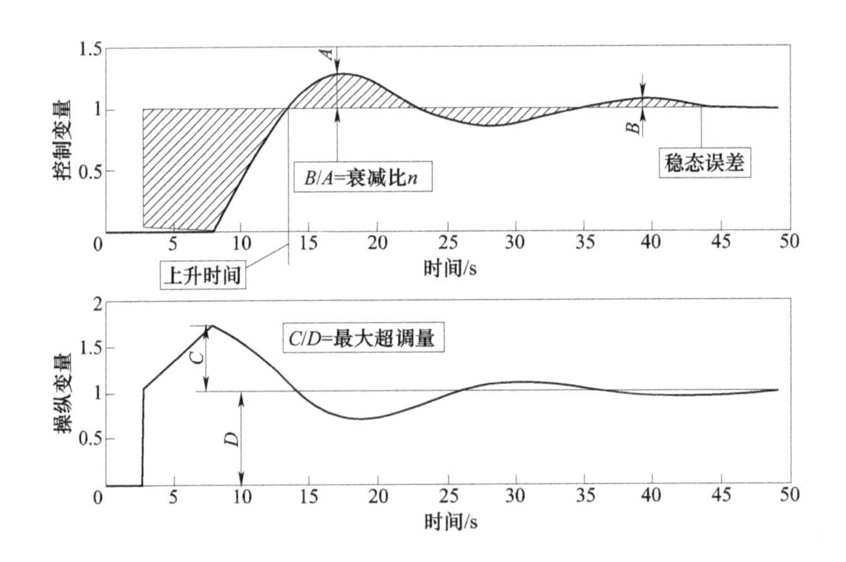

图 4-5　控制变量与操纵变量的反应曲线

（2）二次方误差积分准则 ISE

$$\mathrm{ISE} = \int_0^\infty e^2 \mathrm{d}t \tag{4-4}$$

（3）时间乘以绝对误差积分准则 ITAE

$$\mathrm{ITAE} = \int_0^\infty |e| t\mathrm{d}t \tag{4-5}$$

采用不同的偏差积分性能指标意味着对过渡过程优良程度的侧重点不同。假如针对同一广义对象，采用同一种控制器，使用不同的性能指标，会得到不同的控制器参数。随着控制理论的发展，针对不同的控制要求，又提出了许多新的性能指标，相应地出现了许多新的控制器和控制系统。对于控制系统性能指标，需要根据具体的工艺和整体情况统筹兼顾，提出合理的控制需求，并不是所有的回路都有很高的控制要求。例如，储槽的液位控制，只要求不超出规定的上、下限就可以了，没有必要精益求精。有些性能指标相互之间还存在着矛盾，需要折中处理，保证关键的指标，这些问题在控制系统的设计运行过程中都应该充分注意。

采用不同的积分指标，所获得的过渡过程的性能要求也不同。例如，ISE 最小的系统着重于抑制过渡过程中的大误差，但衰减比很大；ITAE 最小的系统着重于惩罚过渡过程时间过长，但过渡过程振荡激烈。误差积分指标不能都保证控制系统具有合适的衰减比。

4.2　典型的过程动态特性与建模

所谓的过程动态特性，是指当被控过程的输入变量（操纵变量或扰动变量）发生变化时，其输出变量（被控变量）随时间的变化规律。过程各个输入变量对输出变量有着各自的作用途径，将操纵变量 $q(t)$ 对被控变量 $c(t)$ 的作用途径称为控制通道，而将扰动 $f(t)$ 对被控变量 $c(t)$ 的作用途径称为扰动通道。

4.2.1　典型的过程动态特性

典型的过程动态特性分为以下四种类型。

1. 自衡的非振荡过程

这是一大类在工业生产过程中最常见的过程。在外部阶跃输入信号作用下，过程原有的平衡状态被破坏，并在外部信号作用下自动非振荡地稳定到一个新的稳态。例如，液位储罐在进料阀开度增大时，原来的稳定液位的阶跃响应会上升，由于出料阀开度未变，随着液位的升高，静压增大，出料流量也增大，因此液位上升逐渐变慢，直到液位达到一个新的稳定位置。

图 4-6 所示为该类过程典型的阶跃响应曲线。

其中过程增益 K 的计算公式为

$$K=\frac{y(\infty)-y(0)}{r} \tag{4-6}$$

式中，$y(\infty)$ 和 $y(0)$ 分别是输出的新稳态值和原稳态值；r 是阶跃信号的幅值。

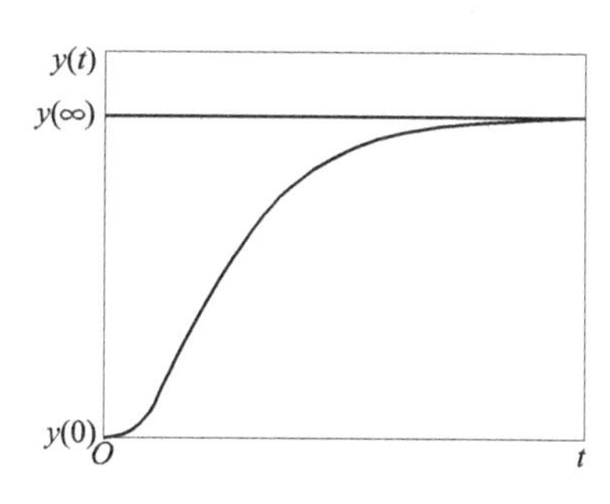

图 4-6　自衡的非振荡过程的阶跃响应曲线

具有自衡的非振荡过程的特性可用下列类型的传递函数描述：

1）具有时滞的一阶环节

$$G(s)=\frac{K}{Ts+1}\mathrm{e}^{-s\tau} \tag{4-7}$$

2）具有时滞的二阶非振荡环节

$$G(s)=\frac{K}{(T_1s+1)(T_2s+1)}\mathrm{e}^{-s\tau} \tag{4-8}$$

第一种形式是最常用的。其中，K 是过程的增益或放大系数；T 是过程的时间常数；τ 是过程的时滞。

针对自衡的非振荡过程的时间常数 T 和时滞 τ，常用切线和两点法获得。

① 切线法：直接从响应曲线的拐点作切线，如图 4-7 所示，从图中获取时间常数 T 和时滞 τ。

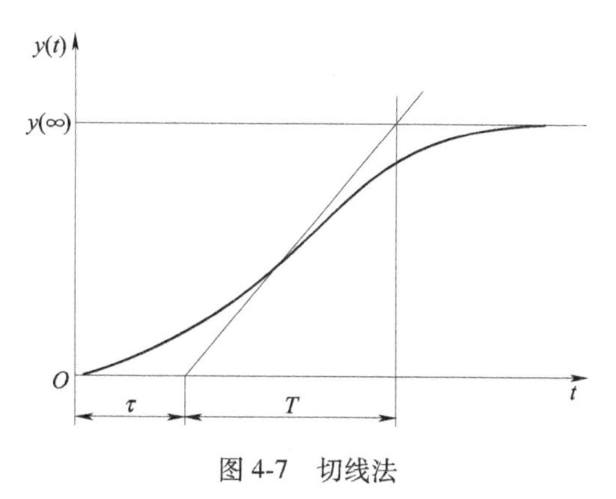

图 4-7　切线法

② 两点法：针对传递函数为 $G(s)=\dfrac{K}{Ts+1}e^{-s\tau}$ 的过程，在阶跃输入信号 $R(s)=\dfrac{r}{s}$ 作用下输出响应曲线的计算公式为

$$c(t)=Kr(1-e^{-\frac{t-\tau}{T}}) \tag{4-9}$$

则将 $c(t)$ 标幺化转换成它的无量纲形式，即

$$Y(t)=\frac{c(t)}{c(\infty)}=\frac{c(t)}{Kr}=1-e^{-\frac{t-\tau}{T}} \tag{4-10}$$

取输出响应曲线上的两点 $A(t_1,\ Y(t_1))$ 和 $B(t_2,\ Y(t_2))$，由于阶跃幅值 r 已知，联立求解得

$$\begin{cases} T=\dfrac{t_2-t_1}{M_1-M_2} \\ \tau=\dfrac{t_2M_1-t_1M_2}{M_1-M_2} \end{cases} \tag{4-11}$$

式中，$M_1=\ln(1-Y(t_1))$；$M_2=\ln(1-Y(t_2))$。为了反映过程的动态特性，输出响应曲线上的两点可取表 4-1 中的配对点，并根据此计算时间常数和时滞。

表 4-1　具有时滞一阶环节常用的配对点和计算公式

y_1	y_2	T	τ
0.284	0.632	$1.5(t_2-t_1)$	$(3t_2-t_1)/2$
0.393	0.632	$2(t_2-t_1)$	$2t_2-t_1$
0.55	0.865	$(t_2-t_1)/1.2$	$(2.5t_2-t_1)/1.5$

2. 无自衡的非振荡过程

该类过程没有自衡能力，它在阶跃输入信号作用下的输出响应曲线无振荡地从一个稳态一直上升或下降，不能达到新的稳态。这类过程的响应曲线如图 4-8 所示。

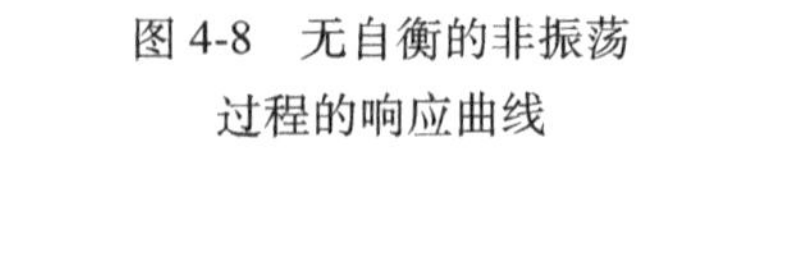

图 4-8　无自衡的非振荡过程的响应曲线

具有无自衡的非振荡过程的特性可用下列类型的传递函数描述：

1）具有时滞的积分环节

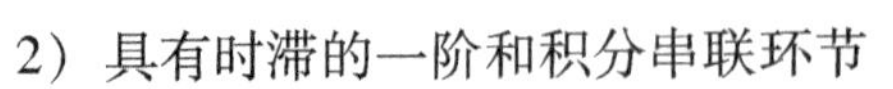

$$G(s)=\frac{K}{s}e^{-s\tau} \tag{4-12}$$

2）具有时滞的一阶和积分串联环节

$$G(s)=\frac{K}{(Ts+1)s}e^{-s\tau} \tag{4-13}$$

该过程的增益 K 由输出响应曲线的斜率确定。过程输出响应曲线的渐近线与时间轴交点处是时间常数 T 和时滞 τ 之和。其中，响应曲线在初始段没有发生变化的时间是时滞 τ。

3. 自衡的振荡过程

该类过程具有自衡能力，在阶跃输入信号作用下，输出响应呈现衰减振荡特性，最终过程会趋于新的稳态值。图 4-9 所示为这类过程的阶跃响应曲线。工业生产过程中这类过程不多见，它具有位于 s 左半平面的共轭复极点，其传递函数形式如下：

$$G(s)=\frac{K}{s^2+2\zeta\omega s+\omega^2}e^{-s\tau}(0<\zeta<1) \tag{4-14}$$

该过程的放大系数 K 根据稳态值、初始值计算。根据响应曲线的衰减比和振荡频率可以确定过程的阻尼比 ζ 和频率 ω。过程的时滞 τ 可根据响应曲线上升时间和振荡周期计算。过程的时间常数与过程的自然频率成正比。

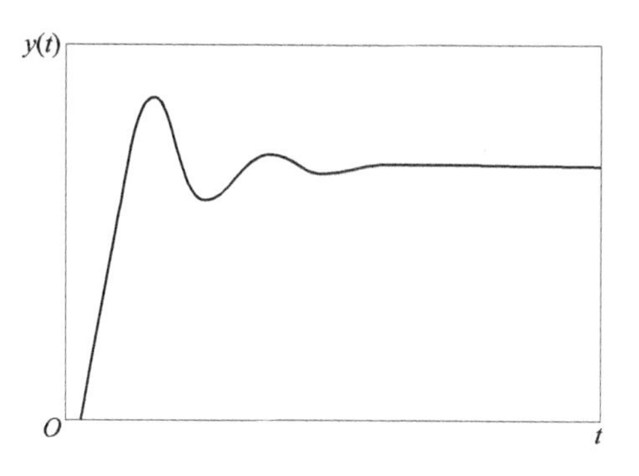

图 4-9 自衡的振荡过程的阶跃响应曲线

4. 具有反向特性的过程

该类过程在阶跃输入信号作用下开始与终止时出现反向的变化，即有：

$$K>0\text{时，}\begin{cases}y'(t)\mid_{t\to0}<0\\y(t)\mid_{t\to\infty}>0\end{cases}\text{或}K<0\text{时，}\begin{cases}y'(t)\mid_{t\to0}>0\\y(t)\mid_{t\to\infty}<0\end{cases}$$

这类过程具有位于 s 右半平面的零点。它有自衡和无自衡两种类型，可表示为两个环节的差，即 $G(s)=G_2(s)-G_1(s)$。其中，$G_1(s)=\dfrac{K_1}{T_1s+1}$；$G_2(s)$ 根据类型确定。其中，自衡型的传递函数是 $G_2(s)=\dfrac{K_2}{T_2s+1}$，或无自衡型 $G_2(s)=\dfrac{K_2}{s}$。

因此，该类过程的传递函数分别为自衡型 $G(s)=\dfrac{K(1-T_\mathrm{d}s)}{(T_2s+1)(T_1s+1)}e^{-s\tau}$ 和无自衡型 $G(s)=\dfrac{K(1-T_\mathrm{d}s)}{(T_2s+1)s}e^{-s\tau}$。其中，$T_\mathrm{d}>0$。该类过程的阶跃响应曲线如图 4-10 所示。

这类过程的典型例子是锅炉锅筒水位。当蒸汽用量阶跃增加时，引起蒸汽压力突然下降，锅筒水位因锅炉内水的急剧汽化，造成虚假水位上升，最终水位反而下降。该类过程具有一个正零点，属于非最小相位过程。

在上述的四种类型中，有自衡的非振荡过程最多。

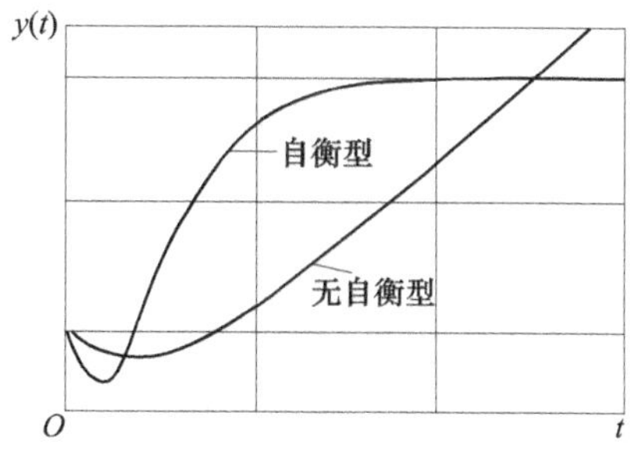

图 4-10 反向特性过程的阶跃响应曲线

4.2.2 过程特性对控制性能指标的影响

对象的特性可以通过其数学模型来描述。在实际工作中，常用下面三个物理量来表示对象的特性，也就是对象的特性参数。

1. 放大系数 K

K 在数值上等于对象重新稳定后的输出变化量与输入变化量的比值。它的意义可以理解为：如果有一定的输入变化量，通过对象就放大了 K 倍变化为输出变化量。K 被称为对象的放大系数。K 值越大，系统灵敏度越高。在实际工艺系统中，通常采用比较 K 值的方法来选择主要控制参数。当然，由于工艺条件和生产成本的制约，实际上并不一定都选择 K 值最大的因素作为主控参数。

2. 时间常数 T

时间常数 T 是指当对象受到阶跃输入作用后，被控变量如果保持输出速度变化，达到新的稳态值所需的时间。或当对象受到阶跃输入作用后，被控变量达到新的稳态的 63.2% 所需的时间。时间常数 T 是反映被控变量变化快慢的参数，时间常数越大，表示对象受到输入作用后，被控变量变化得越慢，到达新的稳态值所需的时间越长。因此它是对象的一个重要的动态参数。

3. 时滞 τ

在输入参数变化后，有的参数不能立即发生变化，而是需要等待一段时间才开始产生明显变化，这个时间间隔成为时滞。

1）传递滞后 τ_o：输出变量的变化落后于输入变化的时间称为纯滞后，一般是由于介质的输送需要一段时间而引起的。

2）容量滞后 τ_c：有些对象在受到阶跃输入作用开始变化缓慢，后来才逐渐加快，最后又变得直至逐渐接近稳态值，这种现象叫容量滞后或过渡滞后。

时滞也是反映对象动态特性的重要参数。实际工业过程中时滞往往是纯滞后和容量滞后之和。

4.2.3 过程动态模型的建立

建立过程动态模型的目的是用于过程控制系统的设计、分析，用于新的控制系统的开发和研究，以及用于过程的优化操作、故障检测和诊断等。在现代控制理论得到广泛应用的今天，建立过程动态模型更显必要。

过程动态模型建立的方法有试验建模和机理建模。

1. 试验建模

在所要研究的对象上，人为地施加一个输入作用，然后用仪表记录表征对象特性的物理量随时间变化的规律，得到一系列试验数据或曲线。这些数据或曲线就可以用来表示对象特性。

这种应用对象输入输出的实测数据来决定其模型的方法，通常称为系统辨识，其主要特点是把被研究的对象视为一个黑箱子，不管其内部机理如何，完全从外部特性上来测试和描述对象的动态特性。有时，为进一步分析对象特性，可对这些数据或曲线进行处理，将其转化为描述对象特性的解析表达式。试验建模一般比机理建模要简单和省力，尤其是对于那些复杂的工业过程更为明显。如果两者都能达到同样的目的，一般都采用试验建模，以下是最常见的方法。

（1）反应曲线法　反应曲线法是当过程处于稳定状态时，在过程的输入端施加一个幅度已知的阶跃扰动，测量和记录过程输出变量的数值，即可画出输出变量随时间变化的反应曲线。根据响应曲线，再经过处理，就能得到过程特性参数。

如图 4-11 所示，在输入变量 F 做阶跃变化 A 时，过程输出响应曲线 $C(t)$ 在经过纯滞后 τ 之后才有变化响应，最终稳定于 B，则放大系数即为 B/A，纯滞后即为 τ。过 $t=\tau$ 这一点作切线，与输出响应曲线终态值 B 相交，该交点投影到时间轴上的值减去 τ 就得到了时间常数 T。

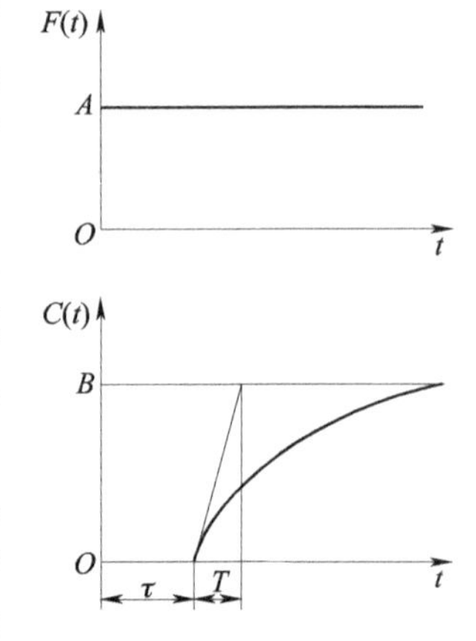

图 4-11　阶跃扰动法求取过程特性参数

该方法能形象、直观地描述过程的动态特性，简单易行。如果输入量是流量，那么施加阶跃扰动时只要将阀门开度做突然变化，然后被控变量还可以用原本的仪表进行测量记录，数据的处理也很方便，因此得到了广泛的应用。但是其过程较复杂，扰动因素较多，会影响测试精度，同时由于受工艺条件限制，阶跃扰动幅度不能太大，因此实施阶跃扰动法时，应在处于相对稳定的情况下输入阶跃信号，并且在相同测试条件下重复做几次，获得两次以上比较接近的响应曲线，以提高测试精度。

（2）矩形脉冲扰动法　用阶跃扰动可以获得完整的响应曲线，但是过程将在较长时间内处于相当大的扰动作用下，被控变量的偏差往往会超出生产所允许的数值，以致试验不能继续下去。在这种情况下，就应采用矩形脉冲扰动法。所谓矩形脉冲扰动法，就是先在过程上加入一个阶跃扰动，待被控变量继续上升（或下降）到将要超过工艺允许变化范围时，立即撤除扰动。这时继续记录被控变量，直到其稳定为止，再根据记录曲线求取过程特性参数。

图 4-12 所示为矩形脉冲扰动法示意图，其脉冲扰动 $f(t)$ 可以看成是两个阶跃扰动 $f_1(t)$ 和 $f_2(t)$ 的叠加，故 $f(t)$ 作用下的响应曲线 $y(t)$ 也就是阶跃扰动 $f_1(t)$ 和 $f_2(t)$ 作用下的响应曲线代数和。

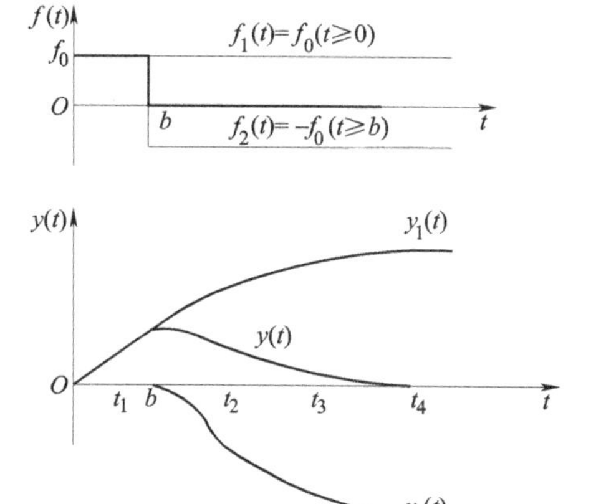

图 4-12　矩形脉冲扰动法示意图

2. 机理建模

根据过程内在机理，应用物料和能量平衡及有关的化学、物理规律建立过程模型的方法称为机理建模方法，又称过程动态学方法。其特点是建立的模型物理概念清晰、准确，可给出系统输入变量、输出变量、状态变量之间的关系；但对一些过程内在机理不十分清楚或较复杂的过程，建立机理建模有困难或精度不够。机理建模的方法如下：

1）列写基本方程：如物料平衡和能量平衡方程等。在建立数学模型前要对被控过程进行合理的假设，即剔除次要影响，进行合适的近似和简化，假设一定的建模条件，并根据这些假设条件建立物料平衡和能量平衡方程等。

2）消去中间变量：建立状态变量 x、控制变量 u 和输出变量 y 的关系。

3）增量化：在工作点处，对方程进行增量化，获得增量方程。

4）线性化：在工作点处进行线性化处理，简化过程特性。

5）列出状态和输出方程。

由于工业对象往往都非常复杂，物理、化学过程的机理一般不能被完全了解，而且线性的并不多，再加上分布元素参数（即参数是时间与位置的函数）较多，一般很难完全掌握系统内部的精确关系。因此，在机理建模过程中，往往还需要引入恰当的简化、假设、近似、非线性的线性化处理，而且机理建模也仅适用于部分相对简单的系统。

4.3　控制器的模拟控制算法

控制器的作用是对测量变送仪表送来的测量值和其内部或外部设置的设定值进行比较得到偏差，然后按照一定的控制规律进行运算，产生符合系统要求的信号去驱动执行器工作，以达到调节被控变量的目的。

基本控制规律有比例（P）控制规律、积分（I）控制规律和微分（D）控制规律。这三种控制规律通常称为常规 PID 控制，是绝大多数过程控制系统采用的形式。

4.3.1 比例控制算法

1. 比例控制规律的表征参数

比例控制是一种最简单的控制方式，其控制器的输出与输入误差信号成比例关系。控制器输出信号 $u(t)$ 与输入信号 $e(t)$ 之间的关系为

$$u(t)=K_c e(t) \tag{4-15}$$

比例控制器的传递函数为

$$G_c(s)=\frac{U(s)}{E(s)}=K_c \tag{4-16}$$

式中，K_c 为比例增益。比例增益的大小决定了比例调节作用的强弱，K_c 越大，比例调节作用越强。纯粹的比例控制具有动作迅速、反应灵敏的特点，因此比例控制规律也是所有控制系统最基本、最普遍的控制规律。当然比例控制作用过强会使系统振荡剧烈，稳定性急剧下降甚至无法重新回复到原先的状态，不可取。比例作用增强在一定范围内可以减小系统的余差，但是单纯使用比例控制作用并不能完全消除余差。单纯的比例控制适用于扰动不大、时滞较小、负荷变化较小、工艺要求不高且允许有一定余差的场合。在工程上，习惯用比例度 δ 表示比例积分的调节作用。

比例度 δ 定义为

$$\delta=\frac{\dfrac{e}{|e_{\max}-e_{\min}|}}{\dfrac{\Delta u}{|u_{\max}-u_{\min}|}}\times 100\% \tag{4-17}$$

式中，e 为控制器输入信号的变化量，即偏差信号；Δu 为控制器输出信号的变化量，即控制命令；$|e_{\max}-e_{\min}|$ 为控制器输入信号的变化范围；$|u_{\max}-u_{\min}|$ 为控制器输出信号的变化范围。在单元组合仪表中，控制器的输入和输出都是标准统一信号，此时比例度表示为

$$\delta=\frac{1}{K_c}\times 100\% \tag{4-18}$$

因此，比例度 δ 与比例增益 K_c 成反比。δ 越小，则 K_c 越大，比例控制作用就越强；反之，δ 越大，则 K_c 越小，比例控制作用就越弱。

实际应用中，比例度的大小应视具体情况而定。比例度太大，控制作用太弱，不利于系统克服扰动，余差太大，控制质量差，也没有什么控制作用；比例度太小，控制作用太强，容易导致系统的稳定性变差，引发振荡。

2. 比例增益对闭环控制系统的影响

（1）对余差的影响

1）随动控制系统：假设被控对象具有自衡非振荡特性，$G_o(s)=\dfrac{K_o}{T_o s+1}e^{-s\tau_o}$；采用比例控制，比例增益为 K_c，在设定幅值 R 的阶跃变化下，控制系统的余差

$$e(\infty)=\frac{1}{1+K_cK_o}R \tag{4-19}$$

因此，比例增益 K_c 越大，余差越小。

2）定值控制系统：假设扰动通道具有自衡非振荡特性，$G_f(s)=\dfrac{K_f}{T_f s+1}e^{-s\tau_f}$；在扰动幅值 F 的阶跃作用下，控制系统的余差

$$e(\infty)=\frac{K_f}{1+K_cK_f}F \tag{4-20}$$

同样地，比例增益 K_c 越大，余差越小。

（2）对控制系统的影响　比例增益对闭环系统稳定性的影响如图 4-13 所示。不论是在设定值变化还是负荷（扰动）变化的情况下，K_c 越大，系统的振荡也越剧烈，稳定性越差。当 K_c 太大时，系统可能出现等幅振荡，甚至出现发散振荡；反之，则系统越稳定。

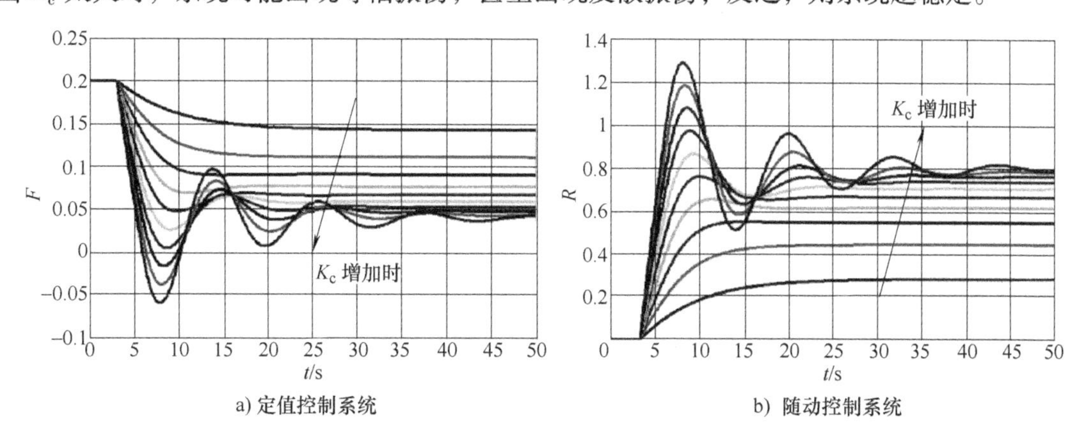

a) 定值控制系统　　b) 随动控制系统

图 4-13　K_c 对控制系统的影响

4.3.2　比例积分控制算法

1. 积分控制规律

比例控制规律的最大优点就是控制及时、迅速，只要有偏差产生，控制器立即产生控制作用。但是，不能最终消除余差的缺点限制了它的单独使用。克服余差的办法是在比例控制的基础上加上积分控制作用。积分控制器的输出与输入偏差对时间的积分成正比，积分控制器的输出不仅与输入偏差的大小有关，而且还与偏差存在的时间有关。只要偏差存在，输出就会不断累积（输出值越来越大或越来越小），一直到偏差为零，累积才会停止。因此，积分控制可以消除余差。

积分控制的表达式为

$$\Delta u(t)=\frac{1}{T_i}\int_0^t e(t)\,dt \tag{4-21}$$

2. 比例积分控制

比例积分控制的数学表达式为

$$\Delta u(t)=K_c\left[e(t)+\frac{1}{T_i}\int_0^t e(t)\,dt\right] \tag{4-22}$$

传递函数为

$$G_c(s)=\frac{U(s)}{E(s)}=K_c\left(1+\frac{1}{T_i s}\right) \tag{4-23}$$

T_i 称为积分时间。比例积分控制器的输出是比例作用和积分作用两部分之和。

当偏差的阶跃幅度为 A 时，比例输出立即跳变到 K_cA、然后积分输出随时间线性增长，因而输出特性是截距为 K_cA、斜率为 K_cA/T_i 的直线。在 K_c 和 A 确定的情况下，直线的斜率将取决于积分时间 T_i 的大小：T_i 越大，直线越平坦，说明积分作用越弱；T_i 越小，直线越陡峭，说明积分作用越强。积分作用的强弱也可以用在相同时间下控制器积分输出的大小来衡量；T_i 越大，则控制器的输出越小，T_i 越小，则控制器的输出越大，如图 4-14 所示。特别是当 T_i 趋于无穷大时，则该控制器实际上已成为一个纯比例控制器。

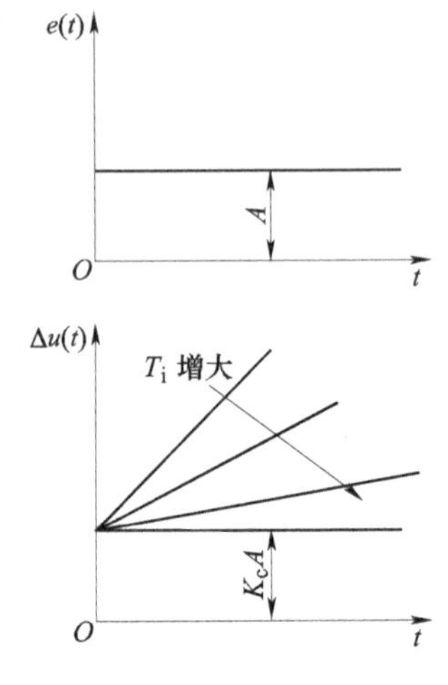

图 4-14　阶跃偏差作用下 T_i 对开环特性的影响

把比例积分（PI）控制器作用理解为及时的比例（P）作用和滞后的积分（I）作用的组合，积分时间 T_i 的大小表征了积分控制作用的强弱，积分时间 T_i 越小，控制作用越强；反之，控制作用越弱。比例积分控制器是目前应用最为广泛的一种控制器，多用于工业生产中液位、压力、流量等控制系统。由于引入积分作用能消除余差，弥补了纯比例控制的缺陷，可获得较好的控制质量。但是积分作用的引入，会使系统稳定性变差。对于有较大惯性滞后的控制系统，要尽量避免使用。

3. 积分作用对于闭环系统的影响

在比例控制系统中引入积分作用的优点是能够消除余差，然而降低了系统的稳定性；若要保持系统原有的衰减比，必须相应加大控制器的比例度，这会使系统的其他控制指标下降。因此，如果余差不是主要的控制指标，就没有必要引入积分作用。

对于随动控制系统，当 K_c 保持不变时，减少积分时间 T_i，如图 4-15 所示，随着积分作用的增强，控制系统的衰减比减小，振荡加剧，但是随动控制超调量增加。

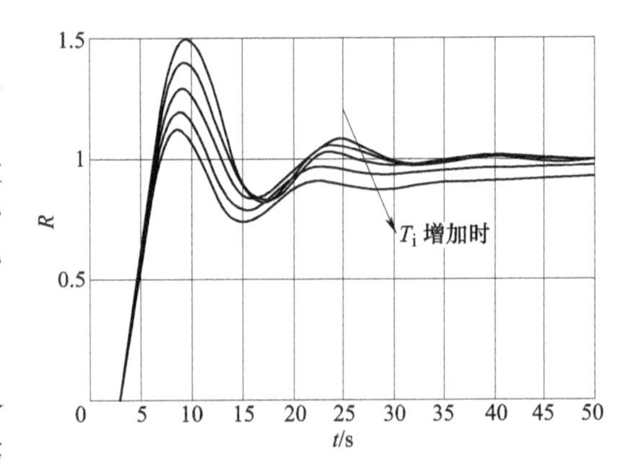

图 4-15　随动控制系统的 PI 作用

对于定值控制系统，当衰减比不变时，减小 T_i，减小 K_c，如图 4-16 所示，此时积分作用使得最大偏差增大。

4. 积分饱和

积分控制作用也有一定的应用范围，在该范围内，积分控制输出与偏差的时间积分成正比，当控制输出达到一定限值后就不再继续上升或下降，这是积分控制的饱和特性。造成积分饱和现象的内因是控制器包含积分控制作用，外因是控制器长期存在偏差，因此，在偏差长期存在的条件下，控制器输出会不断增加或减小，直到极限值。而根据产生积分饱和的原因，可以有多种防止积分饱和的方法。由于偏差长期存在，因此防止积分饱和现象的本质是如何消除积分控制作用。

防止积分饱和现象有以下三种办法：

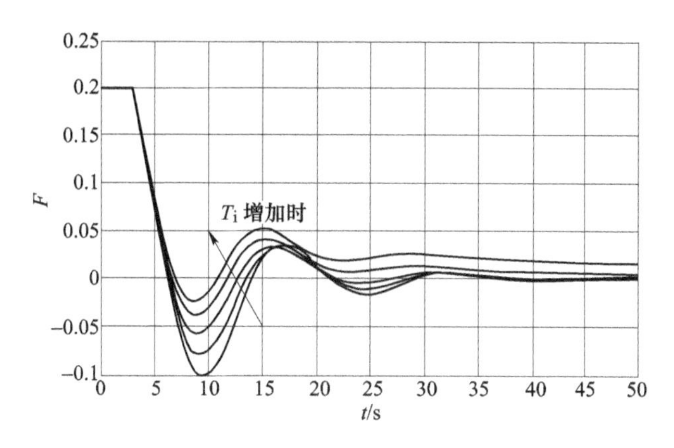

图 4-16 定值控制系统的 PI 作用

1）对控制器的输出加以限幅，使其不超过额定的最大值或最小值。

2）限制控制器积分部分的输出，使之不超出限值。对于气动仪表，可采用外部信号作为其积分反馈信号，使之不能形成偏差积分作用；对于电动仪表，可改进仪表内部线路。

3）采用积分切除法，即在控制器输出超过某一限值时，将控制器的调节规律由比例积分自动切换成纯比例调节状态。如图 4-17 所示，采用的是积分外反馈控制，使用一个低选器 LS，可自动进行 PI-P 切换控制，达到防止积分饱和的作用。

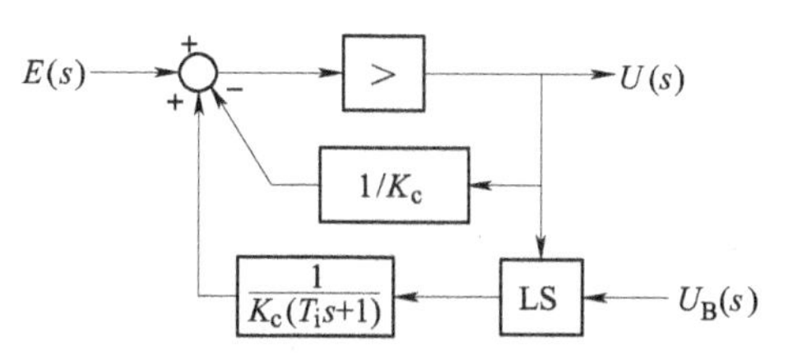

图 4-17 积分外反馈控制

4.3.3 比例微分控制算法

1. 微分控制

理想的微分控制规律，其输出信号 $\Delta u(t)$ 与输入信号 $e(t)$ 对时间的导数成正比：

$$\Delta u(t) = T_{\mathrm{d}} \frac{\mathrm{d}e(t)}{\mathrm{d}t} \tag{4-24}$$

传递函数为

$$G_{\mathrm{c}}(s) = \frac{U(s)}{E(s)} = T_{\mathrm{d}}s \tag{4-25}$$

式中，T_{d} 为控制器的微分时间。

微分控制作用的特点：动作迅速，具有超前调节功能，可有效改善被控对象有较大时间滞后的控制质量；但是它不能消除余差，尤其是对于恒定偏差输入时，根本就没有控制作用。因此，不能单独使用微分控制规律。

2. 比例微分控制

理想的比例微分控制器的数学表达式为

$$\Delta u(t) = K_{\mathrm{c}}\left[e(t) + T_{\mathrm{d}} \frac{\mathrm{d}e(t)}{\mathrm{d}t}\right] \tag{4-26}$$

传递函数为

$$G(s) = \frac{U(s)}{E(s)} = K_{\mathrm{c}}(1 + T_{\mathrm{d}}s) \tag{4-27}$$

比例作用和微分作用结合，比单纯的比例作用更快。尤其是对容量滞后大的对象，可以减小动偏差的幅度，节省控制时间，显著改善控制质量。理想的 PD 信号的特点：对高频信号的放大系数，频率越高，放大系数越大；对阶跃输入信号，理想 PD 输出是脉冲信号，对生产控制无益且难以实施。因此，实际的模拟 PD 控制器的传递函数为

$$G(s)=\frac{U(s)}{E(s)}=K_c\left(1+\frac{T_d s+1}{\frac{T_d}{K_d}s+1}\right) \tag{4-28}$$

式中，K_d 称为微分增益。

图 4-18 所示为理想和实际 PD 控制在阶跃和斜坡输入信号作用下的输出响应曲线。可见，微分时间 T_d 是在斜坡信号输入下，达到同样的输出值 u，PD 控制作用比纯 P 作用提前的时间。因此可以把 PD 控制器作用理解为及时的 P 作用和超前的 D 作用的组合。

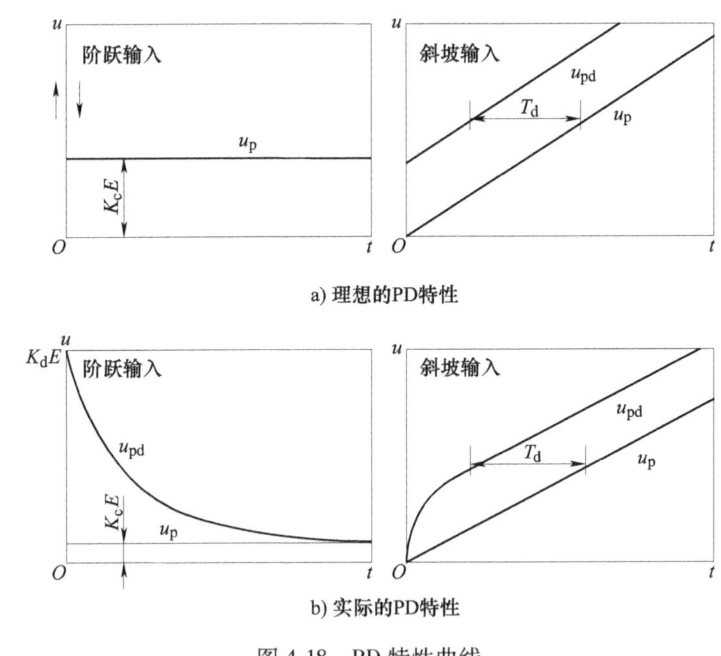

图 4-18 PD 特性曲线

在阶跃输入信号作用下，实际 PD 输出不再突变，其最大值可达到偏差幅值的 K_cK_d 倍，并最终回复到比例作用的稳态值。

在斜坡输入信号作用下，PD 输出超前于比例输出，超前时间与微分时间相同。在初始段，实际 PD 输出以一阶惯性环节形式跟踪输入信号，比理想 PD 输出要缓慢。

3. 比例微分控制系统过渡过程的影响

比例微分控制作用对定值控制系统的影响如图 4-19 所示，可见，T_d 越大，微分作用越强，控制系统的最大偏差越小，振荡周期和回复时间缩短。

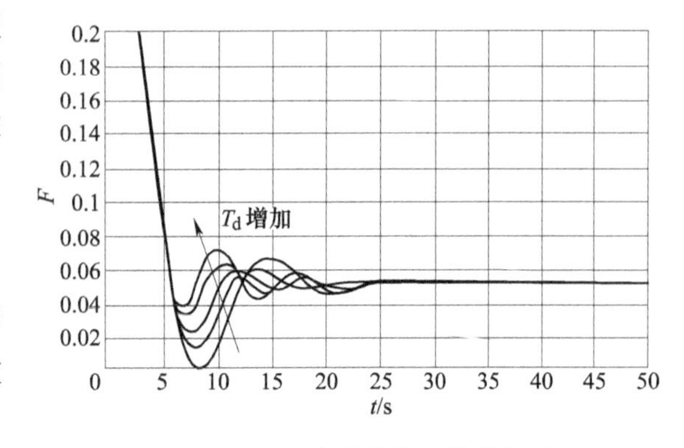

图 4-19 T_d 对定值控制系统的影响

从实际使用情况来看，比例微分控制规律用得较少，在生产上微分往往与比例积分结合在一起使用，组成 PID 控制。

4.3.4　模拟 PID 控制算法

1. PID 控制算法

理想 PID 控制器的运算规律增量式数学表达式为

$$\Delta u(t) = K_c\left[e(t) + \frac{1}{T_i}\int_0^t e(\tau)\mathrm{d}\tau + T_d\frac{\mathrm{d}e(t)}{\mathrm{d}t}\right] \tag{4-29}$$

式（4-29）的传递函数表示为

$$G_c(s) = \frac{U(s)}{E(s)} = K_c\left(1 + \frac{1}{T_i s} + T_d s\right) \tag{4-30}$$

式（4-30）中第一项为比例（P）部分，第二项为积分（I）部分，第三项为微分（D）部分。如图 4-20 所示，PID 是三种模式的和。

控制器运算规律通常都以增量形式表示，若用实际值表示，则式（4-29）改写为

$$u(t) = K_c\left[e(t) + \frac{1}{T_i}\int_0^t e(\tau)\mathrm{d}\tau + T_d\frac{\mathrm{d}e(t)}{\mathrm{d}t}\right] + u_o \tag{4-31}$$

式中，u_o 控制器初始输出值，即 $t=0$ 瞬间偏差为 0 时的控制器输出；K_c 为控制器的比例增益；T_i 为积分时间（以 s 或 min 为单位）；T_d 为微分时间（也以 s 或 min 为单位）。K_c、T_i、T_d 的大小可以改变，相应地改变控制作用大小及规律。

2. PID 控制作用对过渡过程的影响

PID 控制作用对过渡过程的影响与 PI 控制作用的影响类似。其中，P 作用是基本的控制作用；I 作用能够消除余差，但是会使系统稳定性变差，闭环响应变慢，增加 K_c 使系统振荡加剧，如图 4-21 所示；D 作用可改善系统的稳定性。

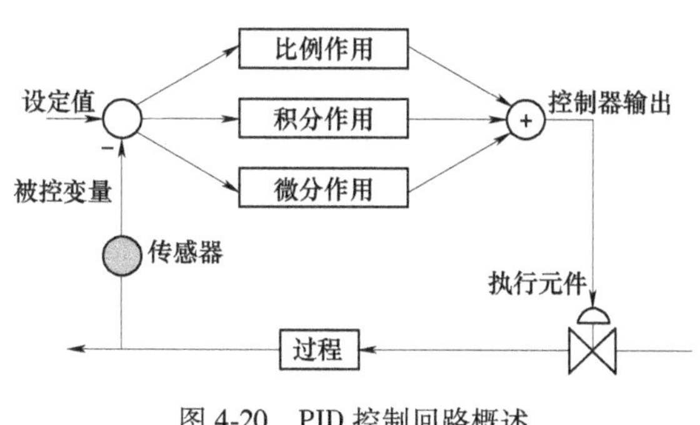

图 4-20　PID 控制回路概述

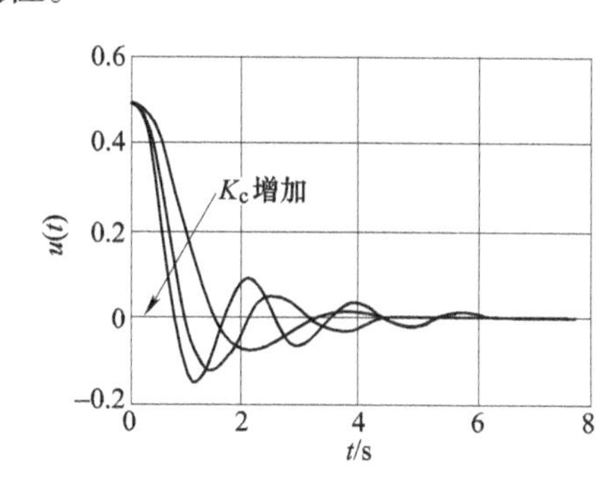

图 4-21　增加 K_c 对过渡过程的影响

PID 控制规律综合了各种控制规律的优点，具有良好的控制性能，但这并不意味着它在任何情况下都是最合适的，必须根据过程特性和工艺要求，选择最为合适的控制规律。对于液位对象，一般要求不高，用 P 或 PI 控制规律；对于流量对象，时间常数小，测量信息中杂有噪声，用 PI 控制规律；对于压力对象，介质为液体的时间常数小，介质为气体的时间常数中等，用 P 或 PI 控制规律；对于温度对象，容量滞后较大，用 PID 控制规律。

4.3.5　PID 参数整定

系统投运之前，还需进行控制器的参数整定。所谓的参数整定，就是对于已经设计并安

装就绪的控制系统，选择合适的控制器参数（$\delta(K_c)$，T_i，T_d）来改善系统的静态和动态特性，使系统的过渡过程达到最为满意的质量指标要求。

以下介绍几种常用的工程整定法。

1. 经验整定法

这种方法实质上是一种经验凑试法，是工程技术人员在长期生产实践中总结出来的。它不需要进行事先的计算和试验，而是根据运行经验，先确定一组控制器参数后的过渡过程曲线，根据各种控制作用对过渡过程的不同影响来改变相应的控制参数值，进行反复凑试，直到获得满意的控制质量为止。

经验整定法主要通过调整比例度的大小来满足质量指标。其整定途径有以下两条：

1）先用单纯的比例（P）作用，即寻找合适的比例度 δ，将人为加入干扰后的过渡过程调整为 4∶1 的衰减振荡过程。

然后再加入积分（I）作用，一般先取积分时间 T_i 为衰减振荡周期的一半左右。由于积分作用将使振荡作用加剧，在加入积分作用之前，要先减弱比例积分，通常把比例度增大 10%~20%，调整积分时间的大小，直接出现 4∶1 的衰减振荡。

如果需要，最后加入微分（D）作用，即从零开始，逐渐加大微分时间。由于微分作用能抑制振荡，在加入微分作用之前，可把比例度调整到比纯比例作用时更小些，还可把积分时间也缩短一些。通过微分时间的凑试，使过渡时间最短，超调量最小。

2）先根据表 4-2 选取积分时间 T_i 和微分时间 T_d，通常取 $T_d=\left(\frac{1}{3}\sim\frac{1}{4}\right)T_i$，然后对比例度 δ 进行反复凑试，直至得到满意的结果。如果开始时 T_i 和 T_d 设置得不合适，则有可能得不到要求的理想曲线。这时应适当调整 T_i 和 T_d，再重新凑试，使曲线最终符合控制要求。在设置控制器参数时，可根据过程的特点及试验前各参数间的关系等预置，开始时，比例度应较大，积分时间较大，微分时间较小，然后，缓慢变化，并观察效果，直到满意为止。

表 4-2 控制器参数经验数据

被控量	时滞	周期	比例度 δ(%)	T_i/min	T_d/min
流量	无	1~10s	40~100	0.1~1	—
温度	变化	几分钟到几小时	20~60	3~10	0.5~3
压力	无	0	30~70	0.4~3	—
液位	无	1~10s	20~80	—	—
成分	恒定	几分钟到几小时	—	—	—

经验整定法适用于各种控制系统，特别适用对象干扰频繁，过渡过程曲线不规则的控制系统，但是，使用此法主要靠经验，对于缺乏经验的操作人员来说，整定所花费的时间较多。

2. 临界比例度法

所谓临界比例度法，是指在系统闭环的情况下，用纯比例控制的方法获得临界振荡数据，即临界比例度 δ_k 和临界振荡周期 T_k，然后利用一些经验公式求取满足 4∶1 衰减振荡过渡过程的控制器参数。其整定参数见表 4-3。具体整定步骤如下：

1）将控制器的积分时间放在最大值（$T_i=\infty$），微分时间放在最小值（$T_d=0$），比例度 δ 放在较大值后，让系统投入运行。

2）逐渐减少比例度，且每改变一次 δ 值时，都通过改变设定值给系统施加一个阶跃干扰，同时观察系统的输出，直到过渡过程出现等幅振荡为止。此时的过渡过程称为临界振荡过程，δ_k 为临界比例度，T_k 为临界振荡周期。

3）利用 δ_k 和 T_k 这两个试验数据，按表 4-3 中的响应公式，求出控制器的各整定参数。

4）将控制器的比例度换成整定后的值，然后依次放上积分时间和微分时间的整定值。如果加入干扰后，过渡过程与 4∶1 的衰减比还有一定差距，可适当调整 δ 值，直到过渡过程满足要求。

表 4-3　临界比例度法控制器参数（衰减比为 4∶1）

控制规律	比例度 δ	积分时间 T_i/min	微分时间 T_d/min
P	$2\delta_k$	—	—
PI	$2.2\delta_k$	$0.85T_k$	—
PD	$1.8\delta_k$	—	$0.1T_k$
PID	$1.7\delta_k$	$0.5T_k$	$0.125T_k$

临界比例度法应用时简单方便，但必须注意以下两条：

1）此方法在整定过程中必定出现等幅振荡，从而限制了此方法的使用场合。对于不允许出现等幅振荡的系统，如锅炉水位控制系统就无法使用该方法；对于某些时间常数较大的单容量对象，如液位对象或压力对象，在纯比例作用下是不会出现等幅振荡的，因此不能获得临界振荡的数据，从而也无法使用该方法。

2）由于多数过程有饱和特性，因此，在等幅振荡出现后，减小比例度时，系统不出现发散振荡，从而较难确定临界比例度，故调试时比例度要从大到小且缓慢变化。

3. 衰减曲线法

调整比例度，使控制系统过渡过程响应曲线的衰减比为 10∶1（随动控制系统）得到上升时间（被控变量明显变化到接近第一峰值所需时间）t_r；或为 4∶1（定值控制系统），得到系统的振荡周期 T_p，这时的比例度为 δ_s，按表 4-4 整定 P、PI 或 PID 控制器的参数。衰减曲线法的特点是衰减比不易读准确，过渡过程较快时更难确定，为此，可认为响应曲线振荡两周半就达衰减比 4∶1。采用该方法调整时对工艺过程影响较小。

表 4-4　衰减曲线法控制器参数计算（衰减比为 4∶1）

控制作用	δ	T_i	T_d
P	δ_s	—	—
PI	$1.2\delta_s$	$2t_r$ 或 $0.5T_p$	—
PID	$0.8\delta_s$	$1.2t_r$ 或 $0.3T_p$	$0.4t_r$ 或 $0.1T_p$

衰减曲线法对大多数系统均可适用，且由于试验过渡过程振荡的时间较短，又都是衰减振荡，易为工艺人员所接受，故这种整定方法应用较为广泛。

4. 响应曲线法

生产过程有时不允许出现等幅振荡，或者无法产生正常操作范围内的等幅振荡，这时临界比例度法的局限性便体现出来了。这种情况下可以采用响应曲线法来进行 PID 参数的整定。

响应曲线法 PID 参数整定的步骤：

1）在手动状态下，改变控制器输出（通常采用阶跃变化），记录被控变量的响应曲线。

2）由开环响应曲线获得单位阶跃响应曲线，并求取“广义对象”的近似模型与模型参数。

3）根据过程阶跃响应曲线获得过程的增益 K、时间常数 T 和时滞 τ，按计算公式获得控制器参数。柯恩-库恩（Cohen-Coon）数字控制器参数整定见表 4-5。

表 4-5　柯恩-库恩（Cohen-Coon）数字控制器参数整定

控制作用	K_c	T_i	T_d
P	$\frac{T}{K_o\tau}\left(1+\frac{\tau}{3T}\right)$	—	—
PI	$\frac{T}{K_o\tau}\left(0.9+\frac{\tau}{12T}\right)$	$\tau\left(\frac{30+3\tau/T}{9+20\tau/T}\right)$	—
PID	$\frac{T}{K_o\tau}\left(\frac{4}{3}+\frac{\tau}{4T}\right)$	$\tau\left(\frac{32+6\tau/T}{13+8\tau/T}\right)$	$\tau\left(\frac{4}{11+2\tau/T}\right)$

4.4　简单控制系统的工程设计与实现

4.4.1　控制系统运行的重要准则

1. 负反馈准则

各环节增益的正或负可根据在稳态条件下该环节输出增量与输入增量之比确定。当该环节的输入增加时，其输出增加，则该环节的增益为正，反之，如果输出减小则增益为负。整个控制系统必须是一个负反馈系统，因此回路中各环节增益的乘积必须为正值。控制系统称为负反馈的条件是该控制系统各开环增益之积为正，即 $K_{开}=K_cK_vK_pK_m>0$。其中，下角 c、v、p、m 分别表示被控对象、控制阀、检测元件和变送器，本节余同。一个控制系统设计好后，被控对象、控制阀、检测元件和变送器的增益也就确定了，通过选择控制器作用方向来保证控制系统是一个负反馈控制系统。

2. 稳定运行准则

控制系统静态运行条件是扰动或设定变化时，控制系统各环节的增益之积恒定，即 $K_{开}=K_cK_vK_pK_m=$ 常数。控制系统动态运行条件是扰动或设定变化时，控制系统各环节的增益之积恒定，即 $|G_c(s)G_v(s)G_p(s)G_m(s)|=$ 常数。

4.4.2　被控变量与操作变量的选择

被控变量的选择是控制系统设计中的关键问题。在实践中，该变量的选择以工艺人员为主，自控人员为辅，因为对控制的要求是从工艺角度提出的。但自动化专业人员也应多了解工艺，多与工艺人员沟通，从自动控制的角度提出建议。工艺人员与自控人员之间的相互交流与合作，有助于选择好控制系统的被控变量。

在过程工业装置中，为了实现预期的工艺目标，往往有多个工艺变量或参数可以被选择作为被控变量，也只有在这种情况下，被控变量的选择才是重要的问题。在多个变量中选择被控变量应遵循下列原则：

1）尽量选择能直接反映产品质量的变量作为被控变量。

2）所选被控变量能满足生产工艺稳定、安全、高效的要求。

3）必须考虑自动化仪表及装置的现状。

在选定被控变量之后，要进一步确定控制系统的操纵变量（或调节变量）。实际上，被控变量与操纵变量是放在一起综合考虑的。

操纵变量的选取应遵循下列原则：

1）操纵变量必须是工艺上允许调节的变量。

2）操纵变量应该是系统中所有被控变量的输入变量中对被控变量影响最大的一个。控制通道的放大系数 K 要尽量大一些，时间常数 T 要适当小些，时滞 τ 应尽量小。

3）不宜选择代表生产负荷的变量作为操纵变量，以免产量受到波动。

4.4.3　控制规律及控制器作用方向的选择

控制器的控制规律对控制质量影响很大。根据不同的过程特性和要求，选择相应的控制规律，以获得较高的控制质量确定控制器作用方向，以满足控制系统的要求，也是系统设计的一个重要内容。

1. 控制规律的选择

控制器控制规律主要根据过程特性和要求来选择。

（1）比例控制（P）　它是最基本的控制规律。当负荷变化时，比例控制克服扰动能力强，控制作用及时，过渡过程时间短，但过程终了时存在余差，且负荷变化越大余差也越大。比例控制适用于控制通道滞后较小、时间常数不太大、扰动幅度较小、负荷变化不大、控制质量要求不高、允许有余差的场合，如储罐液、塔釜液位的控制和不太重要的蒸汽压力的控制等。

（2）比例积分控制（PI）　引入积分作用能消除余差，故比例积分控制是使用最多、应用最广的控制规律，但是，加入积分作用后要保持系统原有的稳定性，必须加大比例度（削弱比例作用），以使控制质量有所下降，如最大偏差和振荡周期相应增大，过渡时间加长。对于控制通道滞后小、负荷变化不太大、工艺上不允许有余差的场合，如流量或压力的控制，采用比例积分控制规律可获得较好的控制质量。

（3）比例微分控制（PD）　引入微分作用会有超前控制作用，能使系统的稳定性增加，最大偏差和余差减小，加快控制过程，改善控制质量，故比例微分控制适用于过程容量滞后较大的场合。对于滞后很小和扰动作用频繁的系统，应尽可能避免使用微分作用。

（4）比例积分微分控制（PID）　微分作用对于克服容量滞后有显著效果，对克服纯滞后是无能为力的。在比例作用的基础上加上微分作用能提高系统的稳定性，加上积分作用能消除余差，又有 δ、T_i、T_d 三个可以调整的参数，因而可以使系统获得较高的控制质量，它适用于容量滞后大、负荷变化大、控制质量要求较高的场合，如反应器、聚合釜的温度控制。

2. 控制器正、反作用的选择

控制器有正、反作用之分，控制器增益有正、负之分。

控制器正、反作用的定义：当控制器的测量值增加时，它的输出增加，称控制器是正作用控制器；当控制器的测量值增加时，它的输出减小，称控制器是反作用控制器。

控制器测量值（y）、设定值（r）、输出值（u）与控制器增益（K_c）之间的关系为 $u = K_c(r - y)$。

根据定义，正作用控制器：$y\uparrow$，$u\uparrow$，故 K_c 为负；反作用控制器：$y\uparrow$，$u\downarrow$，故 K_c

为正。

控制器正、反作用的选择遵循负反馈准则和稳定运行准则，因此，确定控制器正、反作用的步骤如下：

1）根据工艺完全性要求，确定控制阀的气开和气关形式。气开阀的增益为正，气关阀的增益为负。

2）根据过程的输入和输出的关系，确定过程增益的正负。

3）根据检测变送环节的输入与输出的关系，确定检测变送环节的正、反作用。

4）根据负反馈原则，确定控制器的正、反作用。

下面以图 4-22 所示的液位控制系统为例进行控制器正、反作用的选择。

① 根据工艺安全性要求，对于该液位控制系统，如果水漫出，则应立即停止加水，即无信号时，阀门处于关的状态下是安全的，因此采用气开形式的调节阀。

② 由于选用的阀是气开形式，故 K_v 为正。当进水流量增多时，液位升高，故被控过程是正作用，因此 K_p 为正。

③ 根据负反馈原则，如图 4-22 所示，$K_vK_pK_cK_m>0$，其中 $K_m>0$，因此 $K_c>0$，因此控制器的作用为反作用。

液位控制系统的框图如图 4-23 所示。

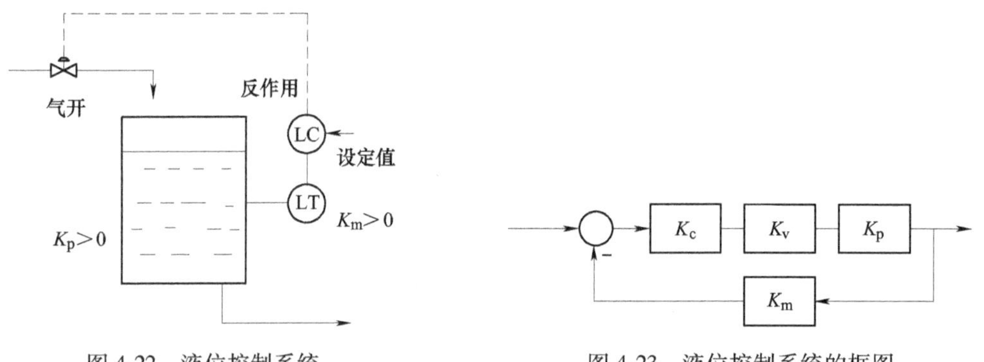

图 4-22　液位控制系统　　　　图 4-23　液位控制系统的框图

4.4.4　简单控制系统的计算机实现过程

图 4-24 所示为简单控制系统的计算机实现模式。首先根据工艺要求要采集测量各种工

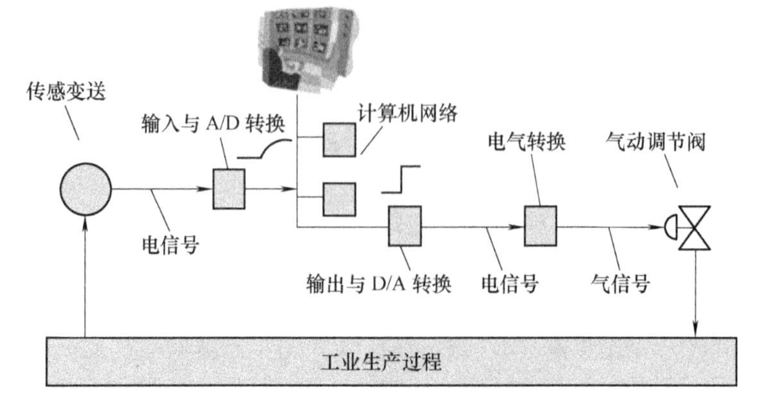

图 4-24　简单控制系统的计算机实现模式

艺参数数据，合理选用各种检测元件及变送器，其主要功能是将被检测参数的非电量转换成标准电信号（0~5V 或 4~20mA），例如热电偶变送器把温度信号转换成标准电流信号；压力变送器可以把压力转换为电信号。然后通过信号采集数据电缆将信号传送到输入与 A/D 转换模块，转换后的数字信号进入计算机控制系统，计算机控制系统完成控制运算，将控制信号 $u(t)$（若现场需要连续调节信号，还需要将产生的数字信号通过输出与 D/A 转换模块）变成标准的模拟信号，并通过计算机网络传送到执行机构，例如气动调节阀。通过调节阀门开度的大小改变系统的输入，从而起到对系统输出调节的控制作用。

4.4.5　简单控制系统的投运

所谓控制系统的投运，是指当控制系统的设计、安装等工作准备就绪，或经过停车检修之后，使系统投入使用的过程。为了保证控制系统的顺利投运和达到预期的效果，必须正确掌握投运方法，严格地做好投运的各项工作。

1. 投运前的准备工作

1）熟悉工艺生产过程，即了解主要的工艺流程、设备的功能、各工艺参数间的关系、控制要求、工艺介质的性质。

2）熟悉控制系统的控制方案，即掌握设计意图，明确控制指标，了解整个控制系统的布局和具体内容，熟悉测量元件、变送器、执行器的规格及安装位置，熟悉有关管线的布局及走向等。

3）熟悉各种控制装置，即熟悉所使用的测量元件、测量仪表、控制仪表、显示仪表及执行器的结构、原理，以及安装、使用和校验方法。

4）综合检查，即检查电源电路有无短路、断路、漏电等现象，供电及供气是否安全可靠；检查各种管路和线路等的连接，如孔板的上下游接压导管与差压变送器的正负压输入端的连接、热电偶的正负端与相应的补偿导线的连接等是否正确，检查引压和气动导管是否畅通，中间有无堵塞；检查控制阀气开、气关形式是否正确，阀杆运动是否灵活、能否全行程工作，旁路阀及上下游截止阀是否按要求关闭或打开；检查控制器的正、反作用、内外设定开关是否设置在正确位置。

5）现场校验，即现场校验测量仪表、显示仪表和控制仪表的精度、灵敏度及量程，以保证各种仪表能正常工作。

2. 投运过程

控制系统投运次序如下：

1）根据经验或估算，设置 δ、T_{i} 和 T_{d}，或者先将控制器设置为纯比例作用，比例度放在较大的位置。

2）确认控制阀的气开、气关作用后确认控制器的正、反作用。

3）现场的人工操作：控制阀安装示意图如图 4-25 所示。将控制阀前后的阀门 1 和 2 关闭，打开阀门 3，观察测量仪表能否正常工作，待工况稳定。

4）手动遥控：用手操作调整器作用于控制阀上的信号 p 至一个适当数值，然后打开上游阀门 1，再逐步打开下游阀门 2，过渡到遥控，待工况稳定。

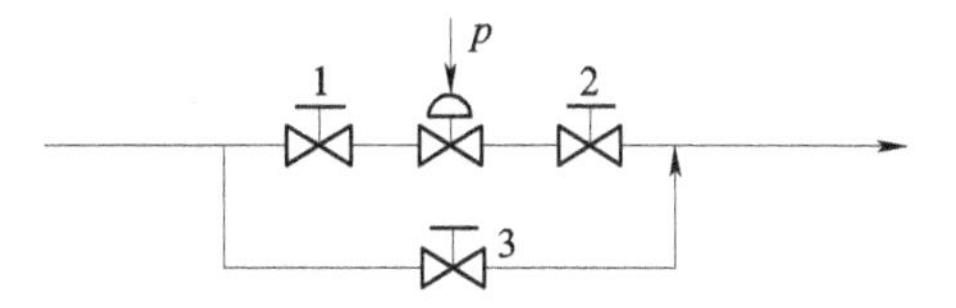

图 4-25　控制阀安装示意图

5）投入自动：手动遥控使被控变量接近或等于设定值，观察仪表测量值，待工况稳定后，控制器切换到“自动”状态。至此，初步投运过程结束。但控制系统的过渡过程不一定满足要求，这时需要进一步调整 δ、T_i 和 T_d 三个参数。

习　　题

一、简答题

4-1　常用的评价控制系统动态性能的单项性能指标有哪些？它与误差积分指标各有何特点？

4-2　什么是对象的动态特性？为什么要研究对象的动态特性？

4-3　试述过程控制系统中常用的控制规律及其特点。

4-4　控制器参数整定的任务是什么？工程上常用的控制器参数整定有哪几种方法？

4-5　什么是调节器的控制规律？基本控制规律有哪几种？各有何特点？

4-6　一个自动控制系统，在比例控制的基础上分别增加：①适当的积分作用；②适当的微分作用。试问：

1）这两种情况对系统的稳定性、最大动态偏差、余差分别有什么影响？

2）为了得到相同的系统稳定性，应如何调整调节器的比例度 δ？并说明理由。

4-7　简述一下简单控制系统的计算机实现。

4-8　什么是控制器参数的整定？常用的控制器参数的整定方法有哪些？

4-9　简单控制系统的投运步骤是什么？

二、设计题

4-10　某化学反应器，工艺规定操作温度为（200±10）℃，考虑安全因素，调节过程中温度规定值最大不得超过 15℃。现设计运行的温度定值调节系统，在最大阶跃干扰作用下的过渡过程曲线如图 4-26 所示。试求：该系统的过渡过程质量指标（最大偏差、余差、衰减比、振荡周期和过渡时间），并确定该调节系统是否满足工艺要求。

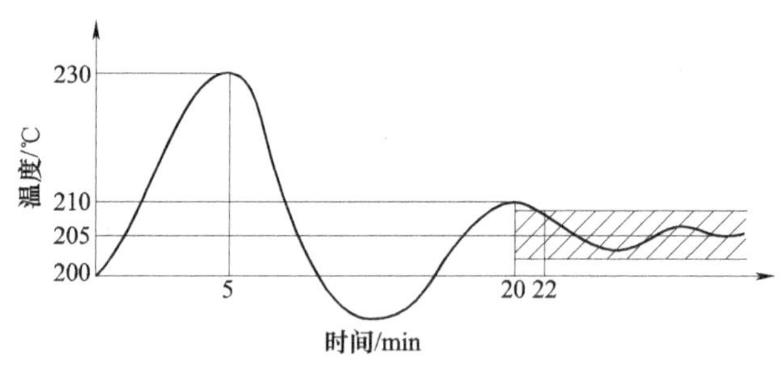

图 4-26　温度响应曲线

4-11　在蒸汽锅炉运行过程中，必须满足汽-水平衡关系，锅筒水位是一个十分重要的指标。当液位过低时，锅筒中的水易被烧干引发生产事故，甚至会发生爆炸。

1）试设计一个液位的简单控制系统，在图 4-27 中画出控制方案图。

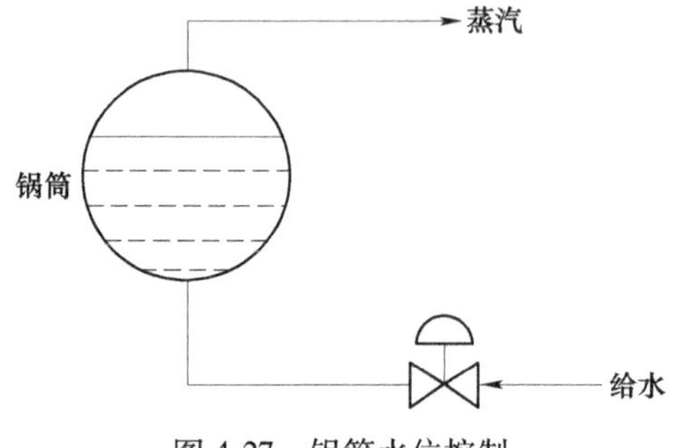

图 4-27　锅筒水位控制

2）确定调节阀的气开、气关形式，并说明原因。

3）确定调节器的正、反作用方式，必须有详细的分析过程。

4）画出该控制系统的框图。

4-12 如图 4-28 所示，建立三容体系统 h_3 与控制量 U 之间的动态方程和传递函数。

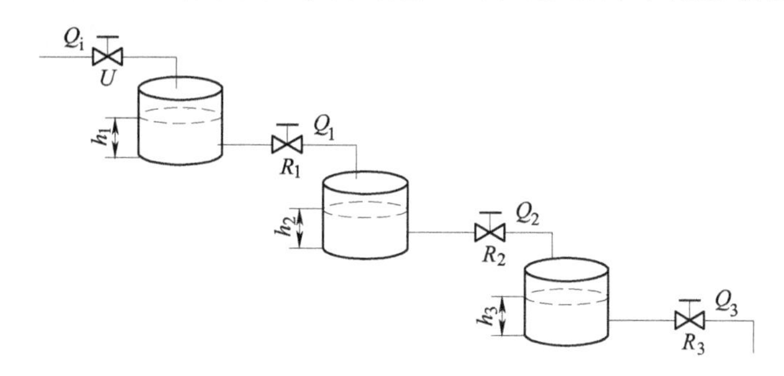

图 4-28 三容体系统

4-13 有一复杂液位对象，其液位阶跃响应试验结果为：

t/s	0	10	20	40	60	80	100	140	180	250	300	400	500	600
h/cm	0	0	0.2	0.8	2.0	3.6	5.4	8.8	11.8	14.4	16.6	18.4	19.2	19.6

1）画出液位的阶跃响应曲线。

2）若该对象用带纯延迟的一阶惯性环节近似，试用作图法确定纯延迟时间 τ 和时间常数 T。

第5章 常用复杂控制系统

简单控制系统适用于解决工业生产过程中大量的简单控制问题，但是随着现代工业生产的发展，变量间的相互关系越来越复杂，自动控制要求也越来越高，尤其对控制系统的动态性能和抗扰动性能要求更加严格，简单控制系统很难满足需求。因此，在简单控制系统的基础上，根据工业过程特殊控制要求，在简单反馈控制回路中增加计算环节、控制环节或其他环节，组成复杂控制系统，用来提高简单控制系统的控制质量，扩大了反馈控制系统的应用范围。

本章主要进行串级、均匀、前馈、比值、分程、选择性、双重等一系列复杂控制系统的介绍，说明各类复杂控制系统的基本原理、系统结构、性能分析以及工程应用方面的问题。

5.1 串级控制系统

5.1.1 串级控制系统的基本原理和结构

串级控制系统是一种常用的复杂控制系统，是由两个或两个以上的控制器串联组成的，一个控制器的输出作为另一个控制器的设定值。本文以加热炉出口温度控制进行串级控制系统的介绍。

对于加热炉出口温度控制系统来说，被控变量是出口温度，燃料气作为操纵变量，利用上一章的知识进行简单控制系统的设计，如图 5-1 所示。

但是在进阀门前的燃料气压力的波动也会造成燃料流量的变化，从而影响加热炉的温度，因此针对燃料气的压力和加热炉出口温度进行简单控制系统的设计，如图 5-2 所示。

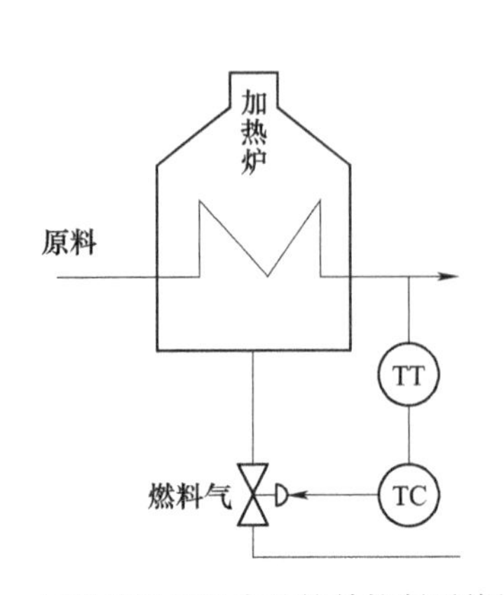

图 5-1 加热炉出口温度的简单控制系统设计 1

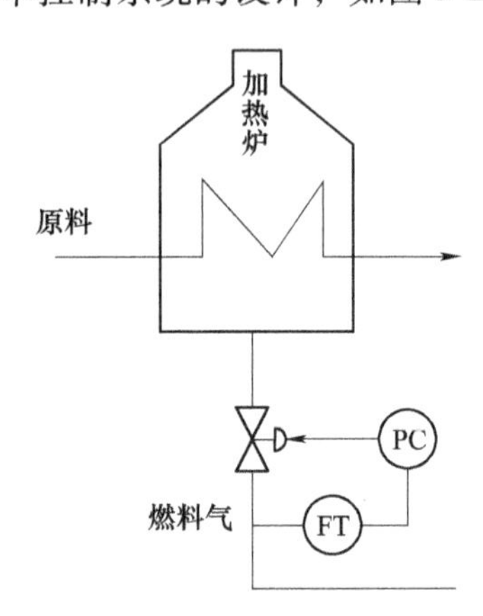

图 5-2 加热炉出口温度的简单控制系统设计 2

针对燃料气的流量和加热炉出口温度、燃料气的压力和加热炉出口温度两种方案相结合，将两个控制器串联起来，这样既可以克服流量扰动的作用，又能使温度在受到其他扰动的情况下保持稳定，这就是串级控制系统。图 5-3 所示是加热炉出口温度的串级控制系统，温度控制器和压力控制器串联在一起，温度控制器的输出作为压力控制器的设定值。

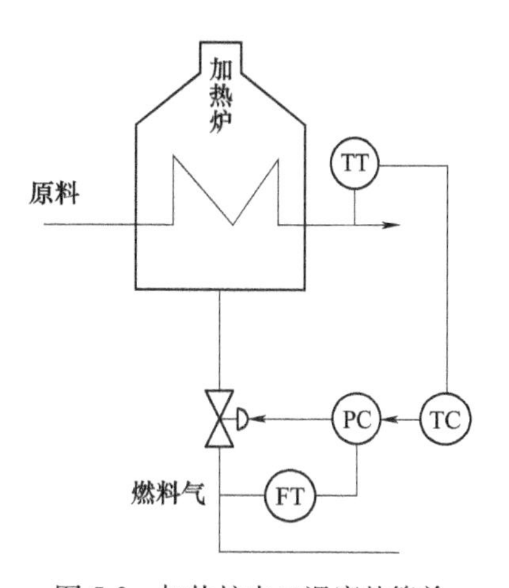

图 5-3　加热炉出口温度的简单串级控制系统设计

如图 5-4 所示，串级控制系统在原有的简单控制回路内，通过增加副回路控制，能够迅速克服加入副回路的干扰，减少系统的最大超调量和减少扰动响应积分误差，提高控制系统的性能。

其中：

$G_{c1}(s)$：主控制器，主要起细调作用。

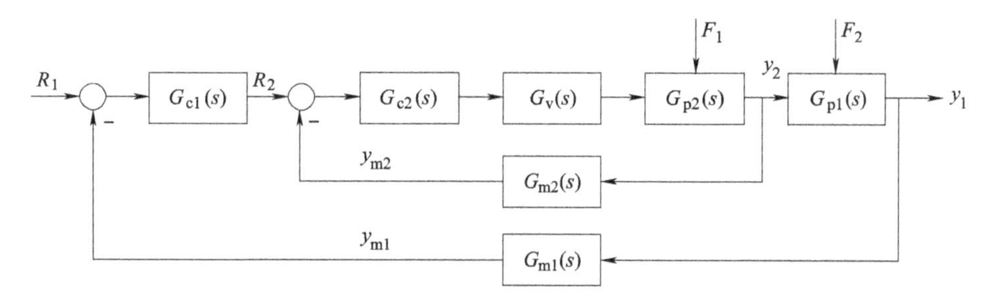

图 5-4　串级控制系统的框图

$G_{c2}(s)$：副控制器，主要起粗调作用。

y_1：主被控变量。

y_2：副被控变量。

R_1：主设定值。

R_2：副设定值。

主被控对象：$G_{p1}(s)$。

副被控对象：$G_{p2}(s)$。

主回路：由 $G_{c1}(s)$、$G_{c2}(s)$、$G_v(s)$、$G_{p1}(s)$、$G_{p2}(s)$ 和 $G_{m1}(s)$ 组成的回路。

副回路：由 $G_{c2}(s)$、$G_v(s)$、$G_{p2}(s)$ 和 $G_{m2}(s)$ 组成的回路。

F_1：进入主回路的扰动。

F_2：进入副回路的扰动。

5.1.2　串级控制系统的性能分析

串级控制是提高单闭环控制性能应用最成功的控制策略之一。其主要通过增加副回路控制改善简单负反馈的控制性能，其中辅助变量的选取是非常关键的因素。串级控制系统增加了副控制回路，使控制系统性能得到改善，表现在下列方面。

1）能迅速克服进入副回路扰动的影响。

定性分析：当扰动进入副回路后，首先，副被控变量检测到扰动的影响，并通过副回路的定值控制作用，及时调节操纵变量，使副被控变量恢复到副设定值，从而使扰动对主被控变量的影响减少。即副回路对扰动进行粗调，主回路对扰动进行细调。因此，串级控制系统能迅速克服进入副回路扰动的影响。

定量分析：根据串级控制系统框图（图 5-4），副回路扰动通道的传递函数为

$$\frac{y_2(s)}{F_2(s)}=\frac{G_{p2}(s)}{1+G_{c2}(s)G_v(s)G_{p2}(s)G_{m2}(s)} \tag{5-1}$$

根据单回路控制系统框图（图 5-5），副回路扰动通道的传递函数为

$$\frac{y_2(s)}{F_2(s)}=G_{p2}(s) \tag{5-2}$$

由此可见，串级控制系统中进入副回路扰动的等效扰动是单回路控制系统（图 5-5）中进入副回路扰动的 $\dfrac{1}{1+G_{c2}(s)G_v(s)G_{p2}(s)G_{m2}(s)}$ 倍，静态时，其值为 $\dfrac{1}{1+K_{c2}K_vK_{p2}K_{m2}}$，同样地，串级控制系统在副回路进入的干扰作用下，控制系统的余差为单回路控制系统余差的 $\dfrac{K_{c2}}{1+K_{c2}K_vK_{p2}K_{m2}}$ 倍。

因此，串级控制系统能够快速克服副回路扰动的影响，并使系统余差大大减小。

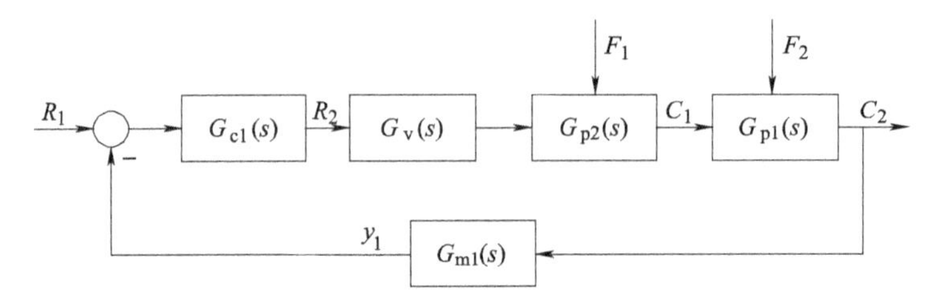

图 5-5　单回路控制系统框图

2）串级控制系统由于副回路的存在，改善了对象特性，提高了工作频率。

定性分析：串级控制系统将一个控制通道较长的对象分为两级，把许多干扰在副回路就基本克服掉。剩余的影响及其他各方面干扰的综合影响再由主回路加以克服。相当于改善了主控制器的对象特性，即减少了容量滞后，因此对于克服整个系统的滞后大有帮助。从而对加快系统响应、减小超调量、提高控制质量很有利。由于对象减少了容量滞后，串级控制系统的工作频率得到了提高。如果副回路被整定成衰减振荡，副回路可近似成二阶振荡环节，且低频时，幅值近似为 1，相位差近似为 0，即副回路可近似用 1：1 的比例环节描述。

定量分析：副回路的等效传递函数为

$$\frac{y_2(s)}{R_2(s)}=\frac{G_{c2}(s)G_v(s)G_{p2}(s)}{1+G_{c2}(s)G_v(s)G_{p2}(s)} \tag{5-3}$$

其中，$G_{c2}(s)G_v(s)G_{p2}(s)\gg 1$，故 $\dfrac{y_2(s)}{R_2(s)}\approx 1$。

5.1.3　串级控制系统的设计与工程应用

1. 串级控制系统的设计准则

根据串级控制系统的性能分析，串级控制系统的设计准则总结如下：

1）根据工艺过程的控制要求选择主被控变量，主被控变量应反映工艺指标。

2）副被控变量应包含重要扰动和尽量多的扰动变量。

3）执行器（如阀门）与辅助变量之间应有直接的因果关系。

4）主、副回路的时间常数和时滞应错开。一般来讲根据副环频率特性，副回路响应比主回路响应快，当副回路控制器参数整定不合适或副对象时间常数与主对象之间尝试不匹配时，会出现共振现象。

5）应考虑经济性和工艺的合理性。

2. 串级控制系统中主、副控制器控制规律的选择

1）主控制器控制规律的选择：根据主控制器是定值控制的特点，为了消除余差，应采用积分控制规律；通常串级控制系统用于慢对象，为此，可采用微分控制规律。据此，主控制器的控制规律通常为PID。

2）副控制器控制规律的选择：副控制回路既是随动控制又是定值控制，它对主控制回路来说是随动控制，对副被控变量来说是定值控制，因此，从控制要求看，通常无消除余差的要求，即可不用积分控制，但当副被控变量是流量，并有精确控制该流量要求时，应采用积分控制；当副被控对象时间常数较小时，为削弱控制作用，需选用大比例度的比例控制作用，有时也可加入积分或反微分控制；当副回路的容量滞后较大时，宜加入微分控制。因此，副控制器的控制规律通常为P或PI。

3. 主、副控制器正反作用的选择

串级控制系统主、副控制器正反作用的选择应满足负反馈的控制要求。因此，对主回路和副回路都必须使总开环增益为正。其具体选择步骤如下：

1）从安全角度选择调节阀的气开和气关形式（气开形式，K_v为正；气关形式，K_v为负）。

2）根据工艺条件确定副被控对象的特性（操纵变量增加时，若副被控变量增加，则K_{p2}为正；操纵变量增加时，若副被控变量减小，则K_{p2}为负）。

3）根据副控制回路为负反馈的准则，确定副控制器的正反作用（正作用，$K_{c2}<0$；反作用，$K_{c2}>0$）。

4）根据工艺条件确定主被控对象的特性（副被控变量增加时，若主被控变量增加，则K_{p1}为正；副被控变量增加时，若主被控变量减小，则K_{p1}为负）。

5）根据主控制回路为负反馈的准则，确定主控制器的正反作用（正作用，$K_{c1}<0$：反作用，$K_{c1}>0$）。确定主控制器正反作用时，只需要满足$K_{c1}K_{p1}K_{m1}>0$。

6）主控制器在主控方式时控制器正反作用是否要更换，应根据负反馈准则。当副控制器为反作用时，主控制器从串级方式切换到主控方式时，不需要更换主控制器的作用方式，例如，原来是正作用的主控制器在切换主控时仍为正作用。当副控制器为正作用时，由于$K_{c2}<0$，表明调节阀和副被控对象的乘积也为负，即$K_vK_{p2}K_{m2}<0$，因此，主控制器切换到主控时，为保证主控制器为负反馈，即满足$K_vK_{p2}K_{m2}>0$，应更换原来的作用方式。

4. 串级控制器的计算机实现

针对图5-3所示的加热炉，进行串级控制，选择燃料气压力和加热炉出口的温度，如图5-6所示，操作员通过计算机设定加热炉出口温度的温度值，计算机得到温度值后，进行主控制器的计算。如图5-6所示，串级控制系统的规律采用了比较成熟的增量式PID算法，是通过编写循环脚本程序来实现的，在此控制中主、副控制器均选用PI控制算法，其中K_c和

T_i 参数的设置是操作员通过计算机设置的，将主控制器计算的值赋值于流量控制器的设定值，然后进行如主控制器一样的计算过程，最终得到的信号通过 D/A 转换成模拟信号去控制执行器，即电气阀门的开度，以实现产品的温度控制。

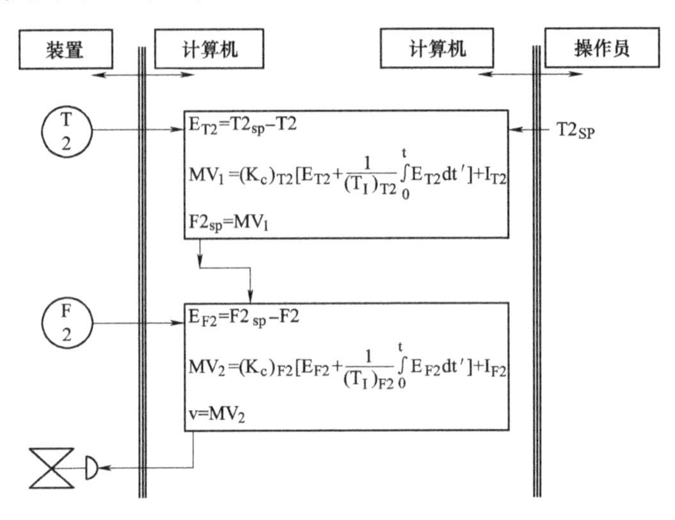

图 5-6　计算机串级控制的实现

5.1.4　串级控制系统控制器的参数整定

控制系统参数整定，就是通过调整控制器的参数，改善控制系统的动、静态特性，找到最佳的调节过程，使控制质量最好。串级控制系统常用的控制器参数整定方法有以下三种：

1. 一步法

一步法是指根据副被控对象的特性，设置副控制器参数，然后整定主控制器参数。

2. 两步法

两步法的步骤如下：

1）设置主控制器为“内给定”“手动”，设置副控制器为“外给定”“手动”。

2）主控制器手动输出，调整副控制器手动输出至偏差为零时，将副控制器切换为“自动”。

3）整定副控制器参数，使副被控变量的响应满足所需性能指标（例如衰减比指标）。

4）调整主控制器手动输出至偏差为零时，将主控制器切换为“自动”。

5）整定主控制器参数，使主被控变量的响应满足所需性能指标（例如衰减比指标、余差等）。

串级控制系统的投运宜先副后主，设置副回路的目的是提高主被控变量的控制质量，因此，对副控制器参数整定的结果不应做过多限制，应以快速、准确跟踪主控制器输出为整定参数的目标。当工艺过程对副被控变量也有一定的控制指标要求时，可采用逐步逼近法整定参数，使副被控变量也能够满足控制指标。

3. 逐步逼近法

所谓逐步逼近法就是在主回路断开的情况下，求取副控制器的整定参数，然后将副控制器的参数设置在所求的数值上，使串级控制系统主回路闭合求取主控制器的整定参数。然后，将主控制器参数设置在所求的数值上，再进行整定，求出第二次副控制器的整定参数值。比较上述两次的整定参数和控制质量，如果达到了控制质量指标，整定工作结束。否则，再按此方法求取第二次主控制器的整定参数值，依次循环，直至求得合适的整定参数值为止。这样，每循环一次，其整定参数与最佳参数值就更接近一步，故名逐步逼近法。

其具体整定步骤如下：

1）首先断开主回路，闭合副回路，按单回路控制系统的整定方法整定副控制器参数。

2）闭合主、副回路，保持上一步取得的副控制器参数，按单回路控制系统的整定方法整定主控制器参数。

3）在闭合主、副回路及主控制器参数保持不变的情况下，再次调整副控制器参数。至此已完成一个循环，如果控制质量未达到规定指标，则返回步骤2）继续。

5.2　均匀控制系统

5.2.1　均匀控制系统的基本原理和结构

在连续生产过程中，生产设备是紧密联系在一起的，前一设备的出料往往是后一设备的进料，特别是在石油化工生产过程中，前后塔器之间操作密切，互相关联，前一精馏塔的出料就是后面塔的进料，为了保证塔器的正常运行，要求进入后塔的流量变化平缓，同时要求前塔釜液位稳定。如果对前面精馏塔采取液位控制，对后面塔采取流量控制，其调节参数都是塔底出料量，显然，这两个控制系统工作时是有矛盾的，因为当前面塔的液位由于干扰作用而升高时，液位调节器输出信号使调节阀开大，塔底出料量增大（即送入后面塔的进料量增大）。为了保持后面塔进料量的稳定，流量调节器输出信号使流量调节阀关小，这样串联在同一管道上的前后两个流量调节阀动作方向相反，发生矛盾，如图5-7所示。因此，均匀控制是兼顾两个被控变量的控制，即通过均匀控制策略使得液位控制在容许的范围内波动，而流量又能较平稳地变化。

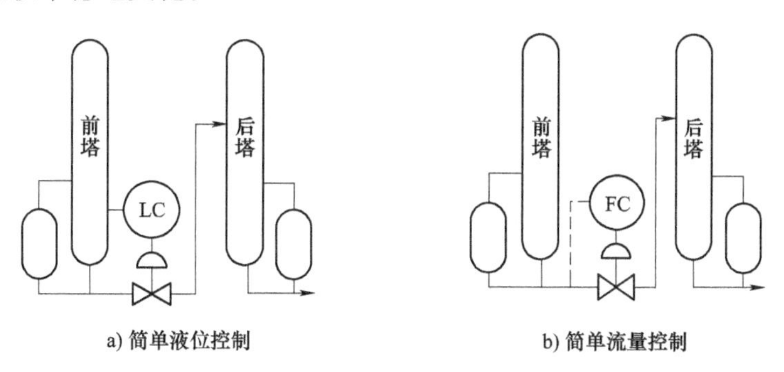

图5-7　简单控制系统

1. 简单均匀控制系统

均匀控制系统的结构与简单控制系统相同，如图5-8所示，精馏塔液位控制仍采用液位简单控制结构，但控制器的控制规律选择和参数整定方面与简单控制系统不同。控制器的比例系数 K_c 设置更小一些（或比例度设置更大一些），若有积分，积分时间常数设置更长一些，总之通过增加比例度和积分时间常数使得系统作用减弱，使得液位控制输出作用减小，从而使流量的变化也相应地减小，从而实现液位和流量两个被控变量均匀控制的目的。

简单均匀控制与单回路液位控制（图5-9）的不同点如下：

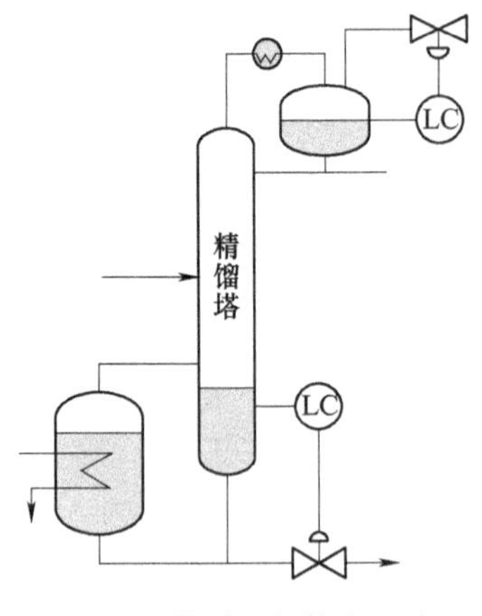

图 5-8　简单均匀控制系统

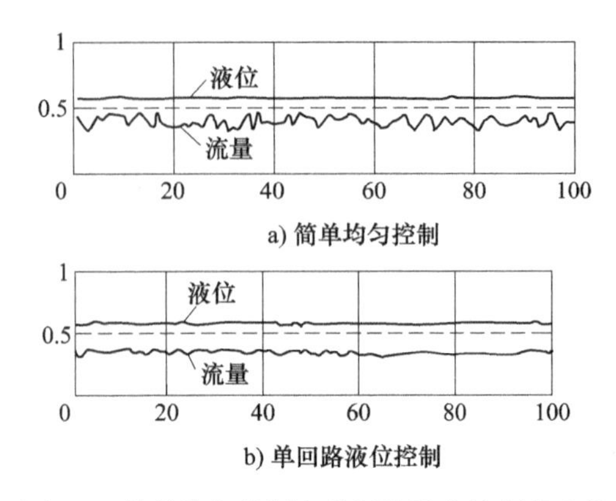

图 5-9　简单均匀控制与单回路液位控制的比较

1）应用场合不同：简单均匀控制应用于要求液位和流量都需要兼顾的场合。

2）控制器参数不同：简单均匀控制采用大比例度和大积分时间常数。

3）液位变送器量程范围不同：简单均匀控制的液位变送器量程范围较大，以便降低液位检测灵敏度，使液位控制不灵敏。

4）选择的显示仪表不同：简单均匀控制系统的液位只需显示，但流量要记录；单回路液位控制系统的液位通常也要记录。

2. 串级均匀控制系统

串级均匀控制系统如图 5-10 所示，其结构与串级控制系统相同，串级均匀控制系统是应用最广的均匀控制系统。当存在其他扰动影响到流量时，前塔的压力和后塔的压力波动较大，引入流量副回路，组成串级均匀控制系统，同样地，通过整定控制器参数达到均匀控制的目的，液位控制器的比例度设置得大一些。如果引入均匀作用，积分时间常数设置得长一些，副控制器的参数与串级副控制器的参数整定相同。

3. 其他均匀控制系统

两个被控变量之差的均匀控制系统如图 5-11 所示，其框图如图 5-12 所示。两个需兼顾的被控变量之差作为被控变量，控制阀在出口液位高或流量低时都需开大阀门，加法器的输

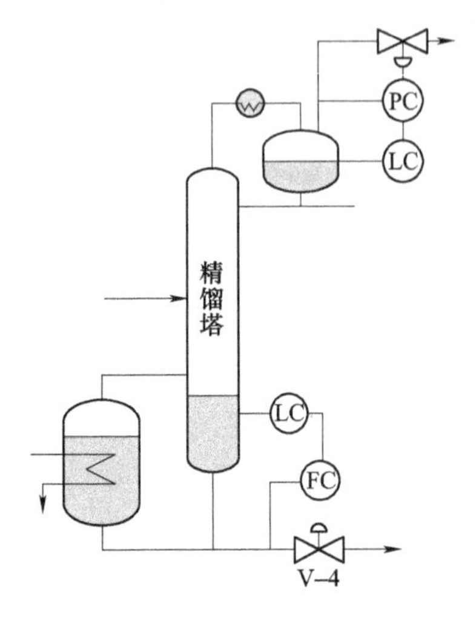

图 5-10　串级均匀控制系统

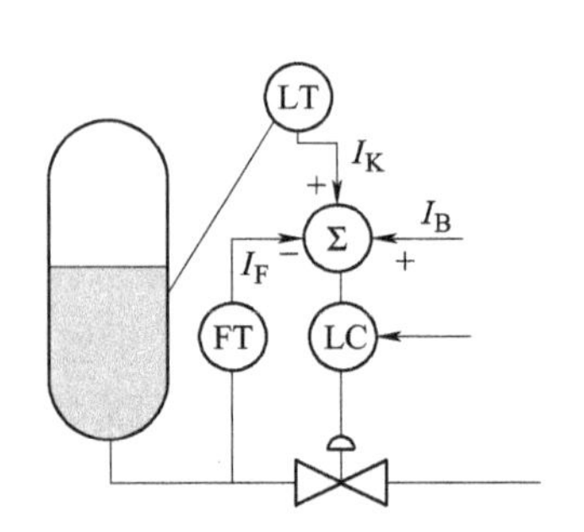

图 5-11　两个被控变量之差的均匀控制系统

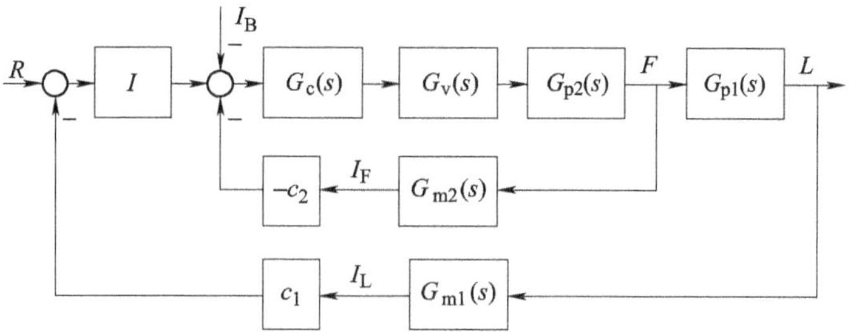

图 5-12 两个被控变量之差的均匀控制系统的框图

出是液位与流量值差，再加偏置值，偏置值等于正常工况流量变送器的输出值，可以对各分量加权，被控变量液位有余差。其中 $I = c_1 I_L - c_2 I_F + I_B$。

两个需兼顾的被控变量之和作为被控变量，如图 5-13 所示，控制阀在入口液位低或流量低时都需开大阀门，加法器的输出是液位与流量之和，再减偏置值，偏置值等于正常工况流量变送器的输出值，可以对各分量加权，被控变量液位有余差。其中，$I = c_1 I_L + c_2 I_F - I_B$。

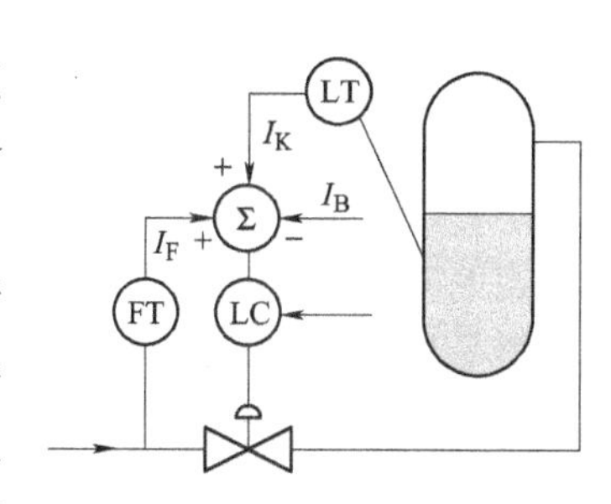

图 5-13 两个被控变量之和的均匀控制系统

5.2.2 均匀控制系统的控制规律选择及参数整定

1. 控制规律的选择

一般的简单均匀控制系统的控制器，都可以选择纯比例控制规律。这是因为：均匀控制系统所控制的变量都允许有一定范围的波动且对余差无要求；而纯比例控制规律简单明了，整定简单便捷，响应迅速。例如，对液位-流量的均匀控制系统，K_c 增加，液位控制作用加强，反之液位控制作用减弱而流量控制稳定性加强，可以根据需要选择适当的比例度。

对一些输入流量存在急剧变化的场合或液位存在“噪声”的场合，特别是希望液位在正常稳定工况时保持在特定值附近时，则应选用比例积分控制规律。这样，在不同的工作负荷情况下，都可以消除余差，保证液位最终稳定在某一特定值。

2. 参数的整定原则

均匀控制系统控制器参数整定的具体做法如下：

（1）纯比例控制规律

1）将比例度放置在不会引起液位超值但相对较大的数值，如 $\delta = 200\%$ 左右。

2）观察趋势，若液位的最大波动小于允许的范围，则可增加比例度。

3）当发现液位的最大波动大于允许范围，则减小比例度。

4）反复调整比例度，直至液位的波动小于且接近允许范围为止。一般情况下，$\delta = 100\% \sim 200\%$。

（2）比例积分控制规律

1）按纯比例控制方式进行整定，得到所适用的比例度 δ 值。

2）适当加大比例度值，然后引入积分作用。由大至小逐渐调整积分时间常数，直到记录趋势出现缓慢的周期性衰减振荡为止。大多数情况下 T_i 在几分钟到几十分钟之间。

5.3 前馈控制系统

5.3.1 前馈控制系统的基本原理和性能分析

1. 基本原理

反馈控制都是按照被控变量与设定值的偏差来进行控制的，因此只有当被控变量偏离设定值产生偏差，系统才对被控变量进行调节控制，使得控制作用总是落后于干扰对控制系统的影响。前馈控制系统是一种开环控制系统，前馈控制系统是根据扰动或设定值的变化按补偿原理而工作的控制系统，其特点是当扰动产生后，被控变量还未变化以前，根据扰动作用的大小进行补偿控制，从而克服扰动对被控变量的影响。前馈控制系统运用得当，较之反馈控制能更加及时地进行控制，并且不受系统滞后的影响。

图 5-14 所示为换热器温度的前馈控制系统。

前馈控制能够及时克服特定扰动的影响，如果合适设计控制规律，可大大减弱对被控变量的影响。前馈控制采用开环控制方式，不能保证被控变量没有余差，其控制器结构参数的设计也能按照负反馈控制系统原理设计。图 5-15 所示为前馈控制系统的框图，$F(s)$ 为可检测的扰动变量，$G_{ff}(s)$ 为前馈控制器的传递函数，$G_d(s)$ 为扰动通道传递函数。根据完全补偿条件，前馈控制器输出完全补偿扰动对系统的影响，即扰动 $F(s)$ 变化时，对被控变量没有影响。

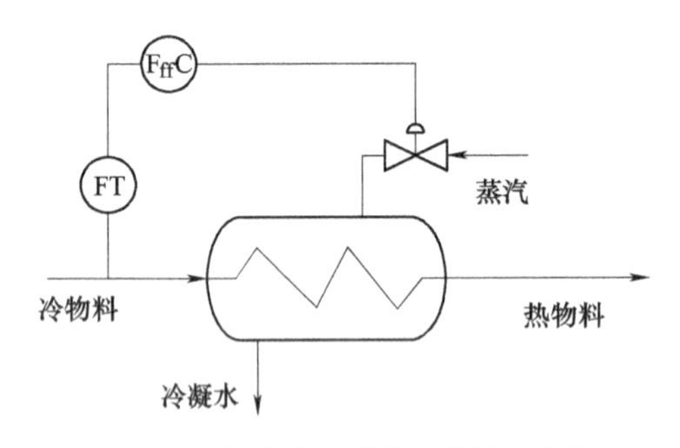

图 5-14 换热器温度的前馈控制系统

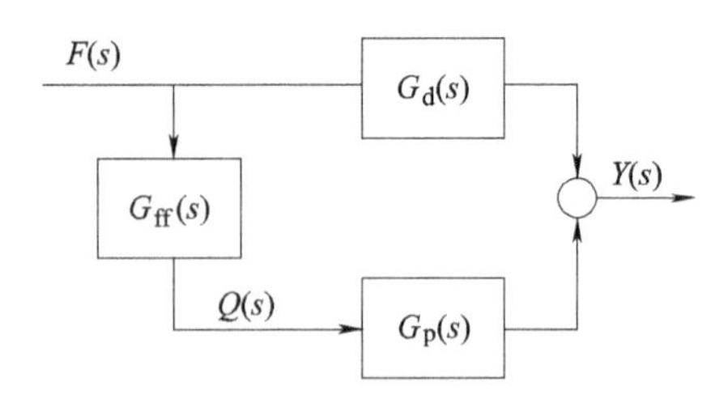

图 5-15 前馈控制系统框图

其中，$Y(s)=[G_{ff}(s)G_p(s)+G_d(s)]F(s)$，为了使系统的输出影响为零，则 $G_{ff}(s)G_p(s)+G_d(s)=0$，因此前馈控制的传递函数表示为

$$G_{ff}(s)=-\frac{G_d(s)}{G_p(s)} \tag{5-4}$$

2. 性能分析

前馈控制器分为静态前馈和动态前馈两类，根据前馈对象传递函数 $G_p(s)=\frac{K_p e^{-\theta s}}{T_p s+1}$，扰动通道传递函数 $G_d(s)=\frac{K_d e^{-\theta_d s}}{T_d s+1}$，根据上述完全补偿条件为

$$G_{ff}(s)=-\frac{G_d(s)}{G_p(s)}=K_{ff}\frac{T_p s+1}{T_d s+1}e^{-\theta_{ff}s} \tag{5-5}$$

式中，K_{ff}称为静态前馈增益；$\frac{T_p s+1}{T_d s+1}$是超前滞后；$e^{-\theta_{ff}s}$ 为时滞，通常这项计算很难实现。

静态前馈增益控制计算公式为

$$G_{ff}(s)=K_{ff}=-\frac{K_d}{K_p} \tag{5-6}$$

因此，动态前馈控制计算公式为

$$G_{ff}(s)=K_{ff}\frac{T_p s+1}{T_d s+1} \tag{5-7}$$

图 5-16 给出了一些典型的动态响应。每个结果使用不同参数的超前/滞后算法。为了简单起见，输出是一个阶跃变化，但带有超前/滞后的前馈控制器对任何输入功能都表现良好。

图 5-16 中 a、b、c、d、e 为 T_p 与 T_d 的比值。根据动态前馈控制器的阶跃响应曲线，不同比值大小确定了 T_p 与 T_d 的大小关系。当 $T_p>T_d$ 时，前馈控制器呈现超前特性；当 $T_p<T_d$ 时，前馈控制器呈现滞后特性；当 $T_p=T_d$ 时，前馈控制器呈现比例特性，即为静态前馈增益。

前馈控制实质是用前馈控制器的零点抵消前馈通道广义对象的极点，并使前馈控制器的部分极点等于扰动传递函数的零点。前馈控制器的好坏与扰动通道和控制通道有关，若扰动和控制两个通道的模型精确，那么前馈控制可以做到完全的无偏差控制，但是这是理想的状态，在实际过程中，往往是时变的、非线性和不可预见的扰动存在。在实际中，可将前馈与反馈控制结合，组成前馈-反馈控制系统，如图 5-17 所示。

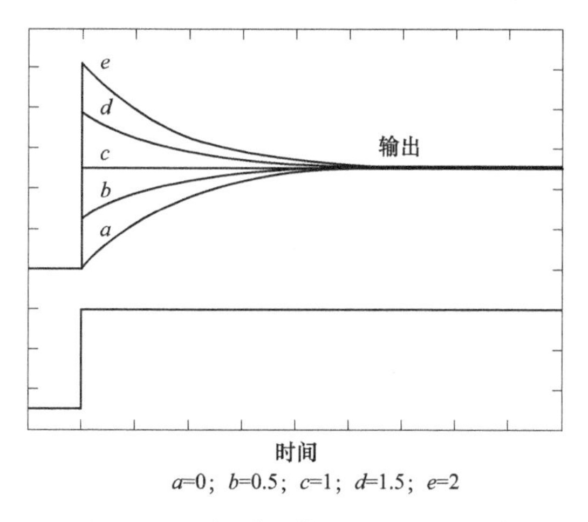

图 5-16 超前/滞后算法的动态响应示例

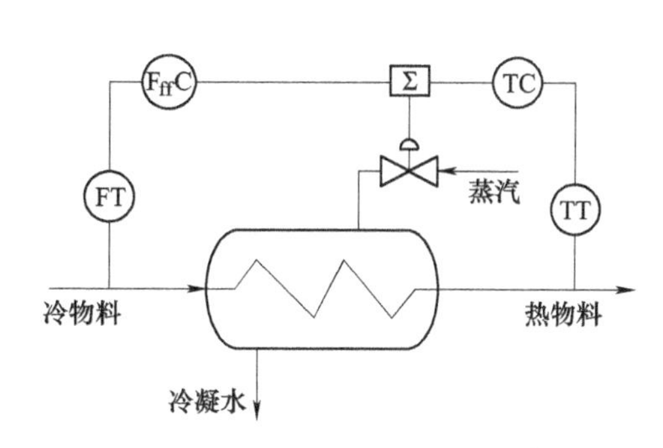

图 5-17 换热器的前馈-反馈控制系统

反馈控制是将所有的干扰的稳态偏移量降为零，众所周知，在很多情况下反馈控制可提供良好的控制性能，但是需要偏离设定值才能采取纠正措施。然而，当反馈是动态时，反馈控制并不能提供很好的控制性能。

前馈控制是在输出收到干扰之前进行控制，具有良好的控制性能和精确的控制模型。稳定前馈控制器的另一个优点是在没有前馈控制的情况下，稳定的前馈控制器不会引起系统的不稳定。这一事实可以从前馈-反馈系统的传递函数来证明，如图 5-18 所示为前馈-反馈控制系统框图，它的传递函数表示为

$$\frac{Y(s)}{D(s)}=\frac{G_v(s)G_p(s)G_{ff}(s)+G_d(s)}{1+G_v(s)G_p(s)G_m(s)G_c(s)} \tag{5-8}$$

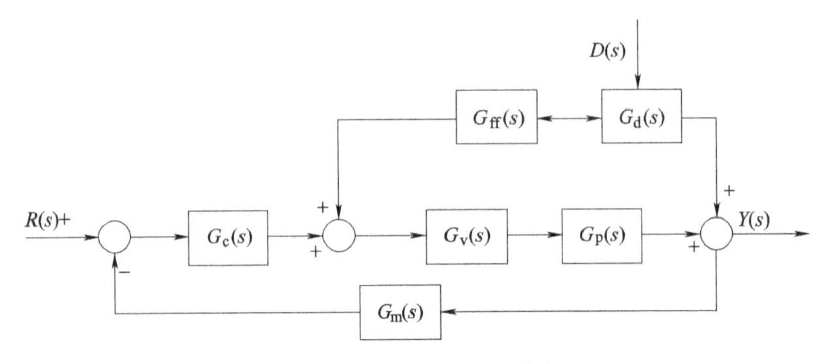

图 5-18　前馈-反馈控制系统框图

前馈-反馈控制系统对扰动完全补偿的条件是前馈控制时完全相同，而反馈回路中加进了前馈控制也不会对反馈控制器所需要整定的参数带来太大的变化，只是反馈调节器所需完成的工作量显著地减小了。

3. 前馈与反馈控制的比较

在前馈控制器实际应用过程中，由于工业生产过程系统扰动不止一个，且很多扰动很难测量或者不可以测量，被控通道和扰动通道的传递函数难以精确获得，因此前馈控制完全补偿条件很难实现，也就是单纯前馈控制系统很难实现对系统扰动完全克服。而反馈控制系统是按照偏差函数调节的系统，可以有效抑制回路内扰动。前馈控制与反馈控制的比较见表5-1。

表 5-1　前馈控制与反馈控制的比较

控制方案	前馈控制	反馈控制
测量值	扰动变量	被控变量
测量方式	扰动变量可测	被控变量可测
调节器基于	干扰大小	偏差大小
调节形式	开环调节无稳定性问题	闭环调节存在稳定性问题
调节器规律	$G_{ff}(s)=-\dfrac{G_d(s)}{G_p(s)}$	PID 控制
适应性	对时变与非线性对象的适应性弱	对时变和非线性对象的适应性与鲁棒性强
对通道要求	依赖于扰动通道和控制通道的动态模型，要求已知而且准确	对通道模型要求弱，大多数情况无需对象模型
克服干扰能力	仅克服一个干扰	克服回路内多个干扰

5.3.2　前馈控制的实例

1. 前馈-反馈信号相乘的前馈-反馈控制系统

图 5-19 所示是精馏塔提馏段温度为主被控变量和再沸器蒸汽流量为副被控变量的串级

控制系统各进料流量为前馈信号组成的相乘型前馈-反馈控制系统。图中，FC 是加热蒸汽流量控制器；×是乘法器；TC 是提馏段温度控制器；FY 是前馈控制器。从反馈原理来说，反馈信号来自提馏段温度，前馈信号来自进料流量，反馈信号和前馈信号进行相乘运算，运算结果作为再沸器加热蒸汽流量控制器的设定。在前馈控制中，一个流量是扰动变量，而另一个流量是操纵变量，采用静态前馈控制结构。

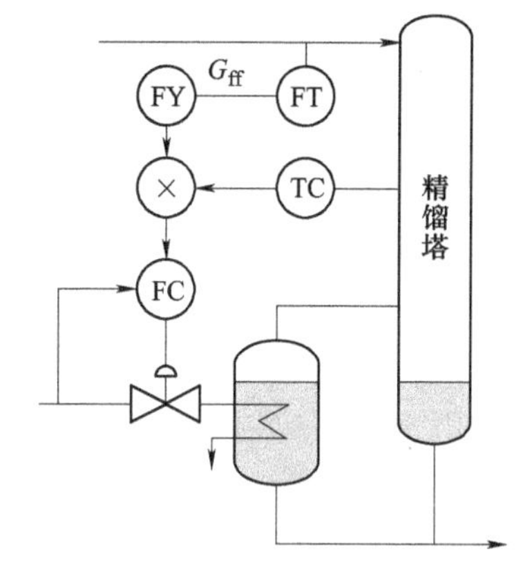

图 5-19　精馏塔相乘型前馈-反馈控制

图 5-20 所示为该控制系统框图，图中，×是乘法器；G_{ff}是前馈控制器；G_{c1}是主控制器，即提馏段温度控制器；G_{c2}是副控制器，即再沸器加热蒸汽流量控制器。

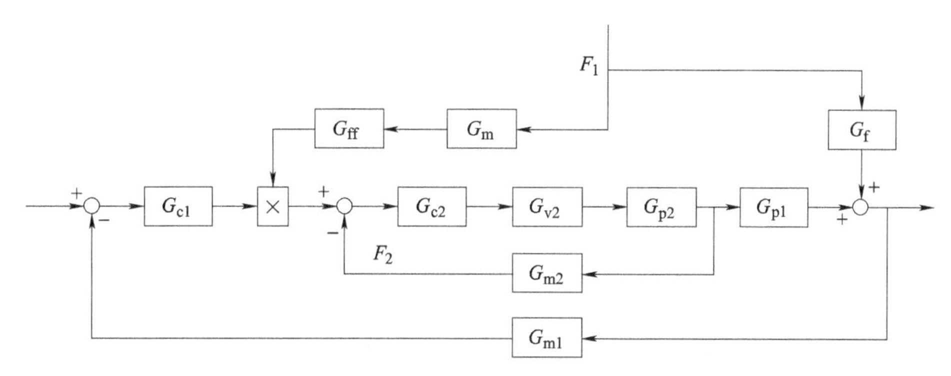

图 5-20　相乘型的前馈-反馈控制系统框图

2. 前馈与反馈信号相加的前馈-反馈控制系统

图 5-21 所示是加热炉的相加型前馈-反馈控制系统。原料流量作为前馈信号，与控制器输出信号相加。从安全的角度考虑，控制阀选择气开形式，燃料量副对象 K_{p2} 为正，G_{c2}选反作用。K_{c2}为正，温度主对象 K_{p1}为正，G_{c1}选反作用，K_{c1}为正；当原料流量增加，温度下降，K_{ff}为负，又由于 K_{p1}为正，因此，静态前馈放大系数 K_{ff}为正。

根据图 5-21 所示的前馈-反馈控制，可以得到其系统框图，如图 5-22 所示。

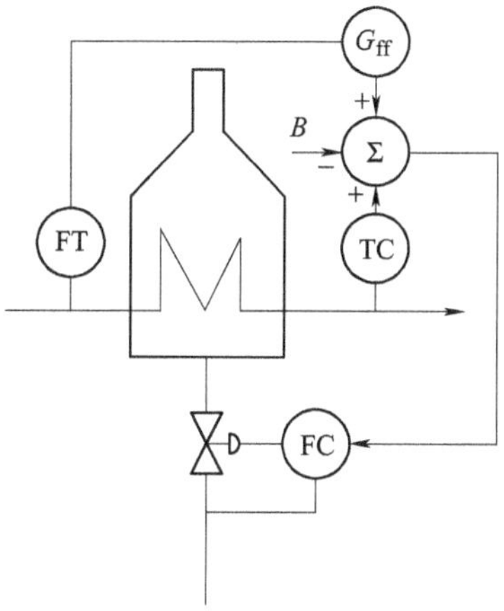

图 5-21　相加型前馈-反馈控制系统

5.3.3　前馈控制系统的设计与工程应用

前馈控制是根据扰动作用的大小进行控制的。前馈控制系统主要用于克服控制系统中对象滞后大、由扰动而造成的被控变量偏差消除时间长、系统不易稳定、控制质量差等场合。

1. 扰动变量的选择

前馈控制器的输入变量是扰动变量，扰动变量选择的依据如下：

1）扰动变量可测量但不可控，例如精馏塔的进料、加热炉的原料等。

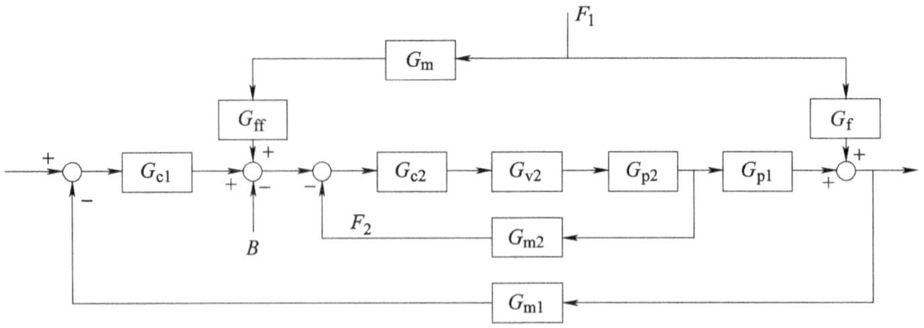

图 5-22　相加型前馈-反馈控制系统框图

2）扰动变量应是主要扰动，扰动变化频繁，幅度变化较大。

3）扰动对被控变量影响显著，反馈控制难以及时克服，且过程对控制精度要求又十分严格的情况，通常采用前馈-反馈控制。

2. 前馈控制系统的设计

图 5-23 所示为锅炉锅筒液位控制系统，扰动变量是蒸汽量 D，作为前馈信号，与液位 L 为主被控变量、给水流量 W 为副被控变量串联组成相加型前馈-反馈控制系统。

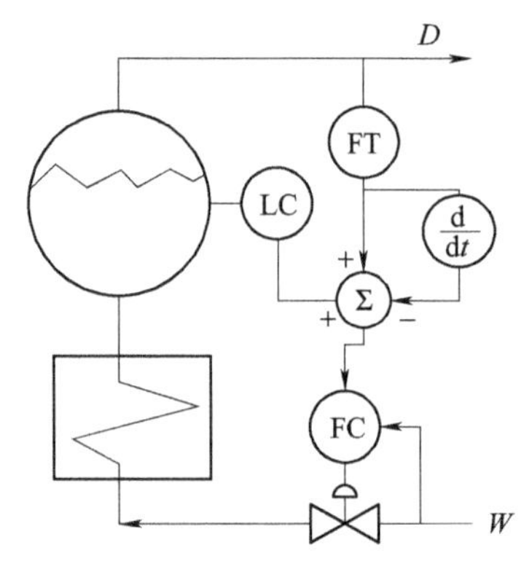

图 5-23　锅炉汽包液位控制系统

（1）蒸汽量 D 对液位 L 的传递函数　当蒸汽量增加时，瞬时造成锅筒压力下降，使水位下的气泡迅速增加，液位虚假上升，然后，因用气量增加，造成液位下降。其响应曲线如图 5-24 所示，呈现反向特性。即

$$G_{\mathrm{f}}(s)=-\frac{k_{\mathrm{f}}}{s}+\frac{k_2}{T_2 s+1} \tag{5-9}$$

（2）广义主对象的传递函数　该对象输入为给水流量，输出为锅炉锅筒液位，可近似为无自衡非振荡过程，即

$$G_{\mathrm{o1}}(s)=\frac{k_{\mathrm{o}}}{s}\mathrm{e}^{-s\tau_{\mathrm{o}}} \tag{5-10}$$

其响应曲线如图 5-25 所示。

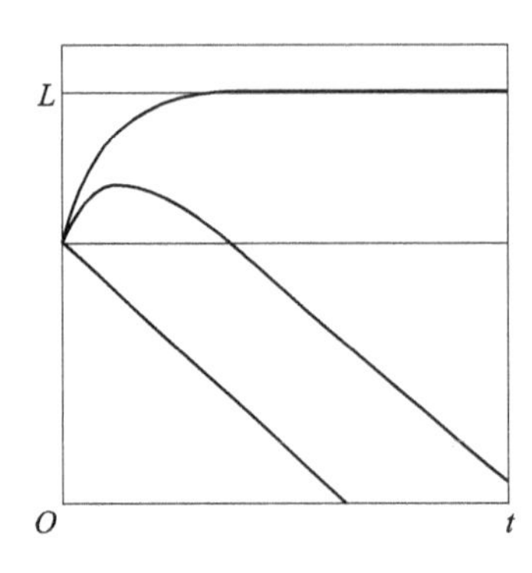

图 5-24　蒸汽量阶跃响应曲线

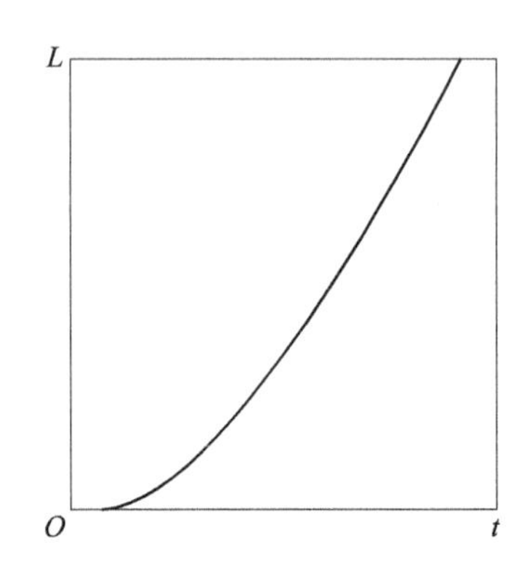

图 5-25　给水量阶跃响应曲线

（3）副回路传递函数　根据串级控制系统特点，当检测变送环节采用线性检测变送器时，由于副回路输入输出间的关系为线性关系，因此副回路可近似表示为 1∶1 的比例环节。

5.4　比值控制系统

5.4.1　比值控制系统的基本原理、结构和性能分析

在化工、炼油及其他工业生产过程中，工艺上常需要两种或两种以上的物料保持一定的比例关系，比例一旦失调，将影响生产或造成事故。实现两个或两个以上参数符合一定比例关系的控制系统，称为比值控制系统。通常以保持两种或几种物料的流量为一定比例关系的系统，称之流量比值控制系统。

比值控制系统是控制两个物料流量比值的控制系统。在比值控制系统中，一个物料流量需要跟随另一个物料流量变化，前者称为从动量，后者称为主动量。其中，主动量是主要物料或关键物料流量，是可测不可控的；从动量是可测可控的，一般供应充足。

比值控制系统按结构分为开环和闭环比值控制系统；按实施方案分为相乘和相除方案；按比值分为定比值和变比值控制系统，其中变比值控制系统按控制原理，属于前馈控制系统。

1. 单闭环比值控制系统

单闭环比值控制系统在结构上与单回路控制系统一样。其常用的控制方案有两种形式：一种是把主动量的测量值乘以某一系数后作为从动量控制器的设定值，这种方案称之为相乘方案，是一种典型的随动控制系统，如图 5-26a 所示；另一种是把两个流量实际测量值比值作为从动量控制器的反馈信号，控制器设定值为两种流量的给定配比，这种方案称之为相除方案，是典型的定值控制系统，如图 5-26b 所示，其优点是可以实时监测两种物料的流量比值。

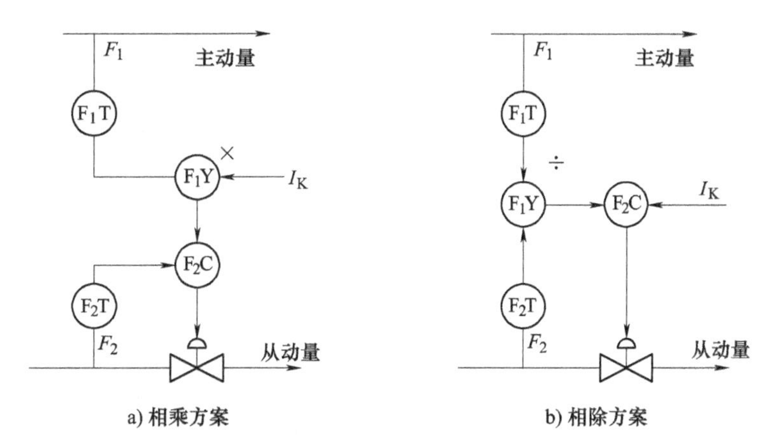

图 5-26　单闭环比值控制系统

相乘方案的单闭环比值控制系统框图如图 5-27 所示。

单闭环比值控制系统不仅能实现主、从动量的精确流量比值，还能克服进入从动量控制回路的扰动影响，控制质量高，增加仪表投资较少，控制质量提高较多。

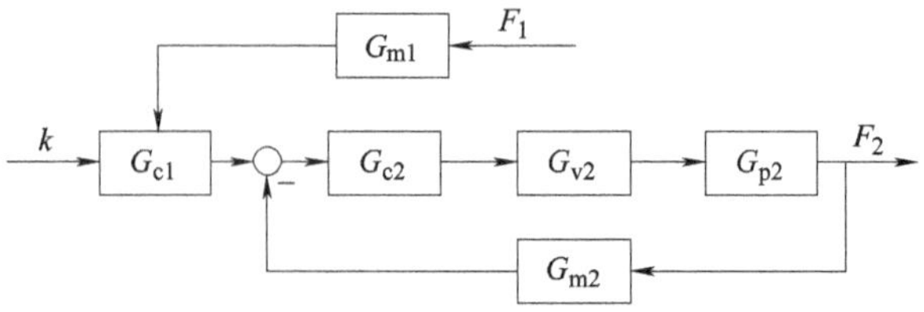

图 5-27　相乘方案的单闭环比值控制系统框图

2. 双闭环比值控制系统

双闭环比值控制系统如图 5-28 所示，分别为相乘方案和相除方案。与两个单回路控制系统比较，从动量控制回路的设定值是主动量实际流量测量值的 I_K 倍，在正常工况（指主动量和从动量都能充分供应时），通过调节两个回路设定值，可以使主、从动量之间保持所需的工艺配比，但是当主动量供应不足或由于较大扰动使主动量偏离设定值时，两个独立的单回路控制系统不能使两者的流量保持在所需比值，采用双闭环比值控制系统，可通过比值函数环节及时改变从动量设定值，使从动量与主动量保持所需比值。相乘方案的双闭环比值控制系统框图如图 5-29 所示。

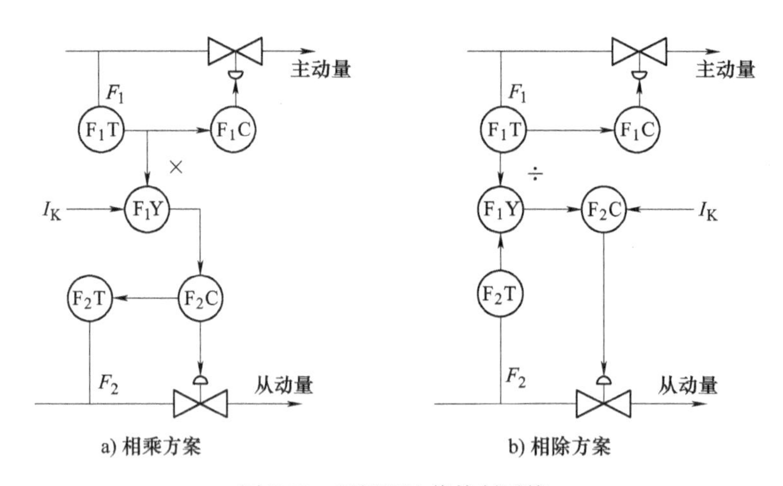

图 5-28　双闭环比值控制系统

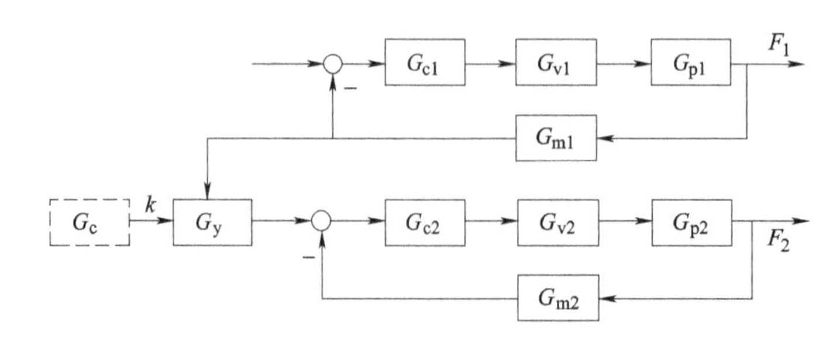

图 5-29　相乘方案的双闭环比值控制系统框图

3. 变比值控制系统

变比值控制系统的比值是变化的，比值由另一个控制器设定。例如，在燃烧控制中，最终的控制目标是烟道气中的氧含量，而燃料与空气的比值实质上是控制手段，因此，比值的设定值由氧含量控制器给出。图 5-30 所示是相乘方案，从结构上看，这种方案是串级比值控制系统。变比值控制系统是比值随另一个控制器输出变化的比值控制系统，它是串级控制系统与比值控制系统的结合。它能根据所需的主被控变量及时调整比值控制系统的比值，使主被控变量保持恒定或跟踪设定值变化。

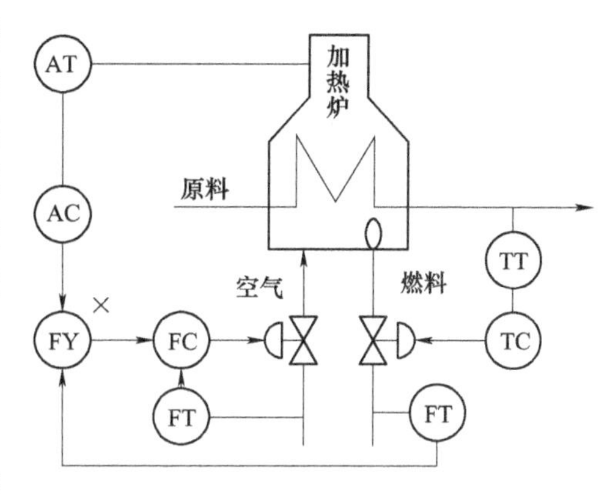

图 5-30　加热炉含氧量变比值控制系统

5.4.2　比值控制方案的实施

比值控制方案的实施有两种方案，即相乘方案和相除方案。相乘方案有两种类型：一种方案是主动量信号乘以比值作为从动量控制器的设定值；另一种方案是主动量信号作为从动量控制器设定，从动量测量信号乘以比值的倒数作为从动量控制器测量。相除方案也有两种类型，即将主、从动量信号相除（有主动量作为分子和分母两种类型）的信号作为比值控制器测量，比值控制器设定是所需的比值（或比值的倒数）。由于后三种方案会在控制回路引入非线性环节，造成该环节增益的变化，从系统稳定运行准则分析，目前已很少采用。下面以第一种控制方案为例：

设主动量流量为 F_1，从动量流量为 F_2，工艺操作所需的比值 $k=\dfrac{F_1}{F_2}$，即要求 $F_2=kF_1$，当采用常规仪表实施比值控制系统时，由于受仪表量程范围和仪表类型的影响，仪表比值 K 与工艺所需流量比值 k 之间需要换算，而采用集散控制系统或计算机控制系统实施比值控制系统时，不需要计算仪表比值 K，可直接根据工艺所需比值 k 设置。下面简单介绍仪表比值 K 的换算方法。

1. 采用线性流量检测单元情况

在正常工况下，主动量与从动量的输出值（无量纲）分别为 $F_1/F_{1\max}$ 和 $F_2/F_{2\max}$，因此单元组合仪表的比值系数

$$K=\frac{F_2/F_{2\max}}{F_1/F_{1\max}}=\frac{F_2}{F_1}\left(\frac{F_{1\max}}{F_{2\max}}\right)=k\left(\frac{F_{1\max}}{F_{2\max}}\right) \tag{5-11}$$

由式（5-11）可知，仪表比值系数 K 只与变送器的量程和工艺所需比值 k 有关。

2. 采用差压变送器（未经开方的流量检测单元）的情况

此时主动量与从动量变送器的输出值分别为 $(F_1/F_{1\max})^2$ 和 $(F_2/F_{2\max})^2$，因此单元组合仪表的比值系数

$$K=\frac{(F_2/F_{2\max})^2}{(F_1/F_{1\max})^2}=\left(\frac{F_2}{F_1}\right)^2\left(\frac{F_{1\max}}{F_{2\max}}\right)^2=k^2\left(\frac{F_{1\max}}{F_{2\max}}\right)^2 \tag{5-12}$$

3. 仪表比值系数 $K>1$ 时的情况

在上述两种实施方案中，如果仪表比值系数 $K>1$，则输入比值函数环节的信号就大于仪表的量程，这时要将比值环节设置在从动量控制回路的反馈通道上，如图 5-31 所示。

4. 实例计算

【例 5-1】　已知某比值控制系统，采用孔板和差压变送器测量主、副流量。主流量变送

器的最大量程 $F_{1max}=12.5m^3/h$，副流量控制器的最大量程 $F_{2max}=20m^3/h$，生产工艺要求 $F_1/F_2=k=1.4$，试计算：

1）不加开方器时，仪表的比值系数 K'。

2）加开方器后，仪表的比值系数 K''。

解： 根据题意，当不加开方器时，可采用下式进行计算：

$$K' = K^2\left(\frac{F_{1max}}{F_{2max}}\right)^2 = 1.4^2 \times 12.5^2/20^2 = 0.766$$

当加开方器时

$$K'' = K\frac{F_{1max}}{F_{2max}} = 1.4 \times \frac{12.5}{20} = 0.875$$

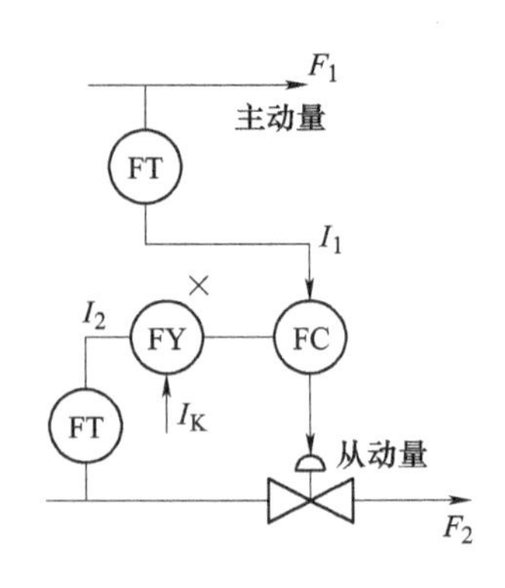

图 5-31 单闭环比值控制

由实例计算可得，对相同工艺要求，在计算比值控制器的参数时，采用开方器和不采用开方器的情况下，结果是不同的。

5.4.3 比值控制系统的设计和工程应用

1. 主动量和从动量的选择

比值控制系统中主动量和从动量的选择依据如下：

1）主动量通常不可控，但可测量。主动量可能有供应不足的问题。

2）从安全角度出发选择主动量和从动量。若该过程变量供应不足会导致不安全时，应选择该过程变量为主动量。例如，利用水蒸气和甲烷进行甲烷转化反应，由于水蒸气不足会造成析碳，因此选择水蒸气作为主动量。

3）从动量通常可控可测，并需要保持一定比值的过程变量。从动量通常供应充足。

2. 变送器量程的选择

变送器量程的选择影响仪表比值系数的大小。常规仪表实施比值控制系统时，为提高控制精确度，对相乘方案，应使 K 接近 1；对相除方案，应使 K 在 50%左右；计算机控制时，应提高变送器精度。

3. 乘法器、开方器的设置

当 K 在 0~1 之间时，乘法器应设置在从动量控制回路外；当 $K>1$ 时，乘法器应设置在从动量控制回路内。加入开方器会增加仪器投资，但示值线性度好，示值误差小。在负荷变化大及变比值控制系统中宜加入开方器。

4. 比值控制系统类型的选择

比值控制系统的类型有单闭环、双闭环和变比值三类，可根据工艺过程控制要求选择。

1）单闭环比值控制系统的选择原则是主动量不可控但可测量的场合，并且从动量可测可控、变化不大、扰动影响小的场合。

2）双闭环比值控制系统的选择原则是主动量可测可控、变化较大的场合。

3）变比值控制系统的选择原则是比值需由另一控制器调节时，主动量作为前馈信号，影响串级流量副回路时，质量偏离控制指标，需改变流量的比值时，第三过程变量选择质量指标。

5. 检测变送环节的选择

线性和非线性检测变送环节的选择有下列不同点：

1）计算仪表比值系数的公式不同。

2）线性检测变送环节具有均匀刻度。

3）线性检测变送环节提高可调的比值范围。

4）变比值控制系统中，$K>1$，比值函数环节在副控制回路内，采用非线性检测变送环节会引入非线性，使系统不稳定。

5）仪表实施时，建议用非线性检测变送环节。

6）集散控制系统实施时，可采用非线性检测变送环节。

7）集散控制系统实施时，可在控制组态时采用开方运算，使其成为线性。

6. 比值控制系统的参数整定与投运

在比值控制系统中，双闭环比值控制系统的主动量、从动量回路可按单回路控制系统进行整定；变比值控制系统因为结构上属串级控制系统，所以主调节器可按串级控制系统的整定方法进行。这样，比值控制系统的参数整定，主要是讨论单闭环、双闭环以及变比值控制从动量回路的整定问题。由于这些回路本质上都属随动系统，要求从动量快速、准确地跟踪主动量变化，而且不宜有超调，因此最好整定在振动与不振荡的临界状态。比值控制系统的参数整定见表 5-2。

表 5-2　比值控制系统的参数整定

比值控制系统	整定方法
单闭环控制系统	按随动控制系统参数整定方法
双闭环比值控制系统	主动量控制器按定值控制系统整定，从动量控制器按随动控制系统整定
变比值控制系统	主动量按串级控制系统主控制器整定，从动量控制器按串级控制系统的副控制器整定

比值控制系统的具体整定步骤可归纳如下：

1）在满足生产工艺流量比的条件下，计算比值器的系数 K'，将比值控制系统投入运行。

2）将积分时间常数置于最大，并由大到小逐渐调节比例度，使系统响应速度处于振荡与不振荡的临界状态。

3）若欲投入积分作用，则先适当增加比例度，再投入积分作用，并逐步减小积分时间常数，直到系统出现振荡与不振荡或稍有超调为止。

比值控制系统的投运，按单回路控制系统的投运方法各自投运主、从动量控制回路，变比值控制按串级控制系统投运的方法投运。

5.5　分程控制系统

5.5.1　分程控制系统的基本原理、结构和性能分析

1. 基本原理

在一般的过程控制系统中，通常是调节器的输出只控制一个调节阀。但在某些工业生产中，根据工艺要求，需将调节器的输出信号分别控制两个或两个以上的调节阀，因此一个控制器的输出同时送往两个或多个执行器，而各个执行器的工作范围不同，这样的系统称之为

分程控制系统。

（1）不同工况需要不同的控制手段　例如釜式间歇反应器的温度控制，反应初期需要加热升温，反应开始由于是放热反应，随着反应的进行，需要逐渐关小加热阀，直至需要关闭加热阀门的同时打开冷水阀门降温，这里一个温度控制器需要控制蒸汽和冷却水两个阀门，需要设计分程控制系统。

（2）扩大控制阀的可调范围　为了使控制系统在小流量和大流量时都能够精确控制，应扩大控制阀的可调范围 R。国产控制阀的 R 一般为 30，如果采用两个口径不同的控制阀，实现分程后，总的可调范围可扩大。例如，大阀 A 的 $C_{\mathrm{Amax}}=100$，小阀 B 的 $C_{\mathrm{Bmax}}=4$，则 $C_{\mathrm{Bmin}}=4/30=0.133$；假设大阀的泄漏量为 0，则分程控制后，最小总流通能力为 0.133，最大总流通能力为 100+4；系统的可调范围为（100+4）/0.133=780。

2. 基本结构和性能分析

采用两个控制阀的情况，分程动作可为同向与异向两大类，各自又有气开与气关的组合，因此共有四种组合，如图 5-32 所示。在采用三个或更多个控制阀时，组合方式更多。不过，总的分程数也不宜太多；否则每个控制阀在很小的输入区间内就要从全开到全关，要精确实现这样的规律相当困难。为了实现分程动作，一般需要引入阀门定位器。

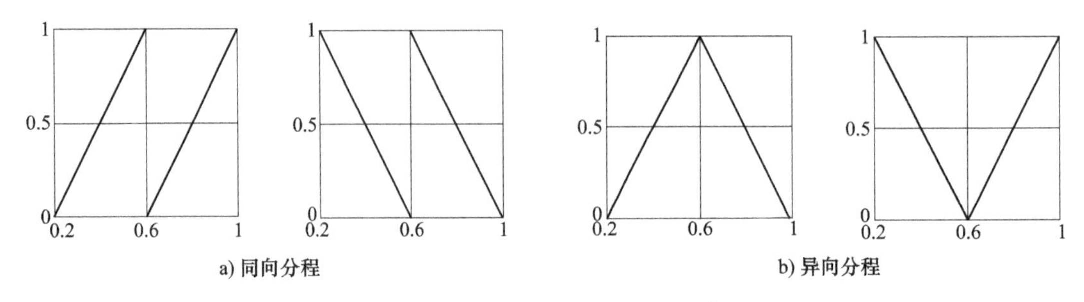

图 5-32　分程控制系统的分程组合

例如，图 5-33 所示为釜式间歇反应器的温度温差控制系统，假设 V_1 为蒸汽调节阀，V_2 为冷却水调节阀。

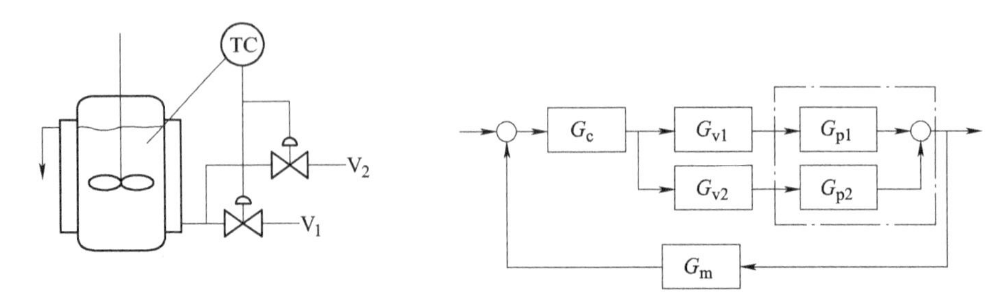

图 5-33　釜式反应器的分程控制系统框图

选择调节阀类型：从安全的角度考虑，设蒸汽调节阀 V_1 选气开形式，冷却水调节阀 V_2 选气关形式，即 $K_{v1}>0$，$K_{v2}<0$。

确定被控对象特性：开大冷却水调节阀 V_2，釜温下降，$K_{p2}<0$，开大蒸汽调节阀 V_1，釜温升高，$K_{p1}<0$。

选择控制器正反作用：根据稳定运行准则，需$K_c<0$，即选反作用控制器。

控制过程分析：反应初期，釜内温度较低，釜温工作点位于图5-34中A点，反作用控制器输出增加，应开大蒸气调节阀V_1，直到反应开始放热。反应进行过程中应移走反应热，假设釜温工作点位于图5-34中B点，则反作用控制器输出减少，逐渐开大冷却水调节阀V_2，使反应釜温度恒定。控制系统选用气关-气开异向分程控制。

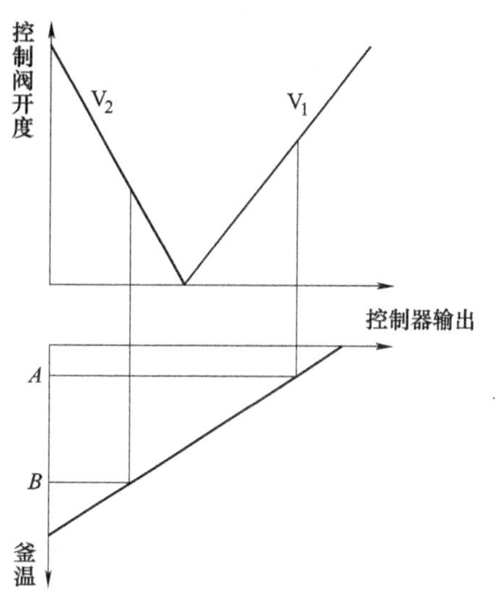

图5-34　釜式反应器的温度分程控制系统分析

5.5.2　分程控制系统的设计和工程应用

1. 分程控制系统的设计

分程控制系统中以气开控制阀为例，当控制阀膜头气压是0 MPa时，控制阀流过的流量是泄漏量；当控制阀膜头气压是0.02 MPa时，控制阀流过的流量是最小流量。

关于分程控制工作范围的选择和实现，根据工艺的安全性，选择控制阀的气开和气关形式，再根据负反馈控制的要求，选择控制器的正反作用方式，最后确定分程控制的类型。

分程点广义对象特性的突变用于适应不同控制要求。以异向分程为例，图5-35所示分别对应的是只有一个交接点、有过渡的交接点、有不灵敏区。

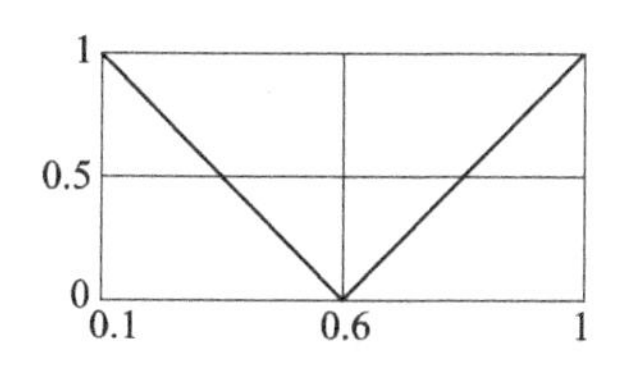

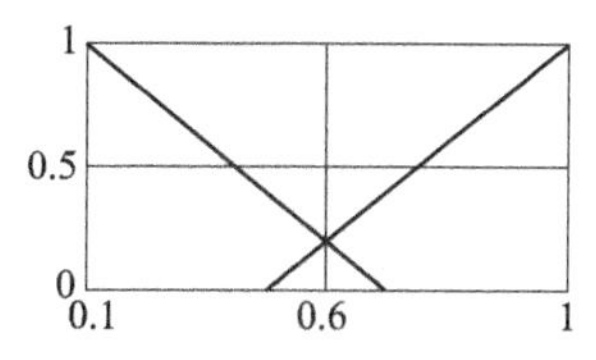

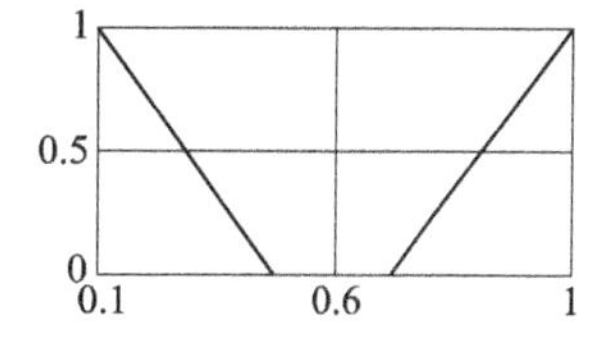

图5-35　分程控制的突变

如图5-36所示，分程控制系统还可以用于扩大可调范围，应尽可能减小大阀的泄漏量，同时为防止交叉点的突变，控制阀采用对数流量特性。

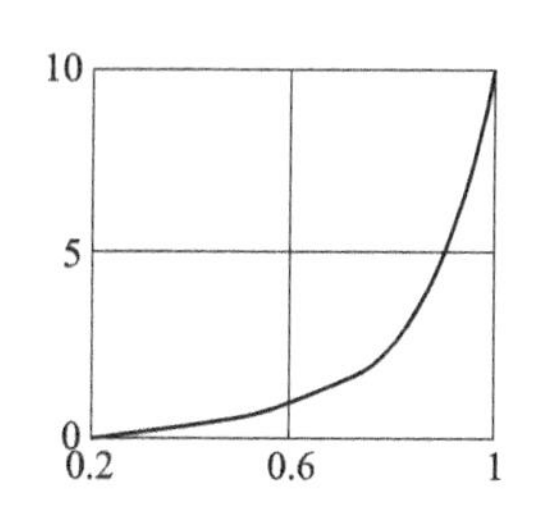

图5-36　分程控制用于扩大可调范围

2. 分程控制工作范围的选择和实现

分程控制系统的控制阀与一般的控制阀工作范围不同，例如，一般控制阀工作范围为0.02~0.1MPa，而分程控制的两个控制阀分别为0.02~0.06MPa和0.06~0.1MPa，为此，可采用阀门定位器或选择不同的控制阀弹簧使控制阀分别工作在不同的工作范围。当采用集散控制系统或计算机控制装置时，如果用多个模拟量输出通道，也可用计算方法，将控制器输出分为多个工作范围，然后输出到各自的控制阀。

3. 案例

案例1：针对精馏塔塔顶馏出物有少量不凝性气体，对精馏塔压力进行分程控制，如图5-37所示。

1）根据工艺的安全性，选择控制阀的气开和气关形式。冷却水阀 V_1 选气开形式，排放阀 V_2 选气开形式。

2）根据负反馈的要求，选择控制器的正反作用方式。冷却水阀开大，塔压下降，对象 K_{p1} 为负；不凝性气体排放阀开大，塔压下降，对象 K_{p2} 为负；控制器选正作用，K_c 为负。

3）确定分程控制的类型。塔压低，控制器测量值小，控制器的输出小，应关小冷却水阀 V_1；塔压高，控制器输出增大，塔压还高，应开大排放阀 V_2。选用气开-气开的同向分程控制，如图 5-38 所示。

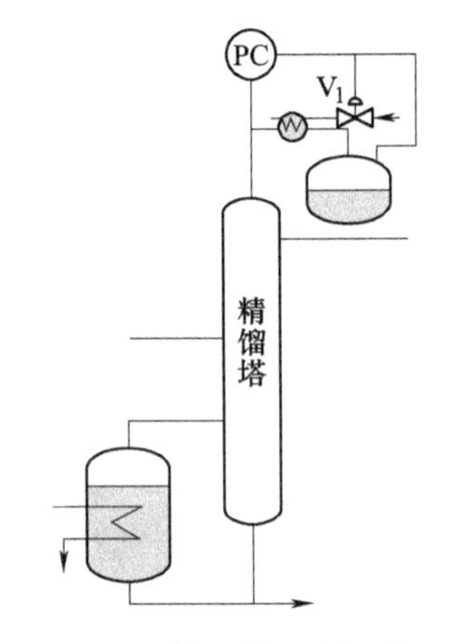

图 5-37　精馏塔压力的分程控制系统

案例 2：pH 控制的分程控制系统。

pH 控制是扩大可调比的分程控制系统，如图 5-39 所示。

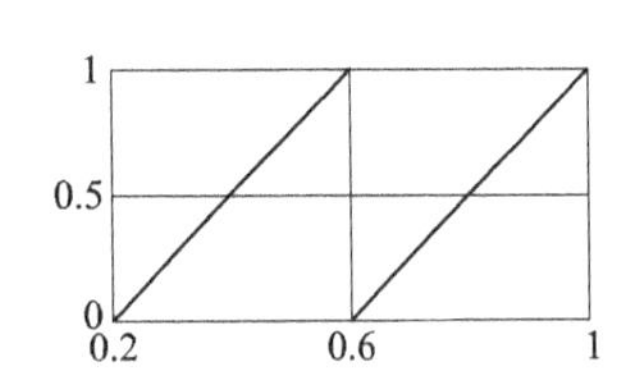

图 5-38　精馏塔压力的分程控制系统分析

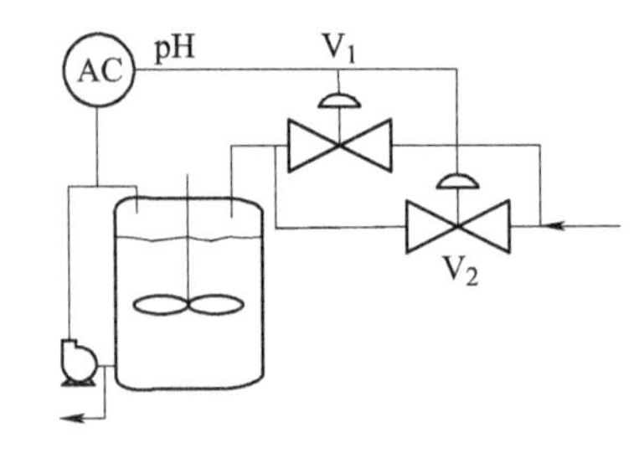

图 5-39　pH 控制的分程控制系统

1）根据工艺的安全性，选择控制阀的气开和气关形式。加碱阀 V_1 选气开形式，加碱阀（大阀）V_2 选气开形式。

2）根据负反馈的要求，选择控制器的正反作用方式。阀 V_1 开大，pH 上升，对象 K_{p1} 为正；阀 V_2 开大，pH 上升，对象 K_{p2} 为正。控制器选反作用，K_c 为正。

3）确定分程控制的类型。pH 低，控制器测量值小，控制器的输出小，应关小控制阀 V_1；pH 高，控制器输出增大，开小阀 V_1，全开后，pH 还高，应开大阀 V_2。

选用气开-气开的同向分程控制。加酸时，控制器作用方式相反。

5.6　选择性控制系统

5.6.1　选择性控制系统的基本原理

在控制系统中含有选择单元的系统，通常称为选择性控制系统。常用的选择器是低选器（LS）和高选器（HS），如图 5-40 所示，它们各有两个或更多个输入，低选器把低信号作为输出，高选器把高信号作为输出，即分别是

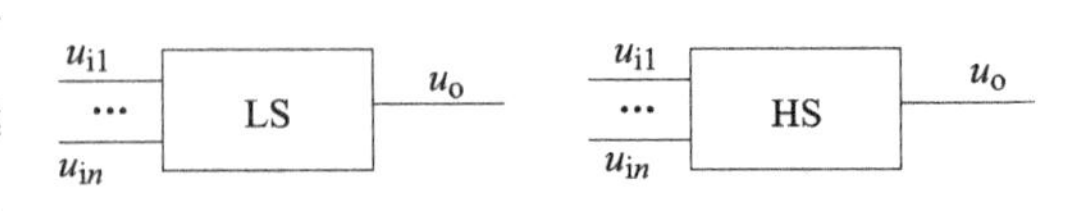

图 5-40　低选器与高选器

$$u_o = \min(u_{i1}, u_{i2}, \cdots)$$
$$u_o = \max(u_{i1}, u_{i2}, \cdots) \tag{5-13}$$

式中，u_{ij} 是第 j 个输入；u_o 是输出。选择性控制系统将逻辑控制与常规控制结合起来，增强了系统的控制能力，可以完成非线性控制、安全控制和自动开停车等控制功能。选择性控制又称取代控制、超驰控制和保护控制等。

选择性控制系统是为使控制系统既能在正常工况下工作，又能在一些特定的工况下工作而设计的，当生产过程中某一变量超过软限时，用另一个控制回路代替原有控制回路，选择生产过程中的最高、最低或中间的值，用于指导生产过程，防止事故的发生，并且可以用于逻辑提量或减量、生产过程的开停车的控制系统和非线性控制规律的实现。

5.6.2　选择性控制系统的基本结构和性能分析

选择性过程控制可按被控变量的选择和操纵变量的选择进行分类，也可按选择器的位置和目标进行分类。

1. 选择器位于两个控制器和一个执行器之间

生产过程中某一工况参数超过安全软限时，用另一个控制回路替代原有控制回路，使工艺过程能安全运行的控制系统中，选择器位于两个控制器和一个执行器之间。

例如，图 5-41 所示为氨冷器的超驰控制系统。氨冷器温度受液氨液位的影响，液位改变会影响液氨的蒸发空间大小，正常工况下，液位低于安全软限，因此，液位超过安全软限时，LC 取代 TC 进行控制。

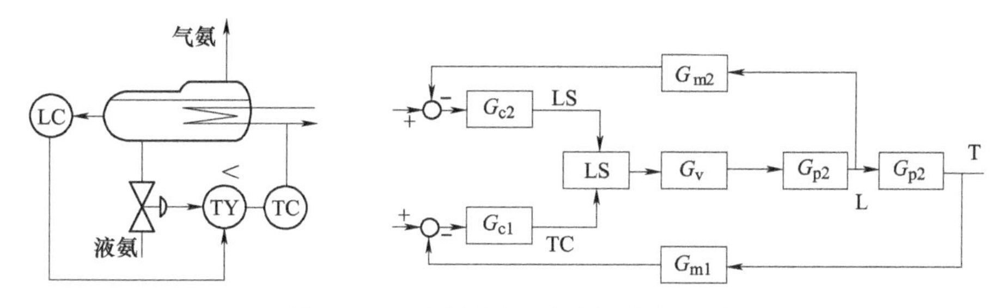

图 5-41　氨冷器的超驰控制系统与框图

对氨冷器超驰控制系统进行分析：

1）从安全生产出发，控制阀选气开形式，K_v 为正。

2）正常工况下，温度升高，加大液氨量，液位升高，温度下降，K_{p2}为负，温度控制器是正作用，K_{c2}为负。

3）不正常工况下，温度升高，液位大于安全软限，液位控制器取代温度控制器，阀门开大，液位升高，K_{p2}为正，液位控制器是反作用，K_{c2}为正。液位高时，液位控制器输出下降，为取代 TC，应选择低选器。

2. 选择器位于几个检测变送环节与控制器之间

这类控制系统主要用于确定被控变量的选点，分为竞争控制系统和冗余系统。

（1）竞争控制系统　这类控制系统选择几个检测变送信号的最高、最低信号用于控制。

例如，图 5-42 所示为反应器温度控制系统，为控制反应温度，选择其中高点温度用于控制。图中，TT_1、TT_2、TT_3是三个温度检测变送环节，它们的输出送高选器 TY，将输入信号的高者作为控制器 TC 的测量值。这里，三个温度信号经竞争得到线权，因此，称为竞争控制系统。通过竞争，可保证反应器温度不超限。

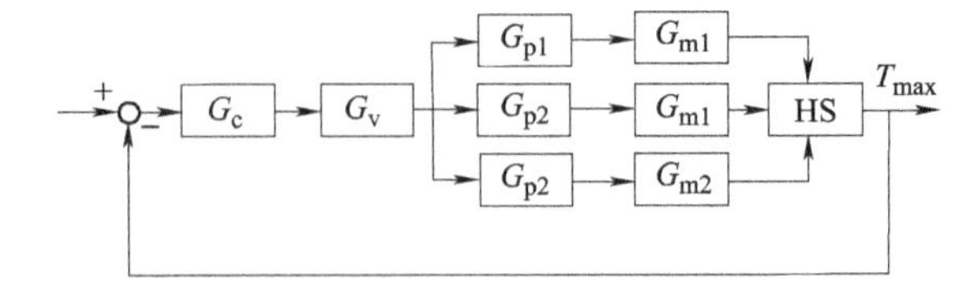

图 5-42 反应器的竞争控制系统与框图

（2）冗余系统 为防止阀门之间因仪表故障造成事故，对同一检测点采用多个仪表测量，选择性系统选择中间值或多数值作为该检测点的测量值，这类系统称为冗余系统。图 5-43 所示为选择中间值的系统连接图，在集散控制系统或计算机控制系统中也可调用有关功能模块直接获得所需数值。

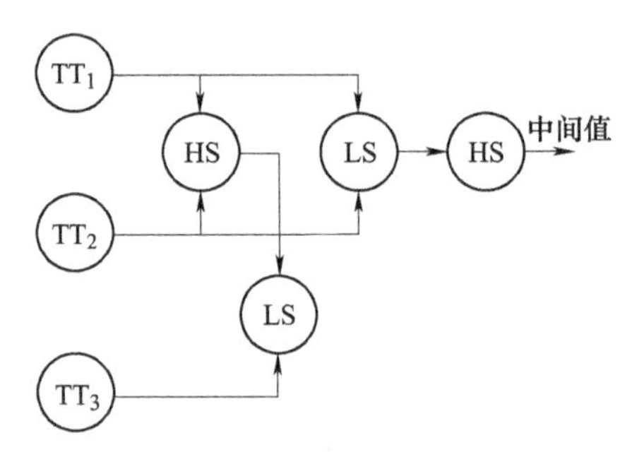

图 5-43 选择中间值的系统连接图

（3）利用选择器实现非线性控制 利用选择器对信号进行限幅来实现非线性控制规律。如图 5-44 所示，精馏塔进料量对加热量的前馈控制系统中，加热量不允许太少，因为太少会造成漏液，加热量也不允许太多，因为太多会造成液泛，为此，加入高、低限幅器（用选择器实现）组成非线性控制系统。

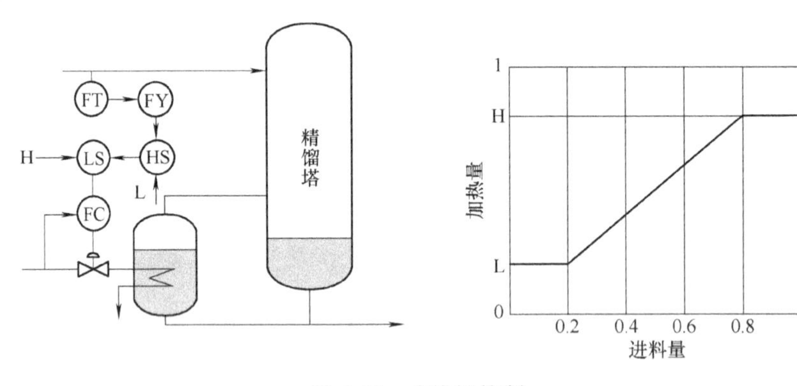

图 5-44 非线性控制

5.6.3 选择性控制系统与其他控制系统的结合

选择性控制系统增加了系统的复杂性和灵活性，尤其是采用了集散控制系统或计算机控制后，实施选择性控制更为容易。因此，应从提高控制质量着手，合理应用选择性控制系统，并与其他控制系统相结合，使控制水平更上一个台阶。

【例 5-2】 合成氨一段转化炉水碳比逻辑提量和减量控制系统，如图 5-45 所示。这里的水指的是水蒸气，碳指的是天然气。水碳比过高，消耗的蒸汽量多，不经济；水碳比过低，催化剂表面析碳。采用双闭环比值控制系统，蒸汽作为主动量，天然气作为从动量。其控制要求

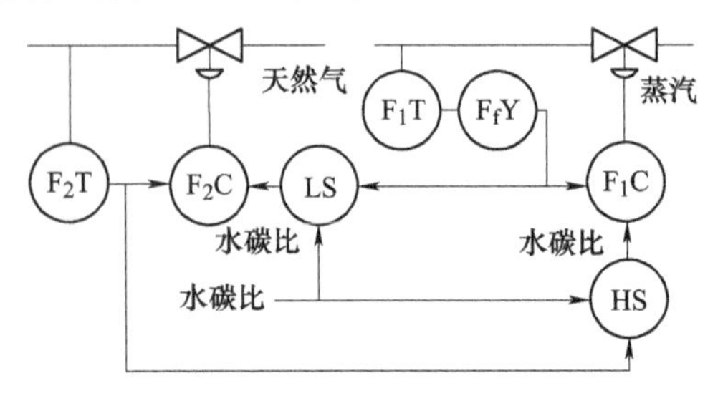

图 5-45 锅炉燃烧控制中水碳比控制

是：提量过程负荷大，水碳比高，先加蒸汽，后加天然气；减量过程，负荷小，水碳比低，先减天然气，后减蒸汽。

控制系统分析：提量时，水碳比升高时，高选器（HS）选中水碳比，蒸汽 F_1C 设定值增加，蒸汽量先上升，经过 F_1T，再经过 F_fY，被低选器（LS）选中，F_2C 设定值按比例增加，天然气量增加；减量时，水碳比降低时，低选器选中水碳比，蒸汽 F_2C 设定值减小，蒸汽量先减小，经过 F_2T，被高选器选中，F_1C 设定值按比例减少，蒸汽量减小。

【例 5-3】 从动量不足时的比值控制系统。

在比值控制系统中，主、从动量一旦确定，就无法改变主从关系，即主动量不足时，从动量会随主动量的减少而减少，但从动量不足时，主动量不会随从动量的不足而减少。

控制要求：从动量供应充足时，按正常的比值关系，从动量随主动量变化；当从动量供应不足时，减小主动量控制阀开度，并保持主从量的比值关系。

控制系统分析：阀 A、B、C 均为气开形式，控制器均为反作用。当从动量充足时，主动量 A 下降，从动量 B 和 C 也随之下降；当从动量不足时，阀 B 或阀 C 输入大于 0.95 时，经高选器使 VPC 测量值上升，则 VPC 输出下降，经低选器使阀 A 阀门开度减小，则主动量减少，从动量控制器设定按比例减少，从动量下降，如图 5-46 所示。

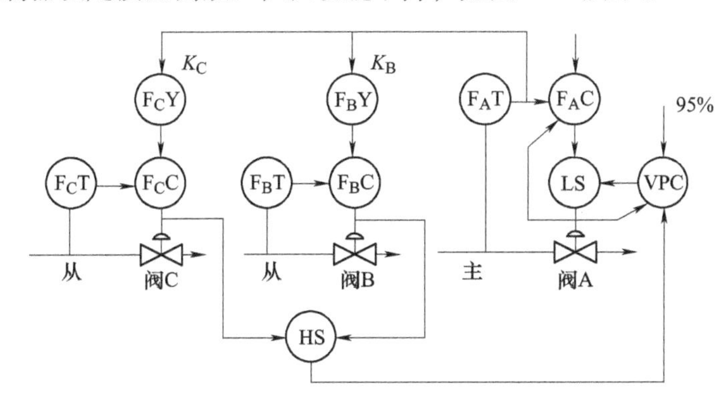

图 5-46　从动量供应不足的比值控制系统

【例 5-4】 选择性控制系统与分程控制系统的结合。

图 5-47 所示为合成氨使用的蒸汽减压控制系统示意图。该控制系统在高压蒸气压力正常时，通过汽轮机回收能量。当高压和中压蒸气压力不正常时，通过大、小两个控制阀进行分程控制。高压管网的蒸气压力高时，高选器 HS 选择 P_HC 的输出进行分程；中压管网的蒸气压力低时，高选器 HS 选择 P_LC 的输出进行分程控制。

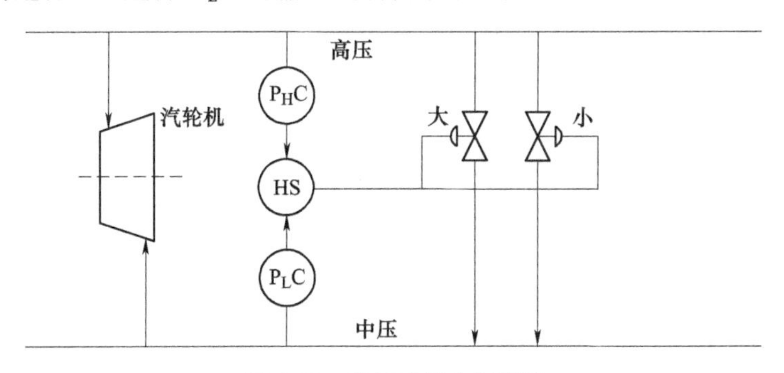

图 5-47　蒸气减压控制系统

控制系统分析：为了防止高压蒸气进入中压蒸气管网，控制阀均选气开形式，高压蒸气控制器是正作用，中压蒸气控制器是反作用。高压蒸气压力高，高压蒸气控制器是正作用，它的输出升高，被 HS 选中，先开小阀，后开大阀，降低高压；中压蒸气压力低时，中压蒸气控制器是反作用，它的输出上升，被 HS 选中，先开小阀，后开大阀，提高中压。

【例 5-5】 聚乙烯除氧器凝液贮槽液位的选择性控制系统如图 5-48 所示。图中，LC_1 和 LC_2 组成选择性控制系统，LC_1 组成两分程控制系统，LC_2 组成三分程控制系统，其中 LC_1 是反作用，LC_2 是正作用。

正常工况时，LC_1 低，输出高，阀 D 关闭，LS 未选择，LC_1 不对阀 C 控制；LC_2 低，输出高，阀 C 全开，阀 B 全关，调节阀 A 的开度来补充软水。

取代工况时，LC_1 高，输出低，被低选器选中，控制阀 C 的开度，调节排到除氧器的水量，液位再升高时，则阀 C 全开，通过调节阀 D 的开度控制液位。如果 LC_2 高，输出高，阀 A 全关，关小阀 C，打开阀 B，调节送管网水量控制除氧器液位。

低选器选两个控制器输出中的低值，因此，只有在 LC_2 高，LC_1 低时，才关小阀 C。其他情况下，阀 C 均为全开，以便尽量利用热水槽所提供的循环热水，节省工业用水，如图 5-48 和图 5-49 所示。

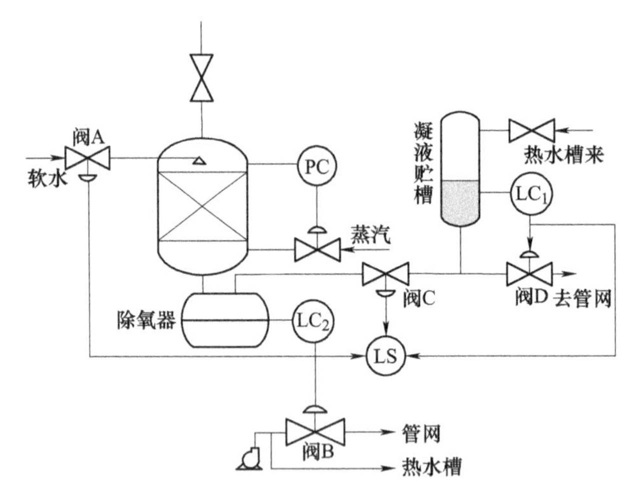

图 5-48　反应器节水系统

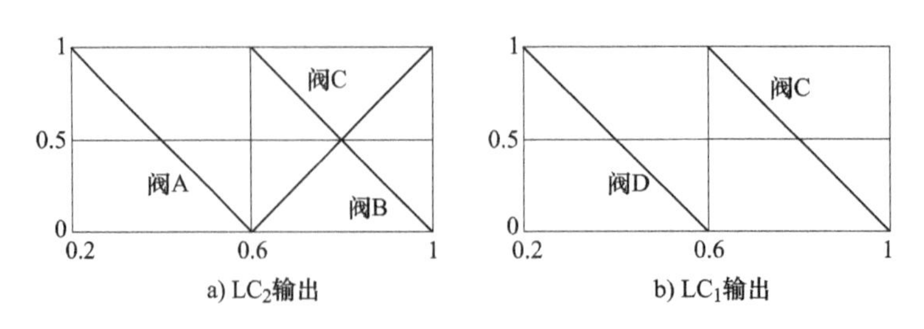

图 5-49　具有选择性控制的分程控制系统

【例 5-6】 为了充分利用能源，许多节热系统采用多种燃料，这里，应尽量先燃烧价格低的燃料或利用废品燃烧，只有不足时才补充价格高的燃料。

加热炉燃料有低价燃料 A 和补充燃料 B，最大供应量分别是 F_{Amax} 和 F_{Bmax}，温度控制器

TC 的输出为 m。低价燃料 A 足够时，组成以温度为主被控变量、低价燃料量为副被控变量的串级控制系统，调节阀 A 控制温度；当低价燃烧 A 不足时，控制阀 A 全开，低价燃料量达到 F_{Amax}，组成以温度为主被控变量、补充燃料量为副被控变量的串级控制系统，调节阀 B 来控制温度。

为此，设计图 5-50 所示的控制系统。图中，×是乘法器，∑是加法器；LS 是低选器，F_AT、F_BT 是变送器，F_AC、F_BC 是控制器，其工作原理如下：

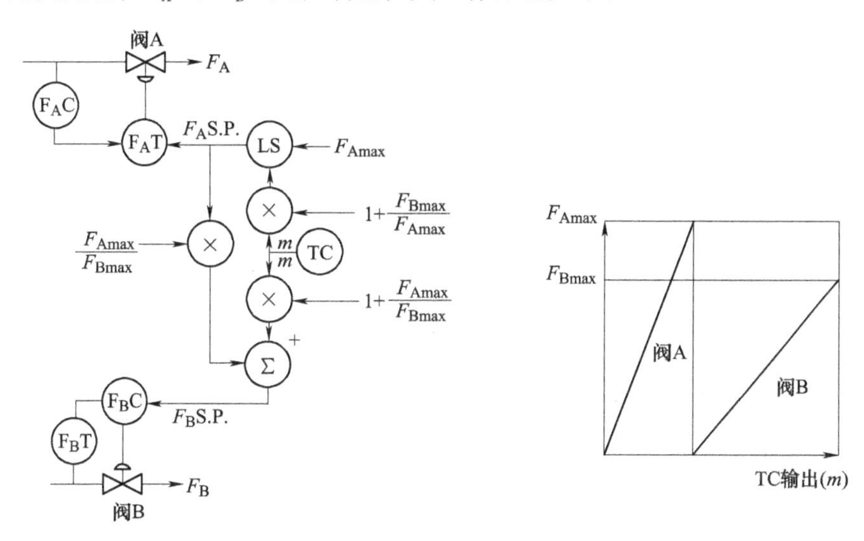

图 5-50　加热炉燃料的选择性控制系统

1）低价燃料 A 足够，即 $m\left(1+\frac{F_{Bmax}}{F_{Amax}}\right)<F_{Amax}$ 时，低选器 LS 输出选中 $m\left(1+\frac{F_{Bmax}}{F_{Amax}}\right)$，并作为 F_AC 的设定值，组成温度与低价燃烧量的串级控制系统。

补充燃料控制器 F_BC 的设定 $F_{BS.P.}=m\left(1+\frac{F_{Amax}}{F_{Bmax}}\right)-m\left(1+\frac{F_{Bmax}}{F_{Amax}}\right)\frac{F_{Amax}}{F_{Bmax}}=0$，即控制阀 B 全关，根据温度调节控制阀 A 的开度。

2）低价燃料 A 供应不足，即 $m\left(1+\frac{F_{Bmax}}{F_{Amax}}\right)>F_{Amax}$ 时，低选器 LS 选中 F_{Amax}，使低价燃料调节阀全开，燃料量达到 F_{Amax}，相应地，补充燃料控制器 F_BC 的设定 $F_{BS.P.}=m\left(1+\frac{F_{Amax}}{F_{Bmax}}\right)-\frac{F_{Amax}^2}{F_{Bmax}^2}>0$，组成温度控制器 TC 和补充燃料量控制器 F_BC 的串级控制系统，调节控制阀 B 的开度。

5.6.4　选择性控制系统的设计和工程应用

1. 选择器的选择

选择性控制系统的控制器位于两个控制器输出和一个执行器之间时，选择器的选择步骤如下：

1）从安全的角度考虑，选择控制阀的气开或气关类型。

2）确定被控对象的特性，应包括正常工况和取代工况时的对象特性。

3）确定正常控制器和取代控制器的正反作用。

4）根据超过安全软限时，取代控制器输出是增大（减小），确定选择器是高选器（低选器）。

5）当寻找高选器时，应考虑事故时的保护措施。

2. 控制器的选择

选择性控制系统的控制要求是在超过安全软限时能迅速切换到取代控制器。因此，取代控制器应选择比例度较小的比例或比例积分控制器，正常控制器与单回路控制系统的控制器选择相同。控制器的正反作用可根据负反馈准则进行选择。

3. 防积分饱和

选择性控制系统中，正常工况下，取代控制器的偏差一直存在，如果取代控制器有积分控制作用，就会存在积分饱和现象。同样，取代工况下，正常控制器的偏差一直存在，如果正常控制器有积分控制作用，就会存在积分饱和现象。当存在积分饱和现象时，控制器的切换就不能及时进行。这里，偏差为零时两个控制器的输出不能及时切换的现象称为选择性控制系统的分级饱和。保持控制器切换时跟踪的方法是采用积分外反馈，即将选择输出作为积分外反馈信号，分别送两个控制器，如图 5-51 所示。

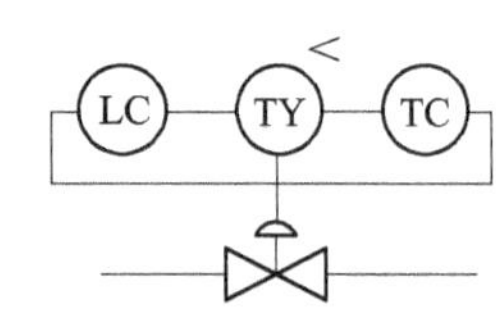

图 5-51　选择性控制系统的防积分饱和措施

5.7　双重控制系统

5.7.1　双重控制系统的基本原理和结构

一个被控变量采用两个或两个以上的操纵变量进行控制的控制系统称为双重或多重控制系统。这类控制系统采用不止一个控制器，其中一个控制器的输出作为另一个控制器的测量信号。

系统操纵变量的选择需从操作优化的要求综合考虑。它既要考虑工艺的合理和经济，又要考虑控制性能的快速性。而两者又常常在一个生产过程中同时存在。双重控制系统是综合这些操纵变量的各自优点，克服各自弱点进行优化控制的。

与串级控制系统相比，双重控制系统主控制器的输出作为副控制器的流量，串级控制系统中作为副控制器的设定。因此，串级控制系统中两个控制回路是串联的，双重控制系统中两个控制回路是并联的，因此被称为双重控制系统。它们都具有“急则治标，缓则治本”的控制功能，但解决的问题不同。

操纵变量的选择原则需要遵循两点：一是工艺的合理性和经济性；二是控制作用的及时性和有效性。

5.7.2　双重控制系统的性能分析和应用实例

如图 5-52 所示，双重控制系统增加了副回路，与由主控制器、副控制器和慢对象组成的慢响应的单回路控制系统比较，有下列特点：

1）增加了开环零点，改善了控制质量，提高了系统稳定性。

设 $G_{o1}(s)=\dfrac{K_{o1}}{T_1s+1}$；$G'_{o2}(s)=\dfrac{K_{o2}}{T_2s+1}$；$G_{c1}(s)=K_{c1}$；$G_{c2}(s)=K_{c2}$，则双重控制系统的对

象开环等效传递函数是

$$[1+G_{c2}(s)G'_{o2}(s)]G_{o1}(s)=\left(1+\frac{K_{c2}K_{o1}}{T_2s+1}\right)\frac{K_{o1}}{T_1s+1}=\frac{(1+T_os)K}{(T_1s+1)(T_2s+1)} \tag{5-14}$$

式中，$T_o=\dfrac{T_2}{1+K_{c2}K_{o2}}$；$K=(1+K_{c2}K_{o2})K_{o1}$。

慢响应系统的对象开环传递函数是$\dfrac{K_{o1}K_{o2}}{(T_1s+1)(T_2s+1)}$。

由此可见，增加了一个开环零点$s=-\dfrac{1}{T_o}$；K_{c2}改变时，零点位置改变；增加的零点相当于微分环节，控制质量得到了改善，稳定性能得到了提高。

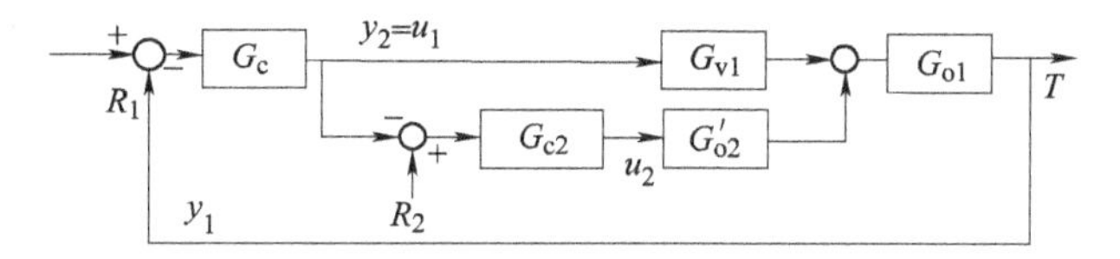

图 5-52　双重控制系统框图

2）增加了副回路，提高了控制系统的工作频率。

设$G_{o1}(s)=\dfrac{K_{o1}}{T_1s+1}$；$G'_{o2}(s)=\dfrac{K_{o2}}{T_2s+1}$；$G_{c1}(s)=K_{c1}$；$G_{c2}(s)=K_{c2}$，则双重控制系统的闭环特征方程是

$$1+K_{c1}\frac{(1+T_os)\,K}{(T_1s+1)(T_2s+1)}=0 \tag{5-15}$$

代入假设的条件，可得

$$T_1T_2s+(T_1+T_2+K_{c1}KT_o)\,s+(1+K_{c1}K)=0 \tag{5-16}$$

与标准二阶式比较，得到

$$2\xi'\omega'_0=\frac{T_1+T_2+K_{c1}KT_o}{T_1T_2} \tag{5-17}$$

双重控制系统的工作频率$\omega'_s=\omega'_0\sqrt{1-\xi'^2}=\dfrac{\sqrt{1-\xi'^2}}{2\xi'}\dfrac{T_1+T_2+K_{c1}KT_o}{T_1T_2}$。

慢对象的闭环特征方程是$1+K_{c1}\dfrac{K_{o1}K_{o2}}{(T_1s+1)(T_2s+1)}=0$。代入假设的条件，可得

$$T_1T_2s^2+(T_1+T_2)s+(1+K_{c1}K_{o1}K_{o2}) \tag{5-18}$$

因此，$2\xi\omega_0=\dfrac{(T_1+T_2)}{T_1T_2}$；工作频率$\omega_s=\omega_0\sqrt{1-\xi^2}=\dfrac{\sqrt{1-\xi'^2}}{2\xi'}\dfrac{(T_1+T_2)}{T_1T_2}$。

3）动静结合，快慢结合“急则治标，缓则治本”。

这里的“快”指动态特性好，“慢”指静态性能好。由于双重控制回路的存在，使双重控制系统能先用主控制器的调节作用，将主被控变量y_1尽快回复到设定值R_1，保证控制系统有良好的动态响应，达到“急则治标”的功效。在偏差减小的同时，双重控制系统又充分发挥副控制器的调节作用，从根本上消除偏差，使副被控变量y_2回复到R_2，使控制系统

具有较好的静态性能，达到“缓则治本”的目的。双重控制系统较好地解决了动和静的矛盾，达到了操作优化的目的。

例如，在食品加工、化工等行业中，双重控制系统应用于喷雾干燥过程，如图 5-53 所示。浆料经阀 V_1 后从喷头喷淋下来，与热风接触换热，进料被干燥并从干燥塔底部排出，干燥的温度由间接指标温度控制。为获得高精度的温度控制及尽可能节省蒸汽的消耗量，采用图示的双重控制系统，取得了良好的控制效果。

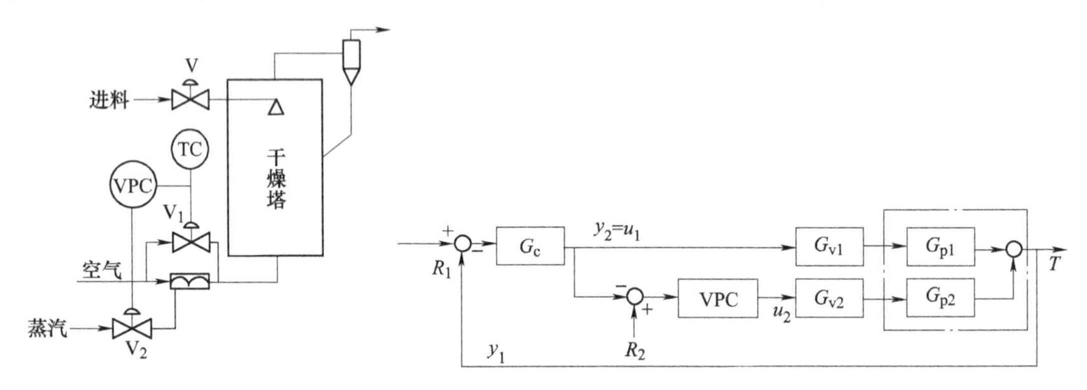

图 5-53　喷雾干燥的双重控制系统

喷雾干燥过程中操纵变量的选择十分重要。图中，V 是进料量控制阀，由于它受到前工序来料的影响，一般不能控制；V_1 是旁路冷风量控制阀，它具有快速响应特性，但经济性较差；V_2 是蒸汽量控制阀，它具有工艺合理的优点，但动态响应慢。图中，将调节 V_1 和 V_2 的优点结合起来，当温度有偏差时，先改变旁路风量，使温度快速回复到设定值，同时，代表阀位的信号作为 VPC 的测量，直接说明蒸汽量是否合适。在 VPC 的调节下，蒸汽量逐渐改变，以适应热量平衡的需要，因此，扰动的影响最终通过改变载热体流量来克服。

5.7.3　双重控制系统的设计和工程应用

1. 主、副操纵变量的存在

双重控制系统通常有两个或两个以上的操纵变量。其中，一个操纵变量具有较好的静态性能，工艺合理，另一个操纵变量具有较快的动态响应。因此，主操纵变量应选择具有较快带响应的操纵变量，副操纵变量则选择有较好静态性能的操纵变量。

2. 主、副控制器的选择

双重控制系统的主、副控制器均起定值控制作用，为消除余差，主、副控制器均应选择具有双积分控制作用的控制器，通常不加入微分控制作用，当被控对象的积分时间常数较大时，为加速主对象的响应，可适当加入微分。对于副控制器，由于起缓慢的调节作用，因此，也可选用纯积分的控制器。

3. 主、副控制器正反作用的选择

双重控制系统的主、副控制回路是并联的单回路，主、副控制器正反作用的选择与单回路控制系统中控制器正反作用的选择方法相同。一般先确定控制阀的气开、气关形式，然后根据快响应被控对象的特性确定主控制器的正反作用方式，最后根据慢响应被控对象的特性确定副控制器的正反作用方式。

习　　题

一、简答题

5-1　什么是串级控制系统？它与单回路系统相比，串级控制系统有哪些特点？画出它的原理框图。

5-2　什么是比值控制系统？它有哪几种类型？画出它们的原理框图。

5-3　什么是积分饱和现象？在选择性系统的设计中怎样防止积分饱和现象？

5-4　与反馈控制系统相比，前馈控制系统有哪些特点？为什么控制系统中不采用简单控制系统，而是采用前馈-反馈控制？

5-5　什么是分程控制系统？它区别于一般的简单控制系统的最大特点是什么？

5-6　选择性控制系统有哪些类型？各有何特点？

二、设计题

5-7　对于图 5-54 所示的加热器串级控制系统。要求：

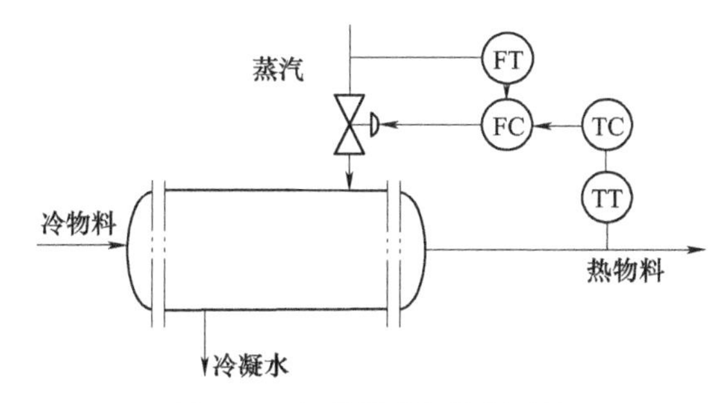

图 5-54　加热器串级控制系统

1）画出该控制系统的框图，并说明主变量、副变量分别是什么？主控制器、副控制器分别是哪个？

2）若工艺要求加热器温度不能过高，否则易发生事故，试确定控制阀的气开、气关形式。

3）确定主、副控制器的正反作用。

4）当蒸汽压力突然增加时，简述该控制系统的控制过程。

5）当冷物料流量突然加大时，简述该控制系统的控制过程（注：要求用各变量间的关系来阐述）。

5-8　图 5-55 所示的热交换器中，物料与蒸汽换热，要求出口温度达到规定的要求。试分析下述情况下应采取何种控制方案为好，并画出系统的结构图与框图。

1）物料流量 F 比较稳定，而蒸汽压力波动较大。

2）蒸汽压力比较稳定，而物料流量 F 波动较大。

3）物料流量 F 比较稳定，而物料入口温度及蒸汽压力波动都较大。

5-9　如图 5-56 所示加热炉，采用控制燃料气流量来保证加热炉出口温度恒定。

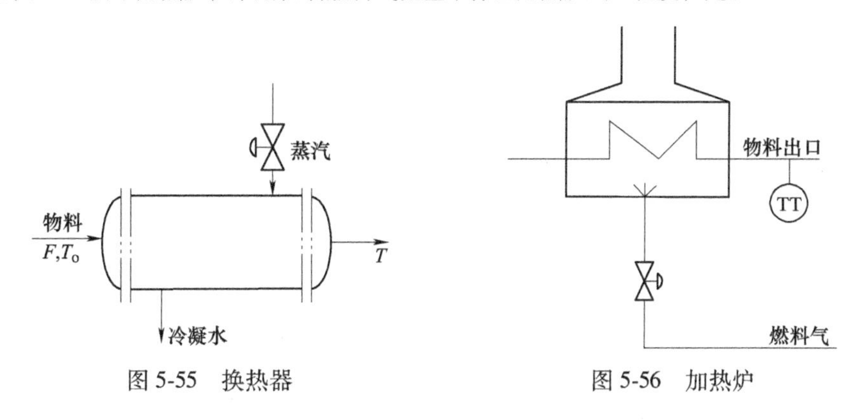

图 5-55　换热器　　　　图 5-56　加热炉

1）若进料量是主要扰动且不可控时，设计合理的控制方案，并做简要说明。

2）当燃料气阀前压力是主要扰动且不可控时，设计合理的控制方案，并做简要说明。

5-10　试判断图 5-57 所示两个系统各属于何种控制系统？说明其理由，并画出相应的系统框图。

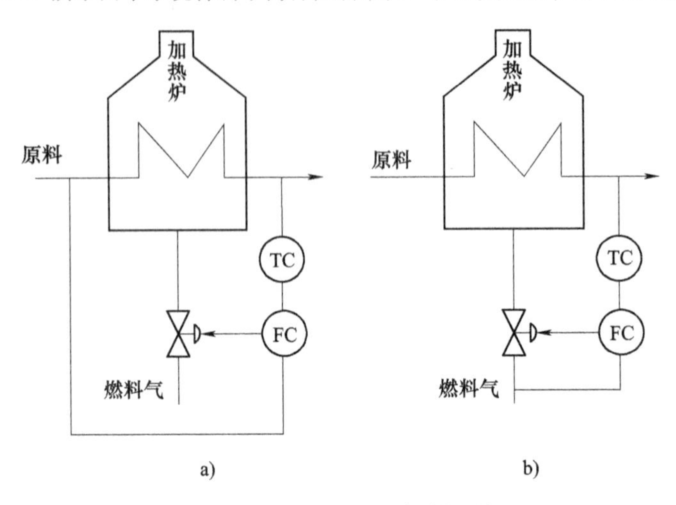

图 5-57　两种加热炉控制系统

第 6 章

流体输送设备的控制

本章讨论流体输送设备的控制。在化工生产过程中，流体输送是最常见的，甚至是不可缺少的单元操作。通常，将输送液体的机械称为泵；将输送气体的机械按其产生的压力高低分别称之为通风机、鼓风机、压缩机和真空泵。

流体输送控制系统中，被控变量是流量，操纵变量也是流量，它们是同一物料的流量，因此，被控变量接近 1∶1 的比例环节，时间常数很小，只需采用 PI 控制，无需微分作用。由于检测变送、执行器和流量对象的时间常数接近且数值不大，因此，组成的流量控制系统可控性比较差，系统工作频率较高，控制器的比例度需设置的较大，若需消除余差而引入积分，则积分时间也要与对象时间常数在相同的数量级。一般来说，积分时间在 0.1min 到数十分钟的数量级。

流体输送控制系统一般采用节流装置检测流量，此时被控变量的信号有时有脉动情况并且掺杂有高频的噪声，尽管这种噪声的频率较高，不影响信号的平均值，但依然需要对检测信号进行高频滤波，减弱流量信号脉动和湍流的影响。应考虑对测量信号的滤波或在控制器与变速器之间引入一阶滞后环节，以减小调节阀的振动，用合适的控制调节阀使广义对象的静态特性接近线性。

变频调速技术一直以来是国家有关部门的重点开发及推广对象，有关部门在技术开发、技术改造方面给予了重点扶持，组织了变频调速技术的评测推荐工作，并把推广应用变频调速技术作为风机、水泵节能技改专项的重点投资方向。

流体输送控制系统的控制目标是被控流量保持恒定（定值控制）或跟随另一流体流量变化（比值控制）。主要扰动来自压力和管道阻力的变化，可采用适当的稳压措施，也可将流量控制回路作为串级控制系统的副环。

6.1 泵和压缩机的控制

泵可分为离心泵和容积式泵两大类，而容积式泵又可分为往复泵和旋转泵。由于工业生产过程中以离心泵的应用最为普遍，因此下面将较为详细地介绍离心泵的特性以及控制方案，对容积式泵和压缩机控制只做简单的介绍。

6.1.1 离心泵的控制

离心泵是使用最广的液体输送设备。离心泵是依靠离心泵翼轮旋转所产生的离心力，来提高液体的压力（俗称压头），转速越高，离心力越大，流体出口压力越高。随着出口阀开度增大，流量增大，流体的压力下降。

1. 离心泵的工作特性

离心泵的压头 H、流量 Q 和转速 n 之间的关系称为离心泵的工作特性，如图 6-1a 所示。离心泵的工作特性可用经验关系式表示为

$$H = k_1 n^2 - k_2 Q^2 \tag{6-1}$$

式中，k_1 和 k_2 是比例系数。离心泵输送液体，当出口阀关闭时，液体会在泵体内循环，这时，压头最大，而排出流量为零，泵将机械能转化为热能，使液体发热升温，因此在泵运转后，应及时打开出口阀。

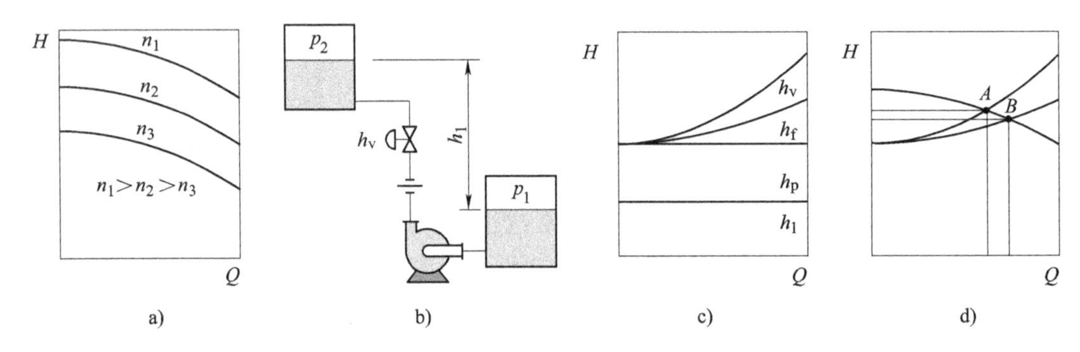

图 6-1　离心泵的工作特性、管路特性和工作点

2. 管路特性

离心泵的工作点与其工作特性有关，还与管路系统的阻力有关。管路特性是管路系统中流体的流量与管路系统阻力的相互关系，如图 6-1b 所示。管路压头 H 与流量 Q 之间的关系如图 6-1c 所示，可表示为

$$H = h_1 + h_p + h_f + h_v \tag{6-2}$$

式中，h_1 是液体提升高度所需的压头（即升扬高度）；h_p 是用于克服管路两端静压差所需的压头；h_f 是用于克服管路摩擦损耗的压头；h_v 是控制阀两端的压降。当设备安装位置和设备压力确定时，h_1 和 h_p 一般为确定值，h_f 和 h_v 与流量 Q 的二次方成正比。

3. 离心泵的工作点

管路特性与离心泵工作特性的交点就是离心泵的工作点。由于控制阀开度变化时，管路特性变化，因此，当控制阀开度增大时，控制阀两端的压降降低，离心泵工作点从 A 点移到 B 点（图 6-1d），这时，液体排出的流量增大，压头下降。

4. 离心泵的控制方案

通过下列控制方案可以改变离心泵的工作点，从而达到控制离心泵的排出量。

（1）节流控制　由图 6-2a 可知，改变控制阀的开度，可直接变液体的排出量。由于离心泵的吸入高度有限，控制阀如果安装在进口端，会出现气缚或汽蚀现象。为防止气缚和汽蚀发生，控制阀通常安装在检测元件的下游。由于直接节流时，控制阀两端压差随流量而变化，故流量大时，控制阀两端的压降降低。该控制方案简单易行，适用于流量较小的场合，总机械效率低。

（2）旁路控制　旁路控制方案如图 6-2b 所示，通过改变旁路控制阀的开度，控制实际

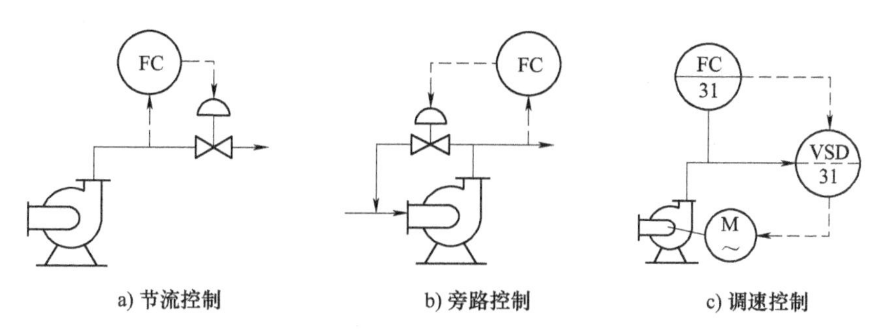

a) 节流控制　　b) 旁路控制　　c) 调速控制

图 6-2　离心泵的控制方案

排出量。该方案结构简单，控制阀口径相对较小；但由泵供给的能量消耗大于控制阀旁路的那部分液体，因此总机械效率较低。当流体黏度高或液体流量测量较困难，而且管路阻力较恒定时，该控制方案可采用压力作为被控量，可稳定出口压力，间接控制流量。

（3）调速控制　如图 6-2c 所示，改变泵的转速，使离心泵的流量特性形状变化，从而调节流量。这种控制方案需要改变泵的转速，采用的调速方法如下：

1）当电动机为原动机时，采用电动调速装置。

2）当汽轮机为原动机时，采用调节导向叶片角度或蒸汽流量。

3）采用变频调速器，或利用原动机与泵连接轴的变速器。

采用这种控制方案时，在液体输送管线上不需安装控制阀，因此不存在 h_v 项的阻力损耗，机械效率较高。采用调速控制方案时，泵的工作特性改变，转速下降，降低所需功率、节能。该控制方案在重要的大功率离心泵装置中，有逐渐扩大采用的趋势；但要具体实现这种方案较复杂，所需设备费用也较高。

6.1.2　容积式泵的控制

1. 容积式泵的工作特性

容积式泵分为往复式和直接位移旋转式两类。往复泵有活塞式泵、柱塞式泵等。往复泵的特点是泵的运动部件与机壳之间的空隙很小，液体不能在缝隙中流动，泵的排出量与管路系统无关。往复泵排出量 Q 与单位时间活塞的往复次数 n、冲程 S、气缸截面面积 A 等有关，旋转泵排出量 Q 仅取决于转速 n。

往复泵的流量特性如图 6-3 所示，可表示为

$$Q = nAS\mu\text{（往复泵）或 } Q = kn\mu\text{（旋转泵）}$$

式中，μ 是泵效率；k 是旋转泵系数。

容积式泵的排出量 Q 与压头 H 关系很小，因此不能用出口管线直接节流来控制流量。如果出口阀一旦关死，将发生泵损、机毁的事故。

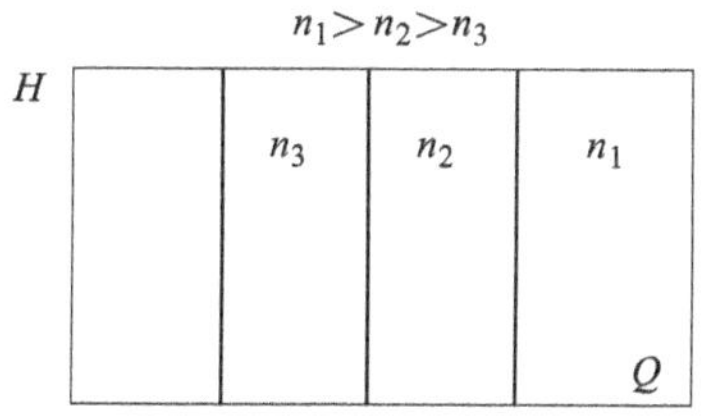

图 6-3　往复泵的流量特性

2. 容积式泵的控制

容积式泵主要采用调节转速、活塞的往复次数和冲程的方法，也可采用旁路控制。

1）调节原动机的转速。调速控制方法与离心泵调速控制方法相同。

2）改变往复泵的冲程。这种方案的控制设备复杂，有一定难度，仅用于一些计量泵等特殊往复泵的控制场合。

3）旁路控制。与离心泵的旁路控制方案相同，是最常用的容积式泵控制方案。

4）旁路控制压力。与离心泵出口压力控制旁路控制阀的控制方案相似，通过旁路控制使泵出口压力稳定，然后用节流控制阀控制流量，控制方案如图 6-4 所示。通常，压力控制可采用自力式压力控制阀，但这两个控制系统有严重关联，因此，可错开控制回路的工作频率将排出流量作为主要被控变量，压力控制器参数整定得松些等措施来减弱或减小系统耦合。

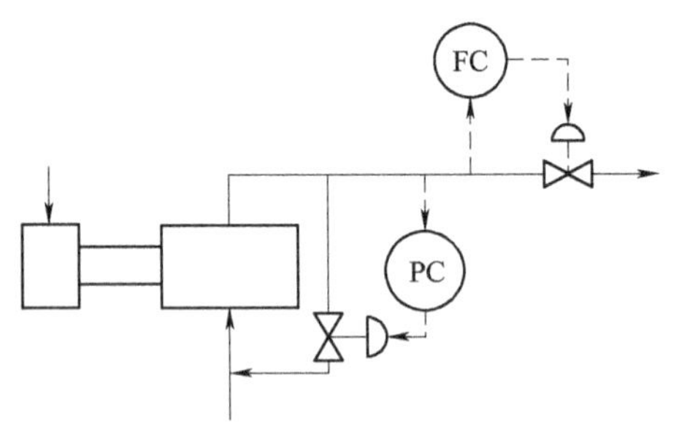

图 6-4 往复泵出口压力和流量的控制

6.1.3 风机的控制

1. 风机的工作特性

风机按照出口压力分为送风机（出口表压小于 10MPa）和鼓风机（出口表压为 10～30MPa）；按结构分为离心式、旋转式、轴流式。离心式风机的工作原理与离心泵相似，是通过叶轮旋转产生离心力来提高气体压头的。其流量特性与离心泵的工作特性相似，如图 6-5 中的曲线 1 和曲线 2 所示。

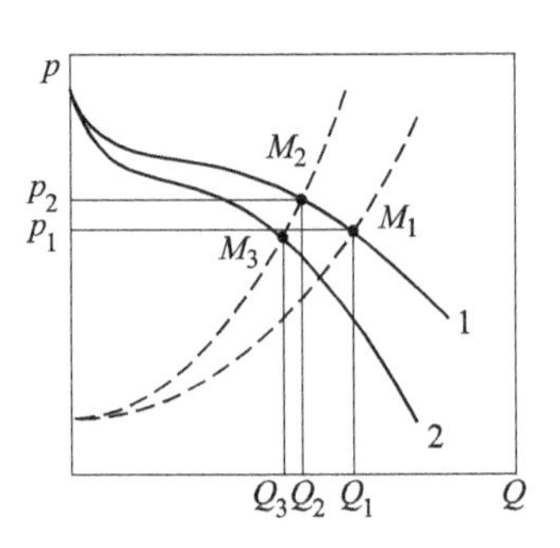

图 6-5 风机的工作特性

2. 风机的控制

离心式风机的控制类似于离心泵的控制，主要有下列几种：

（1）调节转速　转速增大时，风机工作特性曲线从 2 移到 1。该方案最经济，但设备比较复杂，常用于大功率风机，尤其是汽轮机带动的大功率风机。

（2）直接节流　分进口节流和出口节流两种方式，如图 6-6a、b 所示。由于风机控制的流量较大，通常采用蝶阀作为执行器。采用出口节流方式时，阀门关小时，管路阻力增加，风机工作点从 M_1 移到 M_2，风量也从 Q_1 下降到 Q_2。但实际需要的压力是 p_1，因此，p_2-p_1 的节流压损消耗在蝶阀挡板，节流后造成压损使管路特性左移，风机的风量 Q 减小。采用进口节流方式时，吸入压力因控制阀关小而减小，使出口压力减小，风机工作特性曲线从 1 移到 2，同时管路阻力变化，因此，工作点从 M_1 移到 M_3，风量也从 Q_1 下降到 Q_3。可以看到，在控制阀上的压损，采用出口节流方式时比进口节流方式时要大，即用进口节流风压的损失较小。因此，出口风压较小的送风机常采用进口节流控制方案，而出口风压较大的鼓风机常采用出口节流控制方案。要求风压较高的应用场合也采用进口节流控制。采用进口节流控制时，应注意进口流量不能太小，以防止发生喘振。

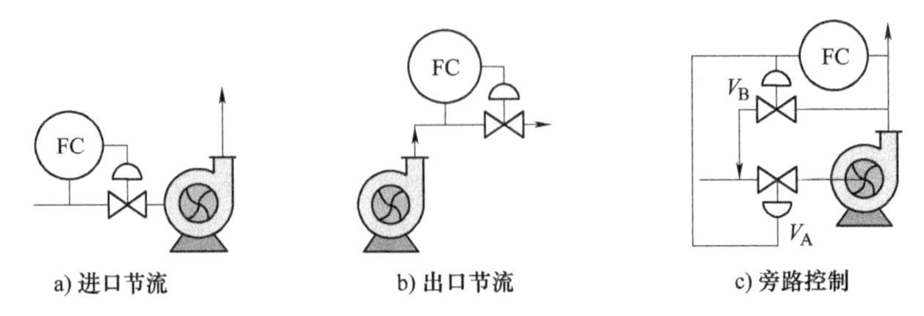

图 6-6 风机的节流控制和旁路控制

（3）旁路控制　该控制方案与离心泵旁路控制方案相同。

6.1.4　压缩机的控制

压缩机是指输送压力较高的气体机械，一般出口压力大于 300kPa。压缩机分往复压缩机和离心压缩机两大类。

1. 往复压缩机的控制

往复压缩机用于流量小、压缩比高的气体压缩。常用控制方案有气缸余隙控制、顶开阀控制（吸入管线上的控制）、旁路回流量控制、转速控制等。有时可将这些控制方案组合使用。

图 6-7 所示为氮气往复压缩机气缸余隙及旁路控制流程，该控制系统允许负荷波动范围为 60%～100%，是分程控制系统。即当控制器输出信号在 20～60kPa 时，余隙阀 V_1 动作。当余隙阀全部打开，若压力仍高则打开旁路阀，即控制器输出信号在 60%～100%时，旁路阀 V_2 动作，以保持压力恒定。

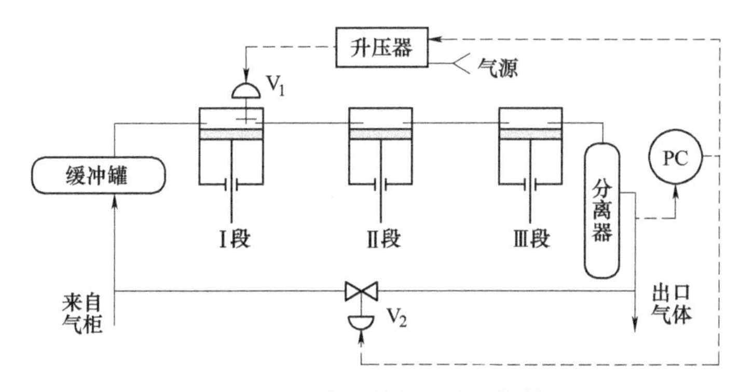

图 6-7　往复压缩机的分程控制

2. 离心压缩机的控制

离心压缩机随工业规模的大型化而向高压、高速、大容量、自动化方向发展。由于离心压缩机具有体积小、流量大、质量小、运行效率高、易损件少、维护方便、气缸内无油气污染、供气均匀、运转平稳、经济性较好等优点，因而得到了广泛的应用。

离心压缩机在大容量机组中，有许多技术问题需要得到很好的解决，如离心压缩机的喘振、轴向推力、轴位移等。微小的偏差很可能造成严重事故。因此，为保证压缩机能在工艺所需工况下安全运行，应设计一系列自动控制安全联锁系统。一台大型离心压缩机通常有下列自动控制联锁系统。

1）气量控制系统，即负荷控制系统。其常用气量控制方法如下：

① 出口节流：通过改变出口导向叶片的角度，改变气流方向，从而改变流量。它比进口节流节省能量，但要求压缩机出口有导向叶片装置，因此结构较复杂。

② 改变压缩机转速：这种方案最节能，尤其是采用汽轮机作为原动机的离心压缩机，实现调速容易，应用也较广泛。

③ 改变入口阻力：在入口设置控制挡板，用于改变管路阻力，但因入口压力不能保持恒定，灵敏度高，所以较少采用。

2）压缩机入口压力控制系统。它通常有吸入管压力控制转速、旁路控制入口压力、入口压力与出口流量的选择性控制等几种控制模式。

3）压缩机的防喘振控制系统。由于离心压缩机在流量小于喘振流量时会发生喘振，造成设备事故，因此，对离心压缩机应设置防喘振控制系统。详见 6.2 节。

4）压缩机各段吸入温度及分离器液位控制系统。经压缩后气体温度升高，为保证下一段的压缩效率，进压缩机下一段前要把气体冷却到规定温度，为此需设置温度控制系统。为防止吸入压缩机的气体带液，造成叶轮损坏，压缩机各段吸入口均设置冷凝液分离罐，为防止液位过高，造成气体带液，需设置分离罐液位控制系统或高液位报警系统。

5）压缩机密封油、润滑油、调速油的控制系统。大型压缩机组一般均设置密封油、润滑油和调速油三个油系统，为此需设置各油系统的油箱液位、油冷却器后油温、油压等检测和控制系统。

6）压缩机振动和轴位移的检测、报警和联锁系统。压缩机是高速运转设备，每分钟转数可达几万转，转子的振动或轴位移超量时，会造成严重的设备事故。因此，大型压缩机组设置轴位移和振动的测量探头及报警联锁系统，用于转子振动和轴位移的检测、报警和联锁。

压缩机一般设计在正常转速运转，当所需流量较小时可以采用变频调速控制。但是，一旦转速过低会使压缩机进入喘振区。因此，对离心压缩机一般不采用变频调速控制系统，而采用防喘振控制系统，防止因流量过低造成设备损坏。

6.1.5 变频器调速控制

由于控制阀存在压损，管路存在阻力，因此，压降比 S 总小于 1。为使控制效果较好，希望控制阀压损占系统总压降的比例越大越好，即 S 越大越好，但为此而损失的能量也越大。随着工业规模的不断扩大，因控制阀造成的能量损失也越大。为此，提出了变频调速代替控制阀的设计思想。

图 6-8 所示为变频调速控制。变频调速器是用正弦脉宽调制（PWM）电路将控制器输出的 4~20mA 信号转换为对应频率的输出信号，用于交流电动机的无级调速，从而通过转速变化来改变流量。与控制阀比较，变频调速器具有不与工艺介质接触、节能、无腐蚀、无冲蚀等优点，由于电动机消耗的功率与转速的三次方成比例，即流量越小，电动机转速越低，消耗功率大幅下降，也就越节能；但其系统较复杂，价格较高，目前性能还不够稳定。变频调速器在大、中型电动机驱动的泵、压缩机等流体输送设备中得到了广泛应用。

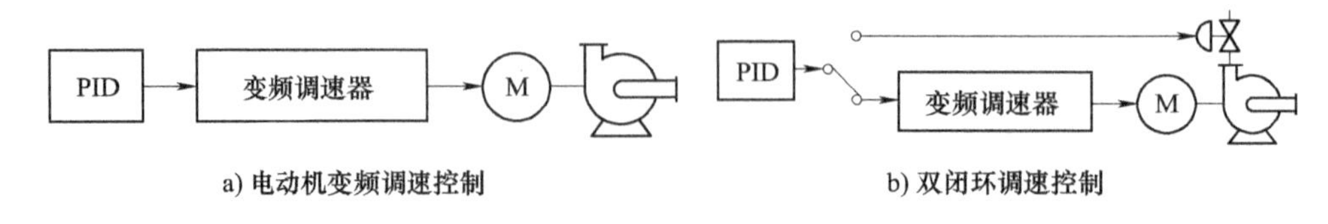

图 6-8　变频调速控制

由于节能，变频调速器的应用正被工业界重视。目前，主要有两种方式，一种方式是直接使用变频调速器控制原动机的转速；另一种方式是变频调速器和控制阀并存，当变频调速器正常时，采用变频调速器控制电动机的转速，一旦变频调速器故障或控制效果不佳时，切换到控制阀控制，例如直接节流控制出口流量等。此外，也有将控制阀作为流量微调的控制手段，或保持管路系统阻力恒定，而与变频调速器并存的。

与控制阀调节流量的不同点在于，变频调速器调节流量时，转速增大，流量增加，压头也增大；而控制阀调节流量时，控制阀开度增大，流量增大，但压头减小。

6.2　离心压缩机的防喘振控制

现代石油、化工等工业生产系统的一个生产过程中的各个生产设备，均由管道中的物料流和能量流将它们连接在一起，以进行各种各样的物理化学反应、分离、吸收等过程，从而生产出人们所期望的产品。为了强化生产，流体常常连续传送，以便连续生产，离心压缩机是生产过程中十分重要的气体输送设备。喘振是离心压缩机的固有特性，当离心压缩机在喘振状态下运行时，容易造成设备发生损坏而造成气体物质的渗泄事故，不得不停工停产进行检修。这种事故造成的经济损失是巨大的。能否在事故发生前进行有效的防止，是现代工业企业中迫切需要解决的课题。因此，设计和选择合适的防喘振控制方案会给企业生产带来便利，是很重要的一项任务。

6.2.1　离心压缩机的喘振

离心压缩机运行中，当负荷降到一定程度时，压缩机的出口气体流量减小并倒流，造成压缩机剧烈振动，并发出“哮喘”或吼叫声，这种现象就叫作“喘振”。

图 6-9a 所示为离心压缩机的工作特性曲线，显示了压缩机压缩比与进口容积流量间的关系。喘振是离心压缩机在入口流量小于喘振流量 Q_p 时出现的流量脉动现象。振动是高速旋转设备固有的特性。当旋转设备高速运转时，达到某一转速时，使转轴强烈振动，这种现象称为喘振。它是由于旋转设备具有自由振动的频率（称为自由振动频率），当转速达到该自由振动频率的倍数时，出现谐振（这时的频率称为谐振频率），造成转轴喘振。喘振发生在自由振动频率的倍数，因此，转速继续升高或降低时，这种振动会消失。压缩机流量过小会发生喘振，流量过大时会发生阻塞。阻塞时，气体流速接近或达到声速，压缩机叶轮对气体所做的功全部用于克服流动损失，使气体压力不再升高，这种现象称为阻塞现象。

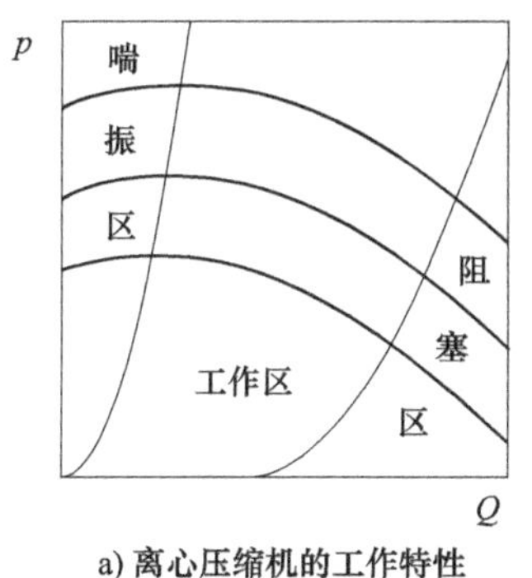

a) 离心压缩机的工作特性

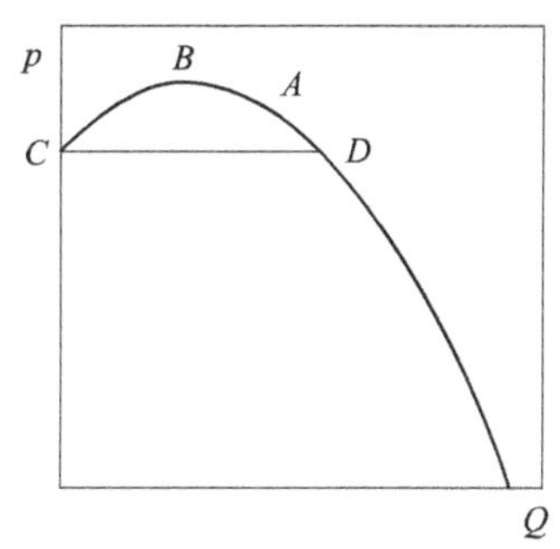

b) 离心压缩机的喘振特性

图 6-9　离心压缩机的喘振示意图

如图 6-9b 所示，D 点流量减少或压缩机气体介质特性变化，到 A 点，流量 Q 减少，压力 p 上升，到了 B 点，流量 Q 减少，气体倒流到 C 点，此时 $Q=0$，气体积累，压缩机重复 $B \to C \to D \to A \to B$，$Q$ 上升到 D 点后减少，气体在叶轮中反复冲击，造成吼叫喘振声，C 到 D 飞快变化，故称飞动。由于飞动时机体的振动发出类似哮喘病人的喘气吼声，因此，将这种由于飞动而造成离心压缩机流量呈现脉动的现象称为离心压缩机的喘振现象。

喘振发生时，压缩机气体流量出现脉动，时有时无，造成压缩机转子的交变负荷，使机体剧烈振动、压缩机轴位移并波及相连的管线，造成设备的损坏，如压缩机部件、密封环、轴承、叶轮、管线等设备和部件的损坏。

喘振是离心压缩机的固有特性。离心压缩机的喘振点与被压缩介质的特性、转速等有关。将不同转速下的喘振点连接，组成该压缩机的喘振线。实际应用时，需要考虑安全余量。喘振线方程可近似用抛物线方程描述为

$$\frac{p_2}{p_1} = a + b\frac{Q_1^2}{\theta_1} \tag{6-3}$$

式中，下标1表示入口参数，下标2表示出口参数；p、Q、θ分别表示压力、流量和温度；a、b是压缩机系数，由压缩机制造厂商提供。当一台离心压缩机用于压缩不同介质气体时，压缩机系数会不同。管网容量大时，喘振频率低，喘振的振幅大；反之，管网容量小时，喘振频率高，喘振的振幅小。

6.2.2 离心压缩机防喘振控制系统的设计

要防止离心压缩机发生喘振，只需要工作转速下的吸入流量大于喘振点的流量Q_p。因此，当所需的流量小于喘振点流量时，例如生产负荷下降时，需要将出口的流量经旁路返回到入口，或将部分出口气体放空，以增加入口流量，满足大于喘振点流量的控制要求。

防止离心压缩机喘振的控制方案有固定极限流量（最小流量）防喘振控制和可变极限流量防喘振控制两种。

1. 固定极限流量防喘振控制

该控制方案的控制策略是假设在最大转速下，离心压缩机的喘振点流量为Q_p（已经考虑安全余量），如果能够使压缩机入口流量总是大于该临界流量Q_p，则能保证离心压缩机不发生喘振。控制方案是当入口流量小于该临界流量Q_p时，打开旁路控制阀，使出口的部分气体返回到入口，使入口流量大于Q_p为止。图6-10所示为固定极限流量防喘振控制系统的结构。

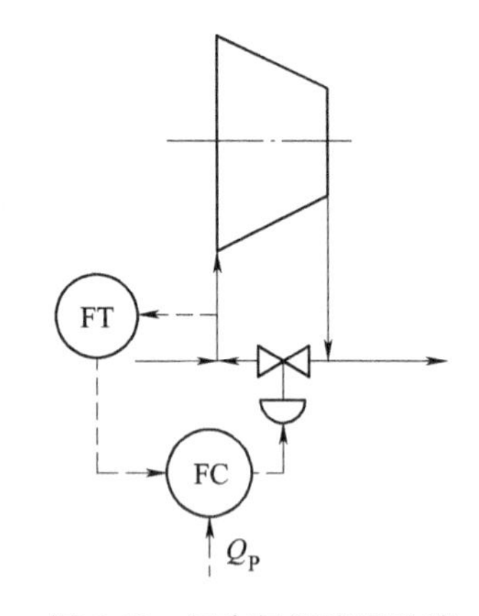

图6-10 固定极限流量防喘振控制系统的结构

固定极限流量防喘振控制与流体输送控制中旁路控制方案的区别见表6-1。

表6-1 固定极限流量防喘振控制与旁路控制的区别

项　目	旁路流量控制	固定极限流量防喘振控制
检测点位置	来自管网或送管网的流量	压缩机的入口流量
控制方法	控制出口流量，流量过大时开旁路阀	控制入口流量，流量过小时，开旁路阀
正常时阀的开度	正常时，控制阀有一定开度	正常时，控制阀关闭
积分饱和	正常时，偏差不会长期存在，无积分饱和	偏差长期存在，存在积分饱和问题

固定极限流量防喘振控制具有结构简单、系统可靠性高、投资少等优点，但当转速较低时，流量的安全余量较大，能量浪费较大。该方案适用于固定转速的离心压缩机防喘振控制。

2. 可变极限流量防喘振控制

该控制方案根据不同的转速，采用不同的喘振点流量（考虑安全余量）作为控制依据。由于极限流量（喘振点流量）变化，因此，称为可变极限流量防喘振控制。可变极限流量防喘振控制系统是根据模型计算设定值的控制系统。

离心压缩机的防喘振保护曲线方程可用式（6-3）来描述。

如果 $\frac{p_2}{p_1} < a + b\frac{Q_1^2}{\theta}$，则说明流量大于喘振点处的流量，工况安全；如果 $\frac{p_2}{p_1} > a + b\frac{Q_1^2}{\theta}$，则说明流量小于喘振点处的流量，工况处于危险状态。

若采用差压法测量入口流量，则有

$$Q_1 = K_1\sqrt{\frac{p_\mathrm{d}}{\gamma_1}} = K_1\sqrt{\frac{p_\mathrm{d}ZR\theta}{p_1 M}} \tag{6-4}$$

式中，K_1、Z、R、M 分别为流量常数、压缩系数、气体常数和相对分子质量；p_d 是入口流量对应的差压。

因此，可得到喘振模型

$$p_\mathrm{d} \geqslant \frac{n}{bK_1^2}(p_2 - ap_1) \tag{6-5}$$

式中，$n=\frac{M}{ZR}$，当被压缩介质确定后，该项是常数；当节流装置确定后，K_1 确定；a 和 b 是与压缩机有关的系数，当压缩机确定后，它们也就确定了。

式（6-5）表明，当入口节流装置测量得到的差压大于上述计算值时，压缩机处于安全运行状态，旁路阀关闭；反之，当差压小于该计算值时，应打开旁路控制阀，增加入口流量。上述计算值被用于作为防喘振控制器的设定值，因此，称为根据模型计算设定值的控制系统。图 6-11 所示为可变极限流量防喘振控制系统的结构。

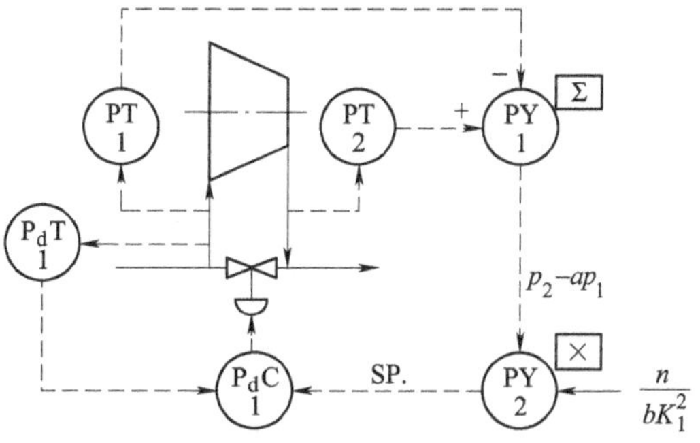

图 6-11　可变极限流量防喘振控制系统的结构

图 6-12 中，PY-1 是加法器，完成 p_2-ap_1 的运算；PY-2 是乘法器，完成（p_2-ap_1）与 $\frac{n}{bK_1^2}$ 的相乘运算，其输出作为防喘振控制器 $\mathrm{P_dC}$-1 的设定值。PT-1 和 PT-2 是压力变送器，测量离心压缩机的入口和出口压力，$\mathrm{P_dT}$-1 是入口流量测量用的差压变送器，其输出作为防喘振控制器 $\mathrm{P_dC}$-1 的测量值。

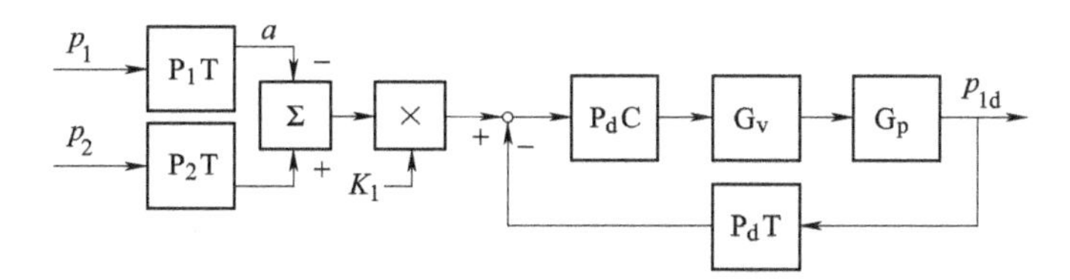

图 6-12　可变极限流量防喘振控制系统框图

可变极限流量控制系统是随动控制系统。测量值是入口节流装置测得的差压值 p_d，设定值是根据喘振模型计算得到的 $\frac{n}{bK_1^2}(p_2 - ap_1)$。当测量值大于设定值时，表示入口流量大于极限流量，因此，旁路阀关闭；当测量值小于设定值，则打开旁路阀，保证压缩机入口流量大于极限流量，从而防止压缩机喘振的发生。

实施该控制方案时的注意事项如下：

1）可以有多种实施方案，例如，可将 $\frac{p_d}{p_2 - ap_1}$ 作为测量值，将 $\frac{n}{bK_1^2}$ 作为设定值；或将 $\frac{p_d}{p_1}$ 作为测量值，将 $\frac{n}{bK_1^2}\left(\frac{p_2}{p_1} - a\right)$ 作为设定值等；应根据工艺过程的特点确定实施方案。通常，应将计算环节设置在控制回路外，以避免引入非线性特性。

2）根据压缩机的特性，有时可简化计算，例如，有些压缩机的 $a=0$，或 $a=1$ 等，这时模型可简化为

当 $a=0$ 时
$$p_d \geqslant \frac{n}{bK_1^2}p_2 \tag{6-6}$$

当 $a=1$ 时
$$p_d \geqslant \frac{n}{bK_1^2}(p_2 - p_1) \tag{6-7}$$

3）可变极限流量防喘振控制系统是随动控制系统，为了使离心压缩机发生喘振时及时打开旁路阀，控制阀的流量特性宜采用线性特性或快开特性，控制器比例度宜较小，当采用积分控制作用时，由于控制器的偏差长期存在，应考虑防止积分饱和的问题。

4）采用常规仪表实施离心压缩机防喘振控制系统时，应考虑所用仪表的量程，进行相应的转换和设置仪表系数；采用计算机或集散控制系统实施时，可以直接根据计算式计算设定值，并能自动转换为标准信号。

5）为了使防喘振控制系统及时动作，在采用气动仪表时，应缩短连接到控制阀的信号传输管线，必要时可设置继动器或放大器，对信号进行放大。

6）防喘振控制阀两端有较高压差，不平衡力大，并在开启时造成噪声、汽蚀等，为此，防喘振控制阀应选用消除不平衡力影响、噪声及具有快开慢关特性的控制阀。

3. 测量出口流量的可变极限流量防喘振控制

有些应用场合，如压缩机入口压力较低、压缩比又较大时，在压缩机入口安装节流装置造成的压降可能使压缩机为达到所需出口压力而需增加压缩机的级数，使投资成本提高。这时，为防止喘振的发生，可将测量流量的节流装置安装在出口管线，组成可变极限流量防喘振的变型控制系统。该控制系统是基于同一压缩机出口的质量流量应等于入口的质量流量，采用与入口流量可变极限防喘振控制系统的喘振模型。推导如下：

$$G_1 = \gamma_1 Q_1 = G_2 = \gamma_2 Q_2 \tag{6-8}$$

式中，下标 1 表示入口参数，下标 2 表示出口参数；γ 是气体的密度；Q 是气体体积流量；G 是气体的质量流量。

设节流装置的 $K_1=K_2$。因 $\gamma_1 = \frac{p_1 M}{ZR\theta_1}$，则有

$$Q_1\gamma_1 = K_1\gamma_1\sqrt{\frac{p_{1d}}{\gamma_1}} = K_1\gamma_1\sqrt{\frac{p_{1d}\,ZR\theta_1}{p_1 M}} = K_1\sqrt{\frac{p_{1d}p_1 M}{ZR\theta_1}} = K_2\sqrt{\frac{p_{2d}p_2 M}{ZR\theta_2}} = Q_2\gamma_2$$

化简得到
$$\frac{p_{2d}p_2\theta_1}{p_1\theta_2}=p_{1d}\geqslant\frac{n}{bK_1^2}(p_2-ap_1)$$

或改写为
$$p_{2d}\geqslant\frac{n}{bK_1^2}\frac{p_1\theta_2}{p_2\theta_1}(p_2-ap_1)\tag{6-9}$$

根据式（6-9）可组成图 6-13 所示的防喘振控制的变型控制系统。

当压缩比很大，即 $p_2 \gg ap_1$ 时，可忽略 ap_1，即 $a\approx 0$。式（6-9）可简化为

$$p_{2d}\geqslant\frac{n}{bK_1^2}\frac{\theta_2}{\theta_1}p_1\tag{6-10}$$

通常，压缩机的出口和入口温度之比是恒值 K，此时，防喘振控制系统设定值的计算公式还可简化为

$$p_{2d}\geqslant\frac{n}{bK_1^2}Kp_1\tag{6-11}$$

根据简化公式组成的防喘振控制系统如图 6-14 所示。

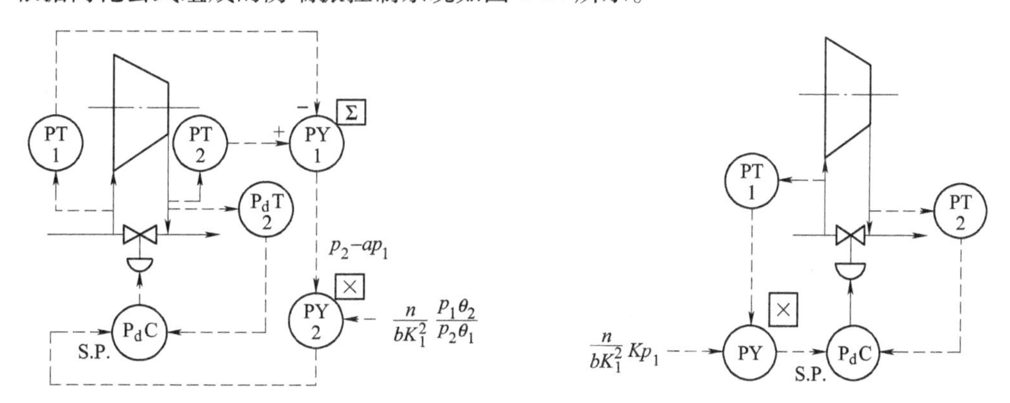

图 6-13　可变极限流量防喘振控制的变型控制系统　　图 6-14　简化的可变极限流量防喘振控制系统

4. 离心压缩机串并联时的防喘振控制

离心压缩机可以串联或并联运行，但这将增加运行操作的复杂性，并使能量消耗增大，因此，并不推荐使用，仅当工艺压力或流量不能满足要求时才不得不采用。这时，串联或并联运行的防喘振控制系统要比单台压缩机的防喘振控制系统复杂，即操作系统需协调。

（1）离心压缩机串联运行时的防喘振控制　在某些生产过程中，当一台离心压缩机的出口压力不能满足生产要求时，需要两台或两台以上的离心压缩机串联运行。压缩机串联运行时的防喘振控制方案，就每台压缩机而言，其防喘振控制方案与前面介绍的单台压缩机是相同的。图 6-15 所示为离心压缩机串联运行时采用的一种可变极限流量防喘振控制的控制方案。

图中，PY-1、PY-2 是加法器，PY-3 是低选器，PY-4、PY-5 是乘法器。PT-1、PT-2 和 PT-3 是压力变送器，P_dT-1、P_dT-2 是测量流量的差压变送器、P_dC-1、P_dC-2 是防喘振控制器。与单台压缩机的防喘振控制相同，对压缩机 1 和 2 都采用可变极限流量防喘振控制，将计算的设定值送到防喘振控制器。为了减少旁路阀，增加了一台低选器，只要其中任一台压缩机出现喘振，都通过低选器使旁路阀打开。防喘振控制器选用正作用，旁路控制阀选用气关形式。图中未画出的控制器积分外反馈信号引自低选器输出，与选择性控制系统防积分饱和时的连接相同。使用时应注意，离心压缩机的串联运行只适用于低压力的压缩机，对高压

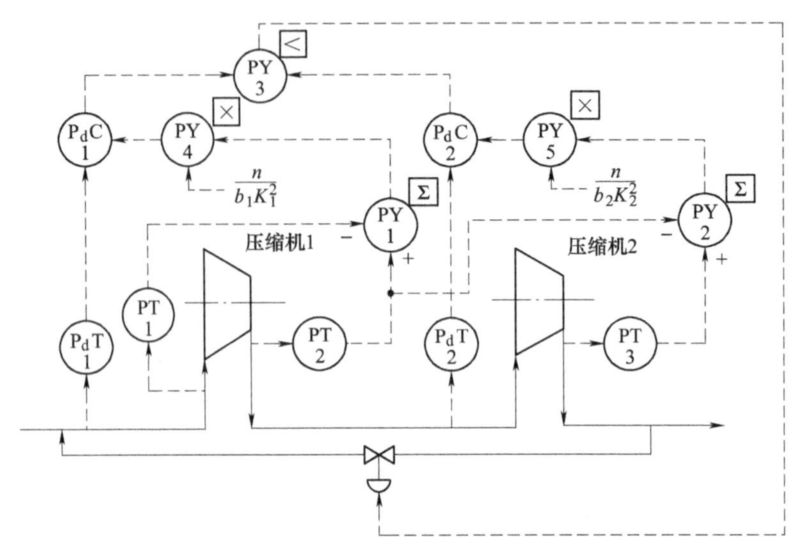

图 6-15　压缩机串联运行时的变极限流量防喘振控制

力压缩机，考虑机体的强度，不宜采用串联运行；为保证系统的稳定运行，后级压缩机的稳定工况应大于前级。

（2）离心压缩机并联运行时的防喘振控制　当一台压缩机的打气量不能满足工艺要求时，需要两台或两台以上的离心压缩机并联运行。如果并联运行的压缩机特性不一致，就会影响负荷的分配，并影响防喘振控制系统的正常运行。压缩机并联运行的防喘振控制有两种方案：一种方案是每台压缩机设置各自的防喘振控制系统，这时，任一台压缩机都能够单独运行，并可前后起动运行，但仪表设备、工艺管线的投资较大，不常采用；另一种方案是采用低选器和选择开关，只用一个防喘振的旁路控制阀，如图 6-16 所示。

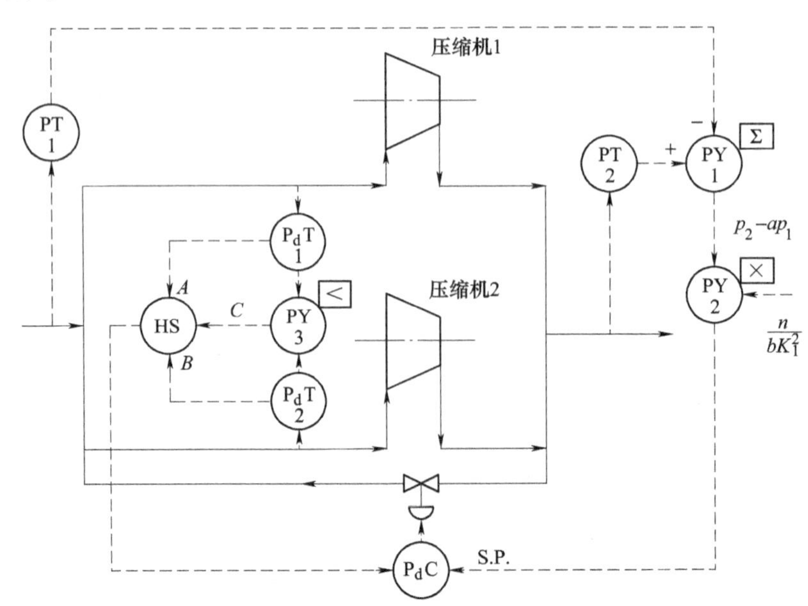

图 6-16　并联离心压缩机可变极限流量选择性防喘振控制

图中，PT-1、PT-2 是入口和出口的压力变送器、P_dT-1、P_dT-2 是压缩机 1 和 2 的入口流量测量用差压变送器，PY-1、PY-2、PY-3 分别是加法器、乘法器和低选器，P_dC 是防喘振控制器。HS 是手动开关，当开关切换到 A 时，组成压缩机 1 的防喘振控制；当开关切换到 B 时，组成压缩机 2 的防喘振控制；当开关切换到 C 时，防喘振控制器的测量信号是两个压缩机入口流量的低值，即低选器的输出，因此，用于两个压缩机并联运行时的防喘振控制。防喘振控制的设定值计算采用加法器和乘法器实现。实施时应注意：两个压缩机的特性应一致；不能实现两台压缩机前后起动运行；为使单台压缩机独立起动，需手动设置各自的旁路阀。

6.2.3　实例分析

图 6-17 所示为一台二氧化碳离心压缩机防喘振控制系统的控制方案。压缩机分低压段和高压段两级，由汽轮机带动。由于供应的二氧化碳流量不稳定，工艺允许过量时可放空，不足时应减负荷。正常时，生产负荷由汽轮机的转速调节。

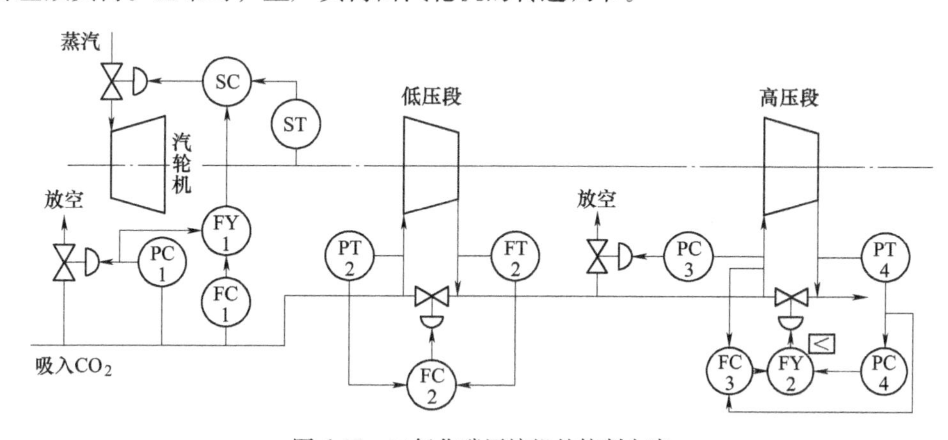

图 6-17　二氧化碳压缩机的控制方案

图中，FY-1、FY-2 是低选器，ST-1 和 SC-1 是转速变送器和转速控制器。二氧化碳离心压缩机的控制系统由下列控制系统组成。

（1）压力控制器 PC-1 的控制系统　正常工况下，供应的二氧化碳量大于需求量，保证送气量没有困难，并且有余力。但是压缩机入口压力将增大，为此，设置入口压力定值控制系统，当压力过高时，将 CO_2 放空。

（2）压力控制器 PC-1 与流量控制器 FC-1 组成选择性控制系统，与汽轮机转速控制器 SC 组成串级控制系统　当 CO_2 供应不足时，应选择流量取代压力控制系统。正常时，入口压力 p_1 和转速 S 组成串级控制系统；当压力低时，由流量 F_1 控制器 FC-1 替代压力控制器 PC-1，由流量 F_1 和转速 S 组成串级控制系统。FY-1 选用低选器；放空阀选用气关形式，蒸汽控制阀选用气开形式；转速控制器 SC-1 选正作用，流量控制器 FC-1 和压力控制器 PC-1 选反作用。

（3）高压段入口压力放空控制系统　当高压段入口压力过高时，打开放空阀，压力控制器 PC-3 选反作用，放空阀选气关形式。

（4）高压段出口压力控制器 PC-4 与高压段入口流量控制器 FC-3 组成的选择性控制系统　当高压段出口压力过高时，部分出口气体回流到入口，因此，压力控制器 PC-4 选用反作用，流量控制器 FC-3 选用正作用，旁路控制阀选气关形式。

（5）低压段的防喘振控制系统　低压段采用出口流量控制器 FC-2 组成可变极限流量的简化控制方案（此时 $a=0$）。防喘振控制方程为

$$p_{2d} \geqslant \frac{n}{bK_1^2} K p_1 \tag{6-12}$$

式中，p_1 是低压段入口压力，由压力变送器 PT-2 检测。

（6）高压段的防喘振控制系统　高压段采用入口流量控制器 FC-3 组成可变极限流量的简化控制方案（此时 $a=0$）。防喘振控制方程为

$$p_{3d} \geqslant \frac{n}{bK_1^2} p_2 \tag{6-13}$$

式中，p_2 是高压段出口压力，由压力变送器 PT-4 检测。

习　题

6-1　试述离心泵的三种控制方案，并进行比较。

6-2　离心泵与往复泵流量控制方案有哪些相同点与不同点？

6-3　什么是离心压缩机的喘振现象？产生喘振的原因是什么？

6-4　防喘振控制系统有哪些类型？分别画出它们的原理图，并简述适用场合和在实施时应注意的问题。

6-5　以固定极限流量防喘振控制系统为例，说明应如何确定控制器的正反作用。

6-6　说明变频调速技术在风机应用时是如何节能的（与采用控制阀节流比较）。

6-7　图 6-18 所示为丙烯压缩机 4 段吸入罐压力的分程控制系统。正常情况下通过阀 A 控制吸入罐压力，但是阀 A 又不宜关得过小（过小会导致压缩机的喘振）。为此，当阀 A 关到一定程度吸入罐压力仍恢复不过来时，则打开旁路阀 B。试问该系统中 A、B 两阀的开、闭形式及控制器的正、反作用如何选择？为什么？

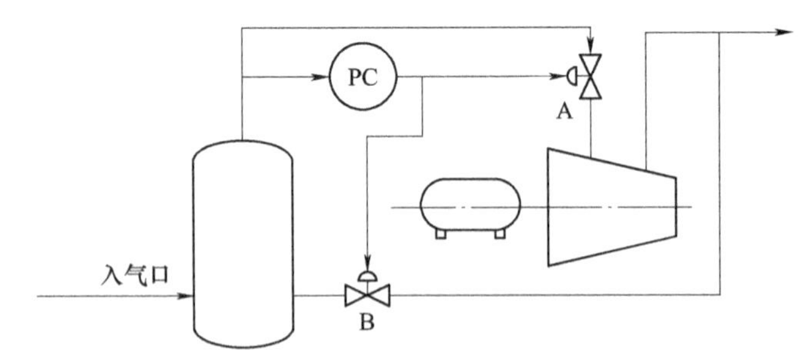

图 6-18　丙烯压缩机 4 段吸入罐压力的分程控制系统

6-8　某裂解气压缩机的控制系统如图 6-19 所示。在正常工况下，控制阀 V_1 关闭，由 PC 控制器工作，使吸入罐保证具有一定压力。

1）说明 FC 的控制目的。

2）确定控制器正反作用和选择器形式（高或低）。

3）画出两控制阀开度变化示意图。（已知阀门开度在 100%全开和某一开度之间变化）。

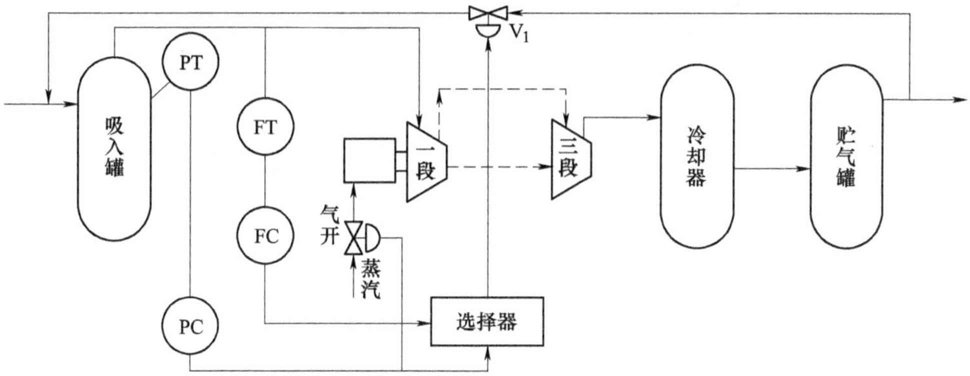

图 6-19　裂解气压缩机的控制系统

第 7 章

传热设备的控制

传热过程在工业生产中应用极为广泛，有的是为了便于工艺介质达到生产工艺所规定的温度，以利于生产过程的顺利进行，有的则是为了避免生产过程中能量的浪费。工业生产过程中，用于热量交换的设备称为传热设备。传热过程中冷热流体进行热量交换时可以发生相变或不发生相变。热量的传递可以是热传导、热辐射或热对流。实际传热过程中通常是几种热量传递方式同时发生。传热设备简况见表 7-1。

表 7-1　传热设备简况

传热方式	有无相变		载热体示例	设备类型示例
以对流为主	两侧均无相变		热水、冷水、空气	换热器
以对流为主			加热蒸汽	再沸器
以对流为主	一侧无相变	载热体汽化	液氨	氨冷器
以对流为主		介质冷凝	水、盐水	冷凝器
以对流为主		载热体冷凝	蒸汽	蒸汽加热器
以对流为主		介质汽化	热水或过热水	再沸器
以辐射为主			燃料油或燃料气，煤	加热炉、锅炉

7.1　传热设备的特性

传热设备的特性应包括传热设备的静态特性和传热设备的动态特性。静态特性是指设备输入和输出变量之间的关系，动态特性是指动态变化过程中输入和输出之间的关系。下面以换热器为例简单介绍一下传热设备的基本原理。

7.1.1　换热器静态特性的基本方程式

研究换热器静态特性的目的：①可以作为扰动分析、合理选择操纵变量和控制方案的依据；②作为系统分析和控制器参数整定的依据；③分析不同条件下增益与操纵变量的关系，作为控制阀特性选择的依据。传热设备工艺计算的基本方程式是热量衡算式和传热速率方程式。

1. 热量衡算式

图 7-1 所示为换热器的基本原理，图中给出了单程、逆流、列管式换热器的有关参数。

由于换热器两侧没有发生相变，因此，可列出热量衡算式

$$G_2c_2(T_{2o}-T_{1i})=G_1c_1(T_{1o}-T_{1i}) \tag{7-1}$$

式中，下标1表示冷流体参数，下标2表示载热体参数；i表示进口，o表示出口；G为流体的质量流量；c为流体的平均比热容。

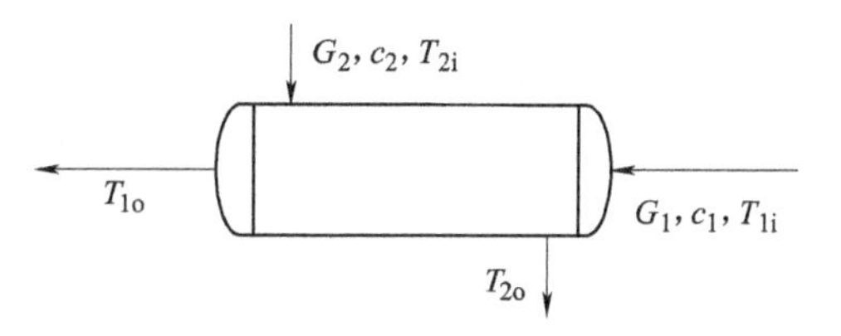

图7-1　换热器的基本原理

2. 传热速率方程式

换热器的传热速率方程式为

$$q=UA_m\Delta T_m \tag{7-2}$$

式中，q为传热速率；U为传热总系数；A_m为平均传热面积；ΔT_m为平均温差，对单程、逆流换热器，应采用对数平均式，表示为

$$\Delta T_m=\frac{(T_{2o}-T_{1i})-(T_{2i}-T_{1o})}{\ln\left(\frac{T_{2o}-T_{1i}}{T_{2i}-T_{1o}}\right)} \tag{7-3}$$

但在大多数情况下，采用算术平均值已有足够精度，其误差小于5%。算术平均温度差表示为

$$\Delta T_m=\frac{(T_{2o}-T_{1i})+(T_{2i}-T_{1o})}{2} \tag{7-4}$$

3. 换热器静态特性的基本方程式

根据热量平衡关系，将式（7-4）代入式（7-2），并与式（7-1）联立求解，得到换热器静态特性的基本方程式为

$$\frac{(T_{1o}-T_{1i})}{(T_{2i}-T_{1i})}=\frac{1}{\frac{G_1c_1}{UA_m}+\frac{1}{2}\left(1+\frac{G_1c_1}{G_2c_2}\right)} \tag{7-5}$$

假设换热器的被控变量是冷流体的出口温度T_{1o}，操纵变量是载热体的流量G_2，则式（7-5）可改写为

$$T_{1o}=\frac{T_{2i}-T_{1i}}{\frac{G_1c_1}{UA_m}+\frac{1}{2}\left(1+\frac{G_1c_1}{G_2c_2}\right)}+T_{1i} \tag{7-6}$$

7.1.2　换热器传热过程的动态特性

在工业生产中，生产负荷常常是在一定范围内不断变化的，由此决定了传热设备的运行工况必须不断调节以便与生产负荷变化相适应。以逆流、单程、列管式换热器为例，假定换热过程中的热损失可忽略不计，则控制通道的静态特性方程式为

$$K=\frac{dT_o}{dW_S}=\frac{T_{Si}-T_i}{2\left[\frac{Wc_p}{K_AA}+\frac{1}{2}\left(1+\frac{Wc_p}{W_SC_{pS}}\right)\right]^2}\frac{Wc_p}{W_S^2c_{pS}} \tag{7-7}$$

式中，T_o、T_i、T_{Si}分别为工艺介质的出口温度、入口温度和加热蒸汽的温度；W_S、W分别为加热蒸汽和工艺介质的流动速率；c_{pS}、c_p分别为加热蒸汽和工艺介质的定压比热容；K_A

为总传热系数；A 为平均传热面积。

分析式（7-7）可知，换热器对象的放大系数 K 存在严重的饱和非线性，即在工艺介质流动速率 W 增大时，加热工艺介质达到规定温度所需的蒸汽流动速率 W_S 必然随之增大，则由式（7-7）计算出的放大系数 K 减小。

对于决定换热器动态响应的特性参数，机理分析和工程实践都表明，换热器是一个惯性和时间滞后均较大的被控系统，且是分布参数对象。若将动特性用集中参数来描述，换热器可用一个三容时滞对象来近似描述。为简化起见，将换热器的动特性取为

$$G(s)=\frac{K}{1+Ts}e^{-\tau s} \tag{7-8}$$

式（7-8）中的放大系数 K 已在上面阐述，时间常数 T 和时滞 τ 是两个决定换热器动态响应过程的时间型参数，它们也是随换热器的工况变化而变化的。以式（7-8）中的时滞为例，它由多容对象处理为单容对象而引入的容量时滞 τ_c 与由工艺介质传输距离引起的纯时滞 τ_d 两部分组成。显然，当生产负荷变化时，介质流动速率随之变化，从而使得时滞也是随负荷变化的。

7.2 对象的动态数学模型

对于间壁式换热器，如果间壁两侧都不发生相变，尤其是流速较慢时的液相传热，一般都是分布参数对象。分布参数对象中的变量既是时间的函数，又是空间的函数，它们的动态行为要用偏微分方程来描述。现以图 7-2 所示的套管式换热器为例，说明这类对象动态数学模型的建立方法。

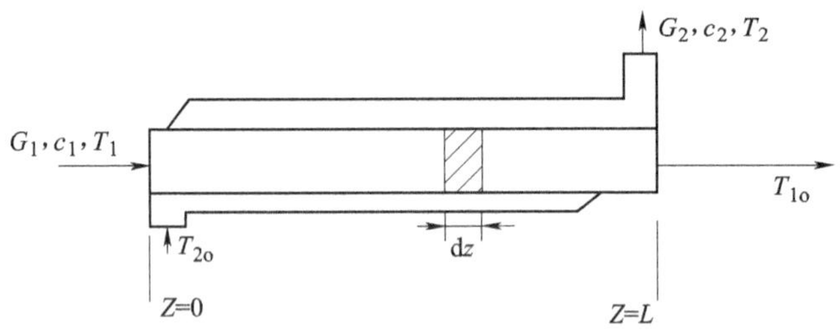

图 7-2 套管式换热器

现做如下假设：

1）间壁的比热容可忽略。

2）流体 1 和流体 2 均为液相，且是层流流动。

3）传热系数 U 和比热容 c_1、c_2 是定值。

4）同一横截面上的各点温度相同。

假设后可取高度为 dz 的圆柱体为微元，这一微元的热量动态平衡方程可叙述为

（单位时间内流体 1 带入微元的热量）−（单位时间内流体 1 离开微元所带走的热量）+（单位时间内流体 2 传给流体 1 微元的热量）= 流体 1 微元内蓄热量的变化率

即

$$G_1c_1T_1(l,t)-G_1c_1\left[T_1(l,t)+\frac{\partial T_1(l,t)}{\partial l}\mathrm{d}l\right]+UA\mathrm{d}l[T_2(l,t)-T_1(l,t)]=M_1c_1\mathrm{d}l\frac{\partial T_1(l,t)}{\partial t} \tag{7-9}$$

式中，$l=z/L$，L 为套管换热器的总长度；A 为内套管的圆周长，$A\mathrm{d}l$ 即为微元的表面积；M_1 为流体 1 单位长度的流体质量；$M_1\mathrm{d}l$ 即为微元的质量。

消去式（7-9）中的 dl，并做适当的调整，得

$$\frac{M_1}{G_1}\frac{\partial T_1(l,t)}{\partial t}=-\frac{\partial T_1(l,t)}{\partial l}+a_1[T_2(l,t)-T_1(l,t)] \tag{7-10}$$

式中，$a_1=\dfrac{UA}{G_1c_1}$。

同理可得流体 2 的热量动态平衡方程式为

$$\frac{M_2}{G_2}\frac{\partial T_2(l,t)}{\partial t}=-\frac{\partial T_2(l,t)}{\partial l}+a_2[T_1(l,t)-T_2(l,t)] \tag{7-11}$$

时间和空间的边界条件表达式为

$$\begin{cases}T_2(l,\ 0)=T_1(l)\\T_2(l,\ 0)=T_2(l)\\T_1(0,\ t)=T_{1i}(t)\\T_1(L,\ t)=T_{1o}(t)\\T_2(0,\ t)=T_{2o}(t)\\T_2(L,\ t)=T_{2i}(t)\end{cases} \tag{7-12}$$

式（7-10）和式（7-11）及其边界条件就是描述图 7-2 所示的套管式换热器动态行为的动态方程。为了便于计算机实时控制和现代控制理论的应用，采用时间、空间离散化方法，将上述连续偏微分方程转换成相应的离散化状态空间模型。

首先，将连续变量离散化：

$$\begin{aligned}&t=k\Delta t\quad k=0,\ 1,\ 2,\ \cdots\\&l=j\Delta l\quad j=1,\ 2,\ \cdots,\ N\end{aligned} \tag{7-13}$$

把套管式换热器按轴向划分为 N 段，离散空间步长与相应的离散化分数的关系为

$$\Delta l=\frac{L}{N} \tag{7-14}$$

然后对式（7-10）和式（7-11）进行离散化处理，其数学基础是有限差分方法。当时间和空间步长取得足够小时，偏微分项可以用相应的有限差分来近似，应用这种近似，并经过一定的处理就能够得到换热器的离散状态空间模型。

应用下列差分格式：

$$\frac{\partial T(l,t)}{\partial l}=\frac{T(j+1,k)-T(j,k)}{\Delta l}\qquad\frac{\partial T(l,t)}{\partial l}=\frac{T(j,k+1)-T(j,k)}{\Delta t}$$

对式（7-10）~式（7-12）进行近似处理，得

$$T_1(j,\ k+1)=-a_{11}T_1(j+1,\ k)+(a_{14}-a_{12}+1)T_1(j,\ k)+a_{12}T_2(j,\ k)+(a_{25}-a_{13})G_1(k)$$
$$j=1,\ 2,\ \cdots,\ N-1;\ k=1,\ 2,\ \cdots \tag{7-15}$$

$$T_2(j,\ k+1)=-a_{21}T_2(j+1,\ k)+(a_{24}-a_{22}+1)T_2(j,\ k)+a_{22}T_1(j,\ k)+(a_{25}-a_{23})G_2(k)$$
$$j=1,\ 2,\ \cdots,\ N-1;\ k=1,\ 2,\ \cdots \tag{7-16}$$

$$\begin{cases} T_1(j,\ 0) = 0 \\ T_2(j,\ 0) = 0 \\ T_1(0,\ k) = T_{1i}(k) \\ T_1(N,\ k) = T_{1o}(k) \\ T_2(0,\ k) = T_{2o}(k) \\ T_2(N,\ k) = T_{2i}(k) \end{cases} \tag{7-17}$$

$$j = 0,\ 1,\ 2,\ \cdots,\ N;\ k = 1,\ 2,\ \cdots$$

式（7-15）~式（7-17）包括了整个套管式换热器每一个段的差分方程，为了简化模型的表达，并应用现代控制理论，引入系统分解的方法，把整个换热器分解成N个子系统。

定义子系统的状态矢量、控制矢量分别为

$$\boldsymbol{T}(j,\ k) = \begin{bmatrix} T_1(j,\ k) \\ T_2(j,\ k) \end{bmatrix};\ \boldsymbol{T}_o(k) = \begin{bmatrix} T_{1i}(k) \\ T_{2o}(k) \end{bmatrix};$$
$$\boldsymbol{T}_N(k) = \begin{bmatrix} T_{1o}(k) \\ T_{2i}(k) \end{bmatrix};\ \boldsymbol{\mu}(k) = \begin{bmatrix} G_1(k) \\ G_2(k) \end{bmatrix} \tag{7-18}$$

根据上述子系统的状态矢量和控制矢量的选取，由式（7-15）~式（7-17）可以导出各子系统的离散状态方程如下

$$\begin{cases} \boldsymbol{T}(j,\ k+1) = \boldsymbol{A}_1\boldsymbol{T}(j,\ k) + \boldsymbol{A}_2\boldsymbol{T}(j+1,\ k) + \boldsymbol{B}_1\boldsymbol{\mu}(k) \\ \boldsymbol{T}(j,\ 0) = 0 \quad j = 0,\ 1,\ 2,\ \cdots,\ N \\ \boldsymbol{T}(0,\ k) = \boldsymbol{T}_0(k) \\ \boldsymbol{T}(N,\ k) = \boldsymbol{T}_N(k) \end{cases} \tag{7-19}$$

式中，$\boldsymbol{A}_1 = \begin{bmatrix} a_{14} - a_{12} + 1 & a_{12} \\ a_{24} - a_{22} + 1 & a_{22} \end{bmatrix}$；$\boldsymbol{A}_2 = \begin{bmatrix} -a_{11} & 0 \\ 0 & -a_{21} \end{bmatrix}$；$\boldsymbol{B}_1 = \begin{bmatrix} a_{15} - a_{13} & 0 \\ 0 & a_{25} - a_{23} \end{bmatrix}$。

选取总系统状态矢量和控制矢量为

$$\boldsymbol{T}(k) = \begin{bmatrix} \boldsymbol{T}(0,\ k) \\ \boldsymbol{T}(1,\ k) \\ \vdots \\ \boldsymbol{T}(N,\ k) \end{bmatrix};\ \boldsymbol{U}(k) = \boldsymbol{\mu}(k) \tag{7-20}$$

并定义

$$\boldsymbol{D}(k-1) = \begin{bmatrix} \boldsymbol{T}_1(k) \\ \boldsymbol{T}_0(k) \end{bmatrix} \tag{7-21}$$

则由式（7-19），总系统的离散状态模型为

$$\boldsymbol{T}(k+1) = \boldsymbol{AT}(k) + \boldsymbol{BU}(k) + \boldsymbol{PD}(k) \quad \boldsymbol{T}(0) = 0 \tag{7-22}$$

式中

$$\boldsymbol{A} = \begin{bmatrix} 0 & 0 & \cdots & \cdots & \cdots & \cdots & 0 \\ 0 & \boldsymbol{A}_1 & \boldsymbol{A}_2 & 0 & \cdots & \cdots & 0 \\ 0 & 0 & \boldsymbol{A}_1 & \boldsymbol{A}_2 & 0 & \cdots & 0 \\ \vdots & \vdots & \vdots & \vdots & \vdots & \vdots & \vdots \\ 0 & 0 & \cdots & \cdots & \cdots & \boldsymbol{A}_1 & \boldsymbol{A}_2 \\ 0 & 0 & \cdots & \cdots & \cdots & \cdots & 0 \end{bmatrix}$$

$$B = [0 \quad B_1 \quad \cdots \quad B \quad 0]^{\mathrm{T}}$$

$$P = \begin{bmatrix} I_{2\times2} & 0 & \cdots & \cdots & 0 \\ 0 & 0 & \cdots & 0 & I_{2\times2} \end{bmatrix}^{\mathrm{T}}$$

$$I_{2\times2} = \begin{bmatrix} 1 & 0 \\ 0 & 1 \end{bmatrix}$$

式（7-22）就是所要求的套管式换热器离散状态空间模型，它是一个线性定长系统。

7.3　控制方案的确定

根据上述分析，为了控制换热器的冷流体出口温度，分别有冷流体入口温度、载热体入口温度、冷流体流量和载热体流量四种变量可以影响冷流体出口温度。其中，冷流体入口温度、载热体入口温度和冷流体流量都是由上道工序确定的，因此大部分都属于可测量、不可控制变量，或者因通道的增益较小，不宜作为操纵变量。可操纵的过程变量只有载热体流量，因此，对冷流体出口温度可采用单回路控制系统，即出口温度为被控变量，载热体流量为操纵变量构成单回路控制系统。

由于其他三个过程变量不可控但可测量，当它们的变化较频繁、幅值波动较大时，也可作为前馈信号引入，组成前馈-反馈控制系统。当载热体流量或压力波动较大时，宜将载热体流量或压力作为副被控变量，组成串级控制系统。

由上述分析可知，采用载热体流量作为操纵变量时，在流量过大时，进入饱和非线性区，这时增大载热体流量将不能很好地控制冷流体出口温度，而需要采用其他控制方案。

1. 调节载热体流量

改变载热体流量，引起传热速率方程的传热总系数 U 和平均温差 ΔT_{m} 的变化。可根据载热体是否发生相变，分以下两种情况讨论。

（1）载热体不发生相变　根据热量衡算式和传热速率方程式可知，当改变载热体流量时，会引起平均温差的变化，流量增大，平均温差增大，因此，在传热面积足够时，系统工作在图 7-3 所示的非饱和区，通过改变载热体流量 G_2 可控制冷流体出口温度 $T_{1\mathrm{o}}$。

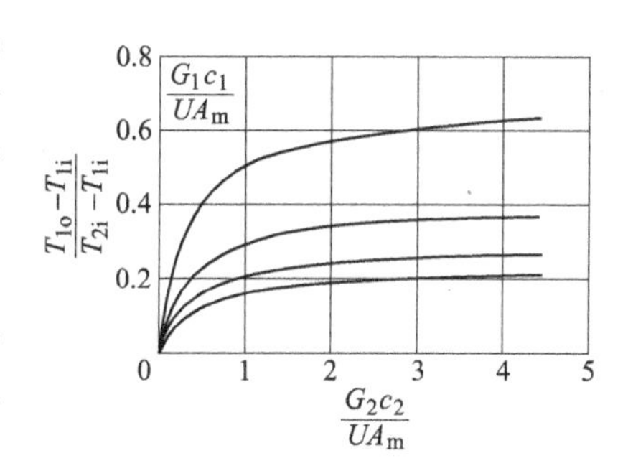

图 7-3　载热体流量与冷流体出口温度的关系

当传热面积受到限制时，由图 7-3 可知，由于传热面积不足，通过增加载热体流量不能有效地提高冷流体出口温度，即系统工作在饱和区。这时，通过调节载热体流量的控制方案不能很好地控制出口温度，应采用其他控制方案，例如下面将介绍的工艺介质分路控制方案。

考虑换热器的动态特性，由于流体在流动过程中不可避免地存在时滞，例如，冷流体入口温度对出口温度的时滞就较大，而其他扰动通道也具有较大的时间常数，为此，在控制方案的设计时应采用时滞补偿控制系统或改进工艺，以减少时间常数和时滞。

当载热体压力波动不大时，可采用以冷流体出口温度为被控变量、载热体流量为操纵变量的单回路控制系统，控制方案如图 7-4a 所示；当压力或流量波动较大时，可增加压力或流量为副回路，组成以载热体压力或流量为副被控变量的串级控制系统，控制方案如图7-4b所示。当原料流量（冷流体流量）等波动较大时，可采用前馈-反馈控制系统，其前馈信号可来自冷流体流量，控制方案如图7-4c所示。

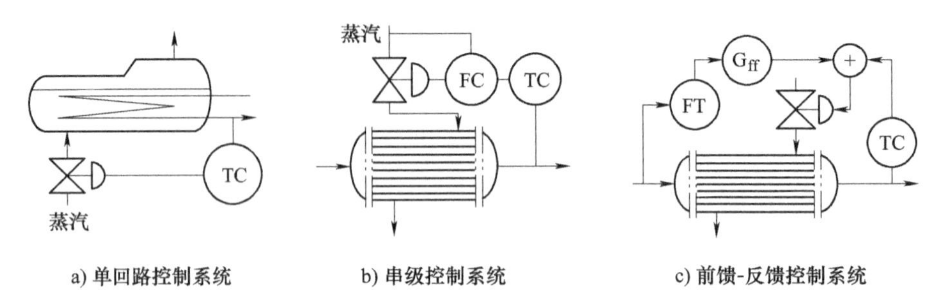

图7-4　调节载热体流量的控制方案

（2）载热体发生相变　当载热体发生相变时，会产生放热或吸热现象。例如，蒸汽加热器中蒸汽冷凝放热，氨冷器中液氨蒸发吸热等。热量衡算式中放热或吸热与相变热有关。当传热面积足够时，例如，蒸汽加热器中，送入的蒸汽可以全部冷凝，并可继续冷却，这时，可通过调节载热体流量有效地改变平均温差，从而控制冷流体出口温度。

在传热面积不足时，如果采用载热体流量控制方案时，应增设信号报警或联锁控制系统。例如，气压高或液位高时发出报警信号，并使联锁动作，关闭有关控制阀。当气压或液位的波动较大时，也可采用串级控制系统。例如，出口温度和蒸汽压力、出口温度和液位串级控制系统等。有时，可采用选择性控制系统，即在安全软限时，将正常控制器切换到取代控制器。例如，蒸汽加热器的冷流体出口温度控制可采用出口温度和蒸汽压力的选择性控制系统，氨冷器的控制可采用该温度和液氨液位的选择性控制系统等，如图7-5所示。

2. 调节载热体的汽化温度

改变载热体的汽化温度，引起平均温差ΔT_m的变化。以图7-6所示的氨冷器为例。由于控制阀安装在气氨管路上，因此，当控制阀开度变化时，气相压力变化，引起汽化温度变化，使平均温差变化，改变了传热量，出口温度随之变化。该控制方案的特点如下：

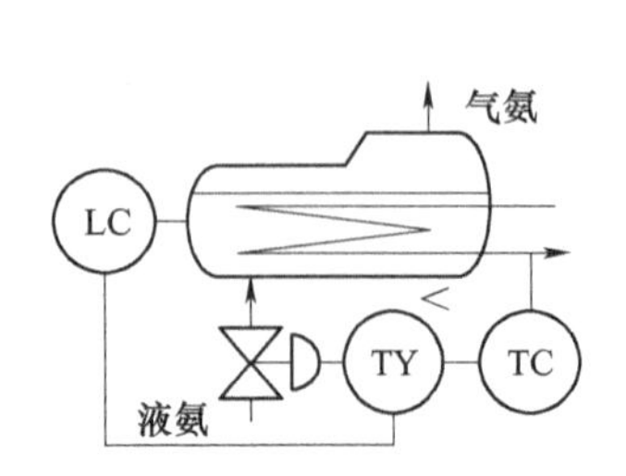

图7-5　氨冷器的选择性控制

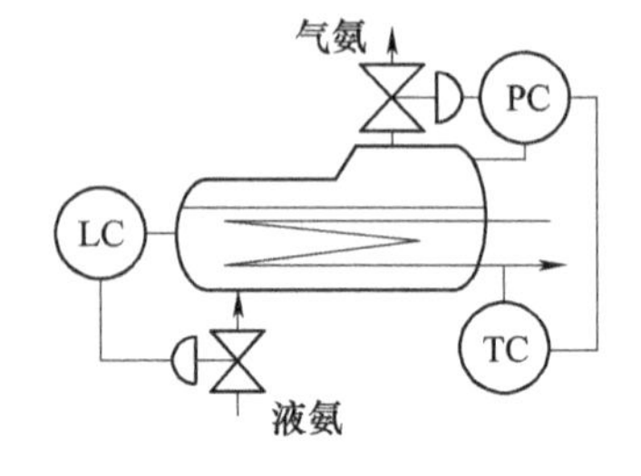

图7-6　调节汽化温度的控制

1）改变气相压力，系统响应快，应用较广泛。

2）为了保证足够的蒸发空间，需要维持液氨的液位恒定，为此，须增设液位控制系统，增加设备投资费用。

3）由于控制阀两端有压损，此外，为使控制阀能有效控制出口温度，应使设备有较高的气相压力。为此，需要增大压缩机功率，并对设备耐压提出更高要求，使设备投资费用增加。

3. 工艺介质分路

上述控制方案在多数应用场合能够发挥很好的控制作用，但也存在下列问题：

1）静态特性分析表明，载热体流量 G_2 较大时，系统进入非线性饱和区，这时，增加载热体流量对出口温度的升高影响不大，控制作用减弱。

2）动态特性分析表明，相对流体输送设备，换热器是具有较大时间常数和时滞的被控对象，动态特性较差，采用改变载热体流量控制常常不够及时，系统超调量较大。

为此提出工艺介质控制方案，其策略是将热流体和冷流体混合后的温度作为被控变量，热流体温度大于设定温度，冷流体温度低于设定温度，通过控制冷、热流体流量的配比，使混合后的温度等于设定温度。

可采用三通控制阀直接实现，也可采用两个控制阀（其中，一个为气开形式，一个为气关形式）实现。三通控制阀可采用分流（安装在入口）或合流（安装在出口）方式，图7-7所示为相应的控制方案。

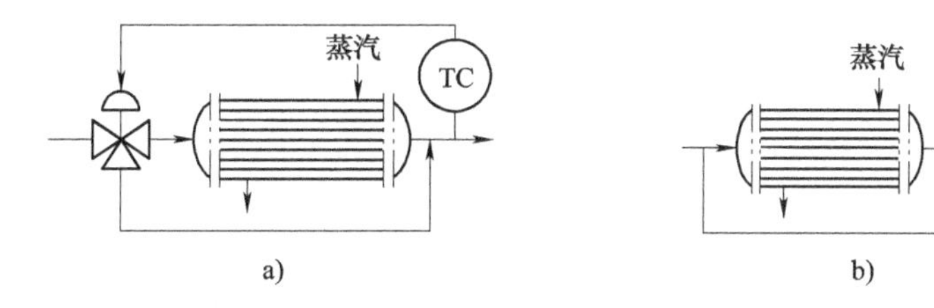

图 7-7　工艺介质分路控制系统

工艺介质分路控制的特点：

1）对载热体流量不加控制，而对被加热流体进行分路，使饱和区发生在被加热流体流量较大时，因此，常用于传热面积较小的场合。

2）由于采用混合，因此动态响应快，用于多程换热器等时滞大的场合。

3）能耗较大，供热量应大于所需热量，常用于废热回收系统。

4）设备投资大，需要两个控制阀和一个控制器。

采用三通控制阀时，如果换热器的阻力较小，则为了保证一定的压降比，控制阀两端压降只能取较小数值，造成控制阀口径很大。此外，控制阀流量特性的畸变也较严重。因此，也可采用两个控制阀组成分流或合流控制，需注意，与分流控制不同，两个控制阀的输入信号都是20~100kPa，只是一个为气开形式，另一个为气关形式。

4. 调节传热面积

改变传热面积 A_m，也能改变传热速率，使传热量发生变化，达到控制出口温度的目的。由于冷凝温度与压力有关，如果被加热介质温度较低，需要热量较少，控制阀安装在蒸汽管线时，蒸汽可能冷却到沸点以下，使加热器一侧出现负压，造成冷凝液不能正常排放。为此，当传热面积较小、被加热介质温度较低时，应采用调节传热面积的控制方案。

调节传热面积的控制方案如图7-8所示，它将控制阀安装在冷凝液管线，由于冷凝液液位以下的液体不发生相变，因此热导率比液位上部气相冷凝传热小，这种控制方案通过改变冷凝液液位来改变传热面积，达到控制被加热介质温度的目的。

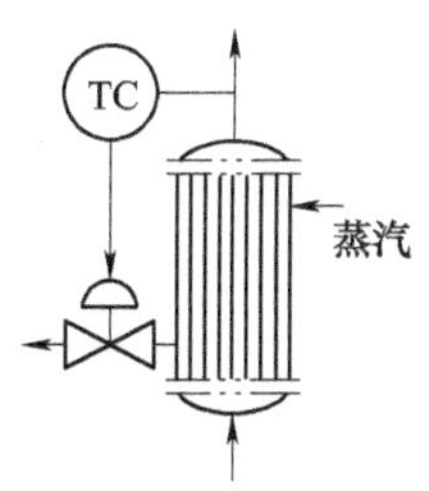

图 7-8　调节传热面积的控制方案

从静态看，控制阀安装在冷凝液管线，蒸汽压力得到保证，不会出现负压，不会出现冷凝液的脉冲式排放和被加热介质温度周期振荡。从动态看，从冷凝液流量变化，到液位变化，再到传热面积变化，并使被加热介质温度变化，这个被控过程具有较大的时滞。冷凝液液位变化到传热面积变化的过程是累积过程，可用积分环节描述。因此，过程动态特性较差，调节不够及时。此外，控制阀打开或关闭时，过程特性不相同，阀开时传热面积变化快，阀关时传热面积变化慢，造成过程特性的非线性，使控制器参数整定困难。因此该控制方案的控制性能不佳。

由于传热量变化缓慢，对热敏型介质，该控制方案可防止局部过热；对传热面积较大、蒸汽压力较低的场合，可有较好的控制效果。因此，只有在必要时才采用该控制方案。此外，为防止冷凝液排空，造成排气，可在排液控制阀后增设冷凝罐和液位控制系统。

为改善过程时间常数较大的影响，可采用串级控制系统，将部分的被控对象作为副被控对象，减小整个过程时间常数。例如，由于控制阀开度变化到冷凝液液位变化的过程具有一定的时滞，将液位作为副被控变量，可组成温度和液位的串级控制系统。如图 7-9a 所示，实施时需注意设置液位上限报警系统，防止因液位过高造成蒸发空间的不足。为克服蒸汽压力或流量波动对温度控制的影响，可将蒸汽压力或流量作为前馈信号，组成温度和蒸汽压力或流量的前馈-反馈控制系统，如图 7-9b 所示。

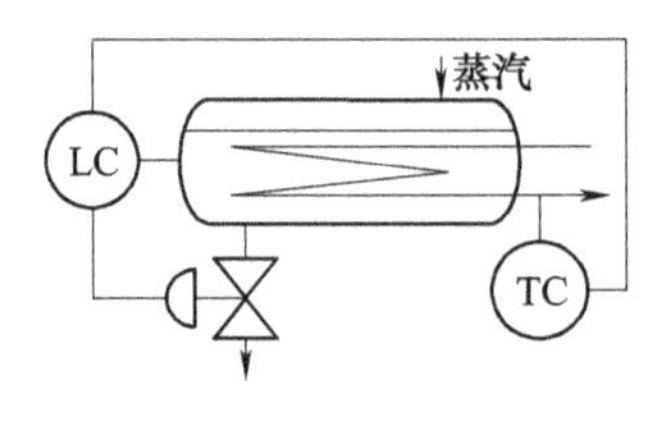

a) 温度和液位串级系统

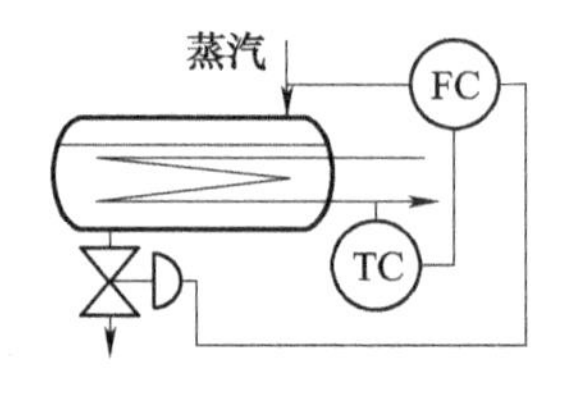

b) 温度和流量前馈-反馈系统

图 7-9　调节传热面积的改进控制方案

7.4　复杂控制系统

传热设备的控制以单回路控制为主，但当控制性能不能满足时，可根据过程扰动分析，设置复杂控制系统或先进控制系统。复杂控制主要有前馈-反馈控制、基于模型计算的控制和选择性控制等。

1. 前馈-反馈控制

传热设备控制中，当扰动的波动较大，变化频繁，幅度较大，扰动不可控但可测，控制要求又较高时，宜将该主要扰动作为前馈信号，组成前馈-反馈控制系统。图 7-10 所示为酮苯塔进料温度的前馈-反馈控制系统。

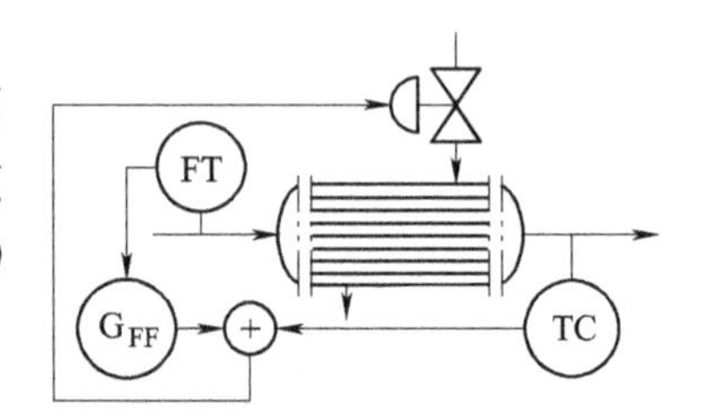

图 7-10　酮苯塔进料温度的前馈-反馈控制系统

2. 基于模型计算的控制

热量的计算可采用热焓或热量，当传热模型已知时，可采用基于模型计算的控制。

（1）热量控制　某些生产过程，需要控制的被控变量是热量，而不是温度，因缺乏直接检测热量的仪表，因此通过热量衡算式的数学模型计算热量，并进行热量控制。在计算热量时，应考虑流体是否发生相变，并采用相应的热量衡算式。

当传热设备中流体不发生相变时，

$$q = Gc(T_o - T_i) \tag{7-23}$$

当流体发生相变时，

$$q = G\gamma \tag{7-24}$$

在一定的温度和压力下，相变热是定值，若温度或压力不是恒定值，相变热是温度和压力的函数，可用回归方法求得。

饱和液体和蒸汽的相变热可采用下列回归公式计算：

$$\begin{aligned} \gamma &= c_0[(c_1 - T)/c_2]^{c_3} \\ \gamma &= a_0 + a_1T + a_2T^2 \\ \gamma &= b_0 + b_1p + b_2p^2 \end{aligned} \tag{7-25}$$

式中，T、p 是温度和压力，其他系数是经回归得到的系数。

过热蒸汽的相变热可采用如下回归公式计算：

$$\gamma = A_0 + A_1p + A_2p^2 + (B_0 + B_1p + B_2p^2)T + (C_0 + C_1p + C_2p^2)T^2 \tag{7-26}$$

因此，对有相变的过程，热量计算只需要测量相关的温度、压力后，根据上述模型计算出相变热，再计算热量。对没有相变的过程，只需要测量入口温度、出口温度、比热容和流量就可计算出热量。图 7-11 所示为热量控制系统，在图中，T_dT 为温差变送器，FT 用于检测载热体流量，FC 是流量控制器，QC 是热量控制器，组成热量和流量的串级控制系统。

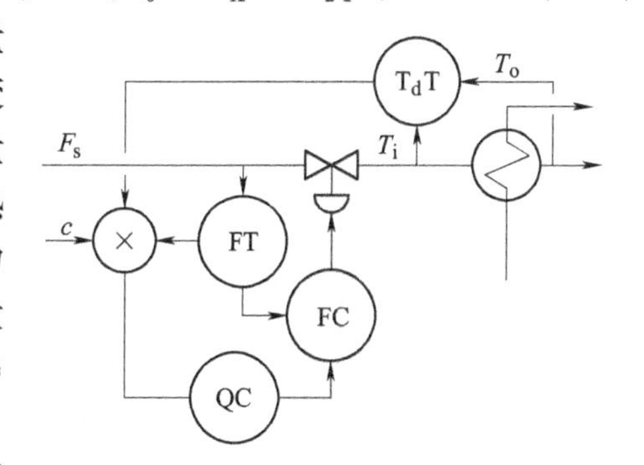

图 7-11　热量控制示例

（2）热焓控制　热焓指单位质量的物料所积存的能量。热焓控制是某物料热焓为定值或按所需规律变化的控制。热焓计算以单位质量的进料量为基准。它通过热量衡算式的计算间接得到。由于载热体的状态不同，因此，热焓计算方程也有不同。从载热体看有三种情况：

① 载热体进入传热设备之前和之后都为气相。

② 载热体进入传热设备之前和之后都为液相。

③ 载热体进入传热设备之前为气相，通过设备后完全被冷凝成为液相。

由于第三种情况较复杂，而实际应用又较多，因此，以此为例说明热焓计算方程。

根据热量衡算关系，得到热焓计算方程

$$FH_f - Fc_fT = F_sc_s(T_i - T_o) + F_s\lambda \tag{7-27}$$

或改写为

$$H_f = c_fT + \frac{F_s}{F}[c_s(T_i - T_o) + \lambda] \tag{7-28}$$

式中，F 为进料质量流量；F_s 为载热体质量流量；H_f 为单位质量进料带入的热焓；T 为进入蒸汽加热器的进料温度；T_i 和 T_o 为载热体进、出加热器的温度；c_f 和 c_s 为进料和载热体的比热容；λ 为载热体的冷凝热。

根据式（7-27）组成图 7-12 所示的热焓控制系统，在图中，F_sT 和 FT 是载热体和进料流量测量的差压变送器，载热体进出加热器的温差由温差变送器 T_dT 检测。

3. 选择性控制

随着生产过程的大型化和自动化的发展，对生产过程的安全操作提出了更高要求，如尽量减少开停车，减少不必要的停车等。选择性控制是为解决安全运行提出的控制方案。

在传热设备中，当载热体有相变，而传热面积可能不足时，调节载热体流量会发生蒸汽不能全部蒸发的现象，使气相带液，造成后续工序的事故，为此，除可增设信号报警和联锁控制外，也可采用选择性控制系统，即超驰控制系统。

氨冷器根据被冷却物料出口温度控制进入的液氨量。液氨在氨冷器内蒸发吸热，当液位过高时，液氨的蒸发空间减小，蒸发量减少使温度升高，造成气氨中夹杂大量液滴，使后续设备（例如压缩机）损坏。因此，可设计图 7-13 所示的温度和液位选择性控制系统。

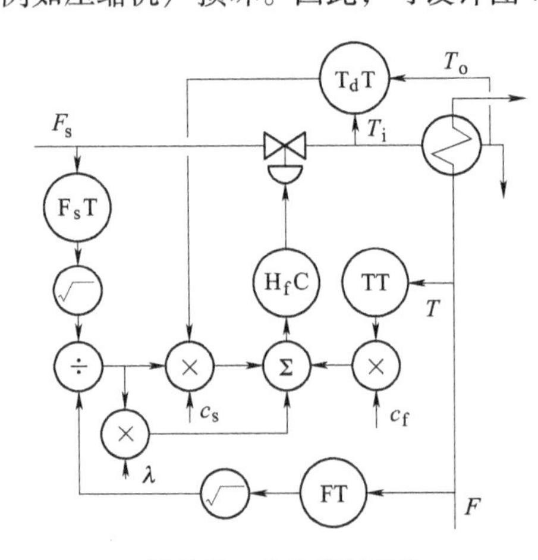

图 7-12 热焓控制系统

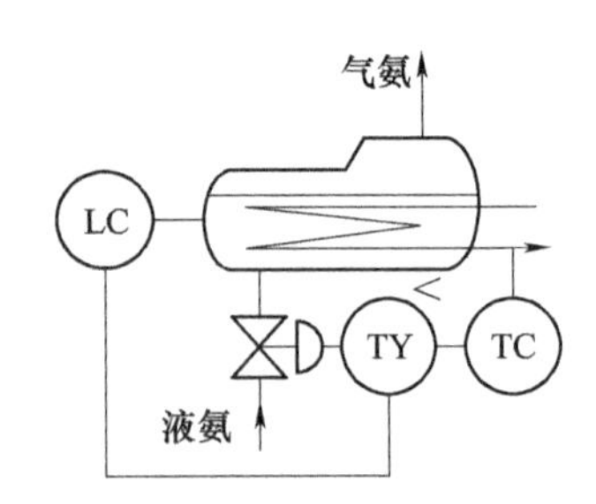

图 7-13 氨冷器的选择性控制系统

正常工况下，如果温度升高，温度控制器输出控制液氨流量。增加液氨量，经液氨的蒸发，使出口温度下降。如果液位上升到软限液位设定仍不能降低温度，由液位控制器取代温度控制器，根据液位控制进氨量，保护了后续设备，一旦温度下降，温度控制器输出与液位控制器输出相等，并继续下降时，温度控制器就自动取代液位控制器，工艺操作恢复到正常工况。

习 题

7-1 试述一般传热设备的控制方案，并举例说明。

7-2 一般传热设备的被控变量、操纵变量和扰动变量各是什么？

7-3 如何通过选择合适的控制阀流量特性来补偿传热设备被控对象的非线性特性？举例说明。

7-4 某加热系统中，已知主要变化的过程变量如下：

1）被加热物料（原料）流量波动不大，但载热体流量波动较大。

2）被加热物料（原料）流量波动较大，但载热体流量波动不大。

3）被加热物料（原料）的入口温度波动较大。

针对上述情况，分别设计换热器出口温度控制系统。画出系统图，说明控制器正反作用的选择依据和控制系统的工作原理。

7-5 在图 7-14 所示的蒸汽加热器中：

1）主要扰动为进料流量 G_1，其变化幅度较大且频繁，设计合理的控制系统，并确定控制器的正反作用。

2）主要扰动为加热蒸汽上游压力 p，其变化幅度较大且频繁，设计合理的控制系统，并确定控制器的正反作用。

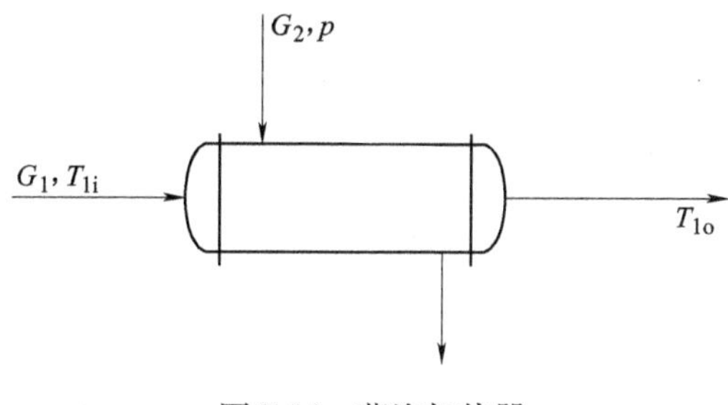

图 7-14　蒸汽加热器

第 8 章

锅炉设备的控制

锅炉是石油、化工、发电等工业生产过程中必不可少的重要动力设备，它所产生的高压蒸汽不仅可以作为精馏、蒸发、干燥、化学反应等过程的热源，而且还作为汽轮机为压缩机、风机等提供动力源。锅炉的种类很多，按照所用燃料分类，有燃煤锅炉、燃气锅炉、燃油锅炉，还有利用残渣、残液、释放气体等为燃料的锅炉。按所提供的蒸汽压力不同，又可分为常压锅炉、低压锅炉、常高压锅炉、超高压锅炉等。不同类型锅炉的燃料种类和工艺条件各不相同，但蒸汽发生系统的工作原理基本上是相同的。随着工业生产过程规模不断扩大，生产过程不断强化，作为全厂动力和热源的锅炉设备，也向大容量、高参数、高效率方向发展。为确保锅炉生产的安全操作和稳定运行，对锅炉设备自动控制提出了更高要求。

常见锅炉设备的工艺流程如图 8-1 所示。

给水经给水泵、给水控制阀、省煤器进入锅炉的锅筒。燃料与经预热的空气按一定配比混合，在燃烧室燃烧产生热量，传递到锅筒生成饱和蒸汽，经过热器形成过热蒸汽，汇集到蒸汽母管，并经负荷分配后供生产过程使用。燃烧过程的废气将饱和蒸汽变成过热蒸汽，并经省煤器预热锅炉的给水和燃烧用的空气，最后烟气经引风机送烟囱排空。

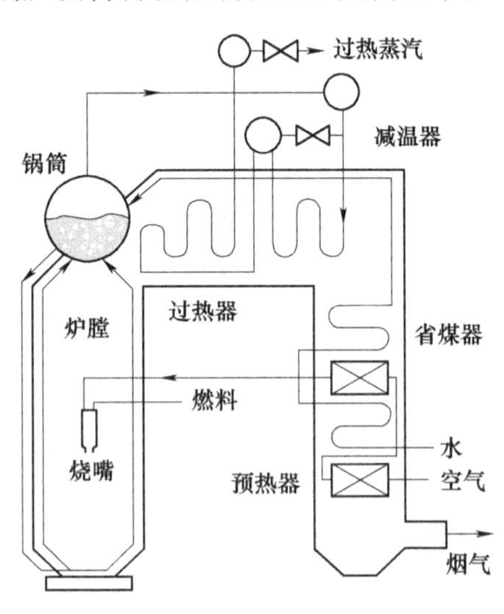

图 8-1　常见锅炉设备的工艺流程

工业锅炉中能量的转换过程：燃料在炉内燃烧，燃烧的化学能以热能的形式释放，使火焰和烟气具有高温。高温的火焰、烟气和热量通过传热面向被加热的介质水传递。水在锅筒中被加热至沸腾而汽化，成为饱和蒸汽，进而过热成为过热蒸汽。

能量的转换过程是和物质的流动相结合的：给水进入锅炉，被加热后以饱和蒸汽或过热蒸汽的形式送出。燃料和空气进入炉内燃烧，燃烧后可燃部分和水转化为烟气。空气送入炉内参与燃烧反应，过剩的空气也混入烟气中排出。

锅炉设备的主要控制要求如下：

1）供给蒸汽量应适应负荷变化需要或保持给定的负荷。

2）锅炉供给用汽设备的蒸汽压力保持在一定范围内。

3）过热蒸汽温度保持在一定范围内。

4）锅筒水位保持在一定范围内。

5）保持锅炉燃烧的经济性和安全运行。

6）炉膛负压保持在一定范围内。

根据上述控制要求，锅炉设备的主要控制系统见表 8-1。

表 8-1 锅炉设备的主要控制系统

控制系统	被控变量	操纵变量	控制目的
锅炉锅筒水位控制系统	锅炉锅筒水位	给水流量	锅炉内产出的蒸汽和给水的物料平衡
蒸汽过热控制系统	过热蒸汽温度	喷水流量	过热蒸汽的温度和安全性
锅炉燃烧控制系统	蒸汽出口压力	燃料流量	蒸汽负荷的平衡
	烟气成分（燃料流量/送风流量）	送风流量	燃空比控制，实现燃烧的完全和经济性
	炉膛负压	引风流量	引风与排风的适应，以保证锅炉运行的安全性

8.1 锅炉锅筒水位的控制

保持锅炉锅筒水位在一定范围内是锅炉稳定安全运行的主要指标。水位过高造成饱和蒸汽带水过多，汽水分离差，使后序的过热器管壁结垢，传热效率下降，过热蒸汽温度下降，当用于汽轮机的动力源时，会损坏汽轮机叶片，影响运行的安全与经济性；水位过低造成锅筒水量太少，负荷有较大变动时，水的汽化速度过快，而锅筒内水的全部汽化将导致水冷壁的损坏，严重时发生锅炉的爆炸。

1）锅筒液位控制系统的任务如下：

① 使给水量适应锅炉蒸发量的需要，以维持锅筒水位在允许的范围内。

② 保持给水量的稳定，尽量减少波动。

2）各种变量分析：

① 被控变量：锅筒液位。

② 操纵变量：给水量。

③ 扰动变量：负荷量（即蒸发量）和炉膛热负荷（即燃料燃烧量）。

8.1.1 锅炉锅筒水位的动态特性

锅炉汽水系统如图 8-2 所示。影响锅筒水位的因素有锅筒（包括循环水管）中储水量和水位下气泡容积。而水位下气泡容积与锅炉的负荷、蒸汽压力、炉膛热负荷等有关。锅炉锅筒水位主要受到锅炉蒸发量（蒸汽流量 D）和给水流量 W 的影响。

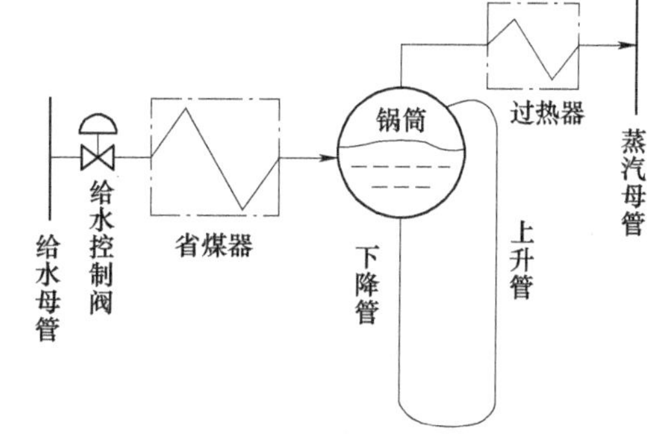

图 8-2 锅炉汽水系统

当蒸汽用量增加时，由于锅筒中气泡容积的增加，使水位出现先增加的现象称为虚假水位。但因蒸汽用量增加，大于给水流量，因此，最终水位应下降。这种因虚假水位造成的过程特性称为反向特性。虚假水位的变化幅度与锅炉的工作压力和蒸发量有关。例如，100~200 t/h 的中高压锅炉在蒸汽负荷变化 10%时，能够引起虚假水位的变化达 30~40mm。

1. 给水流量对锅筒水位的动态特性

动态特性近似的传递函数描述为

$$\frac{H(s)}{W(s)}=\frac{k_0}{s}\mathrm{e}^{-s\tau} \tag{8-1}$$

式中，k_0 为响应速度，即给水流量做单位流量变化时，水位的变化速度；τ 为时滞。

说明：给水流量 W 增加时，因给水温度低于锅筒内饱和水温度，需从饱和水中吸收部分热量，因此，水位下气泡容积减少，只有当水位下气泡容积变化达到平衡后，给水流量增加才与水位 H 变化成比例增加。表现在响应曲线初始段，水位增加较缓慢，可用时滞特性近似描述，如图 8-3 所示。给水温度越低，时滞也越大。非沸腾式省煤器锅炉时滞为 30～100s，沸腾式省煤器锅炉时滞为 100～200s。响应时间 T_0 是给水流量变化 100%时，水位变化所需的时间，$T_0=1/k_0$。

2. 蒸汽流量 D 对锅筒水位 H 的动态特性

动态特性近似的传递函数描述为

$$\frac{H(s)}{D(s)}=\frac{H_1(s)}{D(s)}+\frac{H_2}{D(s)}=-\frac{k_\mathrm{f}}{s}+\frac{k_2}{T_2s+1} \tag{8-2}$$

式中，k_f 为响应速度，即蒸汽流量做单位流量变化时，水位的变化速度；k_2 为响应曲线 H_2 的增益；T_2 为响应曲线 H_2 的时间常数。

说明：蒸汽流量 D 阶跃变化时，根据物料平衡关系，蒸汽流量 D 大于给水流量 W，水位应下降，如图 8-4 中响应曲线 H_1 所示。由于蒸汽用量增加，使锅筒压力下降，锅筒内的水沸腾加剧，水中气泡迅速增加，由于气泡容积的增加造成水位的变化，如图 8-4 中响应曲线 H_2 所示。因此，实际锅筒水位的响应曲线 H 是 H_1 和 H_2 的合成。

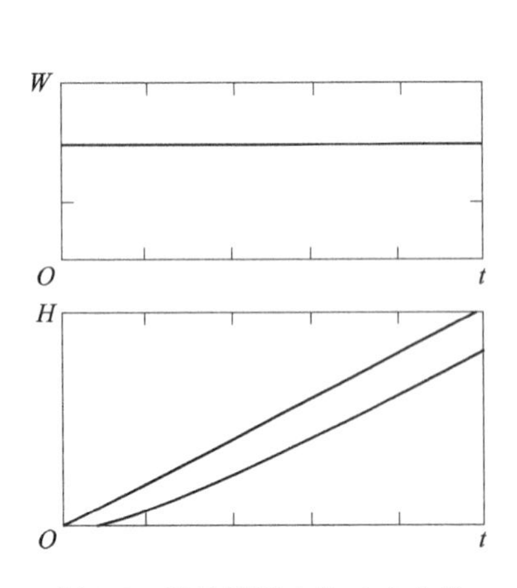

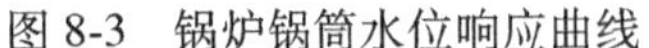
图 8-3　锅炉锅筒水位响应曲线

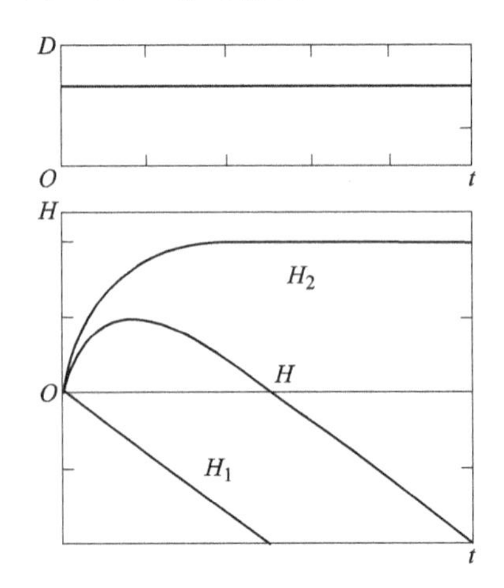

图 8-4　蒸汽流量 D 对锅筒水位 H 的动态特性响应曲线

8.1.2　锅炉锅筒水位的控制及应用示例

锅炉锅筒水位的控制系统中，被控变量是锅筒水位，操纵变量是给水流量，主要扰动变量如下：

① 给水方面的扰动。例如，给水压力、减温器控制阀开度变化等。

② 蒸汽用量的扰动。蒸汽用量的扰动包括管路阻力变化和负荷设备控制阀开度变化等。

③ 燃料量的扰动。燃料量的扰动包括燃料热值、燃料压力、含水量变化等。

④ 锅筒压力变化。通过锅筒内部汽水系统在压力升高时的“自凝结”和压力降低时的“自蒸发”影响水位。

常见的三种锅炉锅筒水位控制方案的比较如下：

1. 单冲量水位控制

单回路控制，液位控制给水流量。大型电站中，锅炉产汽量大，称变量为冲量。单冲量即单变量，指锅筒的水位，如图8-5所示的单冲量控制系统。其特点如下：

1）结构简单，但调节不够及时。

2）存在虚假液位的反向特性，且时滞大，因此，当负荷变化较大时，会造成控制器输出误动作，影响控制系统的控制质量。

3）适用于锅筒容量较大、虚假水位不严重、负荷较平稳的场合，为安全运行可设置水位报警和联锁控制系统。

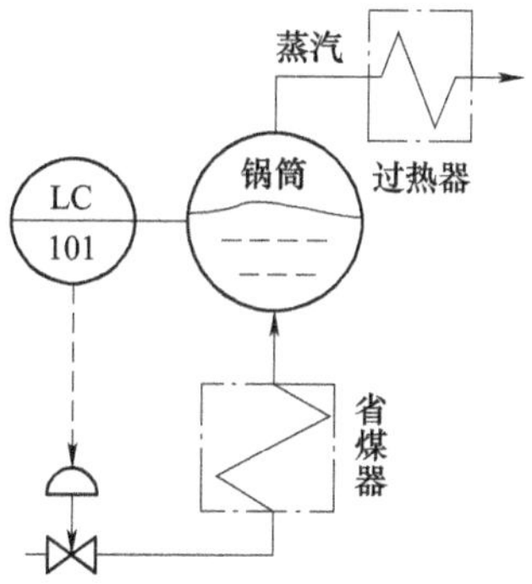

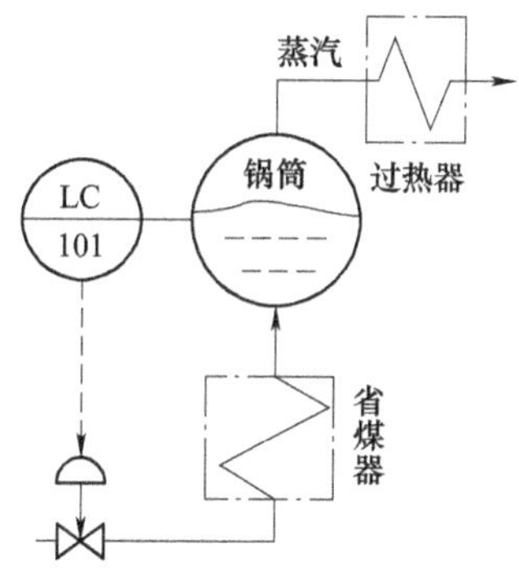

图8-5　单冲量控制系统示意图

4）蒸汽负荷变化后，要在引起水位变化后才改变给水流量，因此控制不及时。

2. 双冲量水位控制

该系统增加蒸汽流量作为前馈信号，组成前馈-反馈控制系统。

图8-6所示为双冲量控制系统工艺流程及其框图，其特点和说明如下：

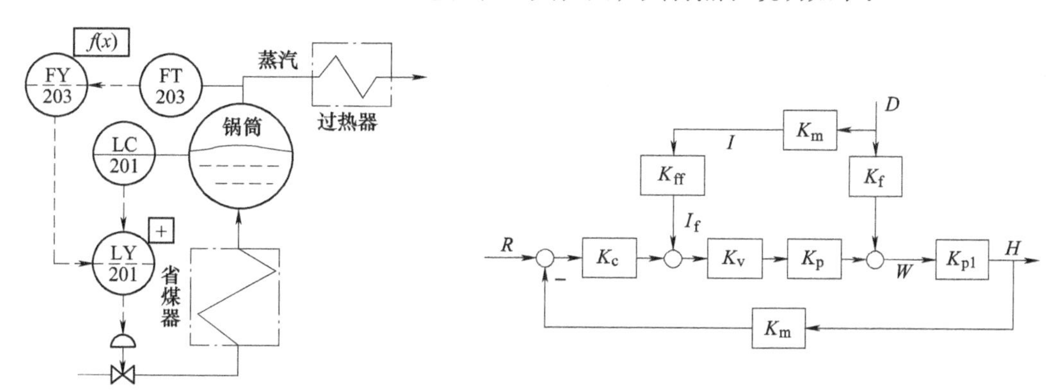

图8-6　双冲量控制系统工艺流程及其框图

1）采用蒸汽流量作为前馈信号，可克服蒸汽负荷变化的影响。

2）因排污等水损失，给水流量 W 应大于蒸汽流量 D，计算扰动通道增益时，应采用增量，即有 $\Delta W=\alpha\Delta D$，$\alpha>1$，$K_f=\dfrac{dW}{dD}=\alpha$，$K_m=\dfrac{Z_{max}-Z_{min}}{D_{max}}$；$z_{max}-z_{min}$ 为蒸汽流量变送器输出的最大变化范围；D_{max} 为蒸汽流量变送器的量程，从零开始。

$$K_{ff}=-\frac{\alpha D_{max}}{(Z_{max}-Z_{min})K_v} \tag{8-3}$$

3）该系统对给水流量扰动的影响未加考虑，因此，适用于给水流量波动较小的场合。

3. 三冲量水位控制

该系统引入给水流量，组成锅筒水位为主被控变量、给水流量为副被控变量的串级控制系统，以及蒸汽流量作为前馈信号的前馈-串级反馈控制系统。

图 8-7 所示为三冲量控制系统工艺流程及其框图，其特点和说明如下：

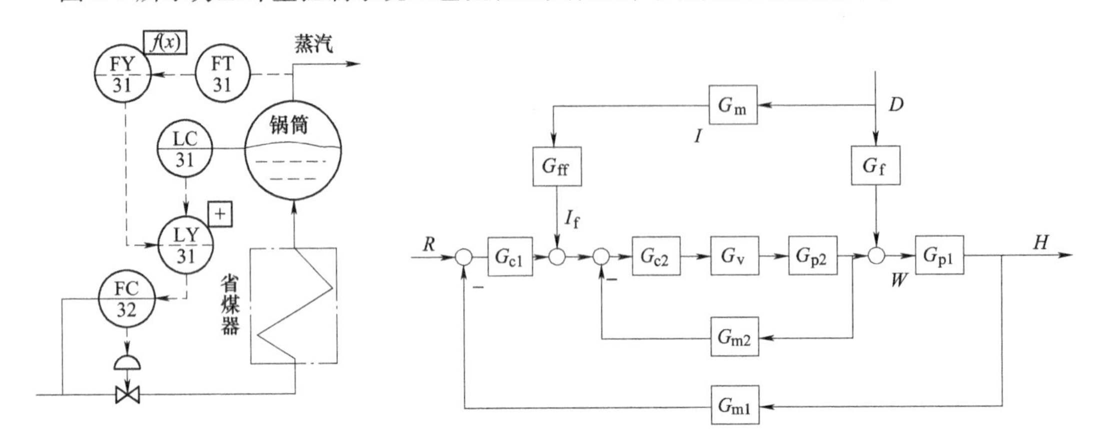

图 8-7　三冲量控制系统示意图

1）静态前馈控制器控制规律：

$$K_{ff}=-\frac{\alpha D_{max}}{(Z_{max}-Z_{min})K_v} \tag{8-4}$$

2）给水流量、给水压力等扰动被引入串级控制系统的副回路，弥补了双冲量水位控制系统的缺点。

动态前馈控制器控制规律：

$$G_{ff}(s)=\frac{D_{max}}{Z_{max}-Z_{min}}\left(\frac{K_f}{K_0}-\frac{K_d s}{T_2 s+1}\right)e^{s\tau}\approx K\left(1-\frac{K_d s}{T_2 s+1}\right) \tag{8-5}$$

K 通常为 1。实际实施时可采用蒸汽流量信号的负微分与蒸汽流量信号之和作为动态前馈信号。

4. 应用示例

锅炉锅筒水位控制系统可采用计算机控制装置实现。图 8-8 所示为采用现场总线控制系统实施时的功能模块组态图。图中，各功能模块的功能和描述见表 8-2。

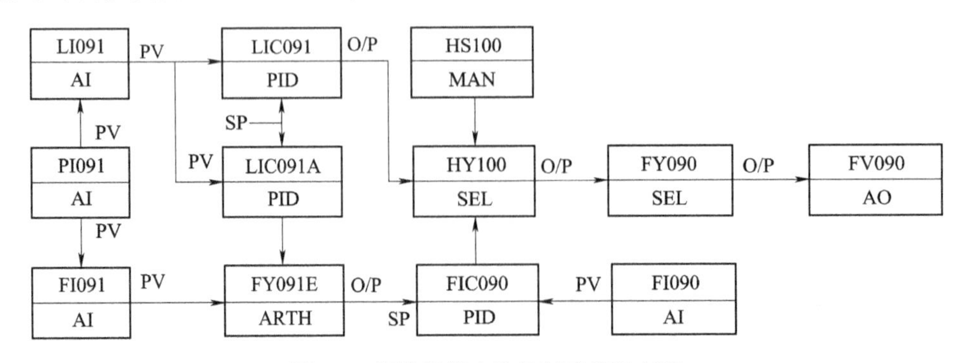

图 8-8　锅炉锅筒水位控制系统组态图

控制方案主要包括下列内容：

1）单冲量与三冲量水位控制系统的切换。开停车或负荷不正常时，控制系统应切换到单冲量水位控制系统，为此，使用 HY100 切换，单冲量控制时，由 LIC091 作为水位控制器，调节给水流量控制阀。三冲量控制时，给水流量信号经内部开二次方运算后，直接送水位控制器 LIC091A，作为给水流量控制器 FIC090 的设定，其前馈信号来自蒸汽流量检测器 FI091，用 FY091E 实现前馈信号的前馈运算，并与反馈信号相加，组成蒸汽流量前馈-锅炉锅筒水位和给水流量的串级控制系统。

2）无扰动切换。在现场总线控制系统中，自动状态时，FIC090 输出跟踪 FY091E 输出。为实现控制系统的无扰动切换，应使 HY100 输出等于 LIC091 输出。根据图示，HY100 输出等于 FIC090 输出与 LIC091 输出之一，因 FIC090 输出跟踪 FY091E 输出，因此，HY100 输出也跟踪 FIC090 输出。

表 8-2 功能模块的功能和描述

仪表位号	LI091	PI091	FI091	LIC091	LIC091A	FY091E
功能模块	AI	AI	AI	PID	PID	ARTH
描述	锅筒水位检测	锅筒压力检测	蒸汽流量检测	单冲量水位控制器	三冲量水位控制器	前馈+反馈
仪表位号	HS100	HY100	FIC090	FY090	FV090	FI090
功能模块	MAN	SEL	PID	SEL	AO	AI
描述	手动控制模式切换	自动控制模式切换	给水流量控制器	手自动切换开关	给水控制阀	给水流量检测

8.2 蒸汽过热系统的控制

蒸汽过热系统的控制任务是使过热器出口温度维持在允许范围内，并保护过热管管壁温度不超过允许的工作温度。过热蒸汽温度检测点位于锅炉汽水通道中最高温度处。过热蒸汽温度过高，过热器易损坏，造成汽轮机内部器件过度热膨胀，严重影响运行安全。过热蒸汽温度过低，设备效率下降，汽轮机最后几级蒸汽湿度增加，造成汽轮机叶片磨损。

影响过热器出口温度的主要因素有蒸汽流量、燃烧工况、引入过热器的蒸汽热焓（减温水量）、流经过热器的烟气温度和流速等。

通常采用减温水流量作为操纵变量，过热器出口温度作为被控变量，组成单回路控制系统，如图 8-9a 所示。但控制通道的时滞和时间常数都较大，因此，也可引入减温器出口温度作为副被控变量，组成串级控制系统，如图 8-9b 所示。有时，将减温器出口温度的微分信号作为前馈信号，与过热器出口温度相加后作为过热器温度控制器测量，组成前馈-反馈

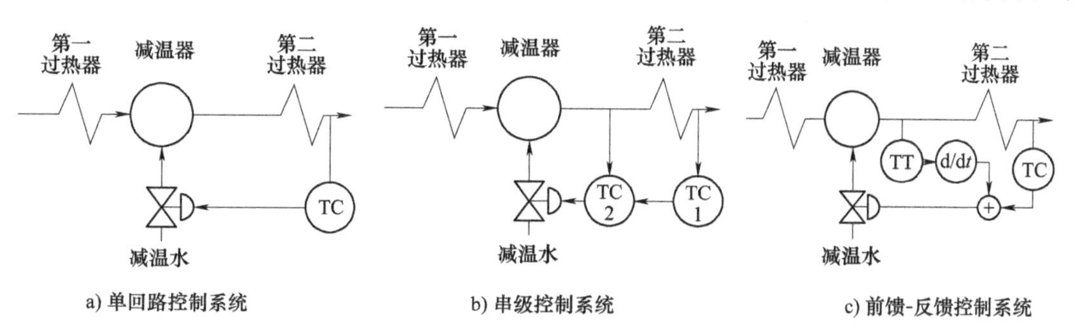

a) 单回路控制系统　b) 串级控制系统　c) 前馈-反馈控制系统

图 8-9 过热蒸汽控制系统

控制系统，如图 8-9c 所示。图中 d/dt 是微分器，当减温器出口温度有变化时，才引入前馈信号。稳定工况下，该微分信号为零，与单回路控制系统相同。

8.3 锅炉燃烧控制系统

锅炉燃烧控制系统的基本任务是使燃料燃烧所产生的热量适应蒸汽负荷的需求，同时保证锅炉经济和安全运行。为适应蒸汽负荷的变化，应及时调节燃料量；为完全燃烧，应控制燃料量与送风量的比值，使过剩空气系数满足要求；为防止燃烧过程中火焰或烟气外喷，应控制抽风量使炉膛负压运行。这三项控制任务相互影响，应消除或减弱它们的关联。此外，从安全角度考虑，需设置防喷嘴背压过低的回火和防喷嘴背压过高的脱火措施。

1. 燃烧过程基本控制

1）基本控制方案一：蒸汽压力与燃料量组成串级控制，燃料量与空气组成比值控制，如图 8-10a 所示，能够确保燃料量与空气量的比值关系，当燃料量变化时，空气量能够跟踪燃料量变化。

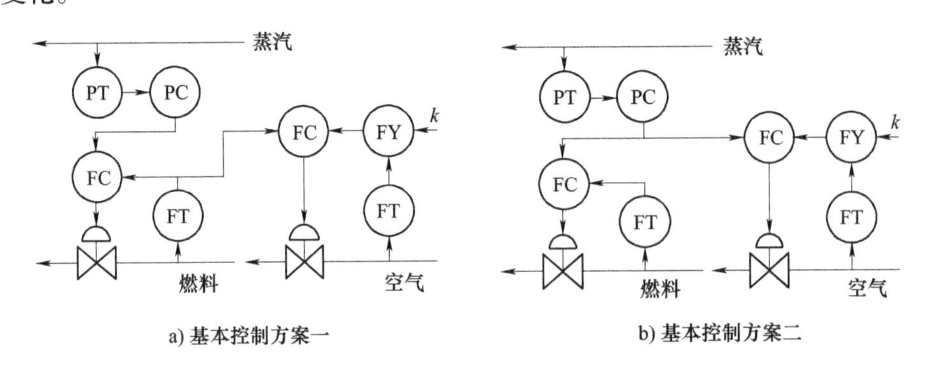

图 8-10 基本控制方案

2）基本控制方案二：蒸汽压力与燃料量组成串级控制，蒸汽压力与空气组成串级控制，如图 8-10b 所示，燃料量与空气量的比值关系是通过燃料控制器和空气控制器的正确动作间接保证的，该方案能够保证蒸汽压力恒定。

上述两种基本控制方案都较难实现燃料量与空气量的正确配比，对完全燃烧缺乏衡量指标。

2. 逻辑提量和逻辑减量控制系统

为了实现燃料的完全燃烧，满足环保要求，不冒黑烟，采用双闭环比值控制与选择控制子系统相结合，设计逻辑提量和逻辑减量控制系统，如图 8-11 所示，当蒸汽负荷提量时，能够先提空气量，后提燃料量；当负荷减量时，能先减燃料量，后减空气量，保证燃料的完全燃烧。

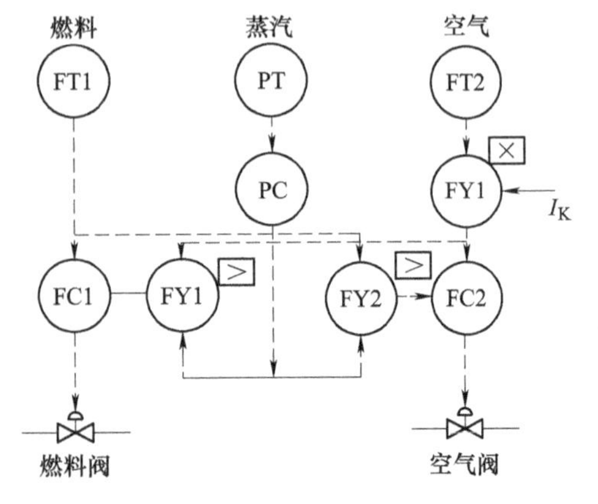

图 8-11 逻辑提量和逻辑减量控制

3. 双交叉燃烧控制

双交叉燃烧控制是以蒸汽压力为主被控变量、燃料量和空气量并列为副被控变量的串级控制系统，使该控制系统在稳定工况下能够保证空气量和燃料量在最佳比值，也能在动态过程中尽量维持空气、燃料配比在最佳值附近，因此，具有良好经济效益和社会效益。双交叉燃烧控制系统如图 8-12 所示，该控制系统可方便地在计算机控制装置中实现。

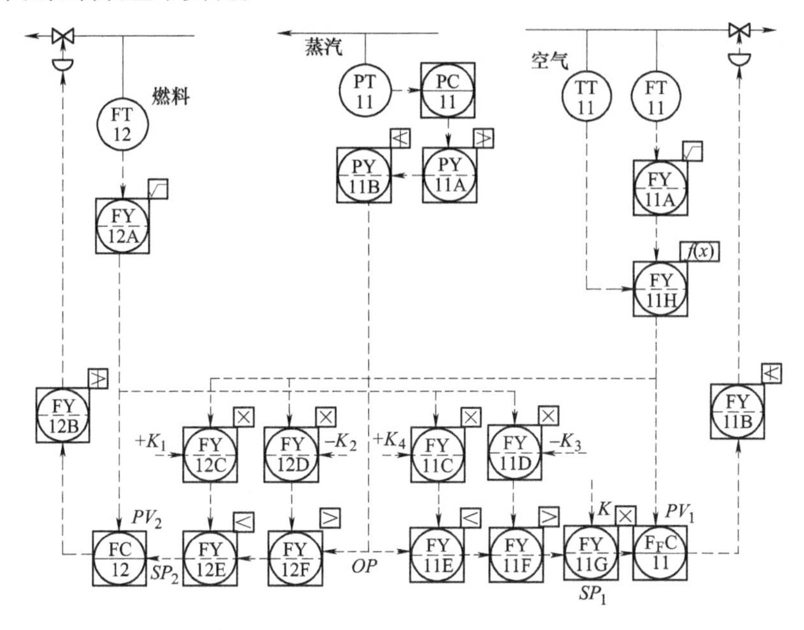

图 8-12 双交叉燃烧控制系统

（1）稳定工况 蒸汽压力在设定值，压力控制器 PC-11 输出经上、下限限幅器后，分别经燃料系统的高选器和低选器，作为燃料流量控制器的设定 SP_2，经空气系统的低选器和高选器，并乘以比值系数 K 后，作为空气流量控制器的设定 SP_1，因此，稳定工况时有 $SP_1 = K \times SP_2$。

由于两个流量控制器具有积分控制作用，稳态时，设定值与测量值应相等，无余差，即 $F_2 = SP_2$；$F_1 = SP_1$；因此，有 $KF_2 = F_1$。这表明，稳定工况下，燃料流量与空气流量能够保持所需的比值 K。稳定工况下，系统中所有高选和低选、上限和下限都不起作用，它们的输出都是蒸汽压力信号值 OP。

（2）负荷增加 蒸汽用量增加时，蒸汽压力下降，反作用控制器 PC-11 的输出增加，即 OP 增加，引起 SP_1 和 SP_2 同时增加，但 SP_2 受下值限幅，最大增量为 K_1，SP_1 受下值限幅，最大增量为 KK_4，设置 $KK_4 > K_1$，使 SP_2 的增加不如 SP_1 明显，即达到先增空气量、后增燃料量的控制目的。

双交叉限幅的作用是使空气和燃料的增加交叉进行。即空气流量增加后，PV_1 增大，经 K_1 后，使低限限幅值增大，设定 SP_2 也随 PV_1 增大而增大，即燃料量增大。反之，燃料量增大后，PV_2 增大，经 K_4 后，使下限限幅输出增大，又反过来增大空气量，这种交叉的限幅值增加，使动态过程中也能保证燃料和空气流量比值接近最佳比值。

（3）负荷减小 蒸汽用量减小时，蒸汽压力增加，PC-11 控制器输出减小，与上述相似，OP 减小，但因受上限限幅器的限幅，SP_2 的最大减量为 K_2，SP_1 的最大减量是 KK_3，设置 $K_2 > KK_3$，使 SP_1 的减少不如 SP_2 明显，因此，达到减量时先减燃料量、后减空气量的控制目的。

同样，由于减量时，双交叉限幅控制使燃料量和空气量也交替减小，因此，燃料量和空气量在减量的动态过程中能够保证工作在接近最佳比值。

4. 燃烧过程中烟气氧含量闭环控制

燃烧过程控制保证燃料量和空气量的比值关系，并不能保证燃料的完全燃烧。燃料的完全燃烧与燃料的质量（含水量、灰分等）、热值等因素有关。不同锅炉负荷下，燃料量和空气量的最佳比值也不同。因此，常用烟气中含氧量作为检查燃料完全燃烧的控制指标，并根据该指标控制送风量。

（1）锅炉热效率的控制　锅炉热效率主要反映在烟气成分（主要是含氧量）和烟气温度，常用含氧量 A_0 表示。用过剩空气系数 α 表示过剩空气量，其定义为实际空气量 Q_P 与理论空气量 Q_T 之比，即

$$\alpha = \frac{Q_P}{Q_T} \tag{8-6}$$

过剩空气系数很难直接测量，它与烟气中含氧量 A_0 有关，其关系式为

$$\alpha = \frac{21}{21 - A_0} \tag{8-7}$$

过剩空气系数 α 与烟气含氧量 A_0、锅炉效率的关系：当 α 在 1~1.6 范围内时，过剩空气系数 α 与烟气含氧量 A_0 接近直线关系。

（2）烟气含氧量控制系统　烟气含氧量控制系统与锅炉燃烧控制系统一起实现锅炉的经济燃烧，如图 8-13 所示。烟气含氧量闭环控制系统是在原逻辑提量和减量控制系统的基础上，将原来的定比值改变为变比值，比值由含氧量控制器 AC-11 输出。为快速反映烟气含氧量，常选用氧化锆氧量仪表检测烟气中的含氧量。

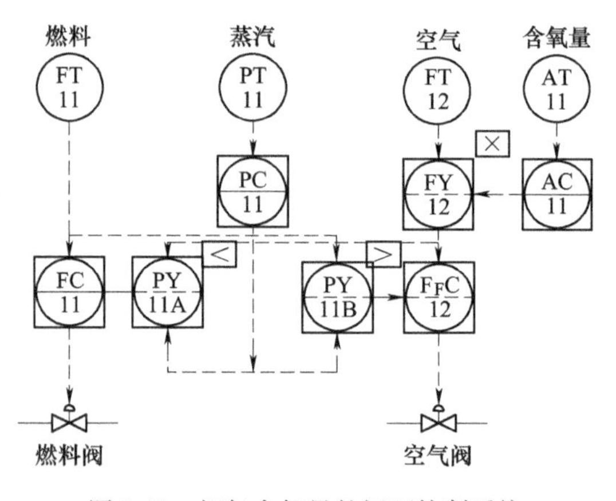

图 8-13　烟气含氧量的闭环控制系统

5. 炉膛负压控制及安全联锁控制系统

（1）炉膛负压控制系统　炉膛负压控制系统中被控变量是炉膛压力（控制在负压），操纵变量是引风量。当锅炉负荷变化不大时，采用单回路控制系统，如图 8-14a 所示。当锅炉负荷变化较大时，应引入扰动量的前馈信号，组成前馈-反馈控制系统，如图 8-14b 所示。蒸汽压力变动较大时，可引入蒸汽压力的前馈信号；扰动来自送风机系统时，可将送风量作为前馈信号，组成前馈-反馈控制系统，如图 8-14c 所示。

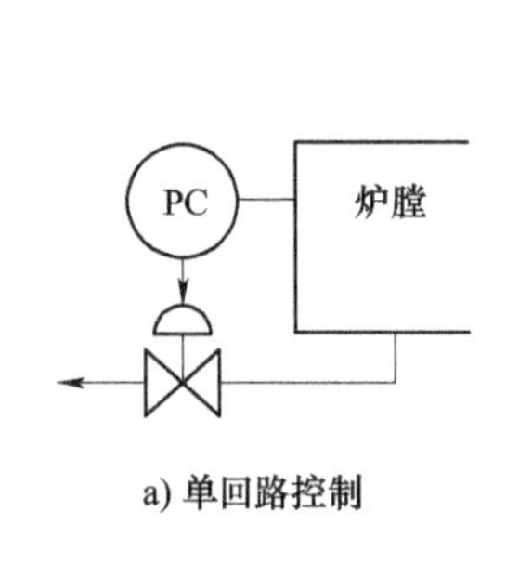

a) 单回路控制

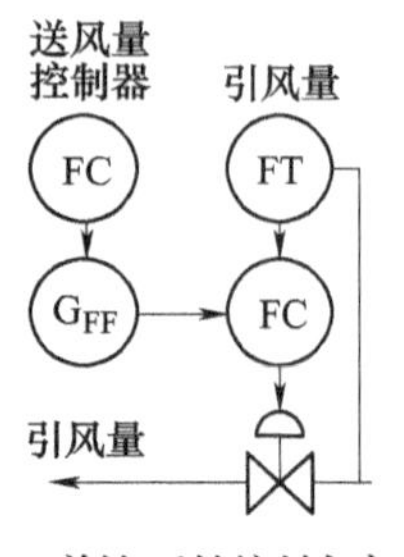

b) 前馈-反馈控制方案1

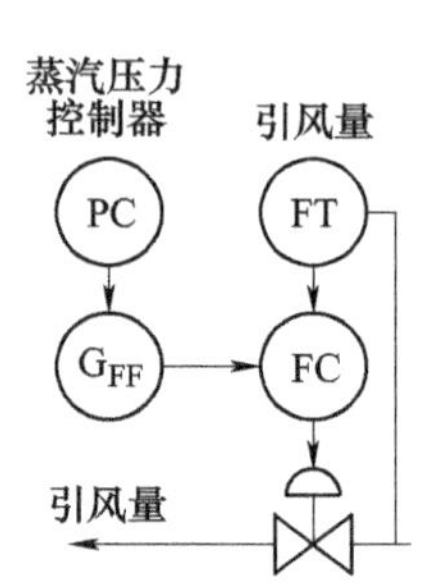

c) 前馈-反馈控制方案2

图 8-14　炉膛负压控制系统

（2）安全联锁控制系统　当燃料压力过低，炉膛内压力大于燃料压力时，会发生回火事故，可设置图 8-15a 所示防止回火的联锁控制系统。它采用压力开关 PSA，当压力低于下限设定值时，使联锁控制系统动作，切断燃料控制阀的上游切断阀，防止回火。也可采用选择性控制系统，防止回火事故发生。当燃料压力过高，燃料流速过快，易发生脱火事故，可设置图 8-15b 所示防止脱火的选择性控制系统。正常时，燃料控制阀根据蒸汽负荷的大小调节；一旦燃料压力超过安全软限，燃料压力控制器的输出减小，经低选器，PC-21 取代 PC-22，防止脱火事故发生。

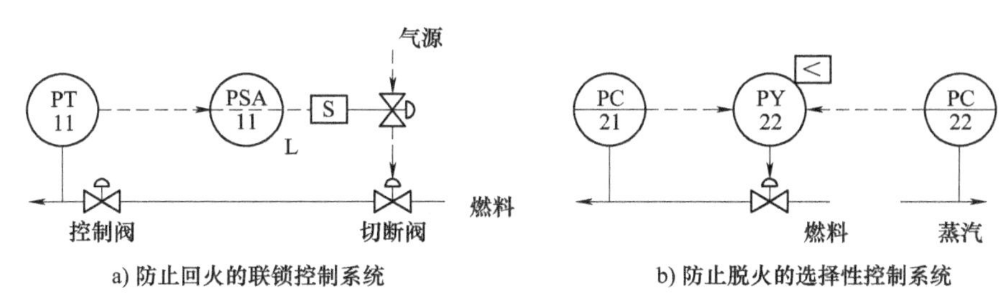

a) 防止回火的联锁控制系统　b) 防止脱火的选择性控制系统

图 8-15　安全联锁控制系统

将防止回火和脱火的系统组合，设置图 8-16 所示的选择性控制系统。防止脱火采用低选器，防止回火采用高选器，Q_{min} 表示防止回火的最小流量对应的仪表信号。

6. 燃料量限速控制系统

当蒸汽负荷突然增加时，燃料量也会相应增加，当燃料量增速过快时，会损坏设备。为此，在蒸汽压力控制器输出设置限幅器，使最大增速在允许范围内，防止设备损坏事故的发生。

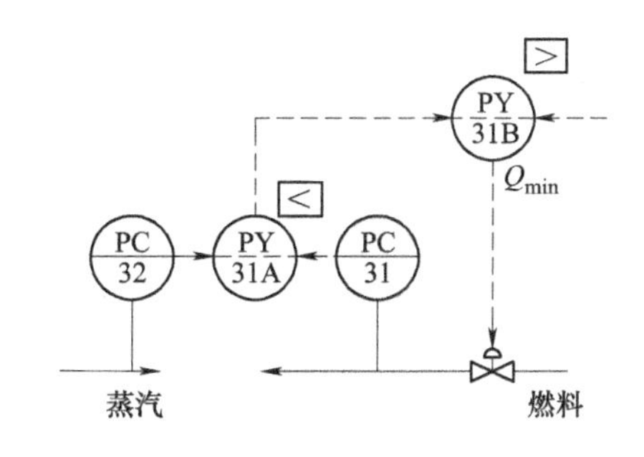

图 8-16　防止脱火和回火的选择性控制系统

习　题

8-1　锅炉设备的主要控制系统有哪些？说明控制系统中的被控变量、操纵变量和扰动变量。

8-2　锅炉锅筒水位的虚假液位现象是什么？它具有哪些危害？采取什么方法能够克服锅筒水位的虚假液位？

8-3　锅炉锅筒水位有哪三种控制方案？说明其应用场合。

8-4　为什么锅炉控制比一般的传热设备控制要复杂和困难？

8-5　为什么一些锅炉控制要进行单冲量控制和三冲量控制之间的切换？

8-6　在三冲量控制系统中，为什么前馈信号不需要添加偏置信号来进行补偿？

8-7　画出锅炉系统控制中逻辑提量和减量比值控制系统的原理图，并说明其工作原理。

8-8　如图 8-17 所示的三冲量控制方案中，在正常用气量情况下，使水位稳定在要求高度的条件是什么？如果冲洗水连续以 2000kg/h 流出，蒸气和给水变送器量程为 0 ~ 40t/h，正常用气量为 18t/h 时，则电动乘法器 I_B（信号为 4~20mA）应为多少？

8-9　如图 8-18 所示，说明该锅护系统有哪些控制系统？各控制器的正反作用如何选择？

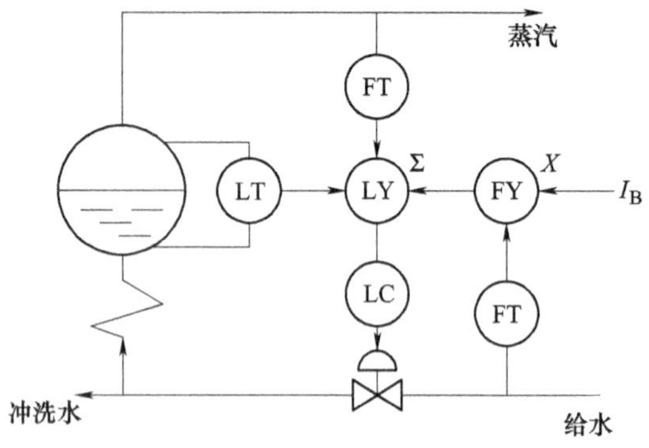

图 8-17　三冲量控制方案

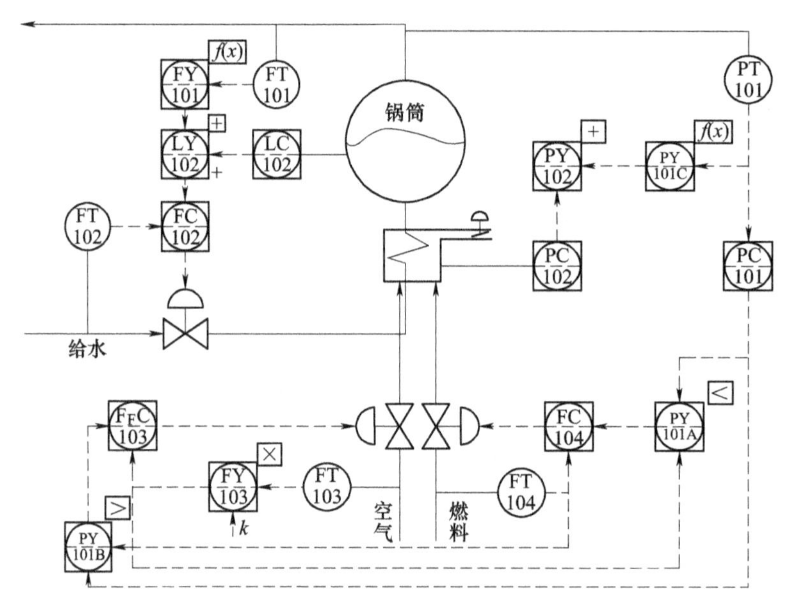

图 8-18　带控制点的锅炉设备工艺流程

第9章

精馏塔的控制

本章分析精馏过程的操作特点和控制要求，介绍常用的基本控制方案、复杂控制和节能控制等。由于精馏塔的工艺结构各异，为控制的实施带来了困难，因此，只有根据各控制系统的特点，才能正确设计控制方案，合理应用于实际精馏过程，并取得良好的效益。

9.1 概述

精馏是化工、石油化工、炼油生产过程中应用极为广泛的传质传热过程。精馏的目的是利用混合液中各组分具有不同挥发度，将各组分分离并达到规定的纯度要求。例如，石油化工生产中的中间产品裂解气，需要通过精馏操作进一步分离成纯度要求很高的乙烯、丙烯、丁二烯及芳烃等化工原料。精馏过程的实质是利用混合物中各组分具有不同的挥发度，即同一温度下各组分的蒸气分压不同，使液相中轻组分转移到气相，气相中的重组分转移到液相，实现组分的分离。

精馏的分类方式很多，按需分离组分的多少可分为二元精馏和多元精馏；按混合物中组分挥发度的差异，可分为一般精馏和特殊精馏，如共沸精馏、萃取精馏等；按操作的连续性分类，可分为连续精馏和间歇精馏，对石油化工等大型生产过程，主要采用连续精馏。按结构分类，精馏塔可分为板式塔、填料塔。其中，板式塔又可分为泡罩塔、浮阀塔、筛板塔、浮喷塔等。

精馏过程通过精馏塔、再沸器、冷凝器等设备完成。再沸器为混合物液相中轻组分的转移提供能量；冷凝器将塔顶来的上升蒸气冷凝为液相，并提供精馏所需的回流。精馏塔是实现混合物组分分离的主要设备，一般为圆柱体形，内部装有提供气液分离的塔板或填料，塔身设有混合物进料口和产品出料口。

精馏过程是一个复杂的传质传热过程。表现为：过程变量多，被控变量多，可操纵的变量也多；过程动态和机理复杂，例如，非线性、时变、关联；控制方案多样，例如，同一被控变量可以采用不同的控制方案，控制方案的适应面广等。因此，熟悉精馏工艺过程和内在特性，对控制系统的设计十分重要。

随着石油化工的迅速发展，精馏操作的应用越来越广，分离物料的组分越来越多，分离的产品纯度要求越来越高，这就对精馏过程的控制提出了越来越高的要求，因此也越来越被人们所重视。

9.1.1 精馏塔的控制目标

精馏塔的控制目标：在保证产品质量合格的前提下，使回收率最高、能耗最低，或使塔的总收益最大，或总成本最小。

精馏过程是在一定约束条件下进行的。精馏塔控制目标可从质量指标、产品产量、能量消耗和约束条件等方面考虑。

1. 质量指标

精馏塔的质量指标指塔顶或塔底产品的纯度。通常，满足一端的产品质量，即塔顶或塔底产品之一达到规定纯度，而另一端产品的纯度维持在规定范围内。也可以是塔顶和塔底的产品均满足一定的纯度要求。二元精馏的混合物中只有两种组分，因此，质量指标是塔顶产品中轻组分和塔底产品重组分的纯度（含量）满足产品质量要求。多元精馏的混合物中有多种组分，因此质量指标是指关键组分的纯度满足要求。这里，关键组分包括对产品质量影响较大的由塔顶馏出的轻关键组分和由塔底馏出的重关键组分。

产品纯度并非越纯越好，原因是纯度越高，对控制系统的偏离度要求越高，操作成本的提高与产品的价格并不成比例增加，纯度要求应与使用要求适应。通常要求“卡边”操作。

2. 产品产量

在满足产品质量指标的前提下，产品产量也是重要的控制指标。产品收率 R_i 定义为产品产量与进料中该产品组分的量之比。即

$$R_i = \frac{P}{Fz_i} \tag{9-1}$$

式中，P 是产品的产量（kmol/h）；F 是进料量（kmol/h）；z_i 是进料中该 i 组分的摩尔分数。

生产效益除与产品纯度和产品收率有关外，还必须考虑能量消耗因素。产品产量越多，所需能量也越大。产品产量与物料平衡有关，即应满足下列物料平衡关系。

总物料平衡

$$F = D + B \tag{9-2}$$

轻组分物料平衡

$$Fz_F = Dx_D + Bx_B \tag{9-3}$$

式中，F 是进料量；D 是塔顶馏出液量；B 是塔底釜液采出量；z_F 是进料中轻组分含量；x_D 和 x_B 是塔顶和塔底馏出液中轻组分含量。

式（9-3）是二元精馏时轻组分物料平衡式。因此，产品产量应满足物料平衡约束。根据式（9-2）和式（9-3），可得

$$\frac{D}{F} = \frac{z_F - x_B}{x_D - x_B}; \quad \frac{B}{F} = \frac{x_D - z_F}{x_D - x_B} \tag{9-4}$$

3. 能量平衡和经济性指标

精馏过程能耗大，再沸器需要加热，冷凝器需要冷却，此外，精馏塔、附属设备和管线等也有热量损耗。精馏塔中上升蒸汽量越多，轻组分越容易从塔顶馏出，但消耗能量也越大，单位进料量能耗增加到一定数值后，如果继续增加塔内上升蒸汽量，因物料平衡约束，产品中轻组分得率不再增长。因此，要在保证精馏产品质量、产品产量的同时，考虑降低能量消耗，使能量平衡，实现较好的经济性。

在一定的产品纯度条件下，增加再沸器加热量可提高产品回收率。但加热量增加到一定量后，再增加其热量，并不能显著提高回收率。因此，使产品刚好达到其质量指标是最合适的操作，产品纯度高于规定值不仅增加能耗，而且不一定能提高产品产量。产品纯度低于规定值则产品不合格，产品产量同样下降。因此，精馏塔只有处于“卡边”操作，才能使经济性指标最大。

4. 约束条件

精馏过程是复杂的传质传热过程。为保证精馏塔的正常安全操作，必须使某些操作参数限制在一定的约束条件内。常见的约束条件如下：

（1）气相速度限　气相速度限是指精馏塔上升蒸汽速度的最大限值。当上升蒸汽速度过高时，造成雾沫夹带，塔板上的液体不能向下流，下层塔板的气相组分倒流到上层塔板，出现液泛现象。破坏正常的气液平衡关系，使精馏塔不能正常进行组分的分离。

（2）最小气相速度限　最小气相速度限是指精馏塔上升蒸汽速度的最小限值。当上升蒸汽速度过低时，上升蒸汽不能托起上层的液相，造成漏液，使板效率下降，精馏操作不能正常进行。

（3）操作压力限　每个精馏塔都存在着一个最大操作压力限制。精馏塔的操作压力过大，影响塔内的气液平衡，超过这个压力，塔的安全操作就没有保障。

（4）临界温度限　根据能量平衡关系，再沸器两侧的温差低于临界温度限时，再沸器的传热系数急剧下降，传热量下降，严重时不能保证精馏塔的正常传热需要。因此，再沸器有临界温度限的约束。冷凝器冷却能力与塔压和塔顶馏出产品组分有关。同样，冷却量也有限值，才能保证合适的回流温度，使精馏塔能够正常操作。因此，冷凝器也有临界温度限的约束。

9.1.2　精馏塔的扰动分析

影响精馏塔的操作因素很多，和其他化工过程一样，精馏塔是建立在物料平衡和能量平衡基础上操作的，一切影响精馏塔操作的因素均通过物料平衡和能量平衡进行。影响物料平衡因素包括进料量和进料成分变化，顶部馏出物及底部出料变化等。影响能量平衡因素主要包括进料温度或热焓变化，再沸器加热量和冷凝器冷却量变化，以及塔的环境温度变化等。同时物料平衡和能量平衡之间又是相互影响的。

在各种扰动因素中，有些是可控的，有些则是不可控的，现做如下分析：

1. 进料流量和进料成分

进料流量是上工序的出料，因此，通常不可控但可测，当进料流量变化较大时，对精馏塔的操作会造成很大影响。这时，可将进料流量作为前馈信号，引入控制系统中，组成前馈-反馈控制系统。当进料流量需要定值控制时，从工艺角度看，有时需要增加中间储罐或容器，以便缓冲上一工序的出料量。从控制角度看，可以采用均匀控制策略，使进料流量基本恒定的同时，对上一工序的操作不造成较大影响。单一的进料流量定值控制系统较少采用。

进料流量影响物料平衡，也影响能量平衡。因此，控制策略应保持流量的基本恒定。

进料成分影响物料平衡和能量平衡，但进料成分通常不可控，多数情况下也难以测量。因此，控制策略是尽量控制上一工序的操作，从外围着手，使进料成分能够保持恒定，减小其变化对精馏塔操作的影响。

2. 进料温度或进料热焓

进料温度或热焓影响精馏塔的能量平衡。进料温度一般可控可测，多数情况下，进料温度较恒定，因此，控制策略是不进行控制。当进料需经换热器预热后进入时，由于进料的状态可以是液态、气态或气液两相混合，因此，可能出现进料热焓的变化，这时，控制策略是采用热焓控制，保证进料热焓的恒定。与上述其他被控变量不同，进料热焓是可经计算获得的被控变量。

3. 再沸器加热蒸汽压力

再沸器加热蒸汽压力影响精馏塔的能量平衡。通过加热量的变化可使上升蒸汽量变化，并影响塔顶和塔釜产品的质量和产量。再沸器加热蒸汽压力一般可控可测。当蒸汽压力波动较大时，控制策略是采用蒸汽压力（或流量）定值控制，或根据提馏段产品的质量指标，组成串级控制系统。

4. 冷却水压力和温度

冷却水压力和温度影响精馏塔的能量平衡。与上述蒸汽压力的影响类似，控制策略是组成塔压的定值控制，或将冷却水压力作为串级控制系统的副被控变量进行控制。

冷却水温度的变化通常不大，对冷却水温度可不进行控制。使用风冷时，由于受环境温度影响会出现较大波动，因此，当采用风冷等冷却设备，受环境温度影响较大时，控制策略是根据塔压进行浮动塔压控制。

5. 环境温度

环境温度的变化较小，且变化幅度不大，因此，一般不用控制。当采用风冷时，由于冷却量受环境温度影响，对精馏塔操作造成较大影响。因此，控制策略是采用内回流控制。内回流量是根据计算指标获得的被控变量。

影响精馏塔操作的扰动众多，主要扰动是进料流量 F 和进料成分 z_F。克服扰动影响的操纵变量也很多，主要有塔顶馏出液采出量 D、塔底采出量 B、回流量 L_R、再沸器加热蒸汽流量 V_S、冷却剂流量 Q_C 等。因此，组成的控制方案也多种多样。精馏过程是多输入多输出过程，通道多，动态响应缓慢，被控变量多、操纵变量多，控制系统之间有关联，过程存在水力学滞后，而精馏塔的控制要求又较高，因此，应根据精馏塔的工艺和结构特点，具体分析，设计出比较完善、合理的控制方案。

9.2 精馏塔的特性

9.2.1 物料平衡和内部物料平衡

精馏过程是传质和传热过程，物料平衡是精馏过程中主要操作规律。

1. 物料平衡

对于一个精馏塔，不管是总的物料，还是对任一组分来说，进料与出料之间要保持物料平衡。为了使讨论简化，以塔顶和塔底产品均为液相的二元精馏塔为例，说明精馏塔的物料平衡关系。其物料平衡关系见式（9-2）和式（9-3）。

联立式（9-2）和式（9-3）求解，得到

$$x_D = \frac{F}{D}(z_F - x_B) + x_B \tag{9-5}$$

$$x_B = x_D - \frac{F}{B}(x_D - z_F) \tag{9-6}$$

从上述关系式可以明显看出，影响塔顶和塔底产品轻组分含量的关键因素是进料在产品中的分配量（D/F 或 B/F）和进料组分 z_F。而进料成分是通过进料在产品中的分配量影响塔顶和塔底产品中轻组分含量的。

2. 内部物料平衡

为简化起见，以塔顶和塔底产品均为液相的二元精馏塔为例。

（1）假设条件

1）塔顶和塔底产品均为液相，为二元物系的精馏。

2）恒分子流（两组分的分子汽化潜热相等。当一个不易挥发的组分分子冷却时，必有一个易挥发组分的分子被汽化，使总的气液相分子数不变，称恒分子流），即

$$V_{n+1} = V_n；\ L_{n-1} = L_n \tag{9-7}$$

式中，L 表示回流量；V 表示上升蒸汽量。

3）精馏段和提馏段的各板，液相组分的物质的量不变，气相组分的物质的量不变，即

$$L = L_S；\ V = V_S \tag{9-8}$$

4）回流液温度等于沸点，即

$$V = V_R \tag{9-9}$$

（2）加料板物料平衡　加料板物料平衡如图 9-1 所示。

物料平衡

$$F + L_R + V_S = L_S + V_R \tag{9-10}$$

液相进料

$$L_S = F + L_R；\quad V_S = V_R \tag{9-11}$$

气相进料

$$V_R = F + V_S；\quad L_R = L_S \tag{9-12}$$

其他情况进料时，应根据热量平衡关系做相应修正。

（3）精馏塔精馏段的物料平衡　精馏塔冷凝器的物料平衡方程为

$$D = V_R - L_R \tag{9-13}$$

精馏段第 j 塔板上的物料平衡如图 9-2 所示，轻组分的物料平衡方程为

$$V_R y_{j+1} = L_R X_j + DX_D \tag{9-14}$$

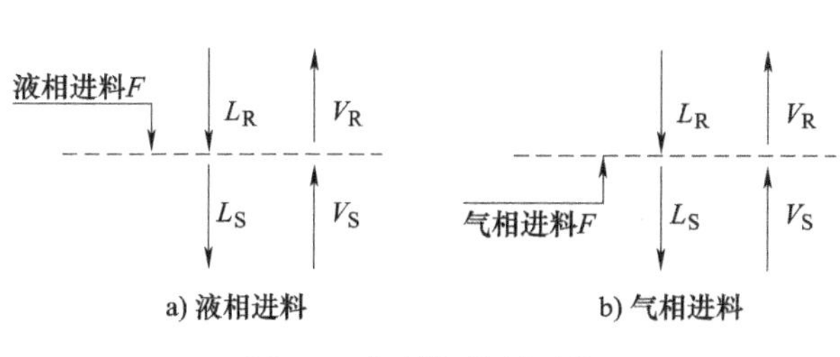

图 9-1　加料板物料平衡

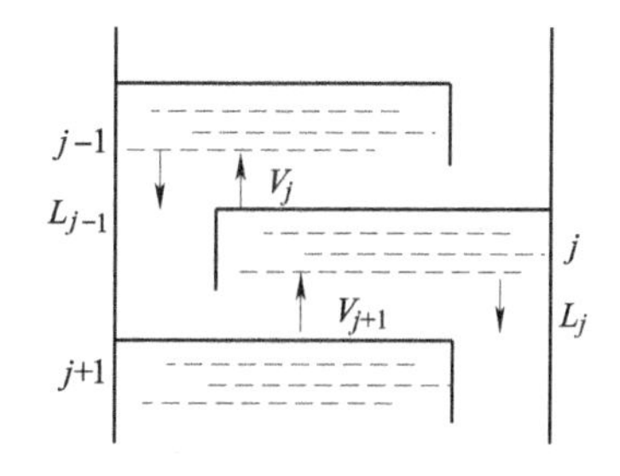

图 9-2　精馏段板物料平衡

式（9-14）可改写为

$$y_{j+1} = \frac{L_R}{V_R}x_j + \frac{D}{V_R}x_D \tag{9-15}$$

式（9-15）是精馏段任意一块塔板上气相组分 x_j 和上一塔板液相组分 y_{j+1} 的关系，在相图上，称为精馏段操作线（图 9-3）。操作线的斜率 $\frac{L_R}{V_R} = \frac{R}{R+1}$（因回流比 $R = \frac{L_R}{D}$；$V_R = D + L_R$），截距是 $\frac{D}{V_R}x_D$。可见，回流比 R 越大，斜率越大，全回流时，$V_R = L_R$，因此，操作线与对角线重合。由式（9-13）和式（9-15）可得到操作线与对角线交点处的轻组分含量为 x_D。这表明，在塔顶蒸汽全部冷凝时，塔顶第一塔板液相轻组分 y_1 等于产品的轻组分含量

x_D，也等于气相轻组分含量 x_1。

（4）精馏塔提馏段的物料平衡　精馏塔提馏段的物料平衡方程为

$$B = L_S - V_S \tag{9-16}$$

提馏段第 k 塔板上，轻组分的物料平衡方程为

$$V_S y_k = L_S X_{k-1} + BX_B \tag{9-17}$$

式（9-17）可改写为

$$y_k = \frac{L_S}{V_S}x_{k-1} + \frac{B}{V_R}x_B \tag{9-18}$$

式（9-18）是提馏段任意一块塔板上气相组分 x_{k-1} 和上一塔板液相组分 y_k 的关系，在相图上，称为提馏段操作线（图 9-3）。操作线的斜率是 $\frac{L_S}{V_S}$，截距是 $-\frac{B}{V_S}x_B$。操作线与对角线交点处的气相轻组分含量是 x_B。同样，该点的液相轻组分含量也与该值相等。

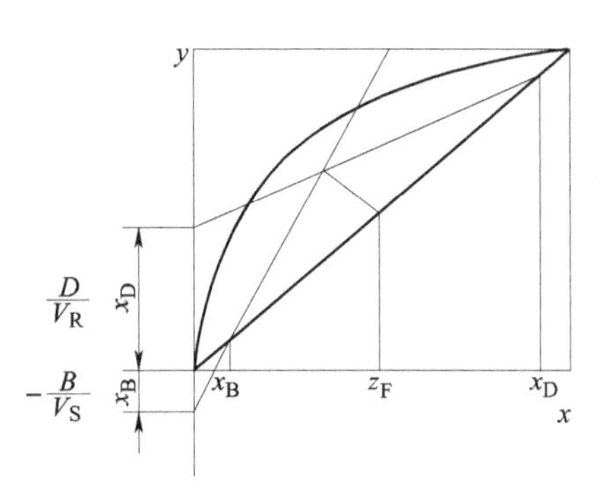

图 9-3　平衡曲线和操作线

9.2.2　能量平衡

静态下精馏塔的能量关系为

$$Q_H + FH_F = Q_C + DH_D + BH_B \tag{9-19}$$

式中，Q_H 为再沸器加热量；Q_C 为冷凝器冷却量；H_F、H_D 和 H_B 分别为进料、塔顶和塔底采出产品的比热焓。式中的每一项都影响塔内上升蒸汽量 V_S。

1. 芬斯克（Fenske）方程

为描述精馏塔各级塔板上气液成分之间关系。芬斯克提出了分离度的概念。对于二元物系精馏塔，全回流时，塔两端产品组分可描述为

$$\frac{x_D(1 - x_B)}{x_B(1 - x_D)} = \alpha^{nE} \tag{9-20}$$

式中，α 是平均相对挥发度；n 是理论塔板数；E 是平均板效率。该方程称为芬斯克方程。对于非全回流情况，塔两端产品组分可描述为

$$\frac{x_D(1 - x_B)}{x_B(1 - x_D)} = s \tag{9-21}$$

式中，s 称为分离度。据此，解得两端产品轻组分的表达式为

$$x_D = \frac{sx_B}{1 + x_B(s - 1)} \tag{9-22}$$

$$x_B = \frac{x_D}{x_D + s(1 - x_D)} \tag{9-23}$$

在分离度已知的条件下，对于任一 x_B 值可解出 x_D，反过来也一样。或者说，在一定分离度和 D/F 或 B/F 的条件下，可以确定塔顶和塔底产品的成分 x_D 和 x_B。

根据上述分析，可得到下列结论：

1）根据所需达到的分离度 s 及物料平衡关系，可以计算进料在产品中的分配量（D/F 或 B/F）。

2）根据所需达到的分离度 s 及控制量，即进料在产品中的分配量（D/F 或 F/D），可以确定精馏塔两端产品的轻组分含量。

3）如果分离度 s 恒定，可以通过控制 D/F，使塔顶产品的轻组分含量 x_D 恒定，并使塔底采出的轻组分含量 x_B 恒定。同样，可通过控制 B/F，使塔底采出产品的轻组分含量 x_B 恒定，并使塔顶产品的轻组分含量 x_D 恒定。

2. 影响分离度的因素

影响分离度的因素很多，可用下列函数关系描述。

$$s=f\left(\alpha,\ n,\ \frac{V}{F},\ z_F,\ E,\ n_F\right) \tag{9-24}$$

式中，V/F 是塔内上升蒸汽量 V 与进料量 F 之比；E 是塔板效率；n_F 是进料板位置。

对一个既定的精馏塔，α，n，E，n_F 固定或变化不大，z_F的变化对分离度 s 的影响比 V/F 对分离度的影响要小得多，因此，塔的分离度 s 主要与 V/F 有关。即 V/F 一定，意味着塔的分离度一定。用公式表示为

$$\frac{V}{F}=\beta \ln s \tag{9-25}$$

式中，β 称为精馏塔的特性因子。当分离度已知时，β 可根据 V/F 与分离度求得。将式（9-21）代入，得到

$$\frac{V}{F}=\beta \ln \frac{x_D(1-x_B)}{x_B(1-x_D)} \tag{9-26}$$

因此，对于一个既定塔（包括进料成分 z_F 一定），只要保持 D/F 和 V/F 一定（或 F 一定时，保持 D 和 V 一定），该塔的分离结果，即两端产品组分 x_D 和 x_B 也就被完全确定。

9.2.3　进料浓度 z_F 和流量 F 对产品质量的影响

1. 进料浓度 z_F 的影响

进料浓度 z_F 变化时，精馏段操作线和提馏段操作线的变化如图 9-4a 所示。如果 D/F 及 L_R/D 不变，则操作线的斜率不变，当进料浓度变化时，操作线仅向左或向右平移。其结果是进料浓度 z_F 增加时，x_D 和 x_B 同时增加；进料浓度 z_F 减小时，x_D 和 x_B 同时减小。

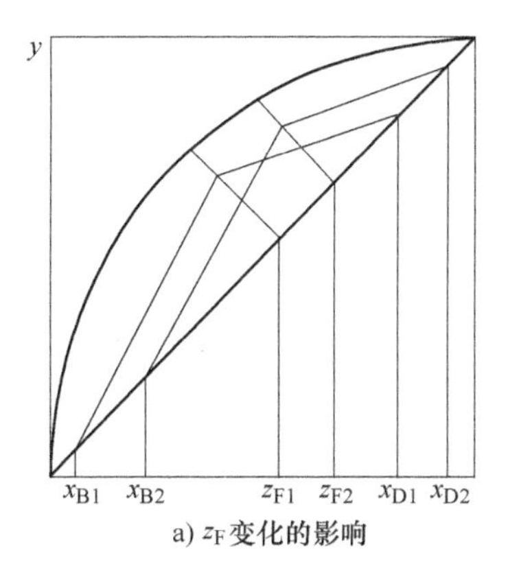

a) z_F 变化的影响

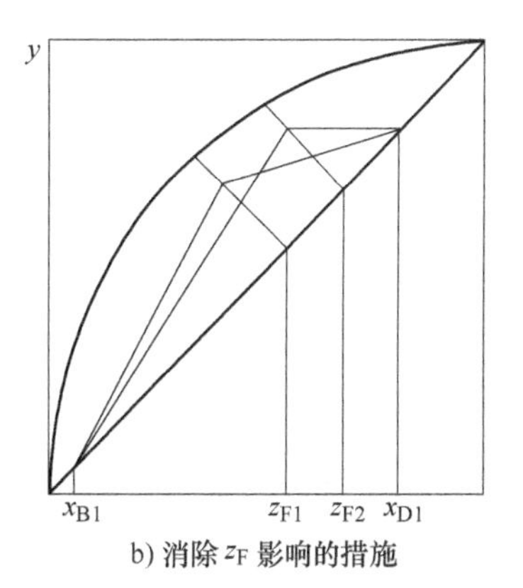

b) 消除 z_F 影响的措施

图 9-4　z_F 的影响及消除其影响的措施

为使进料浓度变化时，保持精馏塔两端产品轻组分含量不变，由图 9-4b 可见，当进料浓度 z_F 增加时，应使精馏段操作线斜率 $\frac{L_R}{V_R}$ 减小；使提馏段操作线斜率 $\frac{L_S}{V_S}$ 增大。因 $V_R = D + L_R$，故可通过增加塔顶的馏出量 D 或减小回流量 L_R 来减小 $\frac{L_R}{V_R}$；同样，因 $B = L_S - V_S$，故可通过减小塔底采出量 B 或增大 V_S 来增大 $\frac{L_S}{V_S}$。用静态特性描述为

$$\Delta x_D = k_1 \Delta z_F;\quad \Delta x_D = k_3 \Delta D;\quad \Delta x_D = k_5 \Delta L_R \tag{9-27}$$

$$\Delta x_B = k_2 \Delta z_F;\quad \Delta x_B = k_4 \Delta B;\quad \Delta x_B = k_6 \Delta V_S \tag{9-28}$$

式中，k_1 和 k_2 是扰动通道的增益，因进料浓度 z_F 增加，产品 x_D 和 x_B 都增加，因此，k_1 和 k_2 均为正；k_3 ~ k_6 是控制通道的增益，同样，可得到为 k_4 和 k_5 正，k_3 和 k_6 为负。

2. 进料流量 F 的影响

依据所用控制手段和进料状态的不同，对进料流量 F 的影响需具体情况具体分析。下面以操纵变量是上升蒸汽量 V_S 和回流量 L_R、被控变量是 x_D 和 x_B、扰动变量是进料流量 F 为例分析。

（1）液相进料　$F + L_R = L_S$；$V_S = V_R$。当进料流量 F 增加时，L_S 增加，提馏段斜率 $\frac{L_S}{V_S}$ 增加，因此 x_B 上升。为保持 x_B 不变，根据式（9-28），应增加上升蒸汽量 V_S。

（2）气相进料　$F + V_S = V_R$；$L_R = L_S$。当进料流量 F 增加时，V_R 增加，精馏段斜率 $\frac{L_R}{V_R}$ 减小，因此 x_D 下降。为保持 x_D 不变，根据式（9-27），应增加回流量 L_R。

根据式（9-27）和式（9-28），如果采用 D 或 B 作为操纵变量，同样，可以达到进料流量变化时，使 x_D 和 x_B 不变的目的。

进料流量 F 与 x_D 和 x_B 的静态关系可表示为

$$\Delta x_D = k_7 \Delta F;\quad \Delta x_B = k_8 \Delta F \tag{9-29}$$

式中，k_7 为负，k_8 为正。精馏塔被控变量、操纵变量与主要扰动的静态特性如图 9-5 所示。图中未画出根据物料平衡关系，B 和 D 分别对 x_D 和 x_B 的影响。

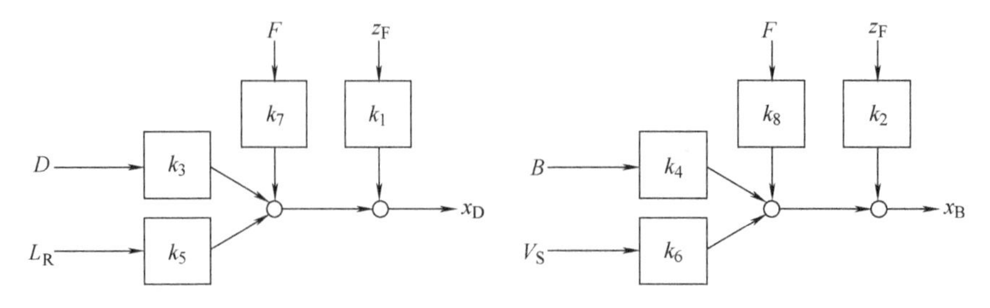

图 9-5　精馏塔被控变量、操纵变量和扰动的关系

3. 结论

根据上述分析，可以得到精馏塔控制手段及效果，见表 9-1。

表 9-1　精馏塔控制手段分析

控制手段	精馏段操作线斜率 $\frac{L_R}{V_R}$	提馏段操作线斜率 $\frac{L_S}{V_S}$	x_D	x_B
$L_R\uparrow$	↑	—	↑	—
$V_S\uparrow$	—	↓	—	↓
$D\uparrow(B\downarrow)$	↓	—	↓	—
	—	↓	—	↓
$B\uparrow(D\downarrow)$	↑	—	↑	—
	—	↑	—	↑

精馏塔的直接控制指标是两端产品的成分，当塔压恒定时，通常采用精馏段温度或提馏段温度控制。由表 9-1 可知，当精馏段温度升高时，x_D 下降，可采取的控制手段是增加回流量 L_R，或减小塔顶采出量 D，或增加塔底采出量 B。当提馏段温度升高时，x_B 下降，可采取的控制手段是减小蒸汽量 V_S，或增加塔底采出量 B，或减小塔顶采出量 D。

上述精馏塔的静态特性分析仅考虑了增益的正负，未涉及增益的线性和非线性等特性。其动态特性要更复杂，可参考有关资料。

9.3　精馏塔被控变量的选择

精馏塔控制目标是两端的产品质量，即 x_D 和 x_B。直接检测产品成分并进行控制的方法因成分分析仪表价格昂贵，维护保养复杂，采样周期较长，反应缓慢，滞后大，可靠性差等原因，而较少采用。绝大多数精馏塔的控制仍采用间接质量指标控制。

9.3.1　采用温度作为间接质量指标

最常用的间接质量指标是温度。温度之所以可选作间接质量指标，是因为对于一个二元组分精馏塔来说，当塔压恒定时，温度与产品成分之间有单独的函数关系，因此，如果压力恒定，塔板温度就反映了成分。对于多元精馏塔，情况就比较复杂，然而炼油和石油化工过程中精馏产品大多数是碳氢化合物的同系物，在一定塔压下，温度与成分之间仍有较好的对应关系。因此，绝大多数精馏塔仍采用温度作为间接质量指标。采用温度作为间接质量指标的前提是塔压恒定。因此，下述控制方案都认为塔压已经采用了定值控制系统。

1. 精馏段的温度控制

精馏段的温度控制以精馏段产品的质量为控制目标，根据温度检测点的位置不同，有塔顶温度控制、灵敏板温度控制和中温控制等类型。操纵变量可选择回流量 L_R 或塔顶采出量 D。也可将塔底采出量 B 作为操纵变量，但应用较少。

采用塔顶温度作为被控变量，能够直接反映产品质量，但因邻近塔顶处塔板之间的温差很小，该控制方案对温度检测装置提出了较高要求，例如高精确度、高灵敏度等。此外，产品中的杂质影响产品的沸点，造成对温度的扰动，因此，采用塔顶温度控制塔顶产品质量的控制方案很少采用，主要用于石油产品按沸点的粗级切割馏分处理。

采用精馏段灵敏板温度作为被控变量，能够快速反映产品成分的变化。灵敏板是在扰动影响下塔板温度变化最大的塔板。因此，该塔板与上下塔板之间有最大的浓度梯度，具有快速的过程动态响应。图 9-6 显示第 11 塔板是灵敏板，该塔板在扰动正反向变化时具有相接近的较大的增益。灵敏板位置可仿真计算或实测确定，因塔板效率不易准确估计，因此，实际应用时，可在计算的灵敏板上下设置若干温度检测点，根据实际运行情况选择。

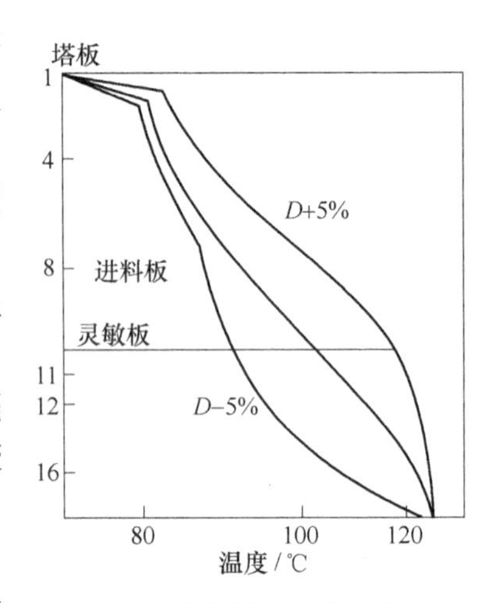

图 9-6 精馏塔温度分布曲线

中温通常指加料板稍上或稍下的塔板，或加料板的温度。采用中温作为被控变量，可以兼顾塔顶和塔底成分，及时发现操作线的变化。但因其不能及时反映塔顶或塔底产品的成分，因此，不能用于分离要求较高、进料浓度变化较大的应用场合。

采用精馏段温度控制的场合如下：

1）对塔顶产品成分的要求比对塔底产品成分的要求严格。

2）全部为气相进料。

3）塔底或提馏段温度不能很好反映组分的变化，即组分变化时，提馏段塔板温度变化不显著，或进料含有比塔底产品更重的影响温度和成分关系的重杂质。

2. 提馏段的温度控制

提馏段温度控制以提馏段产品的质量为控制目标，根据温度检测点位置也可分为塔底温度、灵敏板温度和中温控制等。操纵变量可选择再沸器加热蒸汽量 V_S 和塔底采出量 B。也可将塔顶采出量 D 作为操纵变量，但应用较少。其控制策略与精馏段温度控制类似。

采用提馏段温度控制的场合如下：

1）对塔底产品成分的要求比对塔顶产品成分的要求严格。

2）全部为液相进料。

3）塔顶或精馏段温度不能很好反映组分的变化，即组分变化时，精馏段塔板温度变化不显著，或进料含有比塔顶产品更轻的影响温度和成分关系的轻杂质。

4）采用回流控制时，回流量较大，它的微小变化对产品成分影响不显著，而较大变化又会影响精馏塔平稳操作的场合。

9.3.2 采用压力补偿的温度作为间接质量指标

用温度作为间接质量指标有一个前提，即塔压恒定。当塔压变化或精密精馏等控制要求较高时，微小的压力变化将影响温度和成分之间的关系，造成产品质量控制难以满足工艺要求，因此，需对温度进行压力补偿。常用的补偿方法有温差控制、双温差控制和根据压力补偿计算温度设定值的控制。

1. 温差控制

精馏塔中，成分是温度和塔压的函数，当塔压恒定或有较小变化时，温度与成分有一一对应关系。但精密精馏时，产品纯度要求较高，微小塔压变化将引起成分波动。例如，苯-甲苯分离时，压力变化为 6.67kPa，苯的沸点变化为 2℃。

温差控制的原理是以保持塔顶（或塔底）产品纯度不变为前提的，塔压变化对两个塔板上的温度都有影响，且温度有几乎相同的变化，因此，温差可保持不变。通常选择一个塔板的温度和成分保持基本不变的作为基准温度，例如，选择塔顶（或稍下）或塔底（或稍上）温度。另一点温度选择灵敏板温度。

温差控制常应用于分离要求较高的精密精馏。例如，苯-甲苯-二甲苯、乙烯-乙烷、丙烯-丙烷等精密精馏。应用时要注意选择合适的温度检测点位置，合理设置温差设定值，操作工况要平稳。

2. 双温差控制

精馏塔温差控制的缺点是进料流量变化时，会引起塔内成分变化和塔内压降变化。它们都使温差变化。前者使温差减小，后者使温差增大，使温差与成分呈现非单值函数关系。双温差控制的设计思想是进料对精馏段温差的影响和对提馏段温差的影响相同，因此，可用双温差控制来补偿因进料流量变化造成的对温差的影响。应用时除了要合适选择温度检测点位置外，也要合理设置双温差的设定值。

3. 根据压力补偿计算温度设定值的控制

采用计算机控制装置或集散控制系统进行精馏塔控制时，由于计算机具有强大的计算功能，因此，对塔压变化的影响也可用塔压补偿的计算方法进行。其补偿公式如下：

$$T_{\mathrm{Sp}} = T_{\mathrm{S}} + \frac{\mathrm{d}T}{\mathrm{d}p}(p - p_0) + \frac{\mathrm{d}^2 T}{\mathrm{d}p^2}(p - p_0)^2 \tag{9-30}$$

式中，T_{S} 是产品所需成分在塔压为 p_0 时对应的温度设定值；p 是塔压测量值；p_0 是设计的塔压值；T_{Sp}是在实际塔压 p 条件下的温度设定值。因此，组成根据塔压模型计算温度设定值的控制系统。应用时需合理设置补偿公式中的系数项，通常，取到二次幂已能满足控制要求。当精确度不能满足产品纯度要求时，也可增加幂次。此外，对塔压信号需进行滤波，温度检测点位置应合适，补偿系数应合适。

9.4　精馏塔的基本控制

精馏塔是一个多变量被控过程，在许多被控变量和操纵变量中，选定一种变量配对就构成了一个精馏塔的控制方案。在许多控制方案中，要决定一种比较合理的方案是一个棘手的问题。

欣斯基（Shinsky）经研究提出了精馏塔控制中变量配对的三条准则：

1）当仅需要控制塔的一端产品时，应选用物料平衡方式控制该端产品的质量。

2）塔两端产品流量较小者，应作为操纵变量去控制塔的产品质量。

3）当塔两端产品均需按质量指标控制时，一般对含纯产品较少、杂质较多的一端采用物料平衡方式控制其质量，对含纯产品较多、杂质较少的一端采用能量平衡方式控制其质量。

当选用塔顶产品馏出物流量 D 或塔底采出量 B 作为操纵变量控制产品质量时，称为物料平衡控制方式，当选用塔顶回流量 L_{R} 或再沸器加热蒸汽量 V_{S} 作为操纵变量时，称为能量平衡控制。

9.4.1　产品质量的开环控制

精馏塔产品的质量开环控制是不采用质量指标作为被控变量的控制。它并没有根据质量指标进行控制。其质量开环控制主要是根据物料平衡关系，从外围控制精馏塔的 D/F（或 B/F）和 V/F，使其产品满足工艺要求。

1. 固定回流量 L_R 和蒸汽量 V_S

当进料量及其状态恒定时，采用回流量 L_R、蒸汽量 V_S 定值控制，就能使 D 和 B 固定，由式（9-4）可知，产品的成分就可确定。其控制方案如图 9-7 所示，其变量配对见表 9-2。

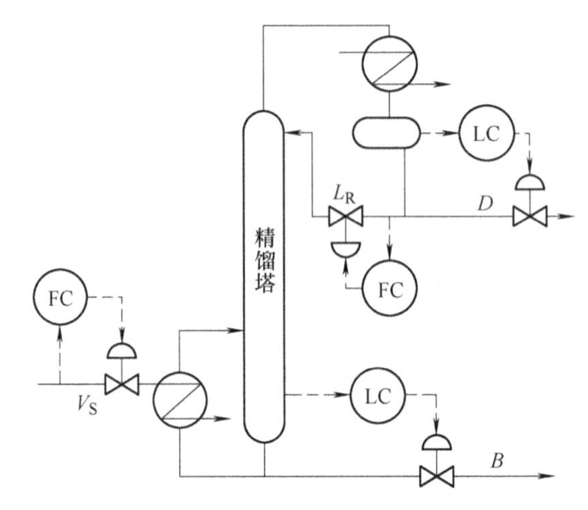

图 9-7 开环质量控制方案一

表 9-2 固定回流量和蒸汽量的变量配对

被控变量	回流量 L_R	再沸器加热蒸汽 V_S	回流罐液位	塔釜液位
操纵变量	回流量 L_R	再沸器加热蒸汽 V_S	塔顶馏出液量 D	塔底采出液量 B

为消除进料量的扰动，可对进料量进行定值控制。当进料量来自上一工序且变化较大时，可将进料量作为前馈信号，与回流量和蒸汽量组成前馈-反馈控制系统。

2. 固定塔顶馏出量 D 和蒸汽量 V_S

当回流比（L_R/D）很大时，控制馏出量 D 比控制回流量 L_R 更有利。例如，$L_R=50$，$D=1$，则控制回流量 L_R 变化 1%，D 将变化 50%，因此，采用控制 D 可使操作更平稳。其控制方案如图 9-8 所示，其变量配对见表 9-3。

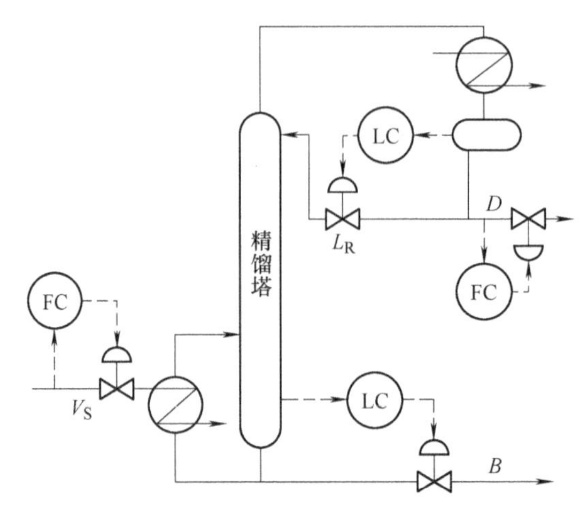

图 9-8 开环质量控制方案二

表 9-3　固定塔顶馏出量和蒸汽量的变量配对

被控变量	塔顶馏出液量 D	再沸器加热蒸汽 V_S	回流罐液位	塔釜液位
操纵变量	塔顶馏出液量 D	再沸器加热蒸汽 V_S	回流量 L_R	塔底采出液量 B

3. 固定塔底采出量 B 和回流量 L_R

控制塔底采出量 B 与控制再沸器加热蒸汽量 V_S 的控制方案与方案一相似。方案一直接控制蒸汽量 V_S，从而使 V/F 恒定，本控制方案则控制塔底采出量 B，根据物料平衡式（9-10），同样恒定 V_S，塔釜液位则改用蒸汽量控制。其控制方案如图 9-9 所示，其变量配对见表 9-4。

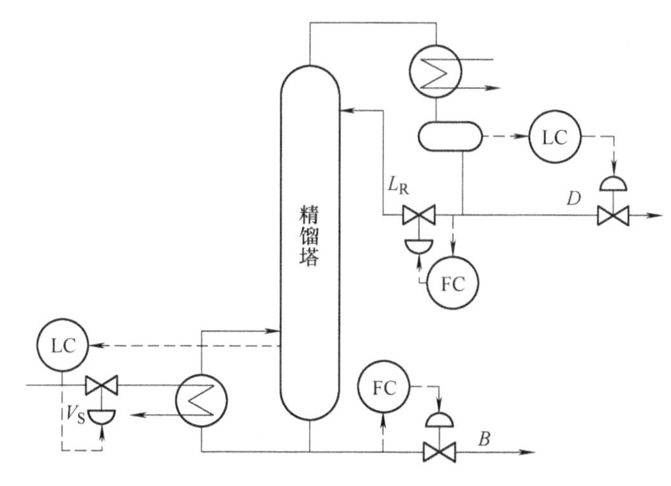

图 9-9　开环质量控制方案三

表 9-4　固定塔底采出量和回流量的变量配对

被控变量	回流量 L_R	塔底采出液量 B	回流罐液位	塔釜液位
操纵变量	回流量 L_R	塔底采出液量 B	塔顶馏出液量 D	再沸器加热蒸汽 V_S

9.4.2　按精馏段指标的控制

按精馏段质量指标进行控制是将精馏段温度或成分作为被控变量的控制。如果操纵变量是产品的出料，则称为直接物料平衡控制；如果操纵变量不是出料，则称为间接物料平衡控制。

1. 直接物料平衡控制

该控制方案的被控变量是精馏段温度，可以是塔顶温度、中温或灵敏板温度，通常采用灵敏板温度。操纵变量是塔顶馏出量 D，同时控制塔釜蒸汽加热量恒定。其变量配对见表 9-5，其控制方案如图 9-10 所示。

表 9-5　精馏段直接物料平衡控制的变量配对

被控变量	精馏段温度	再沸器加热蒸汽 V_S	回流罐液位	塔釜液位
操纵变量	塔顶馏出量 D	再沸器加热蒸汽 V_S	回流量 L_R	塔底采出液量 B

该控制方案的优点是物料和能量平衡之间的关联最小，内回流在环境温度变化时基本不

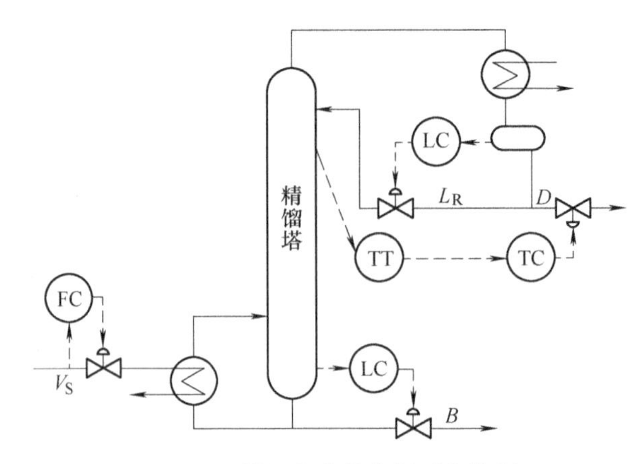

图 9-10 精馏段直接物料平衡控制

变，产品不合格时不出料。该控制方案的缺点是控制回路的滞后大，改变 D 后，需经回流罐液位变化并影响回流量，再影响温度，因此，动态响应较差。该方案适用于塔顶馏出量 D 很小（回流比很大）、回流罐容积较小的精馏操作。

当馏出量 D 有较大波动时，还可将精馏段温度作为主被控变量，馏出量 D 作为副被控变量组成串级控制系统。

2. 间接物料平衡控制

该控制方案的被控变量同上，操纵变量是回流量 L_R。由于回流变化后再影响馏出量，因此是间接物料平衡控制。其变量配对见表 9-6，其控制方案如图 9-11 所示。

表 9-6 精馏段间接物料平衡控制的变量配对

被控变量	精馏段温度	再沸器加热蒸汽 V_S	回流罐液位	塔釜液位
操纵变量	回流量 L_R	再沸器加热蒸汽 V_S	塔顶馏出量 D	塔底采出液量 B

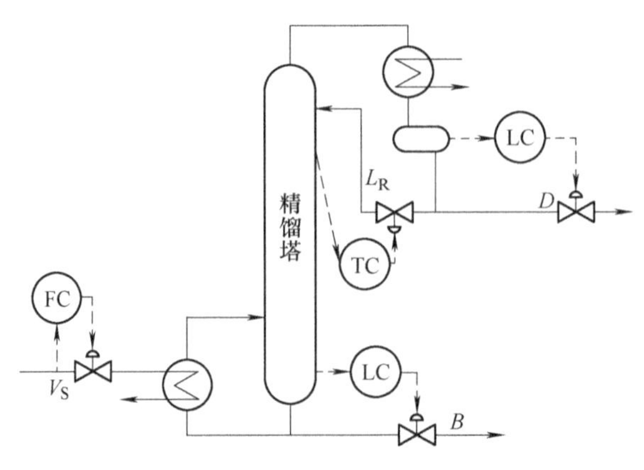

图 9-11 精馏段间接物料平衡控制

该控制方案的优点是控制作用及时，温度稍有变化就可通过回流量进行控制，动态响应快，对克服扰动影响有利。该控制方案的缺点是内回流受外界环境温度影响大，能量和物料平衡之间的关联大。该方案主要适用于回流比 $L_R/D < 0.8$ 及需要动态响应快速的精馏操作，是精馏塔最常用的控制方案。

当内回流量受环境温度影响较大时，可采用内回流控制；当回流量变动较大时，可采用串级控制；当进料量变动较大时，可用前馈-反馈控制等。

9.4.3　按提馏段指标的控制

按提馏段质量指标进行控制是将提馏段温度或成分作为被控变量的控制，可分为直接物料平衡控制和间接物料平衡控制两类。

1. 直接物料平衡控制

根据提馏段温度控制塔底采出量 B 的控制方案是直接物料平衡控制，同时保持回流量恒定或回流比恒定。其变量配对见表9-7，其控制方案如图9-12所示。

表9-7　提馏段直接物料平衡控制的变量配对

被控变量	提馏段温度	回流量 L_R	回流罐液位	塔釜液位
操纵变量	塔底采出量 B	回流量 L_R	塔顶馏出量 D	再沸器加热蒸汽 V_S

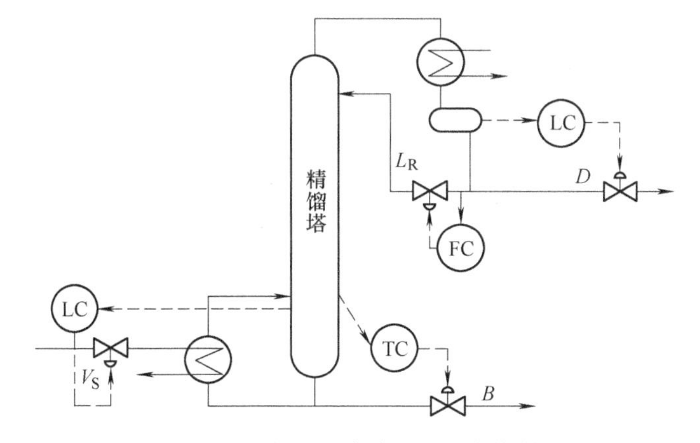

图9-12　提馏段直接物流平衡控制

该控制方案具有能量和物料平衡关系的关联小、塔底采出量 B 较小时操作较平稳、产品不合格时不出料等特点。但与精馏段直接物料平衡控制方案相似，其动态响应较差，滞后较大，液位控制回路存在反向特性。该方案适用于 B 很小，且 $B/V_S < 0.2$ 的精馏操作。

2. 间接物料平衡控制

与精馏段间接物料平衡控制类似，该控制方案采用再沸器加热蒸汽量 V_S 作为操纵变量，控制提馏段温度的控制是间接物料平衡控制。精馏段则采用回流量定值控制或回流比定值控制。该控制方案具有响应快、滞后小的特点，能迅速克服进入精馏塔的扰动影响，也是精馏塔最常用的控制方案。其缺点是物料平衡和能量平衡关系有较大关联。该方案适用于 $V/F < 2.0$ 的精馏操作。其变量配对见表9-8。

表9-8　提馏段间接物料平衡控制的变量配对

被控变量	提馏段温度	回流量 L_R	回流罐液位	塔釜液位
操纵变量	再沸器加热蒸汽 V_S	回流量 L_R	塔顶馏出量 D	塔底采出液量 B

9.4.4　精馏塔的塔压控制

精馏塔塔压的恒定是采用温度作为间接质量指标的前提，因此，塔压需要控制。影响塔压的因素有进料流量、进料成分、进料温度、塔釜加热蒸汽量、回流量、回流液温度、冷却剂压力等。

精馏塔的操作可以在常压、加压或减压状态下进行，因此，对塔压的控制也分三种类型。混合液沸点较高时，减压塔操作有利于降低沸点，避免分解。混合液沸点较低时，加压塔操作有利于提高沸点，减少冷量。

1. 加压精馏塔的压力控制

加压精馏塔操作是塔压大于大气压的精馏塔操作。根据塔顶馏出物的状态（气相或液相）及馏出物所含不凝性气体量，塔压控制可分为下列四类。

1）液相采出，馏出物含大量不凝物。该控制方案的操纵变量是回流罐气相排出量。其控制方案如图 9-13 所示。取压点通常引自塔顶。当冷凝器阻力较小，用回流罐气相压力能反映塔压变化时，可取自回流罐气相压力，以提高动态响应。

2）液相采出，馏出物含少量不凝物。当塔顶气相中不凝性气体量小于塔顶总气相流量的 2%，或精馏塔操作中只有部分时间产生干气时，可采用分程控制方案。塔压先通过改变冷却剂量调节，当冷却剂全开后，塔压仍不能下降时，说明塔内已积存较多不凝性气体，这时，打开气相排放阀，将不凝性气体排放，降低塔压。其控制方案如图 9-14 所示。

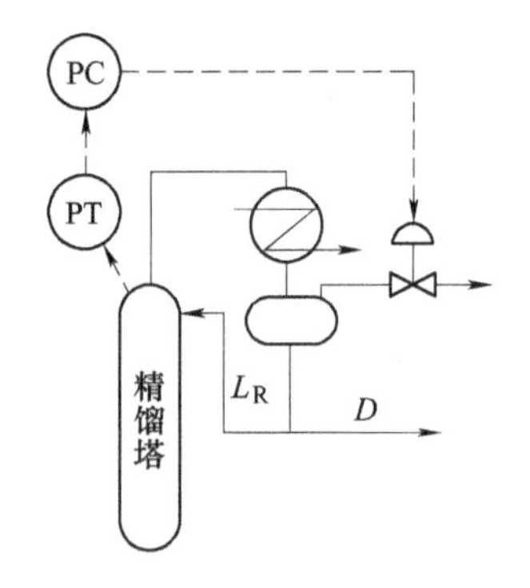

图 9-13　液相采出，馏出物含大量不凝物的控制方案

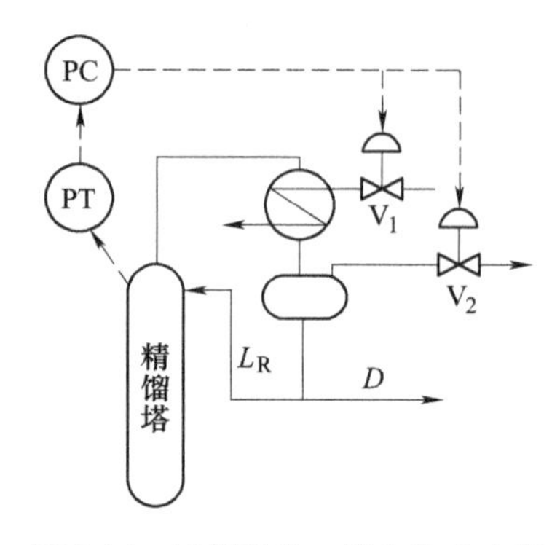

图 9-14　液相采出，馏出物含少量不凝物的控制方案

3）液相采出，馏出物含微量不凝物。当塔顶气相中馏出物全部冷凝或含微量不凝物时，可采用改变冷却量的控制方案。图 9-15 所示为三种控制方案。其中，图 9-15a 所示方案用塔压控制冷却水量，最节省冷却水量；图 9-15b 所示方案用冷凝液面控制冷却量，动态响

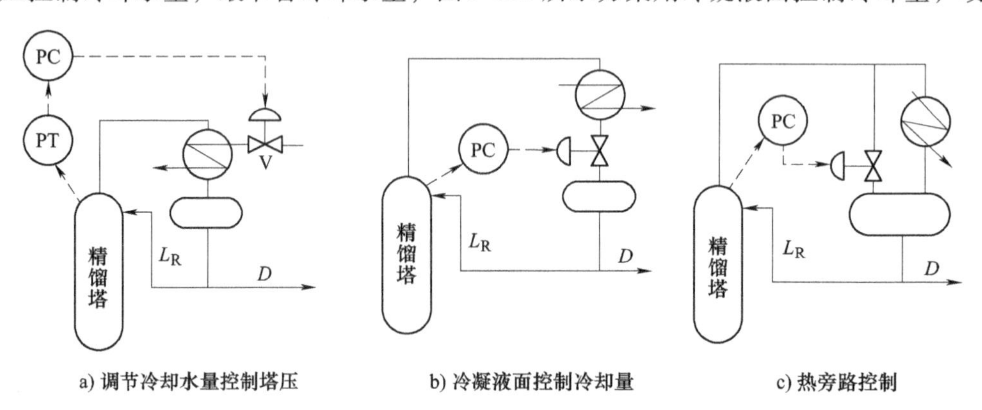

a) 调节冷却水量控制塔压　　b) 冷凝液面控制冷却量　　c) 热旁路控制

图 9-15　液相采出，馏出物含微量不凝物的控制方案

应差；图 9-15c 所示方案用热旁路，改变进入冷凝器的气体推动力，即改变冷凝器两端的压差，动态响应较灵敏。由于冷却量变化影响回流罐压力，而回流罐压力影响其液位，液位的变化又影响压力。因此，这是相互关联的控制系统。但液位变化对压力的影响较小，压力变化对液位影响较大，为此，可主要考虑压力对液位的影响，引入相应的前馈-反馈控制系统。

4）气相采出。以气相采出量作为操纵变量组成单回路控制系统。为保证足够回流量，可按图 9-16 所示增加回流罐液位控制冷凝器冷却剂量的控制回路。当气相采出是下一工序进料时，可采用塔压为主被控变量、气相出料流量为副被控变量的串级均匀控制系统。

2. 减压精馏塔的压力控制

当减压塔的压力控制采用蒸汽喷射泵抽真空时，可采用图 9-17 所示的控制方案。由于蒸汽喷射压力与真空度有一一对应关系，因此，可采用蒸汽喷射压力恒定的控制系统，同时，采用吸入支管的控制阀进行微调。当减压塔的压力采用电动真空泵时，常采用调节不凝气体的抽出量来保证塔顶的真空度，控制阀安装在真空泵回流管。

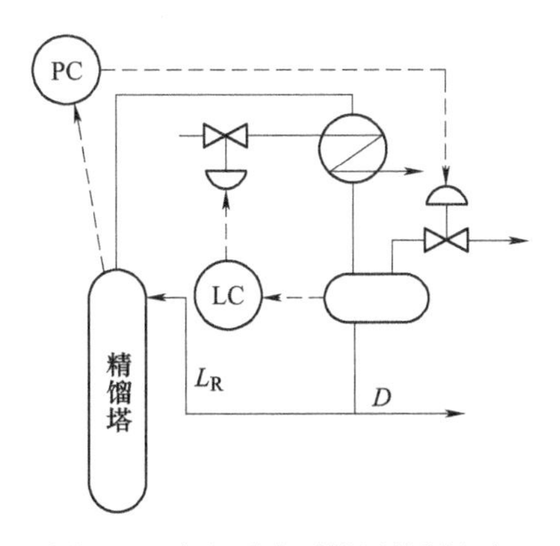

图 9-16　气相采出时塔压控制方案

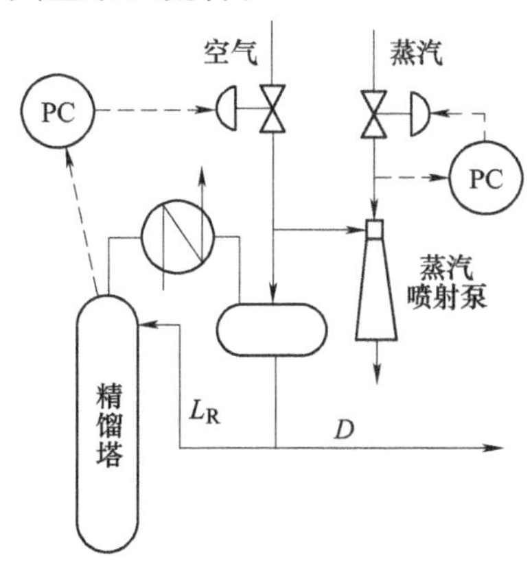

图 9-17　减压塔压力控制

3. 常压精馏塔的压力控制

对塔顶压力的恒定要求不高时，可采用常压精馏。它不需要压力控制系统。仅需在精馏设备（冷凝器或回流罐）上设置一个通大气的管道，用于平衡压力。如果空气进入塔内会影响产品质量或引起事故时，或对塔顶压力的稳定要求较高时，应采用类似加压塔的压力控制，防止空气吸入塔内并稳定塔压。

有时也采用常压塔的塔釜压力控制，塔釜的压力恒定等效于控制塔压降恒定。被控变量是塔釜气相压力，操纵变量是加热蒸汽量。分离要求不太严格的常压塔常采用该方案。

9.5　复杂控制系统在精馏塔中的应用

实际精馏塔的控制中，除了采用单回路控制外，还采用较多的复杂控制系统，例如，串级、前馈-反馈、选择性控制等。

9.5.1　串级控制

串级控制系统能够迅速克服进入副回路的扰动对系统的影响。因此，精馏塔控制中，对产品质量有关的一些控制系统中，如果扰动对产品质量有影响，而且可以组成串级控制系统的副回路时，都可组成串级控制系统。例如，精馏段温度与回流量或馏出量或回流比组成串级控制，如图 9-18 所示，提馏段温度与加热蒸汽量或塔底采出量的串级控制等。

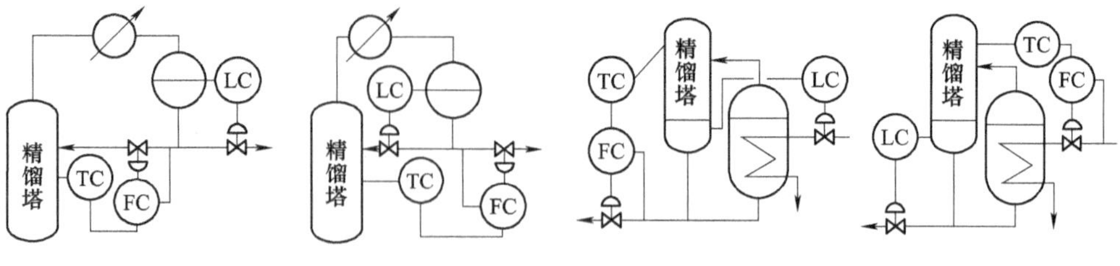

a) 精馏段温度串级控制系统　　b) 提馏段温度串级控制系统

图 9-18　精馏塔温度串级控制

串级控制系统对副回路参数的变化不灵敏，能够较精确地控制副被控变量的流量。因此，精馏塔控制中，当需要使操纵变量的流量与控制器输出保持精确对应关系及副回路特性有较大变化时，也可组成串级控制系统。例如，回流罐液位与塔顶馏出量或回流量的串级控制，塔釜液位与采出量的串级控制等。

串级均匀控制系统能够对液位（或气相压力）和出料量兼顾，在多塔组成的塔系控制中得到了广泛应用。

9.5.2　前馈-反馈控制

精馏塔的大多数前馈信号采用进料量。当进料量来自上一工序时，除了多塔组成的塔系中可采用均匀控制或串级均匀控制外，克服进料扰动影响的常用控制方法是采用前馈-反馈控制。反馈控制系统可以是塔顶和塔底的有关控制系统，静态前馈模型如式（9-4）和式（9-26）所示。即将进料量 F 作为前馈信号，相应改变塔顶馏出量 D、塔底采出量 B 和蒸汽量 V，组成相乘型静态前馈-反馈控制系统。考虑到精馏塔的水力学滞后的影响，也可引入动态前馈，组成动态前馈-反馈控制系统。

此外，根据精馏塔产品质量指标，可组成进料量 F 的前馈与产品质量为主被控变量、馏出量 D 为副被控变量的前馈-串级反馈控制系统。

精馏塔的前馈信号也可取自馏出量，组成称为“强迫内部平衡”的相加型前馈-反馈控制系统，如图 9-19 所示。图中，反映产品质量指标的温度与馏出量 D 组成串级控制系统。馏出量作为前馈信号，其变化通过前馈控制器 FY 与回流罐液位的反馈信号相加，组成前馈反馈控制系统。因回流罐液位与回流量 L_R 组成串级控制系统，因此，当馏出量变化时能够及时通过前馈控制改变回流量，实现了强迫内部物料平衡，并使采用直接物料平衡控制方案响应慢的缺点得以克服。

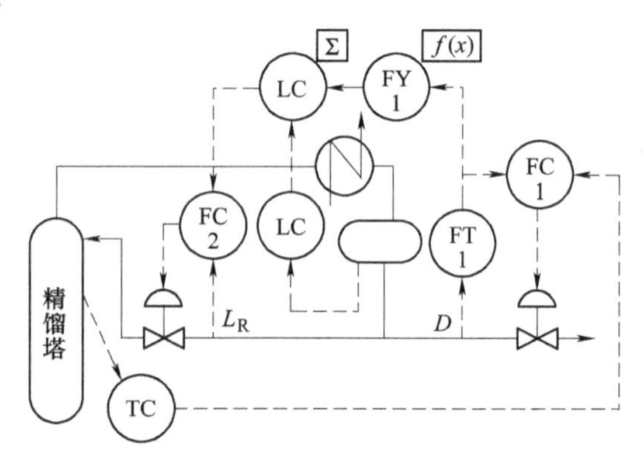

图 9-19　强迫内部平衡的前馈-反馈控制

9.5.3　选择性控制

精馏塔操作受约束条件制约。当操作参数进入安全软限时，可采用选择性控制系统，使精馏塔操作仍可进行，这是选择性控制系统在精馏塔操作中一类较广泛的应用。

选择性控制系统在精馏塔操作中的另一类应用是控制精馏塔的自动开、停车。

1. 精馏塔的选择性控制

精馏塔的气相速度限和最小气相速度限是防止液泛和漏液的约束条件。通常采用设置高选器和低选器组成非线性控制，也可直接设置控制器输出的高、低限的限幅器实现非线性控制。

【例 9-1】 防止液泛的超驰控制系统。

图 9-20 所示为防止液泛的超驰控制系统。该控制系统的正常控制器是提馏段温度控制器 TC，取代控制器是塔压差控制器 P_dC。正常工况下，由提馏段灵敏板温度控制再沸器加热蒸汽量，当塔压差接近液泛限值时，反作用控制器 P_dC 输出下降，被低选器 TY-1 选中，由塔压差控制器取代温度控制器，保证精馏塔不发生液泛。为防止积分饱和，将低选器输出作为 TC 和 P_dC 的积分外反馈信号。

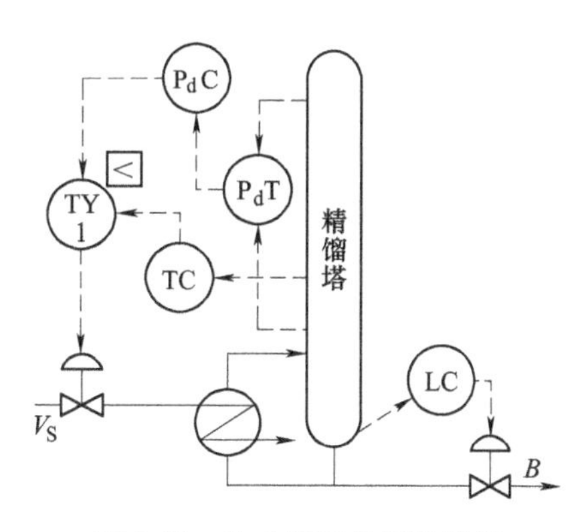

图 9-20　防止液泛的超驰控制

2. 精馏塔的开、停车选择性控制

利用选择器的逻辑功能，可实现精馏塔的开、停车控制。

【例 9-2】 开、停车的选择性控制。

图 9-21 所示为精馏塔自动开、停车控制方案。图中控制器除了已注明正作用外，其余未标注的均为反作用控制器；图中控制阀除已注明选气关形式控制阀外，其余均选用气开形式控制阀。

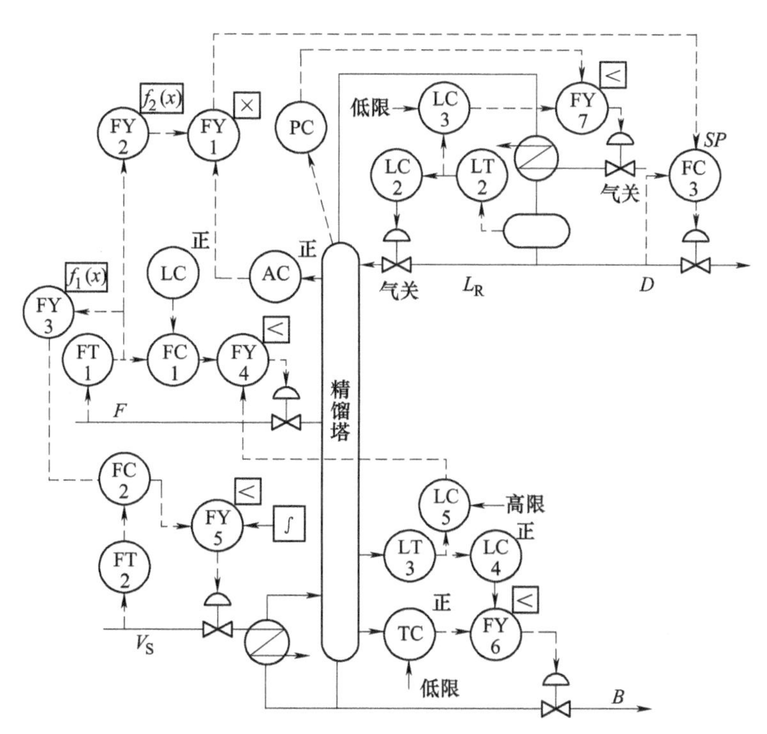

图 9-21　精馏塔自动开、停车控制方案

该控制方案分析如下：

（1）正常工况的控制　正常工况时的控制由下列控制系统组成。

1）上一塔液位 *LC* 和本塔进料流量 *F* 的串级均匀控制系统。由 LC 与 FC-1 组成串级均匀控制系统，既保证上塔操作的平稳，又使进料量平稳。

2）进料量 *F* 作为前馈信号，与再沸器加热蒸汽量 V_S 组成前馈-反馈控制系统。由 FT-1、FY-3、FC-2 组成前馈-反馈控制系统，实现恒分离度控制。其中，FY-3 是前馈控制器，实现动态前馈控制。

3）进料量 *F* 作为前馈信号，与塔顶成分为主被控变量、馏出量 *D* 为副被控变量的串级控制系统组成前馈-串级反馈控制系统（变比值控制系统）。控制系统由 FT-1、FY-2、AC、FY-1、FC-3 组成，根据塔顶成分对进料量 *F* 与馏出量 *D* 的比值进行调整。其中，前馈信号经过前馈控制器，实现动态前馈。

4）塔压的定值控制。塔压经 PC 控制器，调整冷却剂量，实现定值控制。

5）回流罐液位定值控制。由 LT-2 和 LC-2 组成定值控制系统，保证回流罐液位恒定。

6）塔釜液位定值控制。由 LT-3 和 LC-4 组成定值控制系统，保证塔釜液位恒定。

（2）开车控制

1）塔顶产品质量控制。开车时，应保证塔顶馏出控制阀关闭。由于塔顶成分不合格，因此，AC 控制器输出保证塔顶不合格产品不能排出。

2）回流罐液位控制。开车时，塔压尚未建立，反作用的 PC 塔压控制器输出增大，而回流罐液位也未建立，采用低设定值的控制器 LC-3，其偏差就较小，因此，低选器选中 LC-3 输出，由回流罐液位控制冷却剂量，从而在开车时建立回流罐液位，精馏塔建立塔压。

3）再沸器加热蒸汽量控制。开车时，因精馏塔的气液平衡尚未建立，如果蒸汽量突然开大，会出现水锤现象，巨大的冲击力造成精馏塔身和支架激烈晃动，使设备管道连接处泄漏，因此，应缓慢增加蒸汽量，为此，采用积分时间较长的积分器。进料量增加后，经前馈控制器来的信号较大，反作用 FC-2 控制器输出增大。而积分器输出缓慢增加，因此开车时先被低选器选中，用于缓慢打开加热蒸汽控制阀，直到加热蒸汽量与进料量建立平衡关系。

4）塔底温度控制。开车时，塔釜温度较低，为此，应保证塔底不出料。因塔底已有液位，经 LT-3 和正作用 LC-4 控制器，输出升高，但塔温尚低，因此，低设定值的控制器 TC 输出较小，被低选器选中，用于控制塔底出料，即关闭采出控制阀。只有当温度达到低限以上，以及液位控制器取代温度控制器后，才有出料排出。

5）进料量控制。开车时，进料量需缓慢增加，当塔釜液位高于高限时，应减小进料量。经 LT-3、LC-5 后，控制器输出减小，被低选器选中，用于控制进料控制阀，减小进料量，当建立精馏塔塔釜液位和塔釜温度后，进料量由上一塔液位和本塔进料量组成的串级均匀控制系统进行控制。

（3）停车控制

1）出料控制。当停车信号切断进料量时，经进料量前馈控制，自动关闭塔顶馏出物控制阀，因此，停止精馏塔的塔顶出料。

2）回流控制。由于进料停止后，回流罐液位升高，经 LC-2 液位控制器输出使回流控制阀全开。

3）再沸器加热蒸汽控制。进料前馈直接切断再沸器加热蒸汽。

4）塔底出料控制。当再沸器加热蒸汽切断，回流阀全开，进料关闭后，回流罐液位下降，塔内物料全部转到塔底，塔釜液位升高，温度下降，产品不再合格，由 TC 控制器取代液位控制器，关闭塔底采出阀。

整个开车和停车过程自动进行，既保证了精馏塔的平稳操作，又满足了开、停车控制的要求，提高了自动化水平，降低了劳动强度。

9.6 精馏塔的节能控制

精馏过程中，为了实现分离，塔底物料需要汽化，塔顶要冷凝除热，因此，精馏过程要消耗大量能量。通常，石油化工过程是工业生产过程中的能耗大户，而精馏过程占典型石油化工过程能耗的 40%，因此，精馏塔的节能成为重要研究课题。

一般的节能途径有下列几种，也可相互交叉渗透。

1）采用精确控制，降低产品规格的设定值，当控制系统的偏离度减小时，被控过程产品的质量提高，产量增加，能耗下降，成本减小。因此，应提高控制系统的控制精度，降低控制系统的偏离度。例如，塔顶产品纯度要求 95%，在物料平衡的约束条件下，当偏离度为 0.5%时，可将设定值设置在约 96%，如果偏离度为 1%，则要将设定值提高到约 97%，从而增加了原料消耗和能量消耗。

2）将反映能耗的指标直接作为被控变量，进行有效控制。例如，在加热炉燃烧控制系统中，提高燃烧效率可有效降低能耗。精馏塔中有些原料采用加热炉加热，这时控制过剩空气率，使燃料安全燃烧就能提高燃烧效率，从而降低能耗。

3）将能耗作为操作优化目标函数的组成部分，通过操作优化，降低能耗。

4）对工艺流程和设备进行改造，设置有关控制系统，达到平稳操作。例如，设置换热网络，利用余热，减少载热体量；设置合理控制系统，采用热泵系统等。

5）综合过程变量的相互关系，采用新的操作方式，实施新的控制策略。例如，采用浮动塔压控制，使塔压不保持恒定，当塔压降低时，采用一些有效的控制方法，有利于提高分离度，降低能耗。

1. 再沸器加热油的节能控制

再沸器为精馏塔的操作提供热量，并维持精馏塔的热量平衡。在石油化工生产过程中，一些精馏塔再沸器的载热体是由加热炉加热循环使用的加热油。再沸器加热油的节能控制是根据精馏塔的操作需要，通过调整加热炉的燃料量，达到节能的目的。

【例 9-3】 再沸器加热炉节能控制。

图 9-22 所示为再沸器加热炉的节能控制系统。

热油温度越低，流量越大，则从加热炉吸收的热量越多。因此，将进再沸器的控制阀保持在较大开度（例如 90%），就能节能。因流量增大后，加热炉炉膛温度可降低，燃料量可减少。

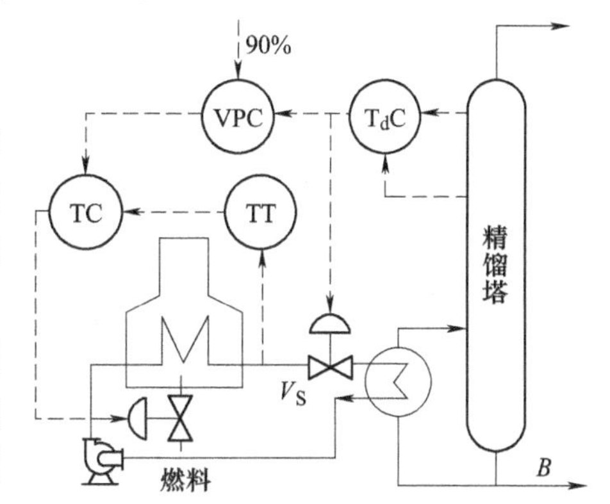

图 9-22 再沸器加热炉的节能控制系统

精馏塔的精馏段温差控制器 T_dC 作为主控制器，阀位控制器 VPC 作为副控制器，组成双重控制系统。正常工况下，具有积分作用的 VPC 控制器设定值与测量值相等，因此，热油控制阀开度在 90%。当温差变化时，及时通过控制阀调节热油量，调整再沸器加热量，同时，经 VPC 和 TC 调整燃料量。VPC 与 TC 组成串级控制系统。整个控制系统能够使燃料量适应精馏塔操作的需要。

应用时 VPC 采用积分控制器，积分时间长达数分钟，以满足精馏塔平稳操作的要求。

2. 精馏塔浮动塔压控制

一般精馏塔控制都设置塔压定值控制。从控制精馏塔产品质量看，只有塔压恒定，才能用温度作为间接质量指标进行控制，塔压稳定也有利于精馏塔的平稳操作。但从气液平衡关系看，塔压越低，两组分间的相对挥发度越大，因此，降低塔压有利于分离，也有利于节能。由于塔压受环境条件影响，尤其在采用风冷或水冷的冷凝器时，气温高的夏季能达到的最低塔压要高于气温低的冬季能达到的最低塔压。为保持塔压恒定，就会在温度低时浪费精馏塔所具有的分离潜能。因此，当气温低时，如果能够降低塔压，就能使冷凝器保持在最大热负荷下操作，使相对挥发度提高，即得到相同纯度的分离效果所需的能量减少。

【例 9-4】 浮动塔压控制系统。

图 9-23 所示为浮动塔压控制系统。

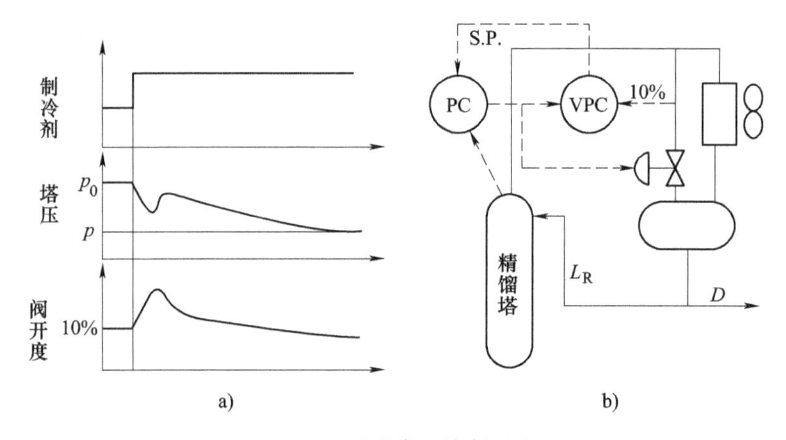

图 9-23 浮动塔压控制系统

该方案的特点是增加了一个纯积分（或大比例的调节器）的阀位调节器 VPC，在原来压力控制系统上增加 VPC 后将起以下两个作用。

1）不管制冷剂情况如何变化（如遇暴风雨降温），塔压首先不受其突然变化的影响，而后再缓缓变化，并最后浮动到制冷剂能提供的最低压力。这就是说塔压应当是浮动的，但不希望突变，因为塔压突变可能会导致塔内液泛，从而破坏塔的正常操作。

2）为保证冷凝器总在最大热负荷下操作，即阀门开度应处于最小位置，考虑到要有一定控制余量，阀门开度设定在 10%处，或更小一些的数值。

图 9-23 中 PC 为一般的 PI 调节器，PC 控制系统选定的操作周期短，过程反应快。而阀门调节器 VPC 的操作周期长，过程反应慢。因此，分析时可以假设 PC 系统和 VPC 系统间其动态联系可忽略，即分析 PC 动作时，可以认为 VPC 系统不动作，而分析 VPC 系统时，又可以认为 PC 系统是瞬时跟踪的。

图 9-23a 所示为制冷剂增加时，塔压和控制阀开度的变化情况。

应在设置浮动塔压控制的同时，设置再沸器加热量的按计算指标计算塔底温度的控制系统。多组分精馏过程中，塔底温度控制系统的设定值模型为

$$T_R = T_0 + \alpha_1 f_1(p) + \alpha_2 f_2(z_F) \tag{9-31}$$

式中，p 是塔压；z_F 是进料组分；T_0 是在设计塔压和进料组分下的塔釜温度设定值。

对于二元物系的精馏，式（9-31）可简化为

$$T_R = T_0 + f_1(p) \tag{9-32}$$

3. 热泵控制

精馏塔操作中，塔底再沸器要加热，塔顶冷凝器要除热，两者都要消耗能量。解决这一矛盾的方法之一是采用热泵控制系统。

热泵控制系统将塔顶蒸汽作为本塔塔底的热源。但因塔顶蒸汽冷凝温度低于塔底液体沸腾温度，因此，需增加一台汽轮压缩机，用于将塔顶蒸汽压缩，提高其冷凝温度。

压缩机所需的理论压缩功与压缩比等有关。用公式表示为

$$N = m\frac{1}{n-1}\frac{RT_D}{M\eta}\left(\frac{p_E}{p_D}\right)^{\frac{n-1}{n}} - 1 \tag{9-33}$$

式中，m 为质量流量；M 为摩尔质量；n 为多变指数；N 为所需理论压缩功；p_E 和 p_D 分别为压缩机入口和出口（塔顶）压力；R 为气体常数；T_D 为塔顶温度；η 为多变效率。

根据式（9-33），压缩比 p_E/p_D 越小，压缩机所需的功越小。从工艺看，满足压缩比小的条件是塔压降要小，被分离物的温差要小。

【例 9-5】 热泵控制系统。

图 9-24 所示为热泵控制方案一。图中，在塔顶增设汽轮压缩机，将原塔顶冷凝器与再沸器合二为一。为满足开车需要，增加辅助再沸器，由该再沸器补充必要的热量，维持塔压降恒定。

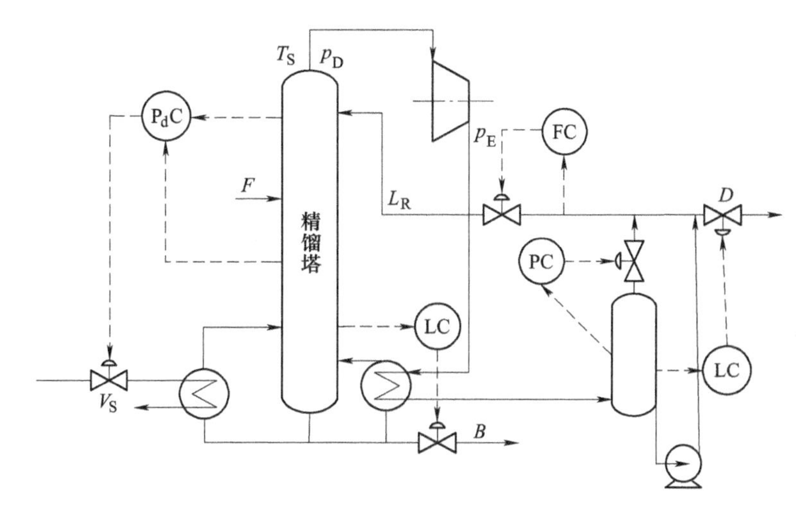

图 9-24　热泵控制方案一

图 9-25 所示为热泵控制方案之二。图中，压缩机用来加压即加入能量，其加入能量较系统需要多一些，从而增加一个辅助冷凝器，系统能量平衡由 PC 控制系统来完成。

4. 多塔系统的能量综合利用

多个精馏塔串联操作时，上一塔的塔顶蒸汽作为下一塔再沸器的加热源，使能量得到综合利用。使用时应解决下列问题：

1）上一塔的塔顶气相蒸汽温度应远大于下一塔塔底温度，以保证有足够热量提供给下一塔作为热源。

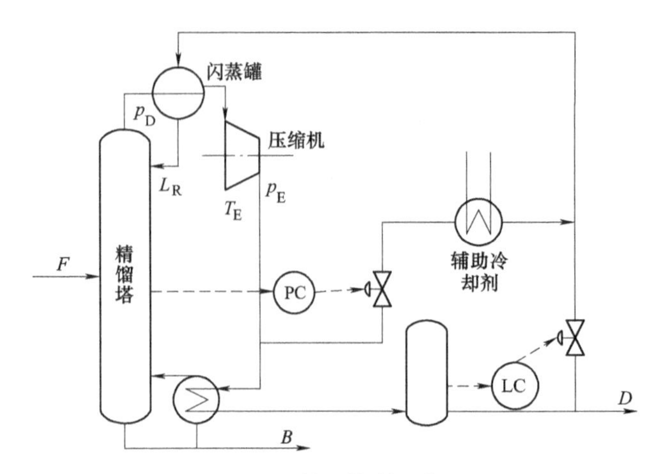

图 9-25　热泵控制方案二

2）两塔之间存在关联，应采用有效的解耦措施。

【例 9-6】　多塔系统的节能控制。

图 9-26 所示为能量综合利用的控制方案之一。前塔塔顶冷凝器和后塔再沸器作为能量平衡用。前塔塔顶提供的能量大于后塔所需能量。后塔温度与前塔塔顶馏出量组成串级控制系统，控制合流阀。通常用辅助再沸器载热体流量控制阀关闭。当前塔所提供能量不足时，后塔温度降低，温度控制器输出打开辅助再沸器加热控制阀。因此，温度控制器输出分程于载热体流量控制阀和前塔塔顶馏出物流量控制器设定值。

5. 产品质量的“卡边”控制

一般精馏操作中，操作人员为防止产出不合格产品，习惯把产品浓度设定值提高，留有余地，从而出现“过分离”，从而加大回流量，增加再沸器加热量，造成能量的浪费和回收率的下降，因此，应摒弃原有的留有余地的操作方法，采用严格产品质量指标的“卡边”控制，降低回流比，减少再沸器加热量。“卡边”控制是将生产过程中的某一控制在其最大或最小的允许值，使目标函数得到最小值或最大值的控制方法。

【例 9-7】　稳定塔的“卡边”控制。

液态烃和汽油的分离在稳定塔进行，如图 9-27 所示。再沸器由加热重油提供热量。稳定塔共由 5 个控制系统组成，见表 9-9。

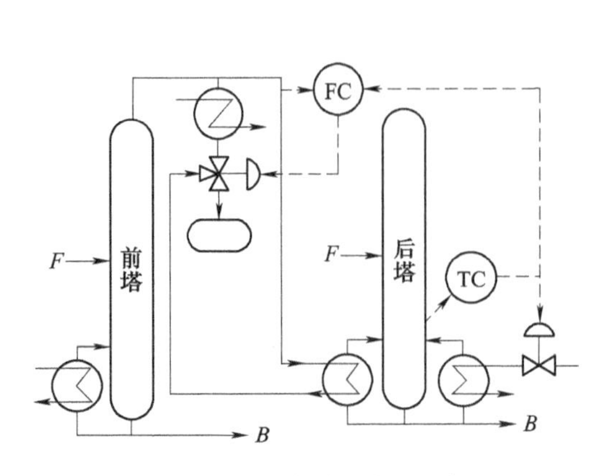

图 9-26　能量综合利用控制方案之一

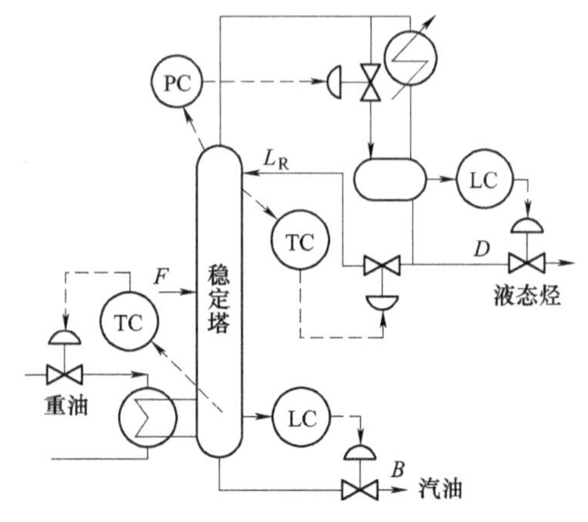

图 9-27　稳定塔的控制方案

表 9-9　稳定塔的控制系统组成

被控变量	塔顶温度	塔底温度	塔釜液位	回流罐液位	塔压
操纵变量	外回流量	再沸器加热重油	塔底采出汽油量	液态烃馏出量	冷凝器旁路量

液态烃（即液化气，C_3和 C_4）含较高比例汽油（C_5），汽油中也含较多轻组分（C_3和 C_4），影响汽油质量，汽油价格远高于液态烃价格，因此，在保证汽油产品质量的前提下，应尽量降低液态烃中汽油的含量。图 9-28 所示为塔压恒定时，液态烃中汽油含量 y_1 与回流量 L_R、塔底温度 T 的关系。

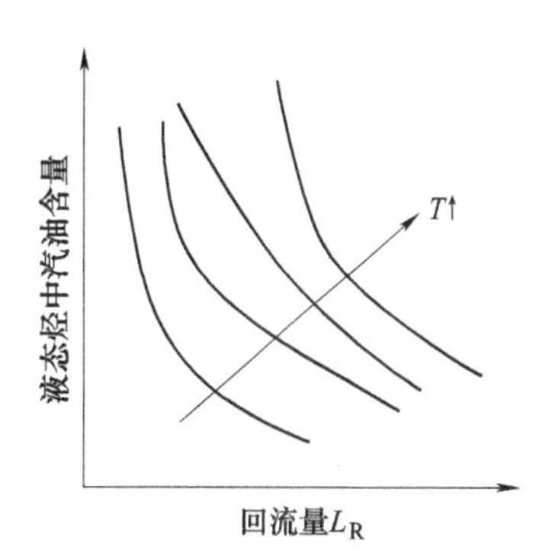

图 9-28　液态烃中汽油含量与回流量、塔底温度的关系

设液态烃中汽油含量为 y_1，汽油中含液态烃含量为 y_2，则建立下列回归模型：

$$y_1 = a_0 - a_1 L_R - a_2 L_R^2 + a_3 T \tag{9-34}$$

$$y_2 = b_0 + b_1 L_R + b_2 L_R^2 - b_3 T \tag{9-35}$$

为保证汽油产品的质量，应对汽油中液态烃含量进行卡边控制。即满足

$$J = \min(a_0 - a_1 L_R - a_2 L_R^2 + a_3 T) \tag{9-36}$$

$$y_c = b_0 + b_1 L_R + b_2 L_R^2 - b_3 T \tag{9-37}$$

消去塔底温度变量，目标函数最小值时的回流量为

$$L_R = \frac{a_1 - \dfrac{a_3}{b_3} b_1}{2\dfrac{a_3}{b_3}(b_2 - a_2)} \tag{9-38}$$

卡边控制的条件是 $b_2 > a_2$。根据上述模型计算回流量设定值进行回流量的控制。

6. 控制两端产品质量

当塔顶和塔底产品均需达到规定的产品质量指标时，需设置两端产品的质量控制系统。采用两个产品质量控制的主要原因是为了使操作接近规格限，降低操作成本，尤其是降低能耗。采用一个产品质量控制方案，将回流比（或 V、B）增大，也能保证另一端产品质量符合产品的规格，但能耗增大。

精馏塔两端产品质量控制的控制方案很多，但不能对两端产品质量指标均采用物料平衡控制方式。如果都按物料平衡控制，则两个质量控制器都作用在产品流量（D 和 B）上，而塔顶压力由冷凝器冷却量控制，塔釜液位由再沸器加热量控制，这将使塔釜液位和回流罐液位紧密关联：塔釜液位上升时，再沸器加热量需增大，上升蒸汽量也随之增大，塔压的上升使冷凝器的冷凝量增大，上升蒸汽被冷凝，回流罐液位调节使回流量增大，最终，塔釜的液位升高。因此，从静态看，塔釜液位经上述的调节过程后没有发生变化；从动态看，塔釜液位周期地升降变化，使控制系统不稳定，即两端产品质量控制不能同时采用物料平衡控制方式。

精馏塔两端产品质量控制只能有两种基本类型：一种是两端产品质量指标均采用能量平衡控制方式；另一种是一端产品质量控制采用物料平衡控制，另一端产品质量控制采用能量平衡控制。同样，这样的控制方式仍存在系统关联，为此，需进行系统的关联分析，以确定

合适的控制方案。

【例 9-8】 脱丙烷精馏塔两端产品的质量控制。

某气分装置的脱丙烷精馏塔将液化石油气分离为 C_3 和 C_4 馏分，并分别作为后工序丙烯塔和脱异丁烷塔的进料。为此，对塔顶和塔底产品的组分均有较高控制要求，工艺操作指标均为 99%。经关联分析，设计图 9-29 所示的脱丙烷精馏塔两端产品质量控制系统。

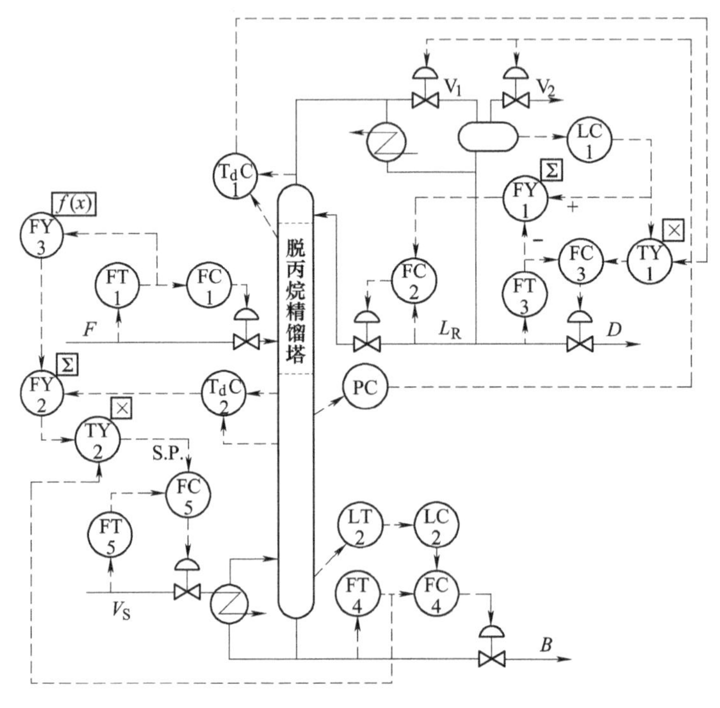

图 9-29 脱丙烷精馏塔两端产品质量控制

图中，TY-1 和 TY-2 是乘法器，FY-1 和 FY-2 是加法器。T_dC-1 和 T_dC-2 是温差控制器，FC-1、FC-2、FC-3、FC-4 和 FC-5 分别是进料量、回流量、塔顶馏出量、塔底采出量和再沸器加热量的控制器。PC 是塔压控制器，FY-3 是前馈控制器。

塔顶和塔底产品质量指标均用温差作为间接指标。塔顶温差作为主被控变量，塔顶馏出量 D 作为副被控变量，以回流罐液位作为前馈信号，它反映回流量和馏出量之和 L_R+D，组成前馈-串级反馈均匀控制系统。根据强制内部物料平衡关系，采用回流罐液位（L_R+D）和塔顶馏出量 D 确定回流量 L_R，组成强制内部物料平衡的回流量 L_R 控制系统。塔压采用控制 V_1 和 V_2 的分程控制系统，控制热旁路和回流罐放空量。

同样，塔底温差作为主被控变量，与再沸器加热量 V 组成串级控制系统；进料量 F 作为前馈信号，组成前馈-串级反馈控制系统。此外，塔釜液位作为主被控变量、塔底采出量 B 作为副被控变量组成串级均匀控制系统，并将采出量（反映塔釜液位变化）作为前馈信号及时调整再沸器加热量。

该控制系统控制两端产品的成分，当进料组分变化时，例如，从 9.5t/h 变化到 11t/h 时，精馏塔两端温差仍可控制得很好，两端产品均能达到工艺所需 99%的纯度要求。统计数据表明，由于回流比由原设计值 3.19 下降到 2.9 左右，加热蒸汽量与塔底采出量之比也从 0.313 下降到 0.217 左右，取得了明显的节能效果。

除了上述节能方法外，采用低 s 控制阀等方法也可节能，不在此讨论。

习　题

9-1　精馏塔的控制要求是什么？

9-2　精馏塔主要扰动因素有哪几个？被控变量和操纵变量有哪几对？

9-3　试述精馏塔产品成分——被控变量（间接指标）的选择，并做简要说明。

9-4　什么是精馏塔的直接物料平衡控制和间接物料平衡控制？各有哪些控制方案？

9-5　精馏塔中的压力控制方案有几类？

9-6　什么情况下采用温差控制？什么情况下采用双温差控制？

9-7　什么场合需采用精馏塔内回流控制？画出内回流控制流程图。

9-8　什么叫精馏塔的浮动塔压控制？画出控制流程图，说明其目的和原理。

9-9　为防止精馏塔操作中出现液泛、漏液等事故，试设计有关的控制系统。

9-10　某简单精馏塔控制如图 9-30 所示，要求控制精馏段灵敏温度 T_R、回流罐液位 L_D、塔底液位 L_B，而可操作变量为回流量 L、塔顶产品采出量 D、塔底产品采出量 B、塔底再沸器加热量 Q_H。试针对下列情况为该设备设计一个多回路控制系统，尽可能减少各回路之间的关联，并克服进料性质与处理量的变化：

1）回流比 L/D 大于 3。

2）塔顶产率 D/F 大于 0.3，而回流比小于 1。

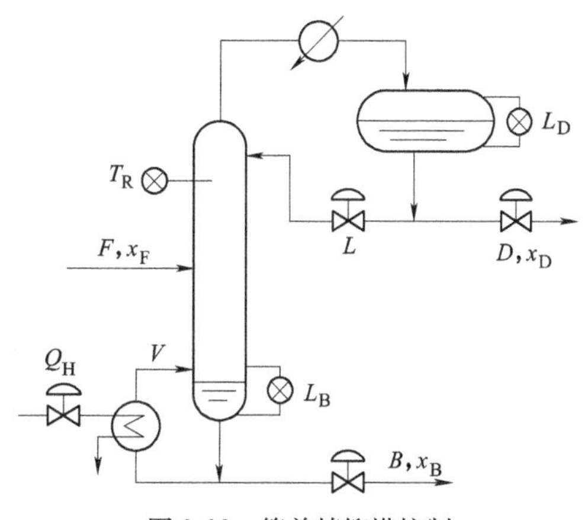

图 9-30　简单精馏塔控制

9-11　精馏塔提馏段灵敏板温度控制回路很可能引起液泛。假设液泛可以用塔底和塔顶压力之差来表征（压差太大表示很可能存在液泛）。如图 9-31 所示，请在此基础上设计一个液泛约束控制系统，以保证正常操作时按提馏段温度调节加热蒸汽量，而当塔出现液泛时则要求调节加热蒸汽量确保不发生液泛。要求画出带控制点的流程图与对应的框图，并选择调节器的正反作用。

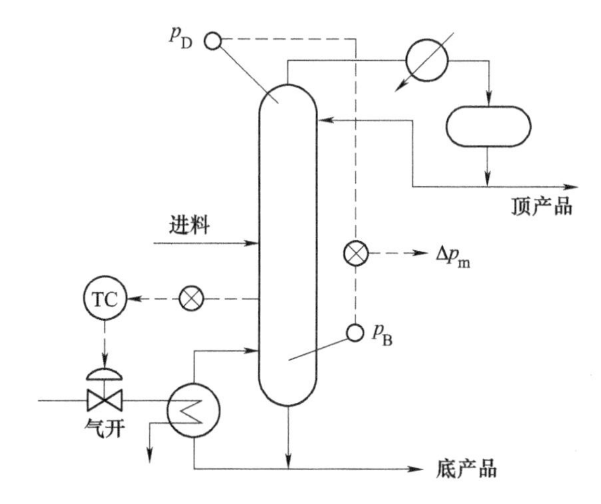

图 9-31　精馏塔液位约束控制系统

第10章 化学反应器的控制

化学反应器是化工生产过程的重要设备，化学反应过程在化学反应器内进行，其操作复杂，不仅有物料平衡、能量平衡，还涉及物质传递等。本章分析化学反应过程的动态特性和控制要求，对典型反应器的多种控制方案进行分析、设计和工程应用。

10.1 化学反应过程特性

化学反应的本质是物质的原子、离子重新组合，使一种或几种物质变成另一种或几种物质。化工生产过程通常可划分为前处理、化学反应及后处理三个工序。前处理工序为化学反应做准备，后处理工序用于分离和精制反应的产物，而化学反应工序通常是整个生产过程的关键操作过程。

10.1.1 化学反应器的类型

化学反应器的类型众多，并随着化学工业生产的飞速发展而呈现更多种类和更多式样。根据反应物料的聚集状态，可分为均相和非均相反应器两大类。根据反应物进出物料的连续状况，可分为间歇、半间歇和连续反应器三类。根据传热情况，可分为绝热式和非绝热式反应器两类。根据物料流程，可分为单程和循环反应器两类。根据反应器结构，可分为釜式、管式、固定床、流化床、鼓泡床等反应器。不同的反应器结构，适用的场合和控制要求等也不同，应具体情况具体分析。

化学反应中十分重要的四大基本反应类型是化合反应、分解反应、置换反应和复分解反应。

化合反应：化合反应指的是由两种或两种以上的物质反应生成一种新物质的反应。其中部分反应为氧化还原反应，部分反应为非氧化还原反应。此外，化合反应一般释放出能量。可简记为 A+B=AB。

分解反应：由一种物质生成两种或两种以上其他的物质的反应叫分解反应。简称“一分为二”，可简记为 AB=A+B。只有化合物才能发生分解反应。

置换反应：一种单质与化合物反应生成另外一种单质和化合物的化学反应叫置换反应。它是化学中四大基本反应类型之一，包括金属与金属盐的反应、金属与酸的反应等。可简记为 AB+C=A+CB。

复分解反应：由两种化合物互相交换成分，生成另外两种化合物的反应叫复分解反应。其实质是：发生复分解反应的两种物质在水溶液中相互交换离子，结合成难电离的物质——

沉淀、气体、水（弱电解质），使溶液中离子浓度降低，化学反应即向着离子浓度降低的方向进行。可简记为 AB+CD=AD+CB。

化学反应过程有下列特点：

1）化学反应过程遵循质量守恒和能量守恒定律。因此，化学反应前后物料平衡、能量平衡。

2）反应严格按反应方程式所示的摩尔比例进行。

3）许多反应需在一定的温度、压力和催化剂存在等条件下才能进行。

4）化学反应过程中，除了发生化学变化外，还发生相应的物理变化，其中比较重要的有热量和体积的变化。

如果反应存在正反应和逆反应，当单位时间内某物质生成物的量和反应物的量相等时所处的状态称为化学平衡状态。要获得尽可能多的产物应该尽量使平衡朝生成物方向移动。

10.1.2　化学反应速度

化学反应速度是指表示化学反应进行的快慢。通常以单位时间内反应物或生成物浓度的变化值（减少值或增加值）来表示，反应速度与反应物的性质和浓度、温度、压力、催化剂等都有关，如果反应在溶液中进行，也与溶剂的性质和用量有关，可通过控制反应条件来控制反应速度以达到某些目的。

化学反应速度定义为单位时间内反应物或生成物浓度的变化量的正值，称为平均反应速度，若采用单位时间单位容积内某一部分 A 生成或反应掉的物质的量表示，即

$$r_A = \pm \frac{1}{V}\frac{dn_A}{dt} \tag{10-1}$$

若容积 V 为恒值，则有

$$r_A = \pm \frac{dn_A/V}{dt} = \pm \frac{dc_A}{dt} \tag{10-2}$$

式中，r_A 为组分 A 的反应速度 [mol/(m^3·h)]；n_A 为组分 A 的物质的量（mol）；c_A 为组分 A 的物质的量浓度（mol/m^3）；V 为反应容积（m^3）。

1. 确定化学反应速度的注意事项

确定化学反应速度时需要注意下列事项：

1）对于不可逆反应，例如，$\alpha A + \beta B \rightarrow \gamma C$，反应速度 r 与反应浓度 c_A、c_B 的关系是

$$r = kc_A^{\alpha}c_B^{\beta} \tag{10-3}$$

式中，k 是反应速度常数；α、β 是反应级数，通常有 0 级、1 级、2 级等，也可有小数，如 0.5 级。

2）对可逆反应，化合与分解同时进行，净化学反应速度是化合反应速度与分解反应速度之差，例如 $\alpha A + \beta B \leftrightarrow \gamma C$，因 r 是正逆反应速度之差，故有

$$r = k_1 c_A^{\alpha}c_B^{\beta} - k_2 c_C^{\gamma} \tag{10-4}$$

式中，k_1 是正反应速度常数；k_2 是逆反应速度常数。

3）对非单一的反应，例如，并行反应 A→B，A→C，连串反应 A→B→C，净化学反应速度是几个反应速度的代数和。

2. 影响化学反应速度的因素

影响化学反应速度的因素主要有反应物浓度、反应温度和反应压力等。

1）反应物浓度的影响。反应物浓度越高，单位容积物质的量越高，分子间碰撞概率越大，反应速度越快。

2）反应温度的影响。温度对反应速度的影响较复杂。根据阿伦尼乌斯方程，温度升高时，反应速度通常迅速增大，其关系可表示为

$$k = k_0 \exp(-E/RT) \tag{10-5}$$

式中，k_0 是频率因子（1/s）；R 是气体常数，$R=1.987\text{kcal/(kmol·K)}$，1cal=4.1868J；$E$ 是活化能，表示使反应物分子成为能进行反应的活化分子所需平均能量，其值在10000~50000kcal/kmol之间；T 是反应热力学温度（K）。

对不可逆反应，提高反应温度，反应速度常数增大，因此反应速度也加快。对可逆反应，随温度升高，正逆反应速度常数都增大，应根据放热反应还是吸热反应确定总反应速度的变化。对吸热反应，正反应速度常数 k_1 的增长速度大于逆反应速度常数 k_2 的增长速度。因此，总化学速度 r 随着温度升高而增大。对放热反应，k_1 的增长速度小于 k_2 的增长速度，总化学反应速度 r 随着温度升高而降低。

3）反应压力的影响。不考虑因压力升高的反应速度常数 k 的变化，则对液相和固相反应，压力变化对反应速度没有影响；对于气相反应，压力升高，单位容积的物质的量 c_A、c_B 和 c_C 随容积压缩而增大，因此，单位容积内用浓度表示的反应速度增大。

10.1.3 化学平衡

对于可逆反应过程，在某一反应温度下，如果其反应的正逆反应速度相等时，即 $r=0$，化学反应处于平衡状态，称为化学平衡。化学平衡是化学反应过程中的一个极限状态。当化学反应趋近化学平衡时，反应速度接近零，因此，建立化学平衡需要很长时间。

化学平衡条件是总反应速度等于零。假设某反应 $\alpha A + \beta B \leftrightarrow \gamma C$，反应速度为零，即

$$r = k_1 c_A^\alpha c_B^\beta - k_2 c_C^\gamma \tag{10-6}$$

或

$$K_c = \frac{k_1}{k_2} = \frac{c_C^\gamma}{c_A^\alpha c_B^\beta} \tag{10-7}$$

式中，K_c 是用浓度 c 表示的化学平衡常数，K_c 越大，表示平衡转化率越高。

对于气体，常用压力表示的化学平衡常数 K_p。用气体分压 p 表示的化学平衡常数 K_p 为

$$K_p = \frac{p_C^\gamma}{p_A^\alpha p_B^\beta} \tag{10-8}$$

根据平衡移位原理，即任何已达成平衡的体系，当条件（如压力、温度、浓度等）发生变化时，平衡朝自发地削弱或消除这些改变的方向移动。影响化学平衡常数的因素有反应温度、压力、反应物量和生成物量、反应是放热或吸热反应等。

1）反应温度的影响。当反应温度升高时，对吸热反应，将提高平衡转化率。对放热反应，则应采用降低反应温度的措施来提高平衡转化率。但如果反应温度过低，化学反应速度也降低，因此，应权衡两者的影响，选择合适的反应温度。

2）反应物量的影响。根据移位平衡原理，当某一反应物量过量，化学平衡朝自发地削弱或消除这些改变的方向移动。即过量的反应物多反应一些，减小反应物过量的程度，因此，反应物量的过量使反应朝着正方向进行。例如，合成氨生成过程中增加水蒸气量可使反应转化率提高。

3）生成物量的影响。除去生成物，同样能够使平衡朝自发地削弱或消除这些改变的方向移动，平衡转化率越高。

4）反应压力的影响。反应后分子数减少的反应，增加压力可使反应向生成物的方向移动，以增加生成物的分子数。例如，合成氨反应 $N_2+3H_2 \leftrightarrow 2NH_3$ 中，增加压力，使平衡转化率提高。反之，反应后分子数增加的反应，降低压力有利于平衡向正方向移动。为降低压力，可加入稀释气体，以降低反应物分压。

10.1.4　转化率

可逆反应过程进行的反应深度常用转化率 y 表示。对于可逆反应 $A+B \leftrightarrow C$，转化率表示为

$$y = \frac{n_{A0} - n_A}{n_{A0}} \times 100\% \tag{10-9}$$

式中，n_{A0}是进入反应器物料 A 组分的物质的量；n_A 是反应后物料 A 组分的物质的量。因此，转化率是未反应掉的 A 组分的物质的量与进入反应器 A 组分的物质的量之比的百分数。当物料 A 完全未反应时，$y=0$；当 A 组分完全反应掉时，$y=100\%$。

反应器容积 V 与进料体积流量 F 之比称为该反应器停留时间 τ_c。用公式表示为

$$\tau_c = \frac{v}{F} \tag{10-10}$$

影响转化率的因素主要有反应温度、停留时间、反应物浓度、反应物料之间的配比、冷却剂量或加热剂量、反应压力等。

1）在相同的反应温度下，停留时间越长，转化率越高。停留时间足够长时，因转化率很高，这时转化率增长不明显。在相同停留时间条件下，反应初期，反应温度低，转化率也较低，变化较小；反应后期，反应物已绝大部分反应掉，转化率变化较小；只有在反应中期，反应转化率的变化大。

2）进料浓度在反应温度和停留时间不变时对转化率没有影响，但因为进料量增加，反应掉的物料增加，放出热量也增加，因此，提高反应温度也会间接影响转化率。

3）反应物浓度变化时，通过反应速度的变化影响转化率。同样，反应物料之间的配比也反映浓度的变化，并影响反应速度及转化率。冷却剂量和加热剂量直接影响反应温度，反应压力影响反应物浓度等，因此，它们都间接对反应温度有影响，并影响反应速度和转化率。

10.1.5　转化率对反应速度的影响

随着化学反应的进行，反应物浓度下降，正反应速度下降，生成物浓度上升，逆反应速度上升。因此，随着反应深度的增加，总的反应速度下降。

对于可逆反应，分别根据吸热反应或放热反应讨论转化率对反应速度的影响，可得到以下结论。

1）在相同的反应温度 T 下，反应速度 r 随反应转化率 y 的增加而下降。当反应进行到一定深度后，即转化率达到某一值后，因可逆反应速度相等，总反应速度 $r=0$，反应处于动态平衡。

2）吸热反应中，提高反应温度 T，可使反应速度 r 增大。

3）放热反应中，有一个最大反应速度，温度过高或过低都会使反应速度下降，实际反应温度应控制在最佳温度附近，以获得最大反应速度。

试验和理论表明，反应物浓度（包括气体浓度、溶液浓度等）对化学反应速度有直接影响。温度对化学反应速度影响较为复杂，最普遍的是反应速度与温度成正比。而对于气相反应或有气相存在的反应，增大压力（压强）会加速反应的进行。化学反应还受催化剂、转化率等因素的影响，这些都是要在设计反应器时需要考虑的。

10.2 化学反应器的基本控制

10.2.1 化学反应器的控制要求

设计化学反应器的控制方案，需从质量指标、物料平衡和能量平衡、约束条件三方面考虑。

1. 质量指标

化学反应器的直接质量指标一般指反应转化率或反应生成物的浓度。因转化率不能直接在线测量，可选取与它相关的变量（如反应器温度、温差和出料浓度等），经运算后间接反映转化率。如聚合釜出口温度与转化率的关系为

$$y = \frac{\gamma c(T_o - T_i)}{x_i H} \tag{10-11}$$

式中，y 是转化率；T_i、T_o 分别是进料温度与出料温度；γ 为进料的密度；c 是物料的比热容；x_i 是进料浓度；H 是每摩尔进料的反应热。

对于绝热反应器，进料温度一定时，转化率与进料和出料的温差成正比，即 $y = K(T_o - T_i)$。这表明转化率越高，反应生成的热量越多，因此，相同进料温度条件下，物料出口温度也越高。因此，可用温差 $\Delta T = T_o - T_i$ 作为被控变量，间接反映转化率。

化学反应过程总伴随有热效应。因此，温度是最能表征反应过程质量的间接质量指标。检测直接质量指标的成分分析仪表价格贵，维护困难，因此，常采用温度作为间接质量指标，有时可辅以反应器压力和处理量（流量）等控制系统，以满足反应器正常操作的控制要求。

在扰动作用下，当反应转化率或反应生成物组分与温度、压力等参数之间不呈现单值函数关系时，需要根据工况变化对温度进行补偿。

2. 物料平衡和能量平衡

为使反应正常操作、提高反应转化率，需要保持进入反应器各种物料量的恒定，或物料的配比符合要求。为此，对进入反应器物料常采用流量定值控制或比值控制。部分物料循环的反应过程中，为保持原料浓度和物料平衡，需设置辅助控制系统。例如，合成氨生产过程中的惰性气体自动排放系统等。

反应过程有热效应，为此，应设置相应热量平衡控制系统。例如，及时移热，使反应向正方向进行等。而一些反应过程的初期要加热，反应进行后要移热，为此，应设置加热和移热的分程控制系统等。

3. 约束条件

反应器的过程变量有可能进入危险区或不正常工况。例如，一些催化反应中，反应温度

过高或进料中某些杂质含量过高，将会损坏催化剂；流化床反应器中，气流速度过高，会将固相催化剂吹走，气流速度过低，又会让固相沉降等。为此，应设置相应的报警。常见的约束条件有反应用催化剂的活性、反应温度和压力、气流速度等。此外，为防止反应器的过程变量进入危险区或不正常工况，应设置相应的报警、联锁控制系统。

影响化学反应的扰动主要来自外部，反应器控制的基本控制策略是控制外围。基本控制方案如下：

1）质量指标控制是最主要的控制目标：直接质量指标是反应转化率或反应物生成浓度；间接质量指标是反应温度或带压力补偿的温度；操纵变量可采用进料量、冷却剂量或加热剂量；也可采用进料温度等进行外围控制。

2）反应物流量控制：反应物料的定值控制，控制生成物流量；在保证物料平衡的同时，间接保证能量平衡。

3）流量的比值控制：多个反应物料之间的配比控制（单闭环、双闭环和根据反应转化率或温度作为主被控变量的变比值控制）。

4）反应器冷却剂量或加热剂量的控制：控制放热反应器的冷却剂量或吸热反应器的加热剂量；反应物量作为前馈信号。

10.2.2　出料成分的控制

当出料成分可以直接检测时，可采用出料成分作为被控变量组成控制系统。控制目标是使出口浓度保持恒定。由于进料阀受上层单元控制，可操作的执行机构只有加热蒸汽的进口阀，将出料成分与加热蒸汽的进口阀组成单闭环控制，如图 10-1 所示。由于出料成分在线检测难度大，且具有大惯性、非线性等特点，单纯的成分闭环控制在受到外界扰动条件下，例如如图 10-1 所示受到加热剂温度扰动，很难保证其闭环动态特性，如图 10-2 所示，可以看出单闭环控制效果不理想。

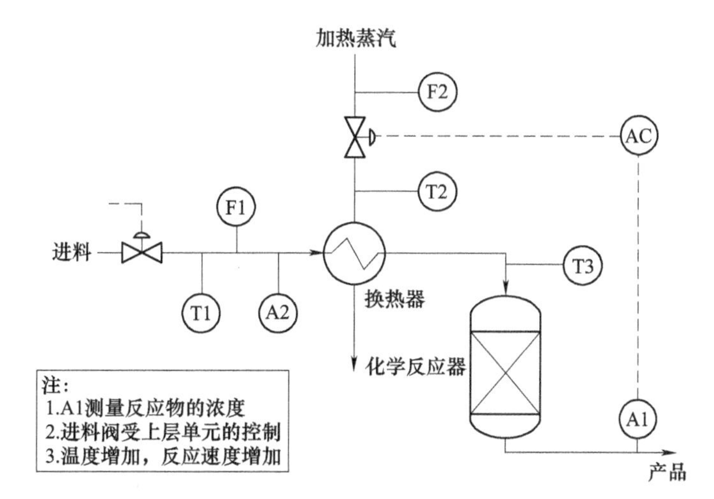

图 10-1　化学反应器出口成分的单闭环控制回路

如果简单成分闭环控制动态性能不能满足要求，可以在其基础上，进一步设计一个串级控制策略，关键的决策是辅助变量的选择，因此第一步是使用串级控制设计准则从众多的可测量候选变量中选出恰当的辅助变量 T_3 满足所有的串级设计规则，作为串级控制的辅助变

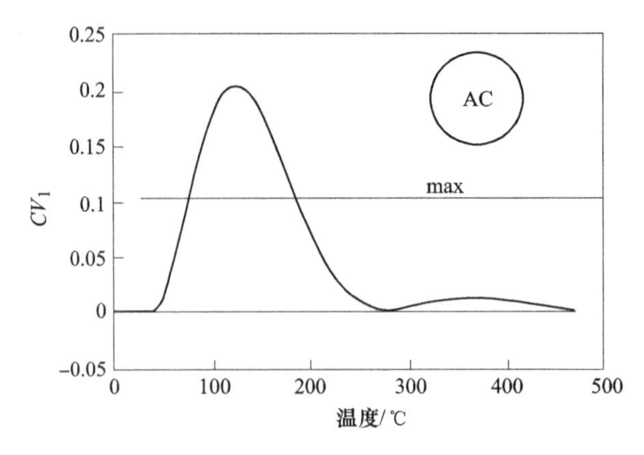

图 10-2　出口成分浓度曲线

量，反应器串级控制回路如图 10-3 所示，其动态响应特性如图 10-4 所示。

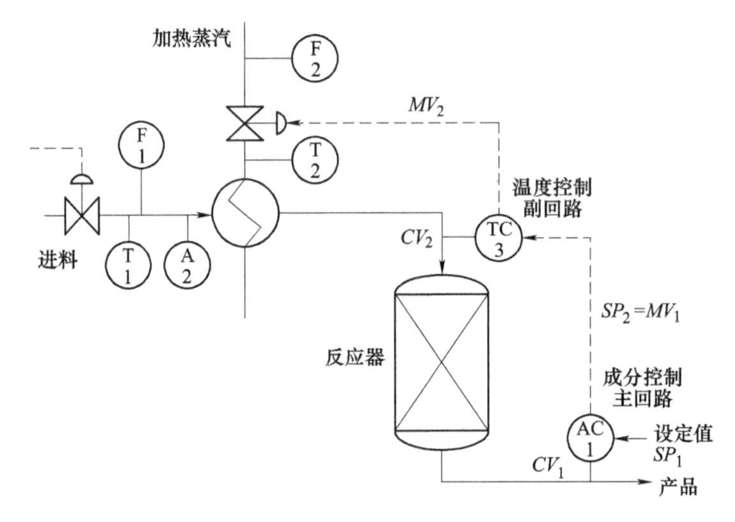

图 10-3　反应器串级控制回路

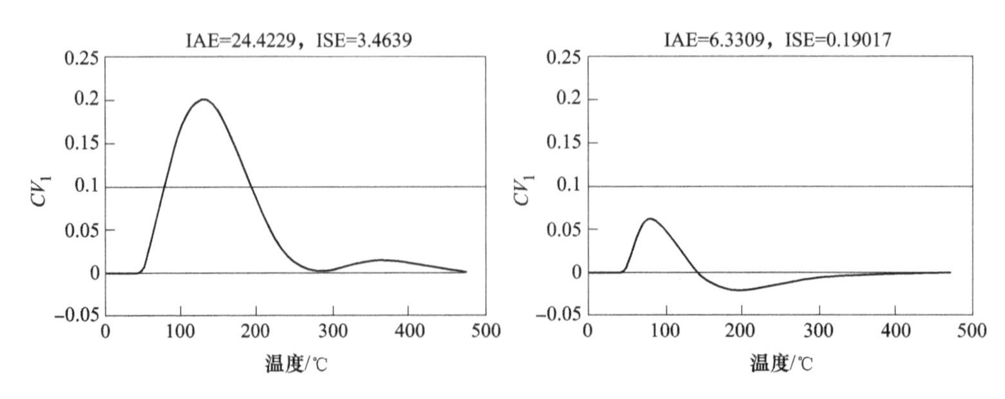

图 10-4　控制性能比较

IAE—误差绝对值积分　ISE—误差平方值积分

由图 10-4 可以看出，在 T_2 扰动作用下，串级闭环系统动态特性大幅度提高，IAE 性能指标较成分单回路控制从 24.4229 下降到 6.3309，进一步分析发现不仅有效抑制了加热剂进料温度 T_2 的扰动，而且对于进料温度和流量，以及加热剂阀前压力的扰动也可有效抑制。

10.2.3　反应过程间接质量控制

在反应过程的工艺状态参数中，常选用反应温度作为间接控制变量。常用的控制方案有以下几种。

1. 进料温度控制

如图 10-5 所示，物料经预热器（或冷却器）进入反应器。这类控制方案通过改变进入预热器（或冷却器）的加热剂量（或冷却剂量），来改变进入反应器物料温度，达到维持反应器温度的目的，如图 10-5a 所示。图 10-5b 所示是控制反应物进口温度的反应器系统，在这个流程中，进口物料与出口物料进行热交换，这是为了尽可能回收热量。系统通过调节出料的流量控制热量交换程度，从而控制进料的温度。

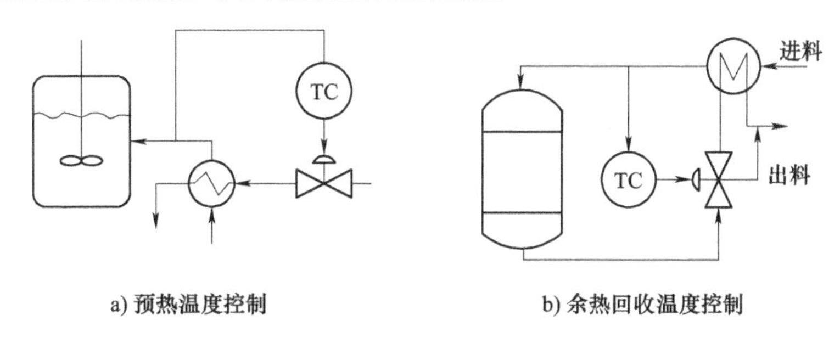

图 10-5　反应器进口温度控制方案

2. 改变传热量

大多数反应器有传热面，用于引入或移去反应热，因此采用改变传热量的方法可以实现温度控制。例如，图 10-6 所示的夹套反应器温度定值控制，通过检测反应器内的温度，控制加热剂或冷却剂的进口流量从而形成温度的单闭环控制。该控制方案结构简单，仪表投资少，但反应釜容量大，温度变化滞后严重，尤其在聚合反应时，釜内物料黏度大，热传递差，温度控制达到较高精确度较困难。

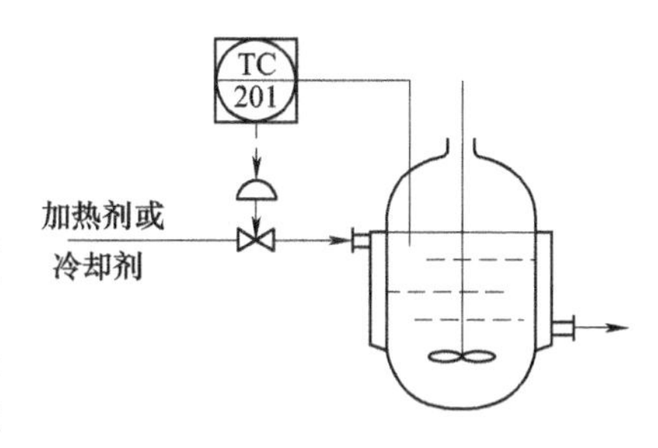

图 10-6　夹套反应器温度定值控制

3. 串级控制

串级控制将反应器的扰动引入串级控制系统的副回路，使扰动得以迅速克服。例如，釜温与加热剂（或冷却剂）流量组成串级控制系统，如图 10-7a 所示；釜温与夹套温度组成串

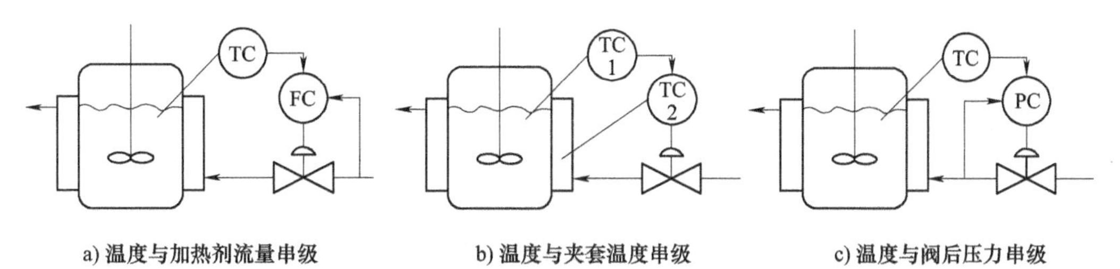

图 10-7　反应器温度的串级控制

级控制系统，如图 10-7b 所示；釜温与阀后压力组成串级控制系统，如图 10-7c 所示。

4. 前馈控制

进料流量变化较大时，应引入进料流量的前馈信号，组成前馈-反馈控制系统。例如，图 10-8 所示的反应器，前馈控制器的控制规律是 PD 控制。由于温度控制器采用积分外反馈防止积分饱和，因此，前馈控制器输出采用直流分量滤波。

5. 分程控制

采用分程控制系统除了可扩大可调范围外，对一些聚合反应器的控制也常采用。这些反应在反应初期要加热升温，反应过程正常运行时，要根据反应温度，进行加热或除热。例如，图 10-9 所示的聚合反应器就采用了分程控制系统，通过控制回水和蒸汽量来调节反应温度。

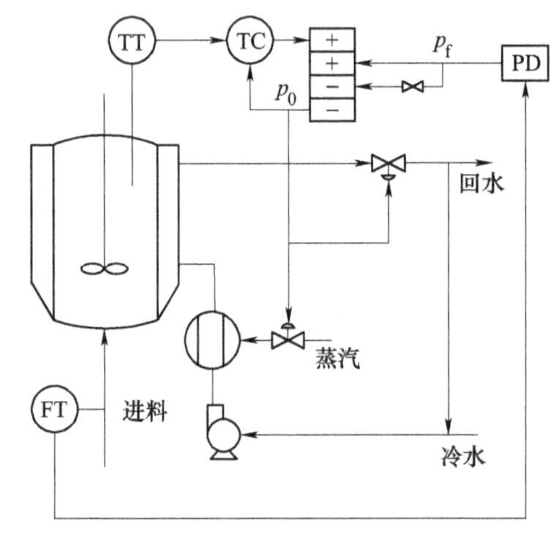

图 10-8　反应器的前馈-反馈控制系统

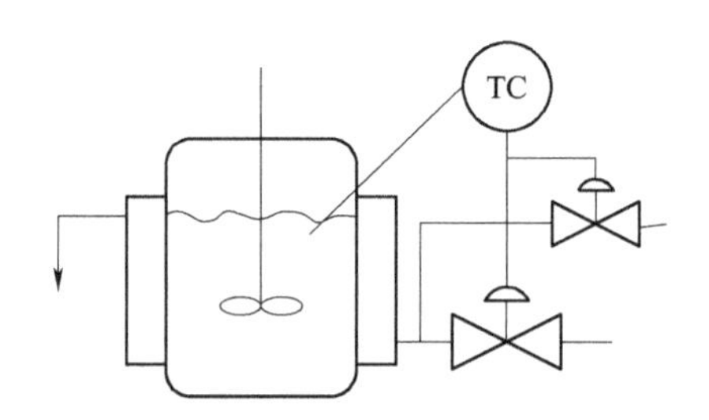

图 10-9　夹套反应器温度分程控制

6. 分段控制

某些化学反应器要求其反应沿最佳温度分布曲线进行。为此采用分段温度控制，使每段温度根据工艺控制的设定要求进行控制。例如，图 10-10 所示的丙烯腈生产过程中，丙烯进行氨氧化的沸腾床反应器就采用了分段控制。

有些反应中，反应物温度稍高会导致局部过热，如果反应是强放热反应，不及时移热或移热不均匀会造成分解或爆聚时，也可采用分段温度控制。

采用反应过程的工艺参数作为间接被控变量，使应用这些被控变量与质量指标之间有一定性能的联系。但从质量指标看，系统是开环的，其间没有反馈联系。因此，应注意防止由于催化剂老化等因素造成被控变量控制平稳，而产品质量指标不合格的情况发生。

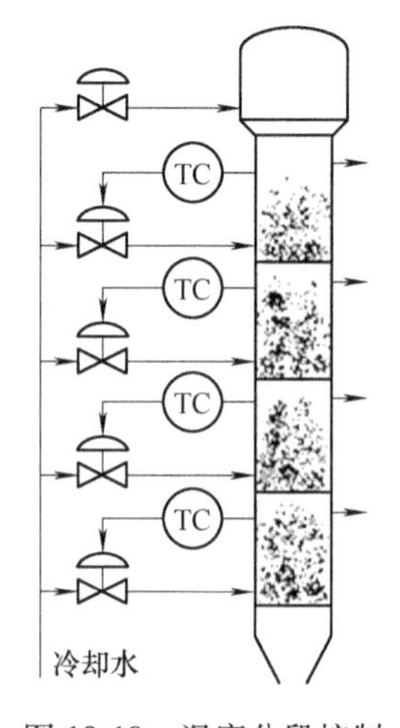

图 10-10　温度分段控制

10. 2. 4　pH 控制

酸碱中和反应是反应过程中常见的一类反应，在环境保护等领域有着极其广泛的应用。pH 控制是该类反应过程的重要控制，pH 值是反应过程的质量指标。由于 pH 值与中和液之间存在图 10-11 所示的非线性关系，加上 pH 值的测量环节具有大时滞特性，因此，对 pH

控制有一定困难。

1. 非线性特性的补偿

pH 过程的非线性特性不能通过选择控制阀的流量特性来补偿，通常采用非线性控制规律实现 pH 过程特性的补偿。

1）采用欣斯基（Shinsky）提出的三段式非线性控制器。该控制器采用图 10-12 所示三段不同的增益，来补偿 pH 过程增益的变化，使控制系统总开环增益保持基本不变，满足系统稳定运行的准则。通常，pH 控制的设定值在 pH−7，因此，偏差小时，被控过程增益大，偏差大时过程增益小。而三段式非线性控制器的增益设计成偏差大时增益大，偏差小时增益小。

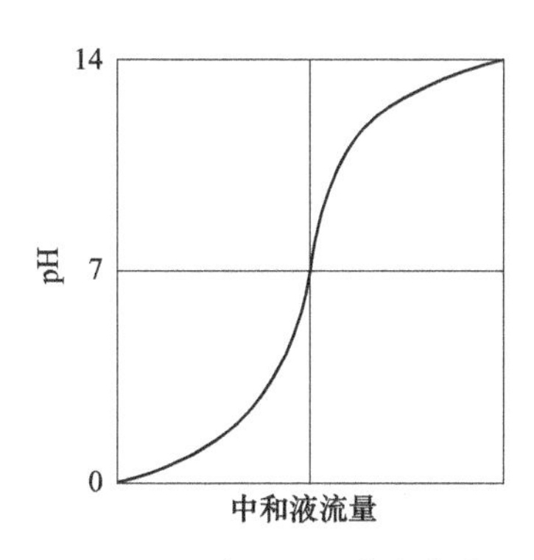

图 10-11　中和过程滴定曲线

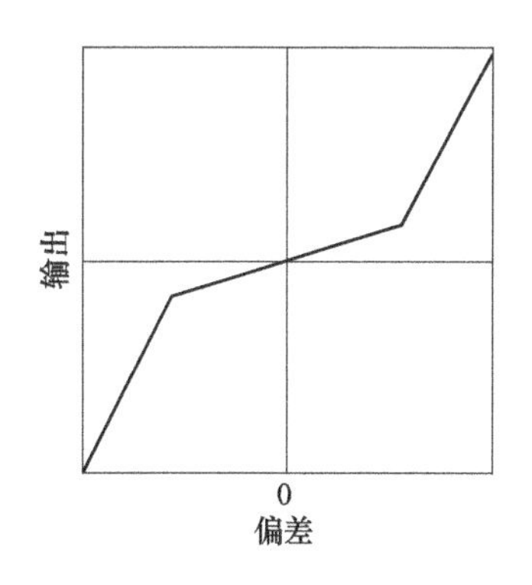

图 10-12　三段非线性控制器

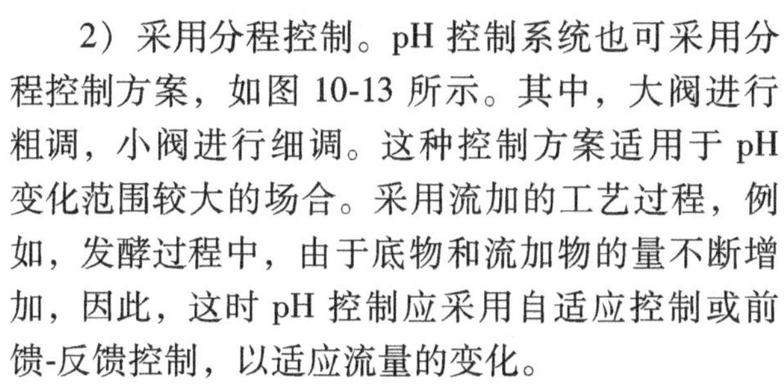

2）采用分程控制。pH 控制系统也可采用分程控制方案，如图 10-13 所示。其中，大阀进行粗调，小阀进行细调。这种控制方案适用于 pH 变化范围较大的场合。采用流加的工艺过程，例如，发酵过程中，由于底物和流加物的量不断增加，因此，这时 pH 控制应采用自适应控制或前馈-反馈控制，以适应流量的变化。

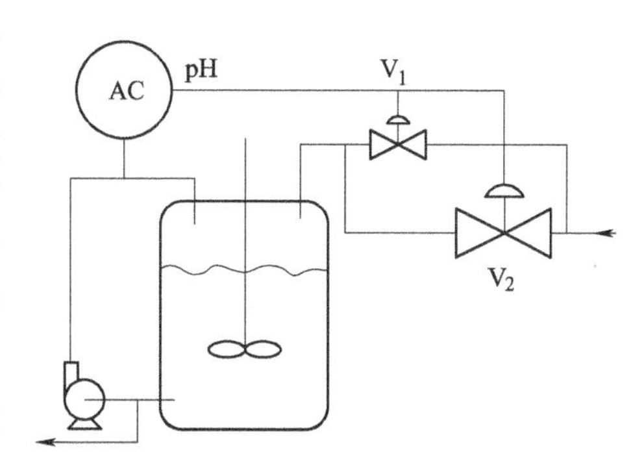

图 10-13　pH 控制的分程控制系统

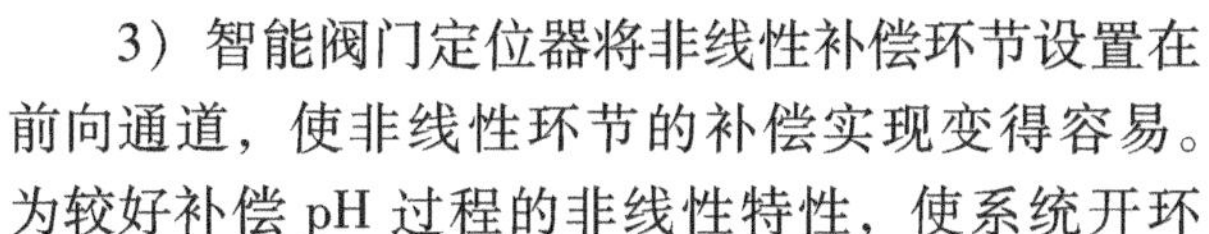

3）智能阀门定位器将非线性补偿环节设置在前向通道，使非线性环节的补偿实现变得容易。为较好补偿 pH 过程的非线性特性，使系统开环总增益保持不变，可对 pH 过程的非线性特性进行测试。通过测量不同 pH 稳态值处，中和液流量的变化量 ΔF 和 pH 的变化量 Δ_{pH}，计算其变化量的斜率，即增益，则控制器的增益与计算所得增益的倒数成正比。

2. 时滞测量和控制

pH 测量环节存在较严重的时滞。实施 pH 控制时，除采用减小测量环节时滞的一些措施外，如采用外部循环泵将被测量液体连续采出和采样，还可采用加大时间常数的方法，缓和 pH 的变化。

10.2.5　化学反应器的推断控制

由于采用在线分析仪表检测化学反应器的产品质量指标，具有时滞大、维护困难、价格昂贵等缺点，大多数反应器的产品质量指标采用间接指标，例如反应温度。随着计算机技术的发展，软测量和推断控制技术被用于工业过程产品质量控制指标的检测和控制。

【例 10-1】 流化床干燥器湿含量的推断控制。

流化床干燥器的主要质量指标是物料出口湿含量。因固体颗粒湿含量难以直接测量，因此采用图 10-14 所示推断控制方案。

根据工艺机理，固体颗粒湿含量 x 与入口温度 T_i、出口温度 T_o 及湿球温度 T_w 有如下关系：

$$x=\frac{x_c GC}{H_v \gamma A}\ln\left(\frac{T_i - T_w}{T_o - T_w}\right) \tag{10-12}$$

式中，x_c 是降速和恒速干燥的临界湿含量；G 是空气流量；c 是空气比热容；H_v 是水的潜热；γ 是传质系数；A 是固体颗粒的表面积。

实际运行时，对一些基本不变的系数，作为常数处理，使湿含量 x 仅与入口温度、出口温度和湿球温度有关。但湿球温度 T_w 测量有困难，在较高温度，湿球温度是入口干球温度的函数，而受湿度影响较小，因此，针对特定物料的湿含量 x，可建立 T_o 与 T_i 的关系曲线。只要控制 T_o 与 T_i 的值符合某一关系曲线，就能将湿含量控制在相应数值。

将所建立 T_o 与 T_i 的关系曲线用可调整斜率 R 和截距 b 的直线近似，即

$$T_{os}=b+RT \tag{10-13}$$

式中，T_{os} 是出口温度希望的设定值；斜率 R 和截距 b 由关系曲线确定，并在现场进行适当调整。

实际应用时，考虑入口温度变化到出口温度变化之间的时滞，在计算 T_{os} 前，对入口温度进行延时处理。图 10-14 中，TY101 用于根据 T_o 与 T_i 的关系曲线计算出口温度希望的设定值，其中，包含了对入口温度的延时功能。TC101 和 TC102 是出、入口温度控制器，P_dC 是干燥器压降控制器，控制系统框图如图 10-15 所示。

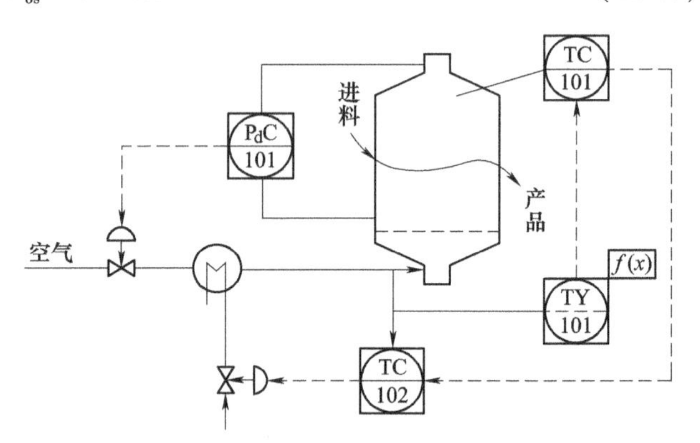

图 10-14　流化床干燥器湿含量推断控制

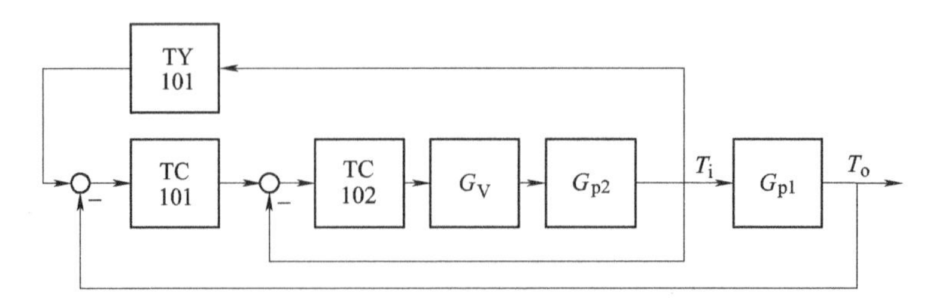

图 10-15　流化床控制系统框图

10.2.6　稳定外围的控制

稳定外围控制是尽可能使进入反应器的每个过程变量保持在规定数值的控制，它使反应器操作在所需操作条件下，产品质量满足工艺要求。通常，稳定外围的控制依据物料平衡和

能量平衡进行，主要包括：进入反应器的物料流量控制或物料流量的比值控制；反应器出料的反应器液位控制或反应器压力控制；稳定反应器热量平衡的入口温度控制，或加入（移去）热量的控制。

【例 10-2】 合成氨转化炉的稳定外围控制。

石脑油为原料的一段转化炉内进行如下反应：

$$C_nH_{2n+2} + \frac{n-1}{2}H_2O \longrightarrow \frac{3n+1}{4}CH_4 + \frac{n-1}{4}CO_2 \tag{10-14}$$

$$CH_4 + H_2O \longleftrightarrow CO + 3H_2 + Q \tag{10-15}$$

甲烷转化为一氧化碳的反应是强吸热反应。由炉管外的烧嘴燃烧燃料供给热量，转化过程控制指标是出口气体中甲烷含量符合工艺要求，出口气体中氢氮比符合工艺要求。为此组成图 10-16 所示稳定外围的控制系统。

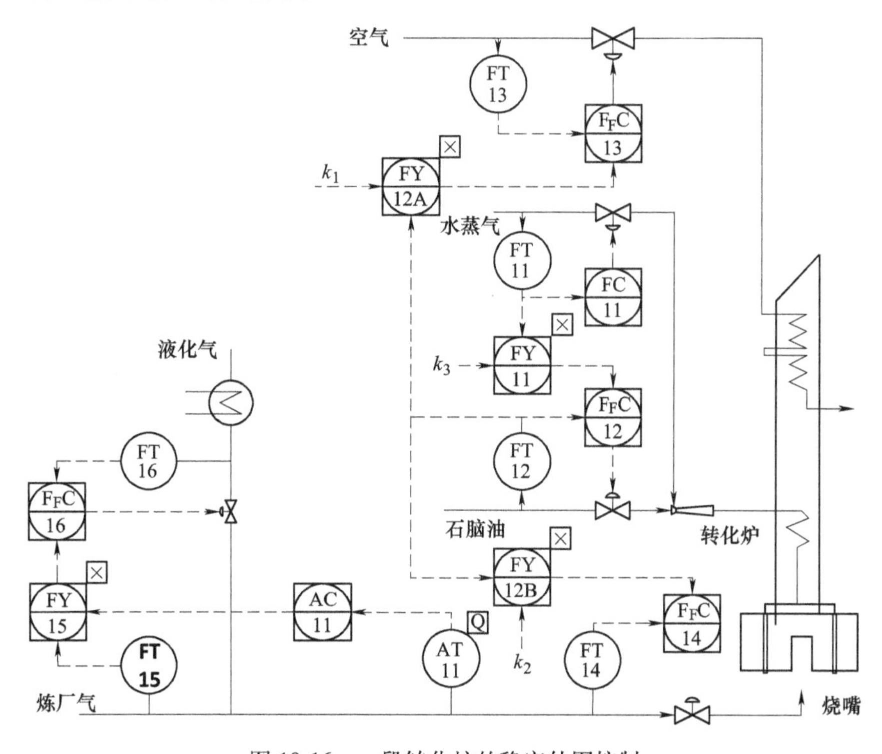

图 10-16　一段转化炉的稳定外围控制

（1）进料流量控制　对各进料流量进行闭环控制，包括原料石脑油、水蒸气和空气，以及总燃料量等流量的闭环控制。

（2）水蒸气、空气和石脑油之间的比值控制　以水蒸气流量作为主动量，石脑油流量作为从动量（比值为 k_3），组成双闭环比值控制系统；以石脑油流量作为主动量，空气流量作为从动量（比值为 k_1），组成双闭环比值控制系统。

（3）热量控制　以石脑油流量作为主动量，总燃料量作为从动量（比值为 k_2），组成双闭环比值控制系统，保证供热量与原料量的配比。该系统采用两种燃料：炼厂气和液化气。液化气热值高，炼厂气热值低，因此，根据热值分析仪 AT 的输出，经热值控制器 AC 调整炼厂气和液化气的比值。其中，炼厂气是主动量，液化气是从动量和串级控制系统的副被控变量，热值是串级控制系统的主被控变量，根据这些组成变比值控制系统，保证热值恒定，从而间接保证出口气中残余甲烷含量满足工艺要求。

（4）压力控制　控制炉管内物料的压力，保证反应器出口气体流量的稳定，图 10-16 中未画出。

10.3　典型化学反应过程的控制系统设计示例

本书主要给出一个合成氨反应过程控制应用实例。

1. 变换炉的变比值控制

合成氨生产过程中变换工序是一个重要环节。其主要反应为

$$CO + H_2O \longleftrightarrow CO_2 + H_2 + Q \tag{10-16}$$

可直接用变换气出口气体中 CO 浓度作为质量指标，组成变比值控制系统。根据变换反应机理，将反应物流量按一定比值控制，再根据 CO 浓度及时调整比值设定值。

根据工艺测试分析，变换炉出口 CO 含量一定时，不同负荷（半水煤气）下，水蒸气和半水煤气的流量比值并非定值，而满足近似的平方关系，即

$$Q_{H_2O} \approx kQ_{CO}^2 \tag{10-17}$$

为此，设计比值控制系统时，工艺比值系数 k 成为 $k=\dfrac{Q_{H_2O}}{Q_{CO}^2}$；常规仪表系统设计时，水蒸气量测量采用差压变送器加开方器，半水煤气量测量采用差压变送器但不加开方器，仪表比值系数 $K=k\dfrac{Q_{COmax}^2}{Q_{H_2Omax}}$。

该控制系统投运后，对半水煤气成分变化、触媒活性变化等扰动的影响都有较好的克服能力。需注意，变换炉出口气体浓度检测时应进行净化处理，而分析仪表定期维护是控制系统正常运行的前提。因控制通道时间常数比采用入口温度或一段温度控制的控制通道时间常数小，因此，控制质量较好。

2. 转化炉水碳比控制

水碳比控制是转化工段一个十分关键的工艺控制参数。水碳比指进口气中水蒸气和含烃原料中碳分子总数之比。水碳比过低会造成二段触媒结碳。由于进口气中总碳的分析与测定有一定困难，因此，通常总碳量用进料原料气流量作为间接被控变量。

一段转化炉水碳比控制采用水蒸气和原料气两个流量的单闭环控制系统时，因没有比值的计算和显示，通常需设置相应的水碳比报警和联锁系统，防止水碳比过低造成结碳。

一段转化炉水碳比控制提出采用水碳比的比值控制系统。实施时注意，对水蒸气和原料气流量测量，如果物料的温度、压力或成分有较大变化时，需要进行温度、压力和压缩因子的补偿，以补偿因密度变化造成的影响，提高测量精确度。

3. 合成塔的控制

（1）氢氮比控制　合成氨的反应方程式为

$$3H_2 + N_2 \longleftrightarrow 2NH_3 \tag{10-18}$$

合成反应的转化率较低（约 12%）时，必须将产品分离后的未反应物料循环使用，即循环氢与新鲜氢再进入合成塔进行反应。氢气和氮气之比按 3∶1 相混合，并进行反应。根据反应方程式，氨合成反应以氢氮比 3∶1 消耗，一旦新鲜气中的氢氮比偏离设定比值，则多余的氢或氮就会积存，经不断循环后，使回路中的氢氮比越来越偏离设定的比值，而不能

恢复平衡。

以天然气为原料的大型合成氨厂中，氢氮比控制的操纵变量是二段转化炉入口加入的空气量。从空气加入，经二段转化炉、变换炉、脱碳系统、甲烷化及压缩，才能进行合成反应，因此，整个调节通道很长，时间常数和时滞很大，这表明被控过程是大时滞过程。为此，设计图10-17所示的以合成塔进口气中氢氮比为主被控变量，以新鲜气中氢氮比为副被控变量的串级控制系统。考虑到天然气原料流量波动的影响，引入原料流量的前馈信号组成前馈-串级控制系统。

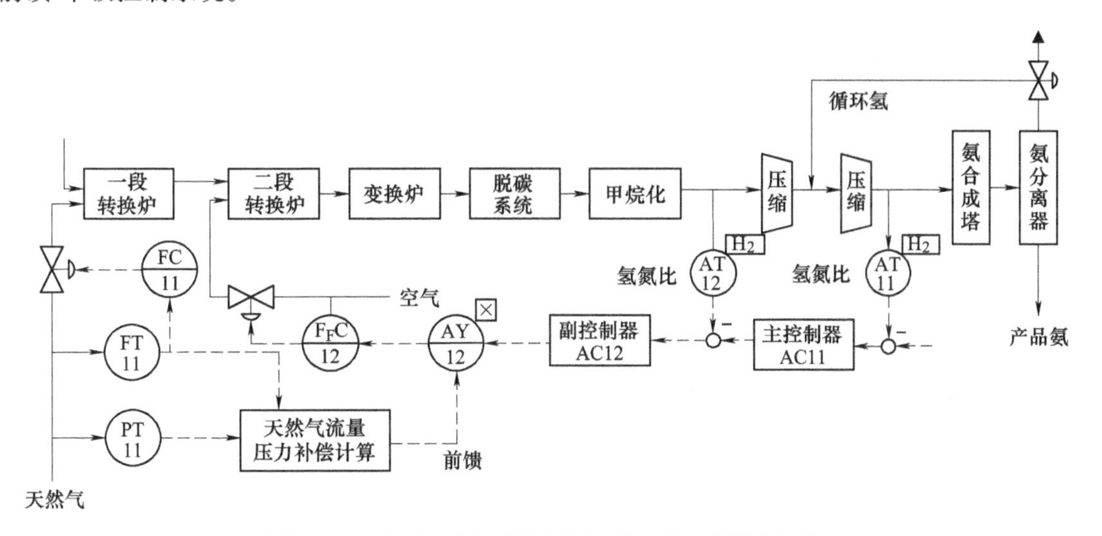

图10-17　合成反应过程的氢氮比串级变比值控制系统

图10-17中，AT是氢气分析器；FC是流量控制器；FT是流量变送器；PT是天然气压力变送器；AY是乘法器，实现变比值运算。

（2）合成塔温度控制　为保证合成反应稳定运行，要求控制好合成塔触媒层的温度，以便提高合成转化率，延长触媒使用寿命。图10-18所示为合成塔温度的一种控制方案。

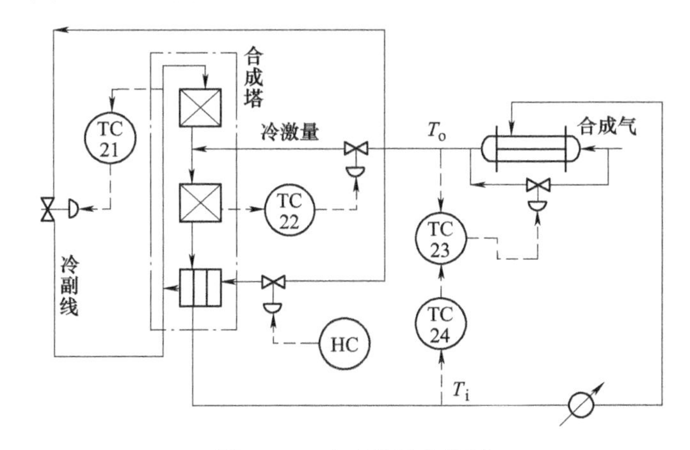

图10-18　合成塔温度控制

图10-18中，TC21是合成塔入口温度控制器，被控变量是合成塔入口温度，操纵变量是冷副线流量。因合成气刚入塔，离化学平衡有距离，应提高反应速率。入口温度过低，不

利于反应进行，入口温度过高，则反应速率过快，床温上升过猛，影响触媒使用寿命。TC22 是合成塔触媒床层温度控制器，被控变量是触媒床层温度，操纵变量是冷激量，因第二层触媒中化学平衡成为主要矛盾，因此，应控制床层温度，以反映化学平衡的状况。

TC23 和 TC24 组成串级控制系统，主被控变量是合成塔出口温度 T_o，副被控变量是入口温度 T_i，操纵变量是入口换热器的旁路流量。根据热量平衡关系，入口温度 T_i 的气体在合成反应中获得热量，温度升高到 T_o，因此，出口温度低表示反应转化率低，反应的热量不够，为此应提高整个床层温度，即提高入口气体的热焓，或提高入口温度控制器的设定值。反之，反应过激时，应降低入口温度设定值，使整个床层温度下降。实施时，考虑出口温度和入口温度的兼顾，对主、副控制器的参数应整定得较松些。

习　　题

10-1　化学反应器控制系统中的被控变量、操纵变量和扰动变量有哪些？

10-2　什么是化学反应速度？影响化学反应速度的因素有哪几个？简要说明。

10-3　影响化学反应平衡的常数有哪些？如何影响？

10-4　什么是反应器的热稳定性？吸热反应器的被控对象是否一定稳定？放热反应器的被控对象是否一定不稳定？为什么？

10-5　化学反应器的常用控制方案有哪些？主要控制目标是什么？

10-6　为什么说强烈放热反应有可能存在不稳定性？如何防止？

10-7　某连续搅拌夹套反应器，反应初期要用蒸汽或热水加热，反应进行后要移热，设计反应器温度控制系统来满足上述控制要求。

10-8　题 10-7 中，已知蒸汽控制阀开度增加 10%，反应器温度平均升高 10℃，冷水控制阀开度增加 10%，反应器温度平均下降 15℃，确定控制阀开度与控制器输出之间的关系。

10-9　已测得反应器温度被控对象的传递函数有三个开环极点为 1、-2 和-2.5，增益为 2，确定采用纯比例控制器时的增益，并仿真检验。

10-10　某放热反应器温度控制系统采用双重控制系统，如图 10-19 所示。当反应温度升高时，先用泵将反应器内物料抽出，与冷冻盐水换热，使温度迅速回复，然后，用夹套冷水移热，确定控制阀的气开气关形式和控制器的正反作用方式，并说明控制系统工作过程。

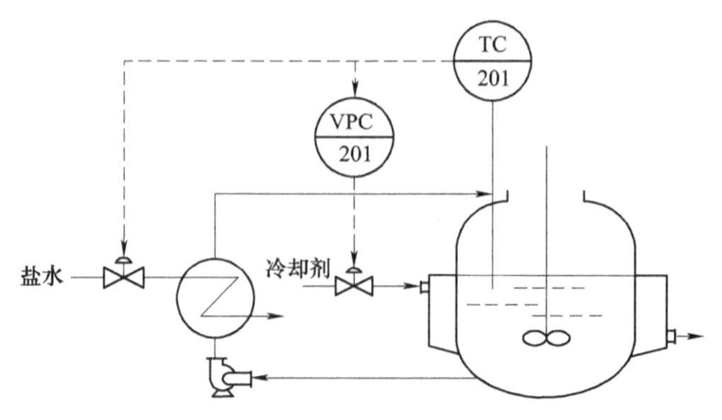

图 10-19　化学反应器的双重控制系统

第11章 过程控制工程设计与实例分析

自动化系统工程设计与实施一般包括三个方面的内容：方案设计、工程设计和安装调试。方案设计是决定技术方向与路线的首要问题，它是自动化工作者丰富经验积累后的思想集成；工程设计是在方案设计的基础上所实施的深度的、详尽的分析与设计；安装调试就是把方案、设计变成物理实现的最终完成。这三者都是依据一定规范与标准进行的。其中，大量的基础工作主要涉及工程（图）设计。工程技术人员要表达设计思想，理解设计思路，组织生产施工以及运行维护管理，就一定要学会认识、阅读和绘制工程图。工程图始终是工程技术界技术交流的语言，在工程领域中起着其他语言不可替代的作用。作为一种基础知识，这是必须要学习和掌握的。另外，还要掌握工程的设计原则与实施步骤。

11.1 基础知识

自动化控制系统的内涵丰富、外延宽广，不仅包括传统意义上的仪表自动控制、电气自动控制，还有电子控制装置；不仅涉及系统的集成，还包括产品的开发。因此，自动化系统工程图也包括电子线路图、仪表流程图和电气设备图。

化工生产中常用带测控点的工艺流程图表示工艺生产过程和控制方案。

工艺流程图以图解的形式表示工艺生产过程，即将生产过程中物料经过的设备按其形状画出示意图，并画出设备之间的物料管线及物料流向。自动化工作者在了解工艺流程的基础上，用过程检测和控制系统的设计符号来描述生产过程的测控内容，即通常称谓的带测控点的工艺流程图或简称控制流程图。

控制流程图虽然复杂，但有一定规律，这里依据行业标准 HG/T 20505—2014《过程测量与控制仪表的功能标志及图形符号》并参照国家标准 GB/T 2625—1981《过程检测和控制流程图用图形符号和文字代号》进行介绍。

1. 工艺设备代号与图例

工艺流程图中以设备的外形及字母代号表示设备类型。流程图用细实线绘制，设备中的管线接头、支脚和支架均不表示出来。常用的工艺设备按照作用不同可分为塔、反应器、容器、热交换器（换热器、冷却器、蒸发器）、泵、压缩机、工业炉等。表 11-1 中列出了工艺流程图常用设备的代号和图例。

表 11-1　工艺流程图常用设备代号和图例

序号	类别	代号	图例
1	塔	T	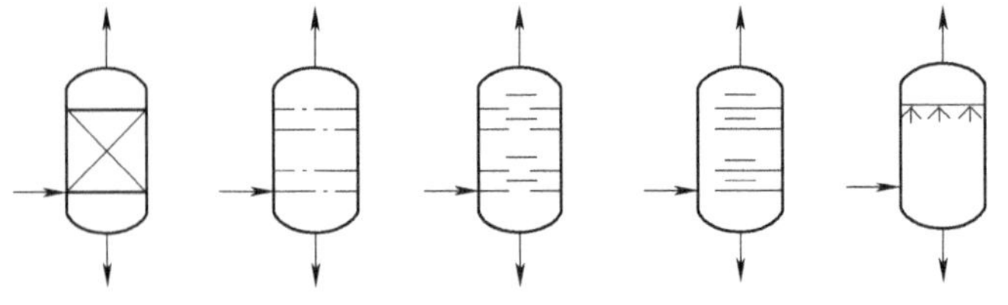 填料塔　筛板塔　浮阀塔　泡罩塔　喷洒塔
2	反应器	R	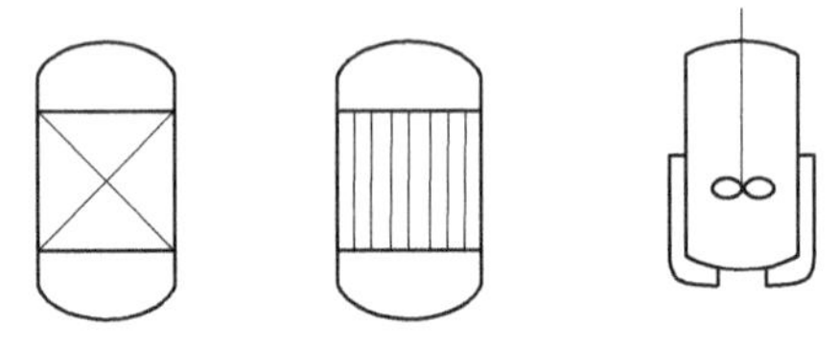 固定窗反应器　管式反应器　反应釜
3	泵	P	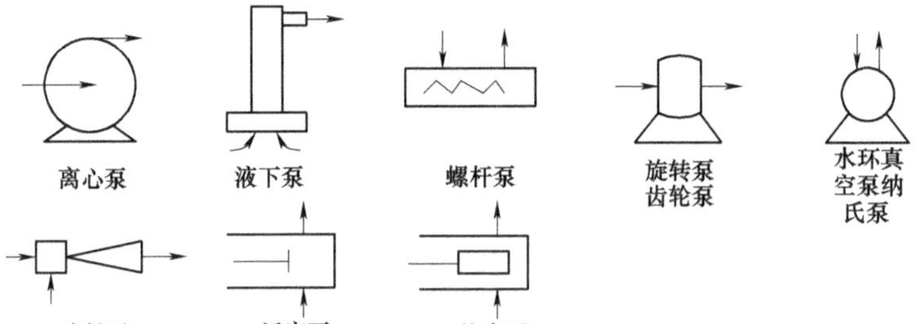 离心泵　液下泵　螺杆泵　旋转泵 齿轮泵　水环真空泵纳氏泵　喷射泵　活塞泵 比例泵　柱塞泵
4	换热器、冷却器、蒸发器	E	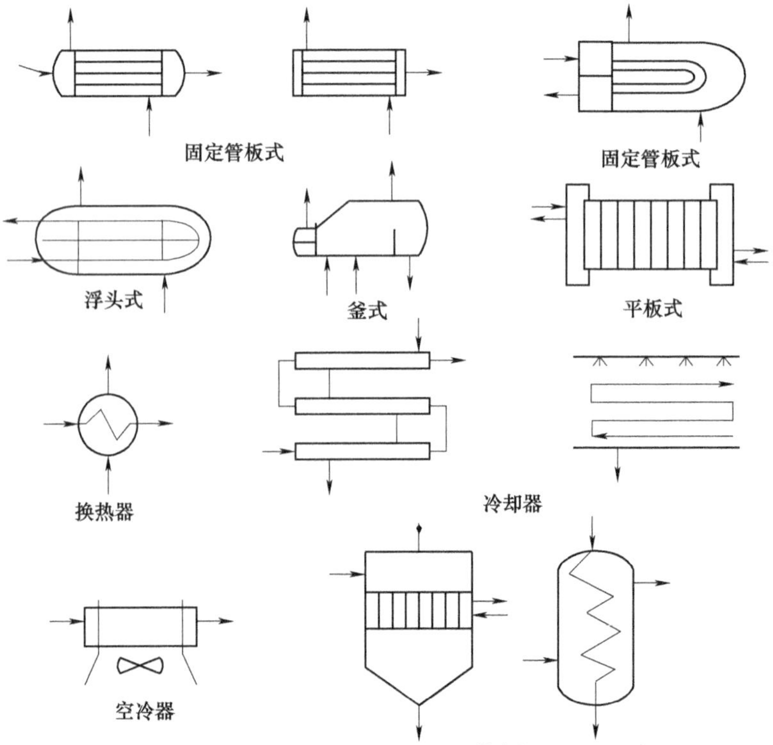 固定管板式　固定管板式　浮头式　釜式　平板式　换热器　冷却器　空冷器　蒸发器

（续）

序号	类别	代号	图　　例
5	容器、（槽、罐）	V	M 卧式槽　立式槽 锥顶罐　浮顶罐 除沫分离器　旋风分离器　湿式气罐　球罐
6	鼓风机、压缩机	C	鼓风机　离心压缩机　(卧式)　(立式) 旋转式压缩机 M　M 4级往复式压缩机　单级往复式压缩机
7	工业炉	F	箱式炉　圆筒炉 （仅供参考，当炉子形状改变时，依据具体形状画出）

（续）

序号	类别	代号	图　　例
8	烟囱、火炬	S	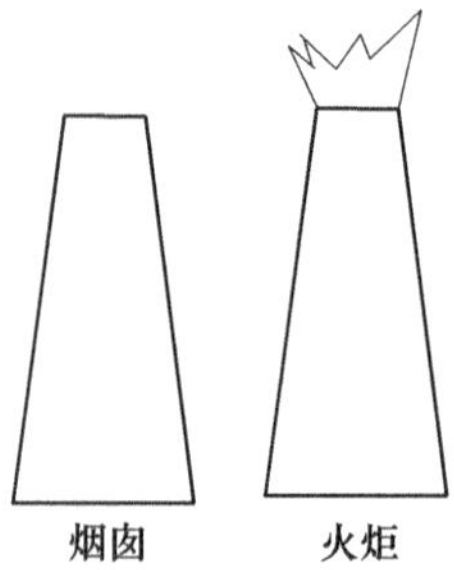 烟囱　火炬
9	起重运输机械	L	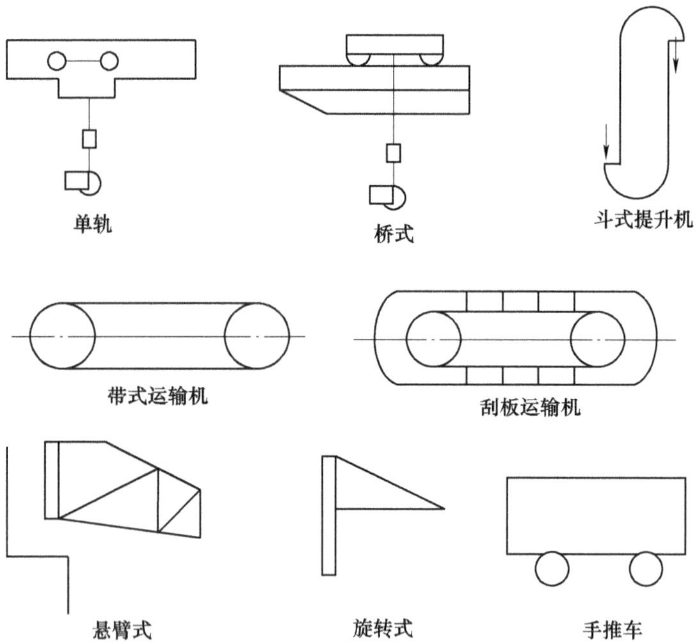 单轨　桥式　斗式提升机　带式运输机　刮板运输机　悬臂式　旋转式　手推车
10	其他机械	M	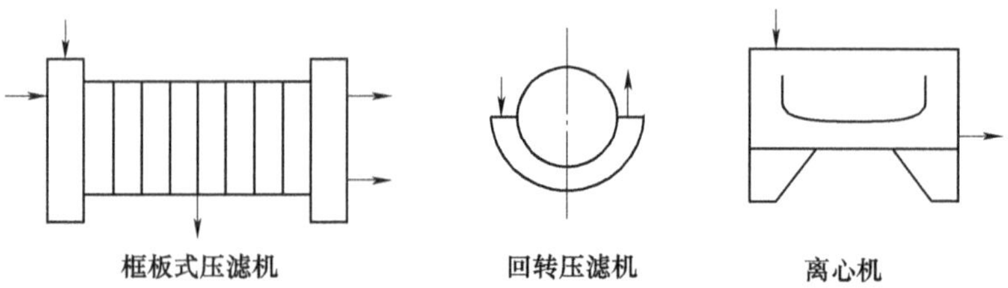 框板式压滤机　回转压滤机　离心机

2. 控制系统常用图例符号

在过程控制系统中，为了清楚地表示控制系统的类型和所用仪表的种类，针对控制系统定义了许多符号和图例。

（1）图形符号

工艺流程图中用图形符号表示仪表的类型、安装位置等。

1）检测点的标识。检测点在控制流程图中，一般没有特殊标识。图 11-1 所示为检测点的标识。图 11-1a、b 中，由过程设备或管道符号引到表示仪表的圆圈的连接引线的起点即为检测点。图 11-1c、d 中，用直径为 2mm 的圆圈或虚线表示检测点在设备中的位置。

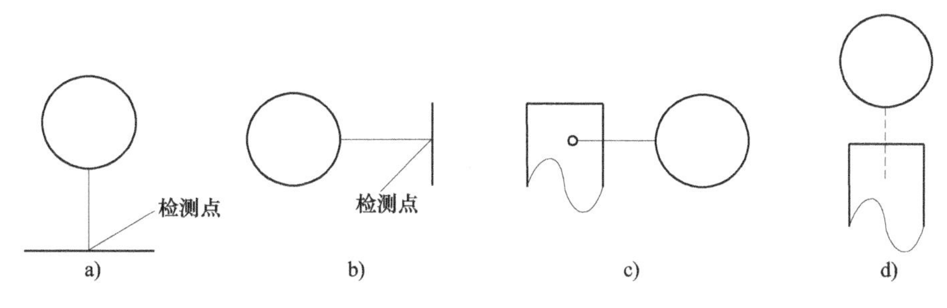

图 11-1 检测点的标识

2）连接线的标识。仪表的圆圈之间或检测点与仪表之间的连线表示仪表的信号线。细实线为通用的仪表信号线或能源线。在有些能源线上有缩写标注，表示能源的种类，如 AS-0.14 为 0.14MPa 的压缩空气，ES-24DC 为 24V 的直流电源。

当信号种类比较多时，在细实线上加注一些符号，用以区别不同信号。仪表连线符号见表 11-2。

表 11-2 仪表连接符号

序号	图形符号	类别	序号	图形符号	类别
1		仪表与工艺设备、管道上检测点的连接线或机械连动线	8		液压信号
2		表示信号的方向	9		电磁、辐射、光、热、声等信号（有导向）
3		连接线交叉	10		电磁、辐射、光、热、声等信号（无导向）
4		连接线相接	11		内部系统链（软件或数据链）
5		气压信号	12		机械链接或连接
6	或	电信号	13	或	二进制电信号
7		导压毛细管	14		二进制气信号

3）仪表图形符号。在控制流程图中，用直径为 10mm 或 12mm 的细实圆，如图 11-2a 所示，加上用字母和阿拉伯数字组成的仪表位号，表示仪表及其功能。当仪表位号字母和数字较多，圆圈不能容纳时，可以断开，如图 11-2b 所示。如图 11-2c 所示的相切圆表示处理两个或多个变量，或者处理一个变量但有多个功能的复式仪表。如图 11-2d 所示，两个相切

的实线圆和虚线圆表示两个检测点引到一台复式仪表上，但两个检测点在图样上距离较远或在不同的图样上。

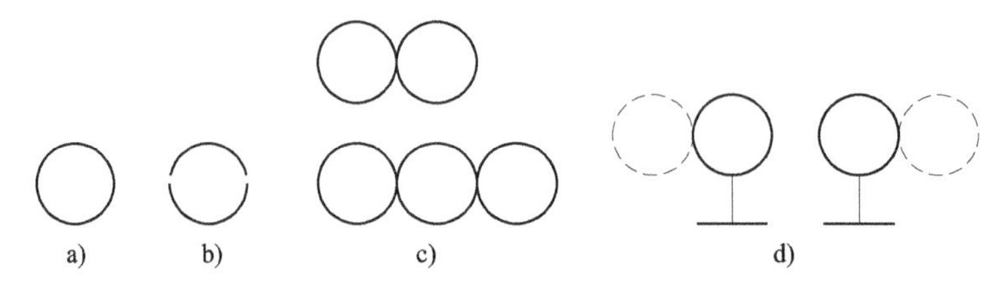

图 11-2　仪表图形符号

在实线圆上增加一些变化，可以表示仪表的不同安装位置，见表 11-3。例如，在细实线圆外加方框表示集散控制系统中的仪表。

表 11-3　仪表安装位置的图形符号

安装位置	主要位置[①]，操作员监视用	现场安装在正常情况下，操作员不监视	辅助装置[③]，操作员监视用
离散仪表	②		
公用显示，公用控制			
计算机功能			
可编程序逻辑控制功能			

① 表示引入控制室。

② 在需要时标注仪表盘号或操作台号。

③ 是指非主控室，如现场安装的仪表盘等位置。

4）控制阀体图形符号。控制阀作为控制系统的执行装置，有着十分重要的作用。控制阀的阀体形状不一，在控制流程图上有不同的标识，见表 11-4。

表 11-4　控制阀体的图形符号

截止阀	角阀	三通阀	四通阀	球阀
蝶阀	旋塞阀	隔膜阀	闸阀	夹管阀

5）执行机构图形符号。控制器的信号需要通过执行机构来驱动阀体动作。执行机构根据信号类型和驱动形式有不同的表示方法。表 11-5 为执行机构的图形符号。

表 11-5 执行机构的图形符号

带弹簧的薄膜执行机构 	不带弹簧的薄膜执行机构 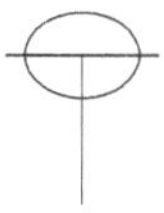	电动执行机构 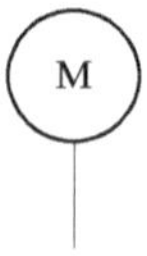	数字执行机构 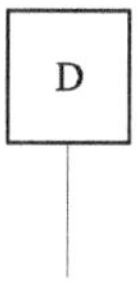	活塞执行机构单作用 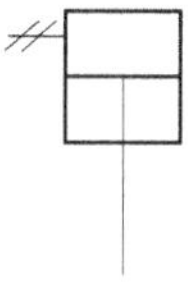
		M	D	
活塞执行机构双作用 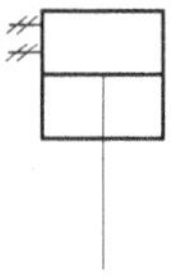	电磁执行机构 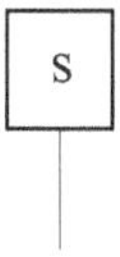	带手轮的气动薄膜执行机构 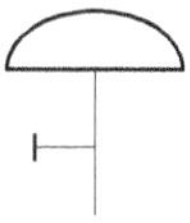	带气动阀门定位器的气动薄膜执行机构 	带电气阀门定位器的气动薄膜执行机构 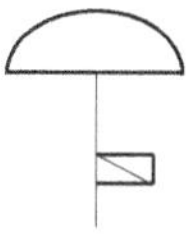
	S			
带人工复位装置的执行机构（以电磁）执行机构为例 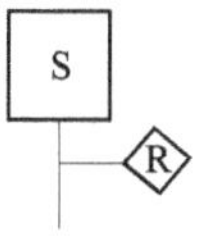		带远程复位装置的执行机构（以电磁）执行机构为例 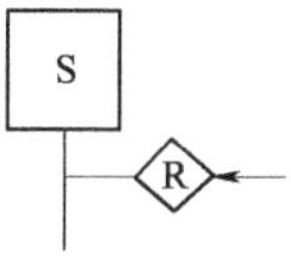		
S R		S R		

执行机构为了保证控制系统的安全或者保证产品质量，减少能耗，在能源中断时，控制阀应处于合理的位置。在带控制点的流程图中以图形符号的形式加以区别。常用表示能源中断时控制阀位置的图形符号见表 11-6。

表 11-6 能源中断时控制阀位置的图形符号

能源中断时，直通阀开启 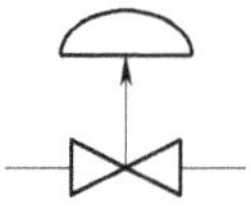	能源中断时，直通阀关闭 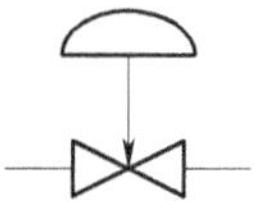	能源中断时，三通阀流体流通方向 A→C 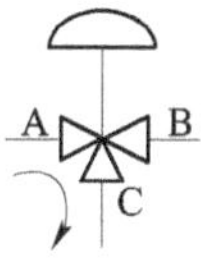
		A B C
能源中断时，三通阀流体流通方向 A→C 和 D→B 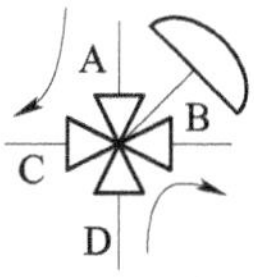	能源中断时，阀保持原位 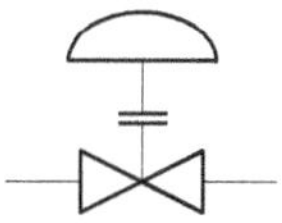	能源中断时，不定位 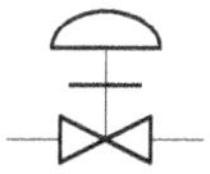
A B C D		

（2）字母代号　在控制流程图中，表示仪表的实线圆里，用字母组合来表示被测变量与仪表功能。见表 11-7，同一字母在不同的位置有不同的含义或作用，处于第一位时表示被测变量或初始变量；作为第一位的修饰词则放在次位且用小写字母表示；处于后继位时表示仪表的功能。如图 11-3 所示，将表中的第一位字母、修饰词（有时用，有时不用）、后继字母等组合到一起，就具有了特定的含义，图中，TdRC 表示温差记录控制系统。

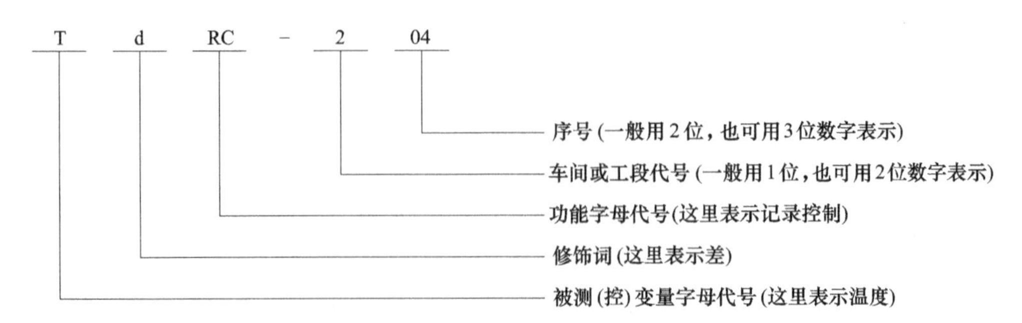

图 11-3 字母代号

后继字母的确切含义可根据实际情况做相应的解释。例如，R 可以解释为记录仪、记录，T 可理解为变送器，传送或传送的；当 A 作为分析变量时，一般在图形符号外标有分析的具体内容，如圆圈内符号为 AR，圆圈外符号为 O_2，表示对氧气含量的分析记录；字母 H、M、L 表示被测变量的高、中、低值，一般标注在仪表圆圈外；H、L 还可表示阀门或其他设备的开关位置；H 表示全开或接近全开；L 表示全关或接近全关；字母 U 表示多变量或多功能时，可代替两个以上的变量或两个以上的功能；字母 X 代表未分类变量或未分类功能，使用中一般另有注明；供选用的字母，是指在个别设计中反复使用，表中未列出其含义的字母，使用时需在具体的工程设计图例中加以说明；后继字母 Y 表示继动器（包括继电器）或计算器功能时，应在图形符号圆圈外标注它的具体功能。

表 11-7 测控系统中字母代号的意义

字母	第一位字母		后继字母	字母	第一位字母		后继字母
	被测变量或初始变量	修饰词	功能		被测变量或初始变量	修饰词	功能
A	分析		报警	N	供选用		供选用
B	烧嘴、火焰		供选用	O	供选用		孔板、限制
C	电导率		控制	P	压力		连接或测试点
D	密度	差		Q	数量	积算、累积	积算、累积
E	电压（电动势）		检测元件，一次元件	R	核辐射		记录
F	流量	比率		S	速度、频率	安全	开关
G	可燃气体和有毒气体		视镜，观察	T	温度		传送（变送）
H	手动			U	多变量		多功能
I	电流		指示	V	振动、机械监视		阀/风门/百叶窗
J	功率		扫描	W	重量、力		套管、取样器
K	时间、时间程序	变化速率	操作器	X	未分类	*X* 轴	附属设备，未分类
L	物位		灯	Y	事件、状态	*Y* 轴	辅助设备
M	水分或湿度			Z	位置、尺寸	*Z* 轴	驱动、执行元件、未分类的最终控制元件

（3）仪表位号 在测控系统中，构成一个回路的每一台仪表（或元件）都应有一个自己的编号，这个编号是仪表的位号。仪表位号由字母代号组合和阿拉伯数字编号两部分组

成。其中，字母代号组合写在仪表圆圈的上半部，数字编号写在圆圈的下半部；表示集中仪表盘面安装仪表的圆圈中间有一横，表示就地安装仪表的圆圈中间没有一横。数字编号一般是由3位或4位数字组成，第1位表示车间或工段代号，后续数字表示仪表的序号。图11-4所示为常规仪表控制流程图示例。

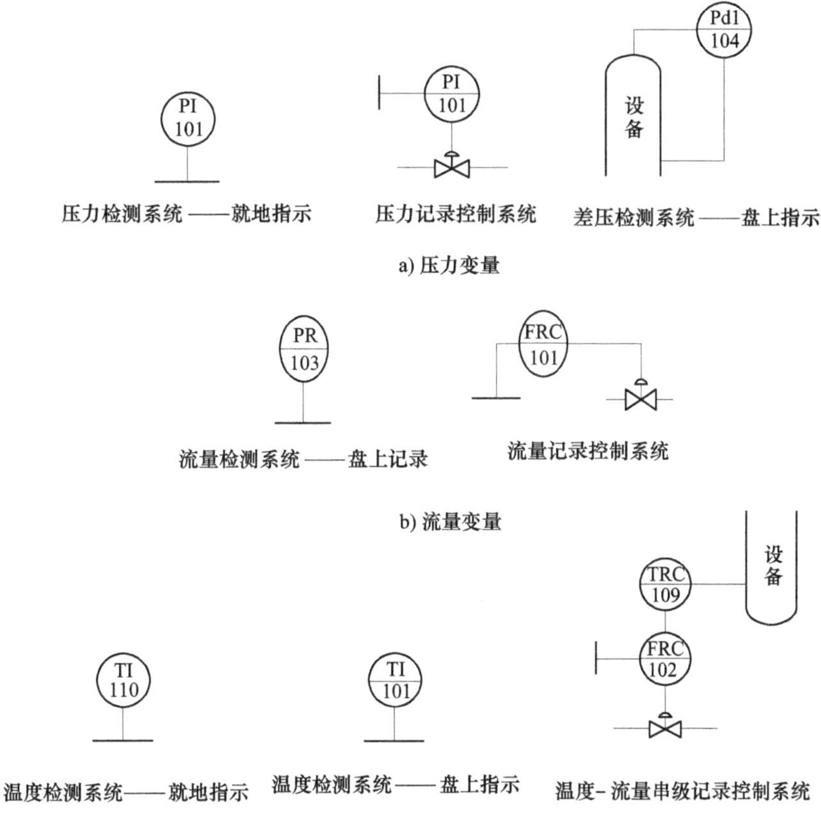

c) 温度变量

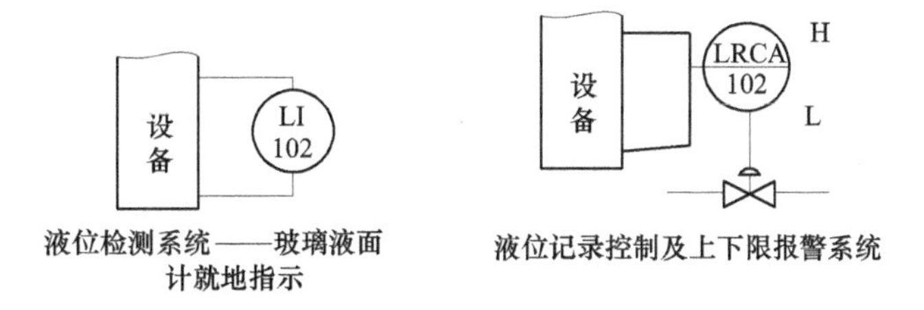

d) 液位变量

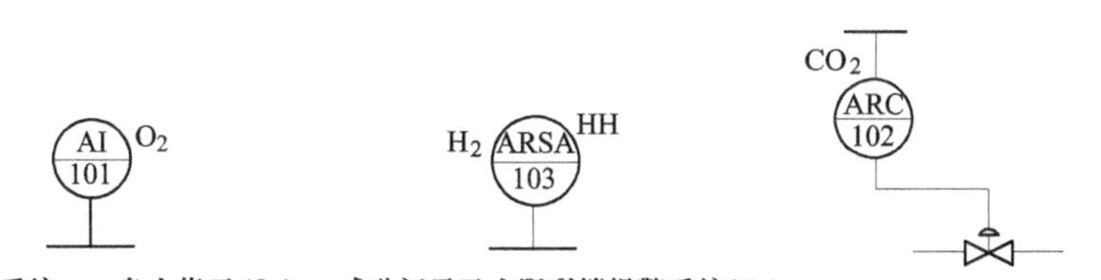

e) 成分

图11-4　常规仪表控制流程图示例

表示仪表功能的后继字母按 IRCTQSA［指示、记录、控制、传送（变送）、积算、开关、报警）的顺序标注。当同时具有指示和记录功能时，只标注字母代号 R 而不标注 I；当同时具有开关和报警功能时，只标注字母代号 A 而不标注 S；当 SA 同时出现时，表示具有联锁和报警功能；一台仪表具有多项功能时，可以用多功能字母代号 U 标注，如 TU 可以表示一台具有高限报警、温度变送、温度指示、记录和控制等功能的仪表；当仪表具有多个被测变量或功能可能产生混淆时，应以多个相切的圆圈表示，分别填入被测变量和功能字母代号，如图 11-4c、d 所示。

如果同一个仪表回路中有两个以上具有相同功能的仪表，用仪表位号后附加尾缀（英文大写字母）的方法加以区别。如 FT-101A 和 FT-101B 分别表示同一系统中的两台流量变送器，当属于不同工段的多个检测元件共用一台显示仪表时，该仪表位号只编顺序号，不表示工段号，如多点温度指示仪的仪表位号为 TI-1，相应的检测元件仪表位号为 TE-1-1、TE-1-2、…；当一台仪表由两个或多个回路公用时，应标注各回路的仪表位号，如用一台双笔记录仪记录流量和压力两个变量时，显示仪表位号为 FR-121/PR-132。

3. 控制流程图示例

图 11-5 所示为计算机控制流程图示例。中间带横线的圆圈外用方框框上，表示在正常情况下操作员可以用计算机进行监控。

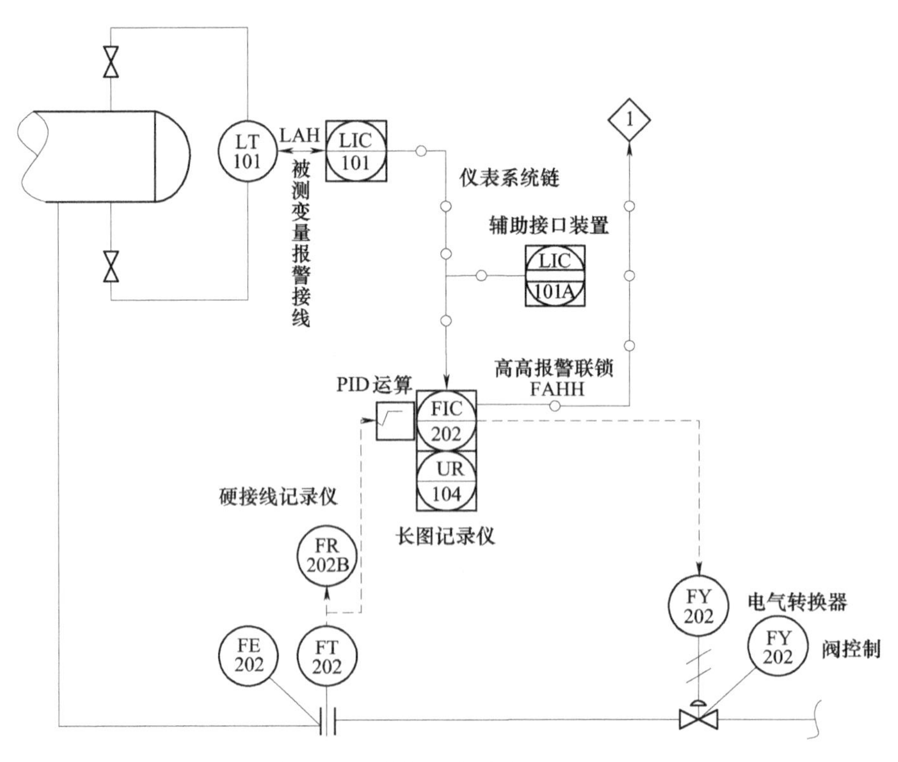

图 11-5　计算机控制流程图示例

11.2　设计原则

对于不同的控制对象，系统的设计方案和具体的技术指标是不同的，但系统设计的基本原则是一致的，这就是系统的可靠性要高，操作性能要好，实时性要强，通用性要好，经济效益要高。

1. 可靠性要高

在自动化控制系统中，可靠性指标一般用系统的平均无故障时间（Mean Time Between Failures，MTBF）来表示。MTBF反映了系统可靠工作的能力。通常用平均修复时间（Mean Time To Repair，MTTR）表示每次失效（即出现故障）后所需的维修时间的平均值，它表示系统在出现故障后立即恢复工作的能力。一般希望MTBF要大于某个规定值，而MTTR值越短越好。

2. 操作性要好

操作性能好包括两方面的含义，即使用方便和维护容易。首先是使用方便，系统设计时要尽量考虑方便用户使用，并且要尽量降低对使用人员的专业知识的要求，使他们能在较短时间内熟悉和掌握操作方法。其次是维修容易，即故障一旦发生时易于排除。从软件角度而言，要配置查错程序和诊断程序，以便在故障发生时能用程序帮助查找故障发生的部位，从而缩短排除故障的时间；在硬件方面，从零部件的排列位置，标准化的部件设计，以及能否便于带电插拔等都要通盘考虑，甚至操作顺序等都要从方便用户的角度进行设计，如面板上的控制开关不能太多、太复杂等。

3. 实时性要强

工业控制计算机的实时性，表现在对内部和外部事件能及时地响应，并做出相应的处理，不丢失信息，不延误操作。计算机处理的事件一般分为两类：一类是定时事件，如数据的定时采集、运算控制等，对此类事件，系统应设置时钟，保证定时处理；另一类是随机事件，如事故报警等，对此类事件，系统应设置中断，并根据故障的轻重缓急预先分配中断级别，一旦事故发生，保证优先处理紧急故障。

4. 通用性要好

自动化控制的设备对象千变万化，而控制计算机的研制开发又需要有一定的投资和周期。一般来说，不可能为一台设备和一个过程对象研制一台专用计算机。

系统设计时应考虑能适应不同的设备和不同的控制对象。当设备或控制对象有所变更时，通用性好的系统一般稍做更改就可适应，这就需要系统能灵活扩充且便于修改功能。要使系统能达到这样的要求，首先必须采用通用的系统总线结构，当需要扩充时，只要增加相应的板卡就能实现。当CPU升级时，也只要更换相应的升级芯片及少量相关电路即可实现系统升级的目的。其次，系统设计时，各设计指标要留有一定的余量，如输入/输出通道指标、内存容量、电源功率等均事先留有一定的余量，将为日后系统的扩充创造有利的条件。

5. 经济效益要高

自动化控制应该带来高的经济效益。经济效益表现在两方面：一是系统设计的性能价格比，在满足设计要求的情况下，应尽量采用可靠、廉价的元器件并尽量缩短设计周期；二是投入产出比，应该从提高生产过程的产品质量与产量、降低能耗、消除环境污染、改善劳动条件等方面进行综合评估。

11.3 实施步骤

作为一个自动化系统工程的实际项目，在设计与实施过程中应该经过哪些步骤，这是需要认真考虑的。如果步骤不清，或者每一步需要做什么都不明确，就有可能引起整个过程的混乱甚至返工。自动化系统工程的设计与实施一般可分为四个阶段：项目确定与合同签订阶段、初步设计与详细设计阶段、仿真调试与安装运行阶段和资料归档与项目验收阶段。

11.3.1 项目确定与合同签订阶段

在一个工程项目设计实施的初始阶段，首先是项目的确定与合同的签订，即完成甲方和乙方之间的双方合同关系。这是一种技术性很强的商务合同，因此工程技术人员一开始就应是合同洽谈的主力。

一般来说，甲方是任务的委托方，有时是直接用户，有时是本单位的上级主管部门，有时也可能是中介单位（国际上习惯称甲方为买方）。乙方是系统项目的承接方（国际上习惯称为卖方）。随着自动化控制技术的迅速发展和普及，很多技术人员有时是甲方，有时又变成了乙方。因此，有必要了解在签订合同书过程中双方的工作内容。图 11-6 给出了项目确定与合同签订阶段的流程。该流程既适合于甲方，也适合于乙方。

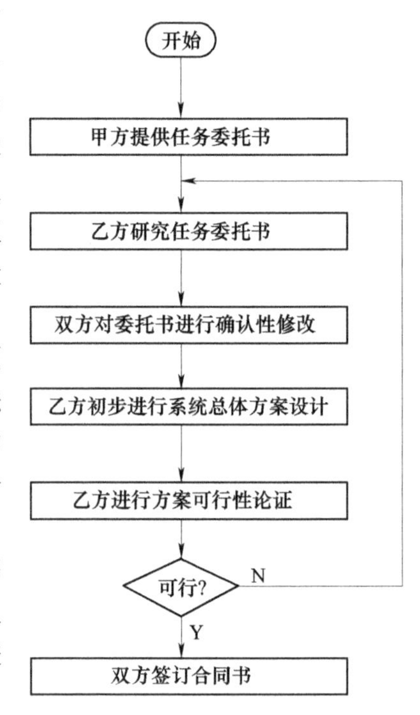

图 11-6 项目确定与合同签订阶段的流程

（1）甲方提供任务委托书　在委托乙方承接系统项目前，甲方一定要提供正式的、书面的设计任务委托书，简称任务委托书。任务委托书一定要有清楚准确的系统技术性能指标，还要包含项目经费、计划进度及合作方式等内容。

（2）乙方研究任务委托书　乙方在接到任务委托书后要认真阅读，并逐条进行研究。对含义不清、认识上有分歧和需补充或删节的地方要逐条标出，并提出要进一步弄清的问题及修改意见。

（3）双方对任务委托书进行确认性修改　在乙方对任务委托书进行认真研究之后，双方应就任务委托书的确认或修改事宜进行协商和讨论。经过确认或修改过的任务委托书中不应再有含义不清的词汇和条款，而且双方的任务和技术界面必须划分清楚。

（4）乙方初步进行系统总体方案设计　由于任务和经费没有落实，因此这时总体方案的设计只能是粗线条的，但应能反映出三大关键问题：技术指标、经费概算和完成工期。在条件允许的情况下，应多做几个方案以便于比较。

（5）乙方进行方案可行性论证　方案可行性论证的目的是要估计承接该项任务的把握性，并为签订合同后设计阶段的总体设计打下基础。论证的主要内容包括技术可行性、经费可行性、进度计划可行性。特别要指出，对控制项目尤其要对可测性和可控性应给予充分重视。

如果论证的结果可行，接着就应做好签订合同书前的准备工作；如果不可行，则应与甲方进一步协商任务委托书的有关内容或对条款进行修改。若不能达成一致意见，则不能签订合同书。

（6）双方签订合同书　这是初始准备阶段的最后一个步骤。合同书是双方达成一致意见的结果，也是以后双方合作的唯一依据和凭证。合同书应包含如下内容：

1）工程设计项目的技术目标与内容（这部分的细节条款常以任务委托书的形式作为商务合同中的附件）。

2）双方的任务划分和各自应承担的责任。

3）合作方式。

4）付款方式。

5）进度和计划安排。

6）验收方式及条件。

7）成果的归属。

8）违约的解决办法。

11.3.2　初步设计与详细设计阶段

控制系统的初步设计，也称总体设计。而详细设计可分为硬件设计与软件设计两大环节。

1. 总体设计

根据合同书（设计任务书）以及市场可入手的设备、装置和设计者自身所掌握的技术，对可能满足设计任务书的各类系统及其特征进行分析后，选择有限条件下的最合理方案，并在可能的情况下进行有限实验评价，以便确定系统的最终结构。

（1）确定系统任务与控制方案　首先应对控制对象的工艺流程进行透彻分析，明确具体控制要求，确定系统所要完成的任务。然后根据系统要求，以及所选设备的性能价格比、操作的方便程度、可扩展性等，确定一种比较合理的设计方案，例如，采用开环还是闭环控制、简单控制还是复杂控制等。

（2）确定系统的构成方式　控制方案确定后，可以进一步确定系统的构成方式，即进行控制装置机型的选择。目前已经生产出许多用于工业控制的计算机装置可供选择，如单片机、可编程调节器、IPC、PLC 和 DCS、FCS 等。

在以模拟量为主的中小规模的过程控制环境下，一般优先选择总线式 IPC 来构成系统；在以数字量为主的中小规模的运动控制环境下，一般优先选择 PLC 来构成系统。IPC 或 PLC 具有系列化、模块化、标准化和开放式系统结构，有利于系统设计者在系统设计时根据要求任意选择，像搭积木般组建系统。这种方式可提高系统研制和开发速度，提高系统的技术水平和性能，增加可靠性。

当系统规模较小、控制回路较少时，可以考虑采用可编程调节器或控制仪表；如果是小型控制装置或智能仪器仪表的研制设计，则可以采用单片机或嵌入式系统。

对于系统规模较大、自动化水平要求高，甚至集控制与管理为一体的系统可选用 DCS、FCS、高档 PLC 或其他工控网络构成。

（3）选择现场设备　现场设备主要是传感器、变送器和执行器的选择。随着控制技术的发展，出现了能测量各种参数的传感器，如温度、压力、流量、液位、成分、位移、重量、速度等，传感器种类繁多、规格各异；而执行器也有模拟量执行器、数字量执行器及电动、气动、液动等之分。因此，如何正确选择这些现场设备，确实不是一件简单的事情，其中的任何一个环节都会影响系统的控制任务和控制精度。

（4）确定控制算法　选用什么控制算法才能使系统达到要求的控制指标，也是系统设计的关键问题之一。控制算法的选择与系统的数学模型有关，在系统的数学模型确定后，便可推导出相应的控制算法。所谓数学模型，就是系统动态特性的数学表达式，它表示系统输入/输出及其内部状态之间的关系。一般由试验方法测出系统的阶跃响应特性曲线，然后由曲线确定出数学模型。当系统模型确定之后，即可确定控制算法。控制系统的主要任务就是按此控制算法进行控制。控制算法的正确与否直接影响控制系统的调节质量。

由于控制对象多种多样，相应的控制模型也各异，因此控制规律及其控制算法也是多种多样的。例如，一般简单的生产过程常采用 P、PI 或 PID 控制；对于工况复杂，工艺要求高的生产过程，在一般的 PID 不能达到性能指标时，应采取其他控制规律，如串级、前馈、分程控制等；而对于一些多变量、时变的且又是生产过程关键变量的控制，还可以酌情采用软测量、时滞补偿、自适应以及模糊、神经网络控制等其他智能控制算法。

（5）硬、软件功能的划分　当今的控制系统，有一些控制功能既能由硬件实现，也能用软件实现。因此，在进行系统设计时，硬、软件功能的划分要综合考虑。用硬件实现一些功能的好处是可以加快处理速度，减轻主机的负担，但要增加部件成本；而软件实现正好相反，可以降低成本，增加灵活性，但要占用主机更多的时间。一般的考虑原则是，视控制系统的应用环境与今后的生产数量而定。对于今后能批量生产的控制系统，为了降低成本，提高产品竞争力，在满足指标功能的前提下，应尽量减少硬件器件，多用软件来完成相应的功能。如果软件实现很困难，而用硬件实现却比较简单，且系统的批量又不大，则用硬件实现功能比较妥当。

（6）其他方面的考虑　还应考虑人机界面、系统的机柜或机箱的结构设计、抗干扰等方面的问题。最后初步估算一下成本，做出工程概算。

对所提出的总体设计方案要进行合理性、经济性、可靠性以及可行性论证。论证通过后，便可进行硬件与软件的详细设计。

2. 硬件设计

硬件设计细分为核心控制装置、现场仪表及设备、控制柜（盘）设计三步。

（1）核心控制装置　对于通用控制系统，可以首选现成的总线式 IPC 系统或者 PLC 装置，以加快设计研制进程，使系统硬件设计的工作量减到最小。这些符合工业化标准的控制装置的模板、模块产品都经过严格测试，并可提供各种软、硬件接口，包括相应的驱动程序等。这些模板、模块产品只要总线标准一致，买回后插入相应空槽中即可运行，构成系统极为方便。除非无法买到满足自己要求的产品，否则绝不要随意决定自行研制。

无论选用现成的 IPC，还是采用 PLC 装置，设计者都要根据系统要求选择合适的模板或模块。选择的内容一般包括：

1）根据控制任务的复杂程度、控制精度以及实时性要求等选择主板（包括总线类型、主机机型等）。

2）根据 AI、AO 点数、分辨率和精度，以及采集速度等选择 A/D、D/A 板（包括通道数量、信号类别、量程范围等）。

3）根据 DI、DO 点数和其他要求，选择数字量输入/输出板（包括通道数量、信号类别、交直流和功率大小等）。

4）根据人机联系方式选择相应的接口板或显示操作面板（包括参数设定、状态显示、手动自动切换和异常报警等）。

5）根据需要选择各种外设接口、通信板块等。

采用通用控制装置构成系统的优点是：系统配置灵活，规模可大可小，扩充方便，维修简单，而且由于无需进行硬件线路设计，因而对设计人员的硬件技术水平要求不高。一般IPC都配有系统软件，有的还配有各种控制软件包；而有的IPC只提供硬件设计上的方便，而应用软件需自行开发，或者系统设计者希望自己开发研制全部应用软件，以获取这部分较高的商业利润。

而有些是为某项应用而专门设计、开发的专用计算机控制系统，如数控机床控制设备、彩色印刷控制设备、电子称重仪及其他智能数字测控设备等。这些系统偏重于某几项特定的功能，系统的软、硬件比较简单和紧凑，常用于批量的定型产品中。在硬件设计上可以按系统的要求进行自行配置，软件多采用固化的专用芯片和相应器件，一般可采用单片机系统或专用的控制芯片来实现，开发完成后一般不做较大的更动。这种方法的优点是系统针对性强，价格便宜，缺点是设计制造周期长，要求设计人员具备较深的计算机知识，因为系统的全部硬件、软件均需自行开发研制。

（2）现场仪表及设备

1）根据工艺要求选择电气动力设备，包括电动机、水泵、风机等的电压、电流等电气参数、型号规格，这部分内容如果细分应归属为电气设计人员。

2）根据工艺流程选择测量装置，包括被测参数种类、量程大小、信号类别、型号规格等。

3）根据工艺流程选择执行装置，包括能源类型、信号类别、型号规格等。

4）根据工艺流程图设计带有测控点的工艺控制流程图，复杂控制系统图，现场管、线缆敷设图及自控设备汇总表，综合材料表等若干工程图。

（3）控制柜（盘）　控制柜（盘）把核心控制装置及动力系统主回路与控制回路的低压电器装置集成在一起。不仅为操作人员提供一个良好的监控界面与操作平台，也为维护人员提供一个方便的检测、维修场所。对于大的系统，往往分成动力柜（强电）、控制柜（弱电）、仪表柜（盘）等几种柜（盘）；而对于小系统，可以集成在一个柜（盘）上。

控制柜（盘）的设计不仅是柜（盘）的外形尺寸与框架结构，更主要的是柜（盘）内电器部件的安装接线图。它表示了各电器部件的实际安装位置和它们之间的电气连接，这是实际接线的依据，也是现场安装和检修工作不可缺少的图样。

对此，需要设计电气系统图、电气原理图、柜（盘）的正面布置图、背面配线图及结构尺寸图等。

有时还需要设计放置控制柜（盘）的控制室，包括平面面积、立体空间、柜（盘）摆放位置、电源电缆与信号电缆的进出位置与走向，还有灯光照明、接地系统、抗干扰措施、防雷措施等。

3. 软件设计

用IPC或PLC来组建计算机控制系统不仅能减小系统硬件设计的工作量，而且还能减小系统软件设计的工作量。一般它们都配有实时操作系统或实时监控程序以及各种控制、运算软件和组态软件等，可使系统设计者在最短的周期内开发出应用软件。

如果从选择单片机入手来研制控制系统，则系统的全部硬件、软件均需自行开发研制。自行开发控制软件时，应先画出程序总体流程图和各功能模块流程图，再选择程序设计语言，然后编制程序。软件设计应考虑以下五个方面。

（1）编程语言的选择　根据机型不同和控制工况不同，可以选择不同的编程设计语言。

目前常用的语言有汇编语言、高级语言、组态语言等。

汇编语言是使用助记符代替二进制指令码的面向机器的语言。用汇编语言编出的程序质量较高，且易读、易记、易检查和易修改，但不同的机器有不同的汇编语言，如 MCS51 单片机汇编语言、8086 CPU 汇编语言等。编程者必须先熟悉这种机器的汇编语言才能编程，这就要求编程者要有较深的计算机软件和硬件知识以及一定程度的程序设计技能与经验。

高级语言更接近英语自然语言和数学表达式，程序设计人员只要掌握该种语言的特点和使用方法，而不必了解机器的指令系统就可以编程设计。因而它具有通用性好、功能强、更易于编写等特点，是近年来发展很快的一种编程方式。目前，AT89、51 系列单片机常用的高级语言有 C-51、PL/M-51 以及 MBASIC-51 等。

高级语言在编写控制算法和图形显示方面具有独特的优点，而汇编语言编写的程序比高级语言编写的程序执行速度快、占用内存少。因此，一种较好的模式是混合使用两种语言，用汇编语言编写中断管理、输入/输出等实时性强的程序，而用高级语言编写计算、图形显示、打印等运算管理程序。

组态语言是一种针对控制系统设计的面向问题的高级语言，它为用户提供了众多的功能模块。例如，控制算法模块（如 PID），运算模块（包括四则运算、开方、最大值/最小值选择、一阶惯性、超前滞后、工程量变换、上下限报警等数十种），计数/计时模块，逻辑运算模块，输入模块，输出模块，打印模块，CRT 显示模块等。系统设计者只需根据控制要求，选择所需的模块就能十分方便地生成系统控制软件，因而软件设计工作量大为减小。常用的组态软件有 Intouch、FIX、WinCC、King View 组态王、MCGS、力控等。

在软件技术飞速发展的今天，各种软件开发工具琳琅满目，每种开发语言都有其各自的长处和短处，在设计控制系统的应用程序时，究竟选择哪种语言编程，还是两种语言混合使用，这要根据被控对象的特点、控制任务的要求以及所具备的条件而定。

（2）数据类型和数据结构规划　系统的各个模块之间要进行各种信息传递，如数据采集模块和数据处理模块之间、数据处理模块和显示模块、打印模块之间的接口条件，因此各接口参数的数据结构和数据类型必须严格统一规定。

按数据类型来分类，可分为逻辑型数据和数值型数据。通常将逻辑型数据归到软件标志中去考虑。数值型数据可分为定点数和浮点数，定点数具有直观、编程简单、运算速度快的优点，缺点是表示的数值动态范围小，容易溢出；而浮点数则相反，数值动态范围大、相对精度稳定、不易溢出，但编程复杂，运算速度低。

如果某参数是一系列有序数据的集合，如采样信号序列，则不只有数据类型问题，还有一个数据存放格式问题，即数据结构问题。具体来说，就是按顺序结构、链形结构还是树形结构来存放数据。

（3）资源分配　完成数据类型和数据结构的规划后，便开始分配系统的资源。系统资源包括 ROM、RAM、定时器/计数器、中断源、I/O 地址等。ROM 资源用来存放程序和表格，而 I/O 地址、定时器/计数器、中断源在任务分析时已经分配好了。因此，资源分配的主要工作是 RAM 资源的分配。RAM 资源规划好后，应列出一张 RAM 资源的详细分配清单，作为编程依据。

（4）控制软件的设计　计算机控制系统的实时控制应用程序一般包括以下几部分。

1）数据采集及数据处理程序。数据采集程序主要包括模拟量和数字量多路信号的采样、输入变换、存储等。数据处理程序主要包括数字滤波程序、线性化处理程序和非线性补偿程序、标度变换程序、越限报警程序等。

2）控制算法。控制算法是计算机控制系统的核心，其内容由控制系统的类型和控制规律决定。控制算法一般有数字PID控制算法、大林算法、Smith补偿控制算法、最少拍控制算法、串级控制算法、前馈控制算法、解耦控制算法、模糊控制算法、最优控制算法等。实际实现时，可选择合适的一种或几种算法来实现控制。

3）控制量输出程序。控制量输出程序实现对控制量的处理（上下限和变化率处理）、控制量的变换及输出，驱动执行机构或各种电气开关。控制量也包括模拟量和开关量输出两种。

4）人机界面程序。这是面板操作管理程序，包括键盘、开关、拨码盘等信息输入程序，显示器、指示灯、监视器和打印机等输出程序，事故报警以及故障检测程序等。

5）程序实时时钟和中断处理程序。计算机控制系统中有很多任务是按时间来安排的，因此实时时钟是计算机控制系统的运行基础。时钟有绝对时钟和相对时钟两种。绝对时钟与当地的时间同步，相对时钟与当地时间无关。

许多实时任务，如采样周期、定时显示打印、定时数据处理等，都必须利用实时时钟来实现，并由定时中断服务程序去执行相应的动作或处理动作状态标志。另外，事故报警、掉电保护等一些重要事件的处理也常常使用中断技术，以使计算机能对事件做出及时处理。

6）数据管理程序。这部分程序用于生产管理，主要包括界面显示、变化趋势分析、报警记录、统计报表打印输出等。

7）数据通信程序。数据通信程序主要完成计算机与计算机之间、计算机与智能设备之间的信息传递和交换。

（5）程序设计的方法　应用程序的设计方法可采用模块化程序设计和自顶向下程序设计等方法。

模块化程序设计是把一个较长的程序按功能分成若干个小的程序模块，然后分别进行独立设计、编程、测试和查错，最后把调试好的程序模块连成一个完整的程序。模块化程序设计的特点是单个小程序模块的编写和调试比较容易；一个模块可以被多个程序调用；检查错误容易，且修改时只需改正该模块即可，无需牵涉其他模块。但这种设计方法在对各个模块进行连接时有一定困难。

自顶向下程序设计时，先设计主程序，从属的程序或子程序用程序符号来代替。主程序编好后，再编写从属的程序，最后完成整个系统的程序设计。这种方法的特点是设计、测试和连接同时按一个线索进行，比较符合人们的日常思维方式，设计中的矛盾和问题可以较早发现和解决。但这种设计的最大问题就是上一级的程序错误将会对整个程序产生影响，并且局部的修改将牵连全局。

11.3.3　仿真调试与安装运行阶段

在完成控制系统（控制柜）的设计、采购与成套之后，一般到现场安装之前要先在实验室中进行仿真调试，即依次进行硬件调试、软件调试与硬软件统调，最后考机运行，为现场安装投运做好准备。

1. 硬件调试

对于各种标准功能模板，应按照说明书检查主要功能，如主机板（CPU板）上RAM区的读写功能、ROM区的读出功能、复位电路、时钟电路等的正确性。在调试A/D和D/A

模板之前，必须准备好信号源、数字电压表、电流表等标准仪器。对这两种模板，首先检查信号的零点和满量程，然后再分挡检查，并且上行和下行来回调试，以便检查线性度是否合乎要求。

利用开关量输入和输出程序来检查开关量输入（DI）和开关量输出（DO）模板。测试时可在输入端加开关量信号，检查读入状态的正确性，在输出端用万用表或灯泡检查输出状态的正确性。

硬件调试还包括现场仪表和执行器的校验，这些仪表必须在安装之前按说明书要求校验完毕。

如果是 DCS 等通信网络系统，还要调试通信功能，验证数据传输的正确性。

2. 软件调试

软件调试的顺序是子程序→功能模块→主程序。

控制模块的调试应分开环和闭环两种情况进行。开环调试检查 PID 控制模块的开环阶跃响应特性，开环阶跃响应试验分析记录在不同的 P、I、D 参数下，针对不同阶跃输入幅度、不同控制周期、正反两种作用方向时的纯比例控制、比例积分控制及比例积分微分控制三种主要响应曲线，从而确定较佳的 P、I、D 参数。

在完成 PID 控制模块开环特性调试的基础上，还需进一步进行闭环特性调试，即检查 PID 控制模块的反馈控制功能。被控对象可以使用实验室物理模拟装置，也可以使用电子式模拟实验室设备。试验方法与模拟仪表调节器组成的控制系统类似，即分别做给定值和外部扰动的阶跃响应试验，改变 P、I、D 参数以及阶跃输入的幅度，分析被控制量的阶跃响应曲线和 PID 控制器输出控制量的记录曲线从而判断闭环工作是否正确。在纯 PID 控制闭环试验通过的基础上，再逐项加入一些计算机控制的特殊功能，如积分分离、微分先行、非线性 PID 等，并逐项检查是否正确。

一般与过程输入/输出通道无关的程序，如运算模块都可用开发装置或仿真器的调试程序进行调试，有时为了调试某些程序，可能还要编写临时性的辅助程序。

一旦所有的子程序和功能模块调试完毕，就可以用主程序将它们连接在一起进行整体调试。整体调试的方法是自底向上逐步扩大，首先按分支将模块组合起来，以形成模块子集，调试完各模块子集，再将部分模块子集连接起来进行局部调试，最后进行全局调试。这样经过子集、局部和全局三步调试，就完成了整体调试工作。通过整体调试能够把设计中存在的问题和隐藏的缺陷暴露出来，从而基本上消除了编程错误，为以后的系统仿真调试和在线调试及运行打下良好的基础。

3. 系统仿真

在硬件和软件分别调试后，必须再进行全系统的硬件、软件统调，即所谓的系统仿真，也称为模拟调试。所谓系统仿真，就是应用相似原理和类比关系来研究事物，也就是用模型来代替实际被控对象进行试验和研究。系统仿真有三种类型：全物理仿真、半物理仿真和数字仿真。

全物理仿真，即在模拟环境条件下的全实物仿真，对于纯数据采集系统，可以做到全物理仿真；而对于控制系统，是难以做到全物理仿真的，这是因为不可能将实际生产过程搬到自己的实验室中。半物理仿真，即硬件闭路动态试验，其被控对象可用试验模型来代替。数字仿真即计算机仿真，是指在计算机中建立系统或被控对象的数学模型，然后进行模型实现和模型试验。

一般的自动化工程，系统仿真尽量采用全物理仿真或半物理仿真，而且试验条件和工作状态越接近真实，其效果越好。

4. 考机

最后还要进行考机运行，即进行一定时段的通电运行考验，有时还要根据实际的运行环境，进行特殊运行条件的考验，如高温和低温剧变运行试验、振动和抗电磁干扰试验、电源电压剧变和掉电试验等。

5. 安装运行阶段

系统调试仿真后便可安装到现场，与生产过程连接在一起，最终进行现场调试和运行。安装过程可参照有关专业的施工安装规范标准进行。

即使实验室中的仿真和调试工作做到了天衣无缝，但现场调试和运行仍可能出现问题。现场调试与投运阶段是一个从小到大、从易到难、从手动到自动、从简单回路到复杂回路的逐步过渡的过程。此前应制订一系列调试计划、实施方案、安全措施和分工合作细则等。为了做到有把握，在线调试前还要进行下列检查：

1）现场设备包括检测元件、变送器、显示仪表、调节阀等必须通过现场的单机与系统校验，以保证一次仪表的正常工作状态和精度要求。

2）各种电气接线和测量导管必须经过检查，保证连接正确。例如，传感器的极性不能接反，各个传感器对号位置不能接错，各个气动导管必须畅通，特别是不能把强电接在弱电端子上。

3）检查系统的干扰情况和接地情况，如果不符合要求，应采取措施。

4）对安全防护措施也要检查。

经过检查并已安装正确后，则可进行系统的投运和参数的整定。通过现场调试，进一步修改和完善系统的硬件和软件，控制系统的各项性能指标达到设计要求，直到控制系统正式投产运行。

在现场调试的过程中，可能会出现错综复杂、时隐时现的各种奇怪现象，一时难以找到问题的根源。此时，控制系统的设计者们应认真地共同分析，不要轻易地怀疑别人所做的工作，以便尽快找到问题的根源并解决。

11.3.4　资料归档与项目验收阶段

项目进行的最后阶段是资料归档与项目验收阶段。

1. 资料归档

在调试运行过程中所修改的图样设计都要一一记录在案，形成施工记录，最终形成一份正确无误的整个项目的设计资料，以作为该系统今后维护、维修的重要依据。

乙方还要编写一份该系统的操作使用说明书，必要时还要对甲方操作者进行操作培训，以保证系统能正常、有序地运行。

2. 项目验收

项目验收是系统设计与实施最终完成的标志，应由甲方主持、乙方参加。系统试运行一段时间后，双方应按照合同书（设计任务书）的技术指标要求逐项验收，如果有问题还要进行微调直至完全符合要求，最终双方在设计完成确认书上签字，表明工程项目的最终完成。

此时，甲方应按照合同约定，把除质量保证金以外的其余工程费用全部支付乙方。

11.4 化工过程控制系统

11.4.1 化工过程控制系统设计

要实现过程自动控制，首先要对整个工业生产过程的物料流、能源流和生产过程中的有关状态（如温度、压力、流量、物位、成分等）进行准确的测量和计量。根据测量得到的数据和信息，运用生产过程工艺和控制理论的知识管理、控制该生产过程。

一个完整的过程控制系统设计，应包括方案设计、工程设计、工程安装与仪表调校以及控制器参数整定。其中，方案设计和控制器参数整定是系统设计中的两个核心内容。

11.4.2 工程化设计的具体步骤

在确定了过程控制系统工程化设计的主要内容以后，可分两步进行工程化设计，即立项报告的设计和施工图的设计。

1. 立项报告的设计

（1）设计前的准备工作　为了使设计的立项报告科学合理、切实可行，能够比较顺利地被审批通过，必须认真做好设计前的准备工作：调查研究、规划目标和收集资料。

（2）立项报告的设计。

1）系统控制方案的论证与确定。

2）说明采用哪种技术标准与技术规范作为设计的依据。

3）说明设计的分工范围。

4）说明所设计的控制系统在同行业中的自动化水平以及新工艺、新技术的采用情况等。

5）提供仪表设备汇总表、材料清单以及主要的供货厂家、供货时间与相应的价格，并和概算专业人员共同做出经费预算与使用情况的说明。

6）提出参加该项工作的有关人员和完成该项工作所需时间以及存在的问题与解决的办法等。

7）预测所设计的控制系统投入正常运行后所产生的经济效益。

2. 施工图的设计

现以常规仪表控制系统为例，简要介绍施工图的设计内容。

常规仪表控制系统施工图的设计内容包括：

1）图样目录。

2）说明书。

3）设备汇总表。

4）设备装置数据表。

5）材料表。

6）连接关系表。

7）测量管路和绝热、伴热方式表。

8）铭牌注字表。

9）信号原理图。

10）平面布置图。
11）接线（管）图。
12）空视图。
13）安装图。
14）工艺管道和仪表流程图。
15）接地系统图。
16）任选图的设计。

3. 设计和施工应遵循的主要标准规范

（1）环境条件
1）年平均气压：1014.2mbar（0.10142MPa）
2）温度：最高36.3℃，最低-4.7℃，年平均21℃。

（2）设计遵循的主要标准规范
HG/T 20507—2014《自动化仪表选型设计规定》
HG/T 20508—2014《控制室设计规范》
HG/T 20510—2014《仪表供气设计规范》
HG/T 20509—2014《仪表供电设计规范》
HG/T 20505—2014《过程测量与控制仪表的功能标志及图形符号》
HG/T 20512—2014《仪表配管配线设计规范》
HG/T 20699—2014《自控设计常用名词术语》
HG/T 21581—2012《自控安装图册上下册》
HG/T 20513—2014《仪表系统接地设计规范》
HG/T 20573—2012《分散型控制系统工程设计规范》
HG/T 20511—2014《信号报警及联锁系统设计规范》

（3）施工应遵循的主要标准、规范　GB 50093—2013《自动化仪表工程施工及质量验收规范》。

第12章 化工过程设计实例

本章主要是通过三个案例进行化工过程设计的介绍。通过本课程的学习并结合课程设计，使学生掌握化工设计的程序和化工厂的设计与布置，有利于培养学生独立工作、独立思考和运用所学知识解决实际工程技术问题的能力，是提高学生综合素质，使大学生向工程师转化的一个重要的教学环节。

本章对于化工过程的设计主要涉及工艺流程的模拟、控制方案的设计、AutoCAD 绘图、Aspen Plus 软件的稳态与动态的模拟以及 DCS 设计。

案例1 醋酸甲酯水解过程控制工程设计

醋酸甲酯的水解产物为醋酸和甲醇，醋酸可以作为反应的原料继续循环利用，而甲醇也是重要的化工原料。对醋酸甲酯的综合利用，既处理了副产物，减少其对环境的污染；也可以降低装置的醋酸单耗，节约生产成本。

12.1 工程设计的内容

本工程以某工厂 8000t/年的醋酸甲酯为处理对象，进行工艺过程的设计。为了实现新工艺的工业化，工艺、设备、控制、安全不同专业协同合作，共同完成设计工作。不同专业的分工如下：

工艺专业：完成工艺全流程模拟，进行设备的计算和选型，并在此基础上完成工艺包的设计。

设备专业：完成塔器、换热器、贮罐等工艺设备的设计。

控制专业：完成动态模拟研究和自动控制方案的设计。

安全专业：完成工艺安全评价及安全防护方案的设计。

12.2 醋酸甲酯制醋酸的工艺流程

醋酸甲酯原料与水首先按比例进入混合罐中混合，混合物料通过泵送入原料预热器中预热至指定温度后进入固定床反应器，催化剂为强酸性阳离子交换树脂，醋酸甲酯与水在固定床反应器中进行水解反应，水解产物进入催化精馏塔。催化精馏塔自上而下分为反应段和提馏段，固定床反应器中未水解的醋酸甲酯与催化精馏塔顶部加入的水在该塔反应段进行水解反应，塔顶采出醋酸甲酯与少量的甲醇，塔釜出料为水、甲醇、醋酸和少量的醋酸甲酯，进入甲醇分离塔分离。由于进入甲醇分离塔中含有少量的醋酸甲酯，其中醋酸甲酯与甲醇形成共沸物，因此考虑在侧线采出甲醇产品，塔顶得到甲醇和醋酸甲酯，塔釜采出醋酸、水以及少量的甲醇。催化精馏塔和甲醇分离塔塔顶为未反应的醋酸甲酯和少量甲醇再返回混合罐中。

由于来自上一工段的醋酸甲酯原料中含有少量的苯等有机物，会在整个工艺中不断积累，当苯含量累积到一定浓度后，会造成整个工艺系统运行不稳定，因此需要通过增加萃取塔分离出其中的有机杂质。萃取塔以水为萃取剂，水从萃取塔顶部进入，原料由萃取塔底部进入。萃取后的油相采出苯和醋酸甲酯，水相采出醋酸甲酯和水返回混合罐中。

其工艺流程图如图 12-1 所示。

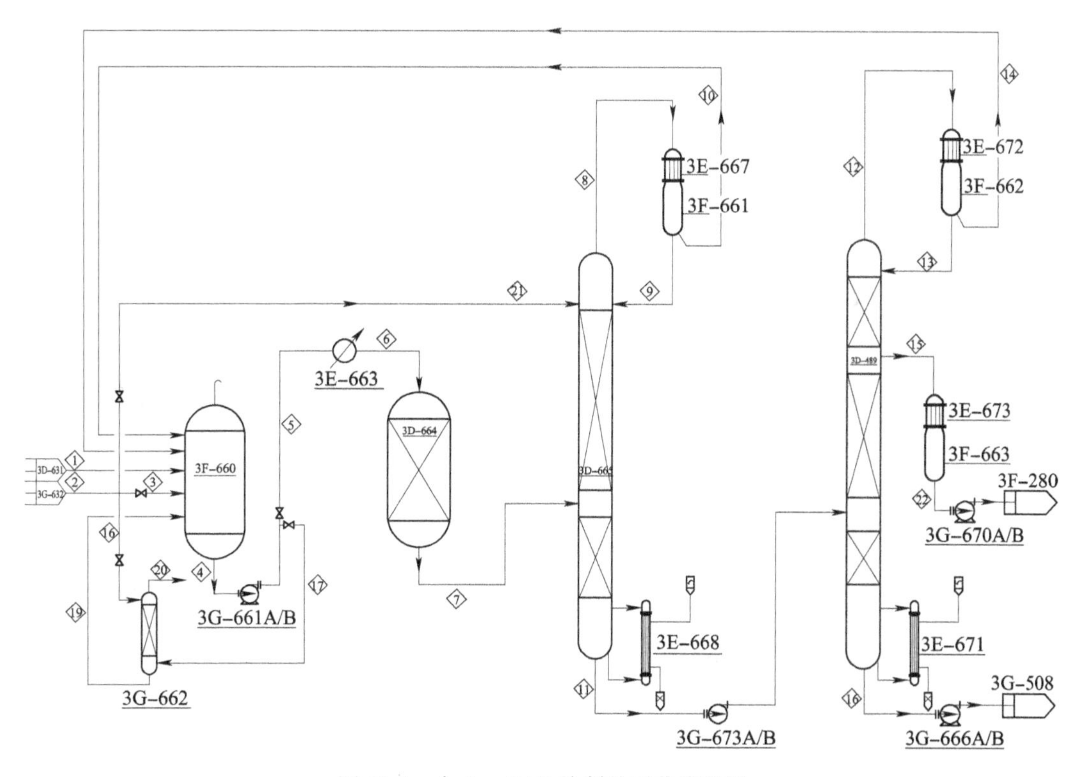

图 12-1　由 AutoCAD 绘制的工艺流程图

醋酸甲酯水解工艺流程主要包括四个环节：进料和循环液混合过程、预反应器反应过程、反应精馏塔反应精馏过程、甲醇回收塔产品分离过程。图 12-2 所示醋酸甲酯制醋酸工艺流程图，进料分别为醋酸甲酯混合物与水，C3 为进料混合罐，R1 为固定床预反应器，C1、C2 为反应精馏塔和甲醇回收塔。醋酸甲酯混合物与水经 C3 混合罐混合后，再经预热器加热被送至 R1 预反应器，在 R1 预反应器中醋酸甲酯在催化剂作用下会生成醋酸和甲醇，R1 预反应后的混合物被送入 C1 反应精馏塔，在反应精馏塔内剩余醋酸甲酯将会进一步催化水解，水解产物醋酸和甲醇由 C1 的塔釜被送至 C2 甲醇回收塔，而 C1 塔顶将采出未反应的醋酸甲酯和少量甲醇循环至混合罐 C3。在 C2 甲醇回收塔内由于共沸物甲醇与醋酸甲酯的存在，因此在侧线采出甲醇，要求甲醇的摩尔分数达到 96.5%，而醋酸和水由 C2 塔釜被送回精对苯二甲酸（PTA）装置中重新利用，要求醋酸的摩尔分数达到 15%，剩余的醋酸甲酯将从 C2 塔顶经冷凝重回 C3。

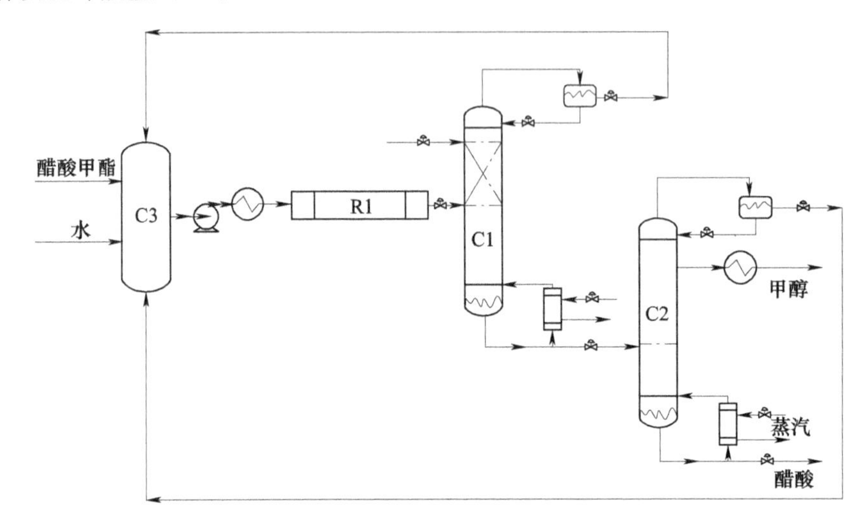

图 12-2　醋酸甲酯制醋酸工艺流程图

12.3　控制方案设计

本节主要是分析醋酸甲酯水解生产工艺流程的动态特性，选择合适的被控变量与操纵变量，从不同的角度对醋酸甲酯水解工艺流程进行控制回路设计。

12.3.1　控制目标与要求

反应精馏是一个极其复杂的化工流程，涉及温度、压力、液位和成分等众多变量，这也就造成了反应精馏过程的控制方案不尽相同。但是最终的目标一般为质量要求、产量要求和能量要求，对这三个方面要权衡考虑，既要达到质量要求，又要提高产量，还要兼顾经济安全和降低能耗。

因此，对于醋酸甲酯催化水解工艺，需要从物料平衡、能量平衡和产品纯度三个方面去考虑设计控制方案。由于在反应精馏塔内和甲醇回收塔内物料的沸点接近，因此通过液位和压力的精确控制保证气液相平衡。而最终对产品浓度的要求主要有两个：①甲醇回收塔侧线采出甲醇的摩尔分数大于 96.5%；②甲醇回收塔塔底采出醋酸的摩尔分数不小于 15%。

12.3.2　灵敏板位置确定

在反应精馏和普通精馏过程中，灵敏板温度可以间接反映产品成分变化。用稳态增益矩阵奇异值分解法对塔板温度和再沸器加热量之间的灵敏度进行分析。图 12-3 所示为反应精馏塔塔板灵敏度响应曲线，图 12-4 所示为甲醇回收塔塔板灵敏度响应曲线，如图所示，增加 1%的再沸器加热量，将各塔板温度增量与加热量变化量之间的比值组成的稳态增益矩阵进行奇异值分解，分解后得到的左奇异向量 $\boldsymbol{U}$ 中最大的元素分别落在了第 14 块（反应精馏塔）和第 12 块（甲醇回收塔）塔板处。因此，在反应精馏塔中选择第 14 块塔板为温度灵敏板，在甲醇回收塔中选择第 12 块塔板为温度灵敏板。

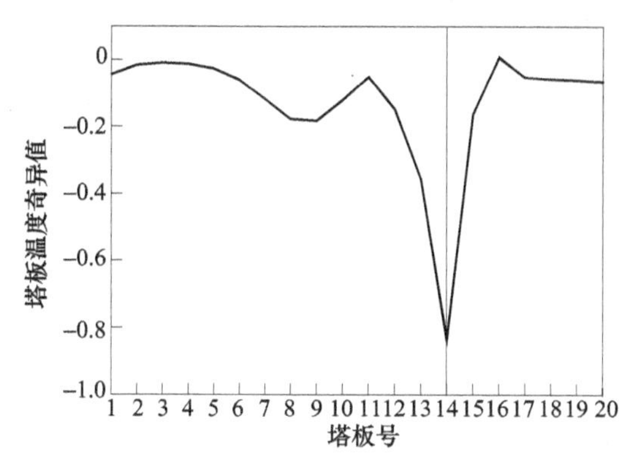

图 12-3　反应精馏塔塔板温度奇异值分解图

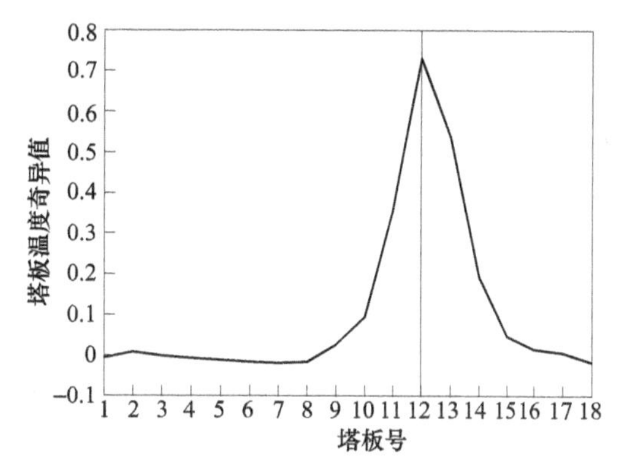

图 12-4　甲醇回收塔塔板温度奇异值分解图

12.3.3　控制自由度分析

经过对整个醋酸甲酯水解工艺的研究和剖析，统计了整个工艺的被控变量，共有 17 个独立变量。对于反应精馏塔和甲醇回收塔，为使得两塔的液位和压力保持稳定，需要控制两个塔的塔顶回流罐液位（L12、L22）、塔釜液位（L11、L21）以及塔顶压力（P1、P2），从而确保两个塔的物料和能量平衡。除了这 6 个被控变量用来控制两个塔的液位和压力，还有 11 个独立的被控变量用来配对设计控制方案，解决工艺的稳定性和经济性问题。这 11 个独立的被控变量分别是混合罐和反应精馏塔的水进料流量（Fwater1、Fwater2）、醋酸甲酯进料流量（FMeAc）、反应器的出料温度（T3）、两塔的混合物进料流量（F1、F2）、两塔灵敏板温度（T1、T2）、两塔塔顶回流量（FR1、FR2）和侧线采出产物甲醇的纯度（XMeOH）。

12.3.4　控制系统设计方法

针对厂级化工生产流程工艺进行控制系统设计时，按自下而上的设计准则设计控制系统，设计思路简单，如图 12-5 所示。即在针对工艺过程进行控制系统设计时，先对流程中的单个生产单元按照惯用控制方案进行控制回路设计，然后将所有控制回路整合到一起，发现某些控制回路出现问题后再对控制回路进行细微修改。

总体来说，采用自下而上设计方法进行厂级控制回路设计时，控制效果可以达到设计标准，符合实际生产运行要求。其不足之处在于，控制回路设计步骤较为复杂，有时需要多次改进控制回路，方能达到设计要求。

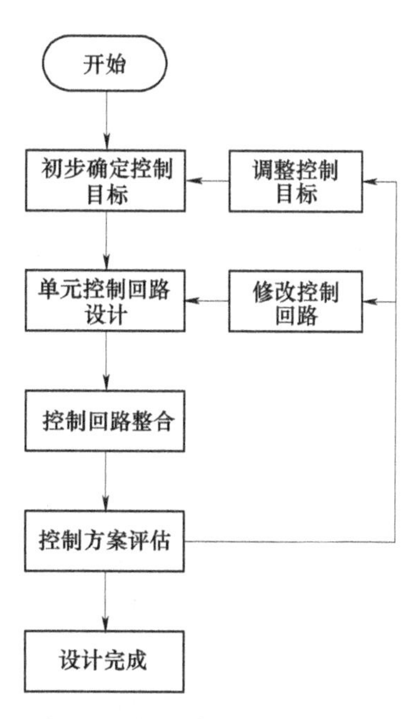

图 12-5　按“自下而上”的设计准则设计控制系统

针对本案例中厂级醋酸甲酯水解生产工艺流程，将整个过程按生产环节拆分成进料单元、预反应器单元、反应精馏单元和甲醇回收单元四个主要生产过程，然后分别对这四个单元设计控制回路以保证其在扰动下稳定运行。最后将设计好的控制回路组合到一起，再根据生产要求添加其他控制回路，最终形成完整的厂级醋酸甲酯水解工艺流程控制系统。

1. 单元控制回路设计

（1）进料流量控制　在反应精馏塔（Column1）和甲醇回收塔（Column2）回流至前端进料混合罐的循环流股中，由于侧线采出流股的存在，甲醇回收塔塔顶循环流股中流量较少，因此不加以控制。反应精馏塔塔顶循环至混合罐的流股中主要成分为未反应的原料醋酸甲酯，因此为保证进入下一环节的醋酸甲酯和水的流量稳定，在进料端施加进料比值控制回路，通过调节水进料流股阀门开度保证进料水流量与新鲜醋酸甲酯流量和循环流股流量比值不变，如图 12-6 所示。

（2）预反应器控制系统设计　在对醋酸甲酯水解工艺流程进行模拟时，固定床预反应器在模拟时选择平推流反应器，该反应器的优点在于反应器内没有反混现象，反应器中各部分反应速率相同，因此通常情况下仅通过夹套冷却水流量对反应器出料口温度进行控制即可使反应器工作在稳定状态下，如图 12-7 所示。

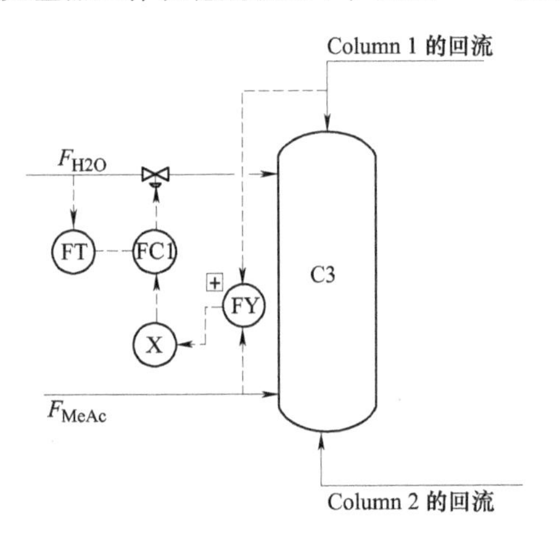

图 12-6　进料流量控制

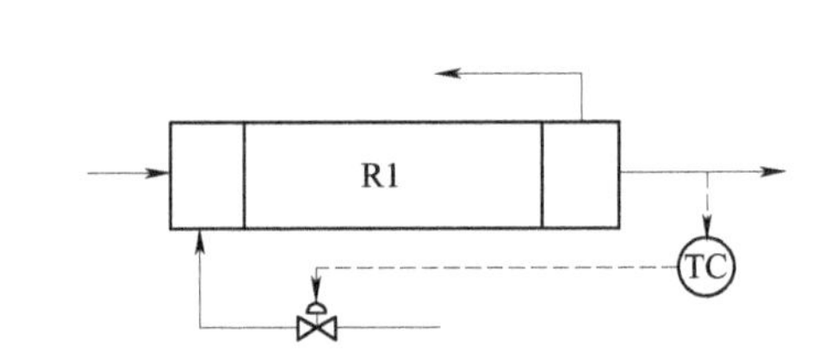

图 12-7　预反应器控制方法

（3）反应精馏塔控制系统设计　在整个工艺流程中，反应精馏塔具有两个作用：一是进一步反应在固定床预反应器中未反应完全的醋酸甲酯；二是使未反应完的醋酸甲酯回流，循环使用。遵循这两个目标，设计了图 12-8 所示的反应精馏塔控制方案。

如图 12-8 所示，PC1 调节塔顶回流量保持塔顶压力和温度，LC1、LC2 分别调节塔顶和塔底采出流量保持塔底液位不变。控制器 FC2 通过调节水进料流股阀门调节塔顶补充水进料流量，控制器 FC1 通过调节进入反应精馏塔的混合物流量保持混合物进料与塔顶回流不变。TC1 通过调节再沸器加热量控制灵敏板温度，使塔顶采出在进入下一环节甲醇回收塔时成分大致稳定。

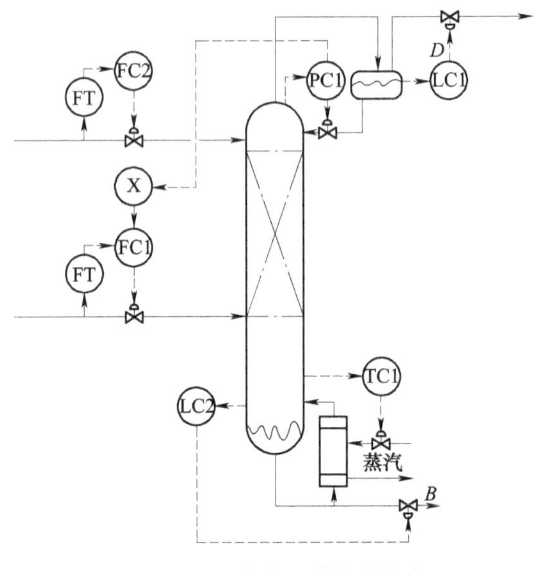

图 12-8　反应精馏塔控制方案

（4）甲醇回收塔控制系统设计　如图 12-9 所示，在对甲醇回收塔进行控制时，压力控制器 PC2 通过调节塔顶回流量保持塔顶压力不变。由于塔顶循环流股流量较小，使用塔顶流量控制塔顶液位容易出现失控现象，因此使用液位控制器 LC3 通过调节侧线采出流量保持塔顶液位不变。塔釜液位由控制器 LC4 通过调节塔底采出阀门开度大小控制。控制器 TC2 通过控制再沸器加热量调节灵敏板温度，使塔内成分和温度分布稳定。

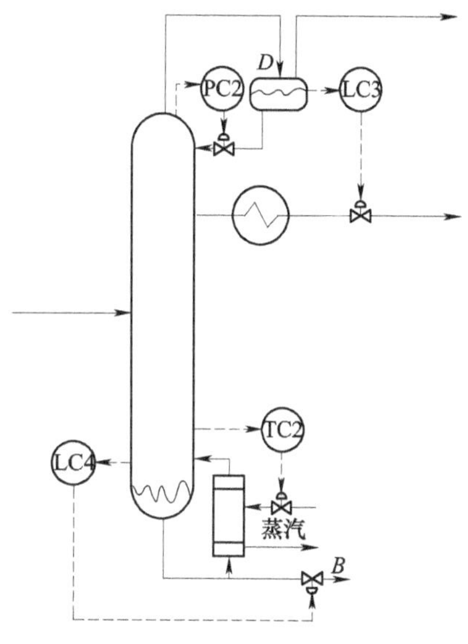

图 12-9　甲醇回收塔控制方案

2. 整体控制结构

通过上面的分析，醋酸甲酯水解工艺流程总体控制方案如图 12-10 所示。

从图 12-10 中可以看到，将前面按生产单元分别设计的控制回路组合到一起后，与整个厂级醋酸甲酯水解工艺流程稳定运行相关（物料/能量平衡、反应平衡、精馏塔内温度、成分稳定）的控制回路已经搭建完成。整个装置运行的最终目标是甲醇回收塔侧线采出符合规格的甲醇和甲醇回收塔塔釜采出醋酸在规定的要求之上。在分步设计时，没有设计与成分控制相关的回路，在控制方案实际运行中，若发生扰动，有可能会导致产品合格率下降。因此，接下来应该添加与成分控制相关的控制回路。在复杂的厂级生产工艺流程中，成分直接控制是简单有效的控制方法。在醋酸甲酯水解厂级生产过程中，侧线采出流股中主要成分为产品甲醇和少量醋酸甲酯，因此只要保持侧线流股中这两种物料成分不变，就能够产出符合规格的甲醇产品。如图 12-10 中控制回路所示：成分控制器 CC2 与灵敏板温度控制器 TC3 组成串级控制回路，在发生扰动时，调节再沸器加热量优先稳定侧线中甲醇纯度；在对侧线中醋酸甲酯含量控制时，由于醋酸甲酯在甲醇回收塔中属于轻组分，塔底含量极其微小，因此只要保证塔顶回流中醋酸甲酯含量稳定，就能间接稳定侧线中醋酸甲酯含量，因此，增加成分控制器 CC1 与反应精馏塔温度控制器 TC2 组成串级控制回路，通过调节反应精馏塔再沸器加热量调节塔顶回流醋酸甲酯含量。关键控制回路描述见表

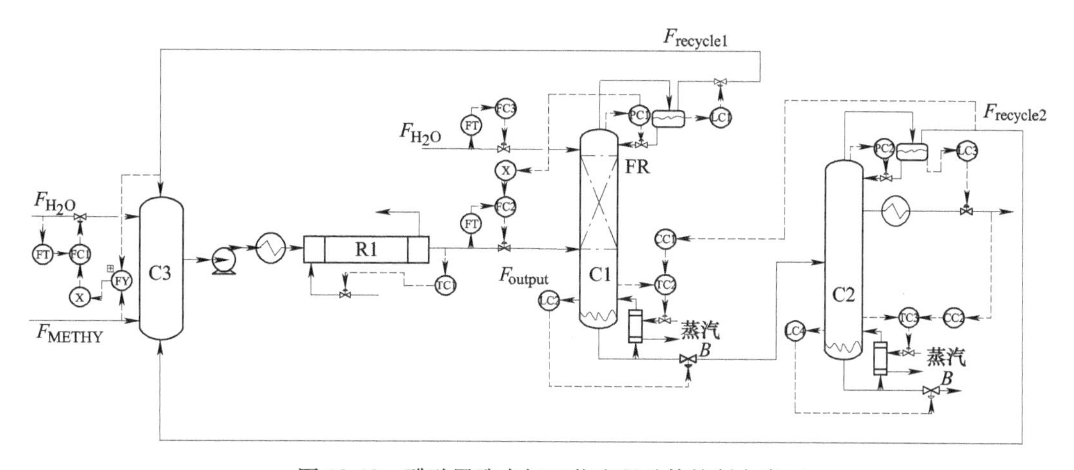

图 12-10　醋酸甲酯水解工艺流程总体控制方案

12-1。

表 12-1 关键控制回路描述

被控变量	操纵变量	控制目标	控制器
$F_{H_{20}}/F_{METHY}$	进料水流量	4.662	FC1
R1			
出口温度	冷却水流量	70℃	TC1
C1			
F_{output}/F_R	R1 出口流量	0.182	FC2
灵敏板温度	再沸器加热量	CC1 输出	TC2
塔釜液位	C1 塔底采出量	1.44m	LC2
塔顶液位	C1 塔顶采出量	3.20m	LC1
塔顶压力	C1 塔顶冷凝量	101kPa	PC1
C2			
甲醇纯度	C2 灵敏板温度	0.9764	CC2
醋酸甲酯纯度	C1 灵敏板温度	0.00275	CC2
灵敏板温度	再沸器加热量	CC2 输出	TC3
塔釜液位	C2 塔底采出量	2.03	LC4
塔顶液位	C2 侧线采出量	0.09	LC3
塔顶压力	C2 塔顶冷凝量	101kPa	PC2

12.4 醋酸甲酯水解工艺控制系统动态模拟

12.4.1 ASPEN 稳态模拟系统

选择 NRTL-HOC 热力学模型，在 ASPEN PLUS 中进行醋酸甲酯水解工艺流程稳态模拟，其模拟流程如图 12-11 所示：

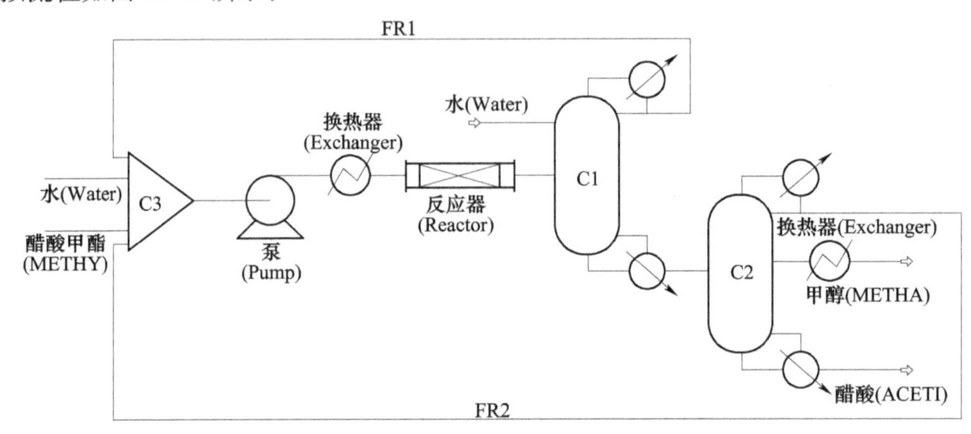

图 12-11 醋酸甲酯水解稳态模拟流程

醋酸甲酯水解工艺流程中反应精馏塔和甲醇回收塔结构如图 12-12 和图 12-13 所示。

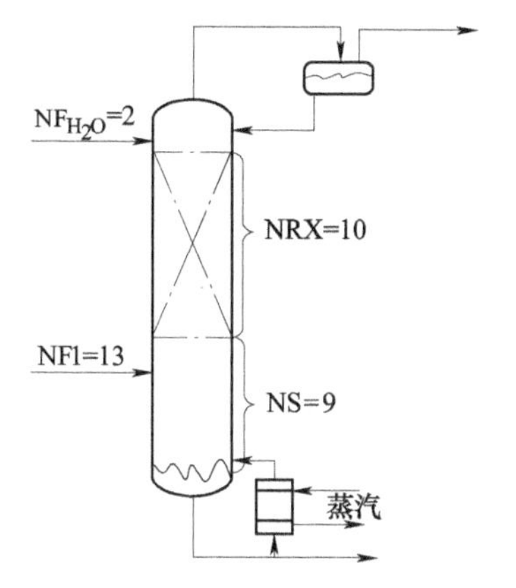

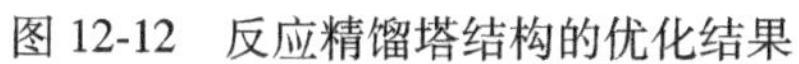
图 12-12　反应精馏塔结构的优化结果

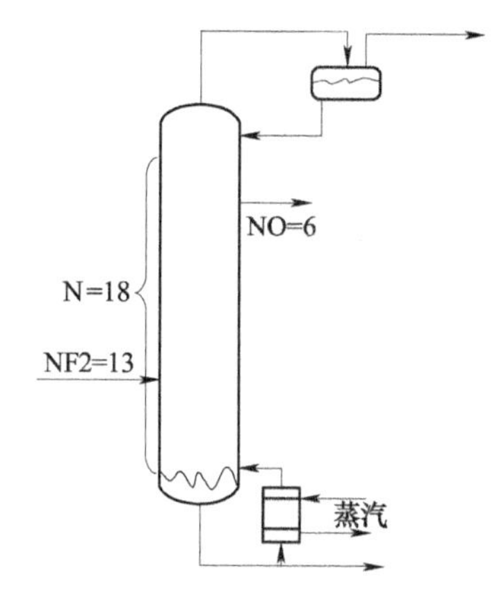

图 12-13　甲醇回收塔结构的优化结果

稳态操作参数计算结果及最优年费见表 12-2。

表 12-2　稳态操作参数计算结果及最优年费（TAC）

名　称		反应精馏塔	甲醇回收塔
反应段塔板数		10	—
提馏段塔板数		9	—
精馏段塔板数		1	—
反应段塔板		2~11	—
混合物进料位置		13	—
水进料位置		2	—
甲醇回收塔进料位置		—	13
侧线采出位置		—	6
总塔板数		20	18
塔顶馏出成分/(kmol/kmol)	甲醇	0. 1521	0. 9723
	醋酸	0. 0007	—
	醋酸甲酯	0. 5823	0. 0275
	水	0. 1328	—
塔底采出成分/(kmol/kmol)	甲醇	0. 14501	0. 0047
	醋酸	0. 13216	0. 1545
	醋酸甲酯	0. 000312	—
	水	0. 7220	0. 8408
侧线采出成分/(kmol/kmol)	甲醇	—	0. 9764
	醋酸	—	—
	醋酸甲酯	—	0. 0001
	水	—	0. 0196
TAC/(1000 人民币/年)		1669. 80	2731. 92
总 TAC/(1000 人民币/年)		4401. 72	

12.4.2 稳态模拟转到动态模拟

在针对化工过程进行建模的过程中均会涉及稳态建模和动态建模两个环节。在对醋酸甲酯水解过程进行稳态模拟时，装置中的工艺参数都是不随时间变化的。但是在实际生产过程中经常会出现干扰，工艺参数经常会发生变化。仅仅依靠稳态模拟系统软件不能求出装置不同调节通道的时间常数以及装置运行过程中的动态特性。在针对生产装置选择控制方案时，只能靠对比已经存在的同类装置或者进行理论分析。在动态流程模拟软件中，时间变量被引入系统，系统中内部参数会随着时间的改变而发生变化。动态模拟系统能够有机地将稳态系统、控制理论、动态、化工及热力学模型、动态数据结合起来，通过求解巨型常微分方程组来进行过程流程模拟。动态模拟可以有效提高生产的安全性、优化生产操作、增强系统抗干扰能力，具体表现在以下几个方面：①安全分析和预测；②操作规律的研究；③控制方案的研究、联锁控制调试；④分析操作、生产过程中的瓶颈问题；⑤开工方案确定；⑥生产安全性分析；⑦特殊的非稳态过程计算；⑧生产指导和装置调优；⑨在线优化及先进控制；⑩培训员工。

在醋酸甲酯水解工艺过程动态模拟中，改变生产过程的操作条件（进料流量、成分等）可以得到关键被控变量（组分、灵敏板温度、上升蒸汽量等）的动态特性。通过对这些动态特性进行分析和研究，其结果对醋酸甲酯水解工艺流程的控制回路设计及控制器参数整定具有重大的指导意义。本小节利用 ASPEN DYNAMICS 对该工艺过程进行动态模拟，并对进料醋酸甲酯流量和成分添加阶跃扰动，分析在前面两种控制结构下醋酸甲酯水解装置动态运行效果。

在进行动态模拟前，首先应完善醋酸甲酯水解工艺过程的稳态模型。ASPEN DYNAMICS 动态模型是由 ASPEN PLUS 稳态模型转化而形成的，两者具有相同的物性，对醋酸甲酯水解工艺过程中物料和能量平衡的模拟方式相似。因此，不需要单独建立醋酸甲酯水解工艺流程的动态模型，在稳态模型的基础上，增加一些与动态模拟相关操作就可以将 ASPEN PLUS 稳态模型导入 ASPEN DYNAMICS 中。

（1）驱动方式选择　在 ASPEN DYNAMICS 中建立系统动态模型时，会给出两种驱动方式：流量驱动（Flowest driven）方式和压力驱动（Pressure driven）方式。根据工业实际，醋酸甲酯水解工艺过程动态模型选择压力驱动方式。

（2）添加阀门和泵　在建立醋酸甲酯水解工艺流程动态模型前，为实现整个流程的压力平衡，保证前一个生产单元出口压力等于下一个单元的进料压力，在每两个生产单元之间应添加进料泵实现压力配平。为实现在动态模型中对于流量的控制，在可控流股中，还需要添加阀门，通过调节阀门开度可以操作流股流量大小。

在 ASPEN DYNAMICS 中建立的醋酸甲酯水解工艺流程动态模拟流程图如图 12-14 所示。从图 12-14 中可以看到，与稳态模拟流程图相比，阀门和进料泵都已经添加完毕，在建立完动态模型后，就可以在动态模型的基础上，研究醋酸甲酯水解工艺流程的动态特性，验证本文设计控制方案的控制效果。

12.4.3 控制方案动态模拟

控制结构在 ASPEN DYNAMICS 中建立的动态模拟流程图如图 12-15 所示。

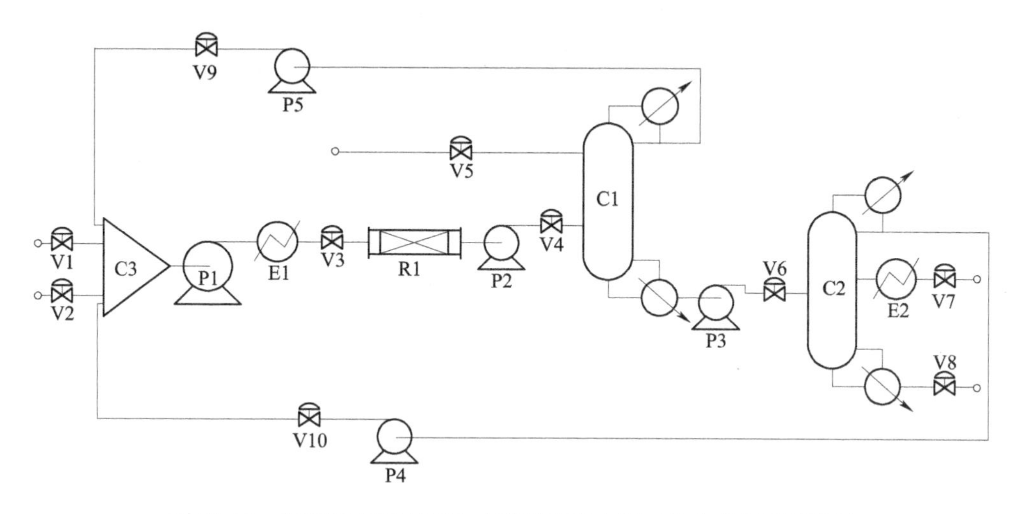

图 12-14 ASPEN DYNAMICS 中醋酸甲酯水解工艺动态模拟流程图

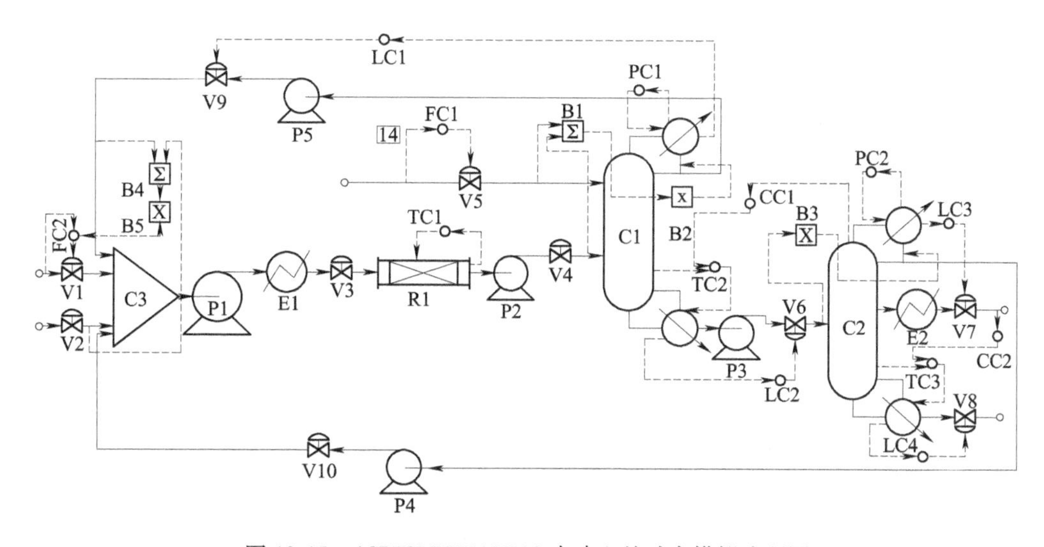

图 12-15 ASPEN DYNAMICS 中建立的动态模拟流程图

从图 12-15 中可以看到：

1）加法器 B4、乘法器 B5 与水进料流量控制器 FC2 共同组成了水/酯定比值控制回路：加法器 B4 计算得到反应精馏塔塔顶循环流量与新鲜醋酸甲酯进料流量之和，计算结果输出到乘法器 B5，与初始水/酯比相乘后作为流量控制器 FC2 的串级输入调节新鲜水进料流量使水/酯比不变。

2）温度控制器 TC1 设定值为反应器出料温度，通过调节夹套中冷却水流量保持反应器温度不变。

3）在反应精馏塔控制回路中，FC1 调节阀门 V5 开度保持塔顶补充水进料流量不变；LC1、LC2 和 PC1 分别组成塔顶和塔底的液位和压力控制回路；加法器 B1、乘法器 B2 组成回流/进料比值控制回路：在发生扰动时，回流量变为 B2 中 B1 输出两股进料之和与初始比值的乘积；控制器 TC2 通过调节再沸器加热量保持反应精馏塔中灵敏板温度不变，当塔顶醋酸甲酯含量变化时，成分控制器 CC1 通过调节 TC2 中灵敏板温度设定值来改变再沸器加热量，使 C2 塔顶醋酸甲酯含量恢复稳态。

4）在甲醇回收塔控制回路中，PC2、LC3、LC4 分别组成塔顶和塔底压力、流量控制回路，与常规塔顶液位控制不同，LC3 通过改变侧线采出流量调节塔顶液位；乘法器 B3 输出为甲醇回收塔进料与回流/进料的乘积；控制器 TC3 通过调节再沸器加热量保持甲醇回收塔中灵敏板温度不变，当侧线采出中甲醇含量变化时，成分控制器 CC2 通过调节 TC3 中灵敏板温度设定值来改变再沸器加热量，使侧线采出中甲醇含量恢复稳态。

1. 控制器参数整定

对厂级醋酸甲酯水解控制方案 CS1 进行仿真调试时，首先合理选择控制器的正反作用，然后采用中继-反馈测试和 Tyreus-Luyben 调谐法进行整定装置中所有控制回路的控制器参数，整定后主要控制器的积分时间（τ）和积分增益（K_c）见表 12-3。

表 12-3　CS1 控制器参数

控制器	K_c/τ
FC1	15/45
TC1	1/20
FC2	15/45
TC2	3/30
CC1	15/20
CC2	5/2
TC3	3/25

2. 动态响应

对系统添加阶跃扰动测试系统在控制方案 CS1 下的动态响应性能。分别添加如下系统扰动：± 10%醋酸甲酯进料流量扰动、± 5%醋酸甲酯进料组分扰动。控制系统动态响应如下：

（1）±10%的醋酸甲酯进料流量扰动　系统稳定运行 1h 后，添加±10%的醋酸甲酯进料流量扰动，图 12-16 所示为反应器出口温度响应曲线；图 12-17 所示为甲醇回收塔塔顶醋酸甲酯含量响应曲线；图 12-18 所示为侧线采出产品甲醇含量响应曲线；图 12-19 所示为甲醇回收塔塔底醋酸含量响应曲线。

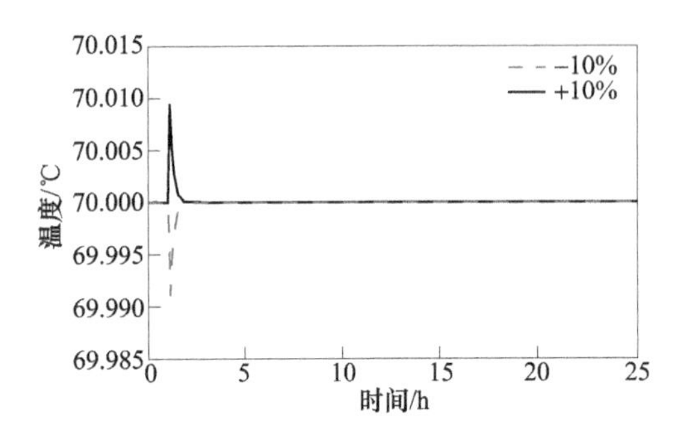

图 12-16　流量扰动下反应器出料温度

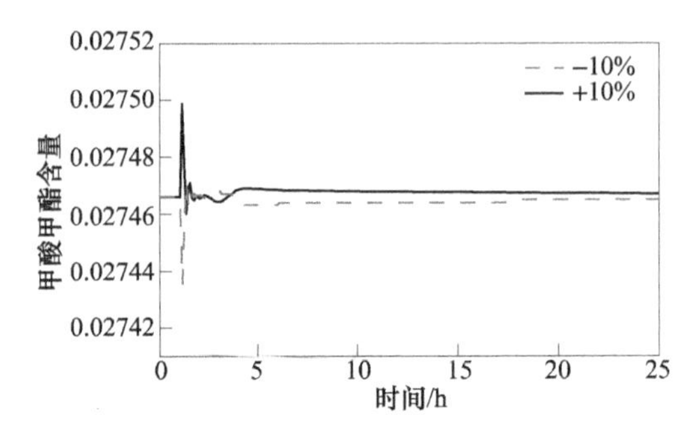

图 12-17　流量扰动下醋酸甲酯含量

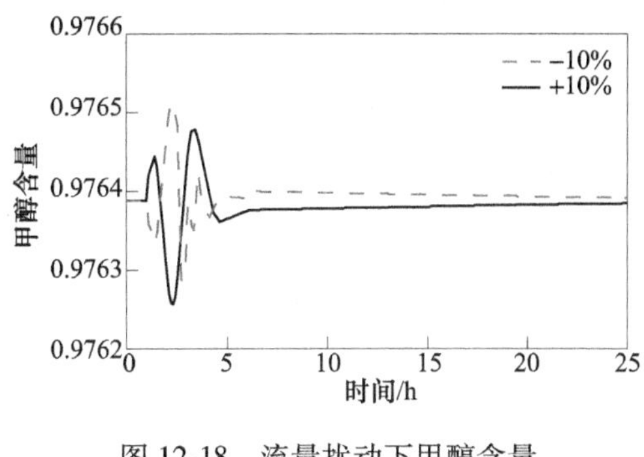

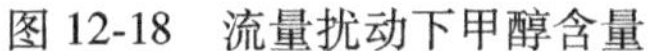

图 12-18　流量扰动下甲醇含量

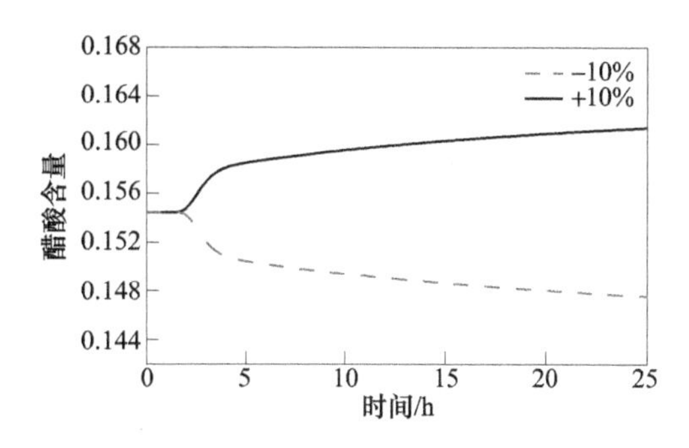

图 12-19　流量扰动下醋酸含量

从图 12-16～图 12-19 中可以看到，当发生醋酸甲酯进料流量扰动时，反应器出料温度经过较短的时间达到峰值，在冷却水控制器的直接控制作用下，温度迅速恢复到稳定状态。甲醇回收塔塔顶醋酸甲酯纯度和侧线采出中甲醇的纯度在经过 2h 左右的大范围波动后，较快地恢复到稳态设计值附近，在随后的数小时内，实际值与稳态设计值余差越来越小，逐步恢复稳定。作为非严格控制变量塔底醋酸纯度，在进料流量增加和减少时分别呈现出上升或减少的趋势，5h 以后，变化速率放缓，逐渐恢复平稳状态，虽然没有恢复到稳态设定值附近，但是仍然符合生产指标要求。

（2）±5%醋酸甲酯进料成分扰动　系统稳定运行 1h 后，添加±5%的进料成分扰动，图 12-20 所示为成分扰动下反应器出料温度；图 12-21 所示为成分扰动下甲醇回收塔塔顶采出醋酸甲酯纯度；图 12-22 所示为成分扰动下侧线采出甲醇纯度；图 12-23 所示为成分扰动下甲醇回收塔塔底醋酸纯度。

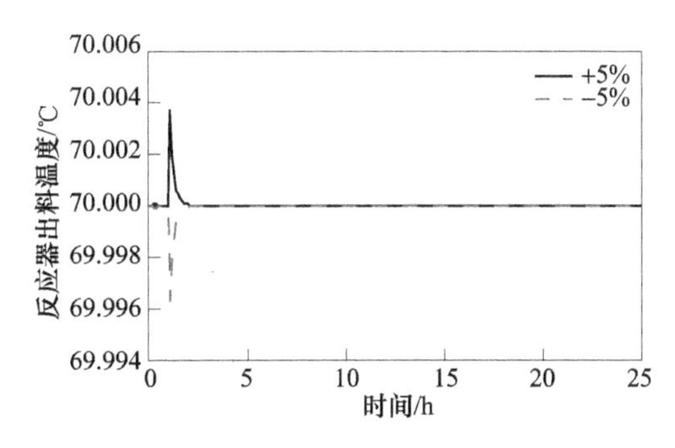

图 12-20　成分扰动下反应器出料温度

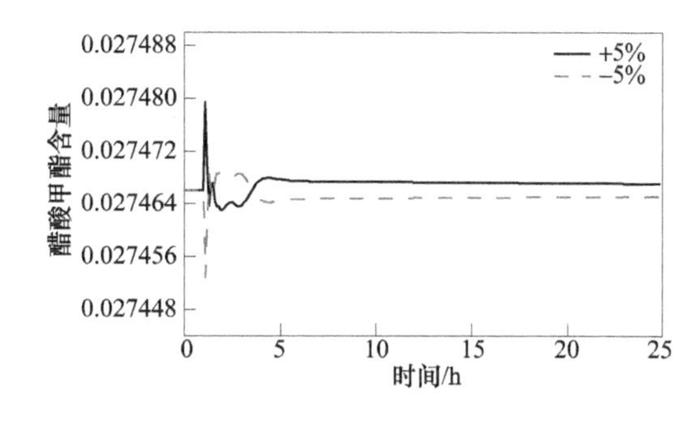

图 12-21　成分扰动下醋酸甲酯含量

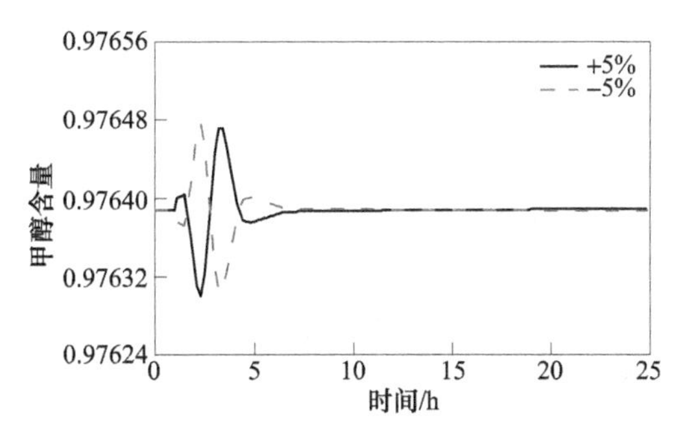

图 12-22　成分扰动下甲醇含量

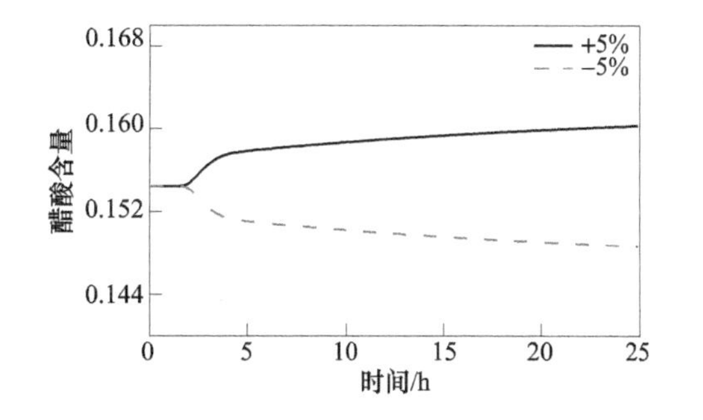

图 12-23　成分扰动下醋酸含量

从图 12-20~图 12-23 中可以看到，当发生醋酸甲酯进料成分扰动时，反应器出料温度经过较短的时间达到峰（谷）值，在冷却水控制器的直接控制作用下，温度迅速恢复到稳定状态。甲醇回收塔塔顶醋酸甲酯纯度在经历一个上下波动的趋势后，逐步恢复到稳定状态。侧线采出中甲醇的纯度由于和塔顶醋酸甲酯纯度处于一个相互影响的关系，因此甲醇纯度的变化与甲醇反向，经过一段时间后逐渐恢复到稳定状态。甲醇回收塔塔底醋酸纯度，在发生扰动时，由于没有专门对其施加控制，会发生轻微波动，但仍符合生产指标要求。

从系统在进料流量和成分扰动下的动态响应曲线中可以看到，当进料发生扰动时，反应器出口流料温度在较短的时间内恢复到稳定状态，减小对下一环节反应精馏塔的干扰，甲醇回收塔塔底回流中醋酸甲酯含量和侧线采出产品甲醇的含量在 5h 左右也趋于稳定，与初始稳态余差较小，塔底采出醋酸甲酯含量虽然没有回复到稳态设计值，但是仍然在规定的采出浓度范围内，符合下一环节醋酸提纯进料要求。整体控制方案基本能够满足醋酸甲酯水解工艺设计要求。

12.5 自控仪表与阀门选型

12.5.1 自控仪表的选型

1. 温度仪表选型

一般工业用温度计：选用 1.5 级或 1 级；精密测量用温度计：应选用 0.5 级或 0.25 级。在本设计中按一般工业设计的标准，选用 1.5 级或 1 级。最高测量值不大于仪表测量范围上限值 90%，正常测量值在仪表测量范围上限值的 1/2 左右。

表 12-4 为温度仪表选型参照表：等级选用 1.5 级或 1 级。根据物料衡算，各个检测点温度在 100℃左右，量程范围可选用铜热电阻 Cu50（-50~+150℃）；其中热电阻<10s 四级；温度计接线盒采用隔爆式，连接方式采用法兰式。

表 12-4 温度仪表选型参照表

编号	变送器型号	公司	防爆等级	等级	公司	备注
TI1001	SITRANS TH200	西门子	ExiaIIAT4-T6	1.5 级	苏科	Cu50
TI1002	SITRANS TH200	西门子	ExiaIIAT4-T6	1.5 级	苏科	Cu50
TI1003	SITRANS TH200	西门子	ExiaIIAT4-T6	1.5 级	苏科	Cu50

2. 压力仪表选型

一般测量用压力表，膜盒压力表和膜片压力表应选用 1.5 级或 2.5 级，精密测量用压力表应选用 0.4 级、0.25 级或 0.16 级。在本设计中按一般工业设计的标准，选用 1.5 级或 2.5 级。测量稳定的压力时，正常操作压力值应在仪表测量范围上限值的 1/3~2/30；测量脉动压力时，正常操作压力值应在仪表测量范围上限值的 1/3~1/20；测量高、中压力（大于 4MPa）时，正常操作压力值不应超过仪表测量范围上限值的 1/20。

表 12-5 为压力仪表选型参照表：准确度等级选用 1.5 级 2.5 级，可以适当提高等级；根据物料衡算，各个检测点压力在 2atm（1atm=101325Pa）左右。

表 12-5 压力仪表选型参照表

编号	型号	公司	防爆等级	精确度等级
PI1001	SKP602V5-LSAYY-0Y	SUPCON	ExiaIIAT4	1.5 级
PI1002	SKP602V5-LSAYY-0Y	SUPCON	ExiaIIAT4	1.5 级

3. 流量仪表选型

化工装置流量计选择：节流装置及差压计，速度式流量计，容积式流量计，可变面积式流量计（转子流量计），质量流量计，楔形流量计，明渠流量计等。

表 12-6 为流量仪表选型参照表：本设计中，流量的检测主要为催化精馏塔物料进料流量，因为物料进料流量的大幅度变化会对物料的反应产生较大影响，因此要进行流量检测，且设计相关的流量控制方案来控制工艺。两塔的物料流量可以使用相同的流量仪表型号。

表 12-6 流量仪表选型参照表

编号	型号	公司	防爆等级	精确度等级
FT1001	SKCW11V5-LSDQ-B-H	SUPCON	ExiaIIAT4	1.5 级
FT1002	SKCW11V5-LSDQ-B-H	SUPCON	ExiaIIAT4	1.5 级

4. 液位仪表选型

化工装置液位计主要有差压式测量仪表、浮筒式测量仪表、浮子式测量仪表、电容式测量仪表等。

表 12-7 为液位仪表选型参照表：本设计中，测量的有 3D-665、3D-669 的塔釜液位及其回流罐的液位。化工生产需要连续测量，故宜选用差压式仪表。法兰材质为 SUS 304，即 18/8 不锈钢，相当于我国不锈钢牌号 06Cr19Ni10。

表 12-7 液位仪表选型参照表

编号	型号	公司	防爆等级	精确度等级	备注
LT1001	SKEW05P5-A	SUPCON	Exia IIAT4	1 级	测量显示
LT1002	SKEW05P5-A	SUPCON	Exia IIAT4	1 级	测量显示
LT1003	SKEW05P5-A	SUPCON	Exia IIAT4	1 级	测量显示
LT1004	SKEW05P5-A	SUPCON	Exia IIAT4	1 级	测量显示

5. 成分仪表选型

醋酸的浓度可以通过以下几种方式在线检测：密度检测，这是对于较高浓度醋酸检测的有效方法；电导率检测，醋酸的电导率随浓度升高先是变大，然后在 3mol/L 左右电导率达到最高，之后电导率开始下降，因此可以采用电导率分段检测醋酸的浓度；在线酸碱滴定，这种方法比较慢，但准确度最好。表 12-8 所示为成分仪表选型参照表。在本设计中醋酸浓度检测采用检测电导率的方法，选用霍尼韦尔公司的 APT2000TC。甲醇浓度通过气相色谱法测定，采用火焰电离检测器，选用西门子公司的 2021650-001。

表 12-8 成分仪表选型参照表

编号	型号	公司	防爆等级	等级
AI1001	APT2000TC	霍尼韦尔	本质安全	1 级
AI1002	2021650-001	西门子	本质安全	1 级

12.5.2 控制阀的选取

选择控制阀工作流量特性的目的是通过控制阀调节机构的增益来补偿因对象增益变化而造成开环总增益的变化的影响。一般变送器、调节器、执行机构等放大倍数基本为一个常数，但过程特性往往是非线性的。因此，选择增益的原则是：K_vK_p = 常数。其中，K_v 为调节阀的放大系数；K_p 为过程的放大系数。

根据被控对象的特性，流量控制对象的过程放大系数为线性，因此选择线性阀。温度过程为非线性，因此选择等百分比调节阀（V1 等选用对数）。V3 等所在被控变量为液位，可选用对数。V4 所在被控变量为压力，可选用对数。阀门特性选取见表 12-9。

表 12-9 阀门特性选取

阀门操纵变量	名称	流量特性	气动特性
V1	反应器出料口温度控制阀	对数	气开
V2	醋酸甲酯流量控制阀	线性	气开
V3	反应塔塔釜液位控制阀	对数	气关
V4	反应塔冷凝器压力控制阀	对数	气关
V5	反应塔回流罐液位控制阀	对数	气开
V6	反应塔回流罐回流控制阀	线性	气关
V7	反应塔塔板温度控制阀	对数	气开
V8	反应塔水进料流量控制阀	线性	气开
V9	分离塔甲醇浓度和灵敏板温度控制阀	对数	气开
V10	分离塔塔釜液位控制阀	对数	气关
V11	分离塔冷凝器压力控制阀	对数	气关
V12	分离塔回流罐液位控制阀	对数	气开
V13	分离塔回流罐回流控制阀	线性	气关
V14	分离塔塔顶浓度和反应塔塔温控制阀	对数	气开

12.6 控制系统软件组态的实现

12.6.1 浙大中控 DCS 软件

DCS 即集散控制系统（Distributed Control System）。它是指利用计算机技术将所有的二次显示仪表集中在计算机上显示，同时所有的一次表及调节阀等仍然分散安装在生产现场。DCS 的核心是布置在机柜室的现场控制站。

AdvanTrol-Pro 软件包是基于 Windows 2000 操作系统的自动控制应用软件平台，在 SUPCON WebField 系列集散控制系统中完成系统组态、数据服务和实时监控功能。

12.6.2 I/O 点设置

根据系统的工艺过程、被控参数和控制要求，选择了输入/输出（I/O）点类型与数量，选择了合适的卡件，并且进行了 I/O 点的分配，本工艺流程的 I/O 点分配见表 12-10。

表 12-10　本工艺流程的 I/O 点分配

序号	位号	描述	I/O	类型	单位	卡件
1	FI_201	水流量	AI	0~20mA	kg/h	FW351
2	FI_202	醋酸甲酯流量	AI	0~20mA	kg/h	FW351
3	LI_201	精馏塔回流罐液位	AI	0~20mA	m	FW351
4	LI_202	精馏塔塔釜液位	AI	0~20mA	m	FW351
5	LI_203	分离塔塔釜液位	AI	0~20mA	m	FW351
6	LI_204	分离塔回流罐液位	AI	0~20mA	m	FW351
7	PI_201	精馏塔冷凝器压力	AI	0~20mA	kPa	FW351
8	PI_203	分离塔冷凝器压力	AI	0~20mA	kPa	FW351
9	TI_201	精馏塔塔板温度	RTD	Pt100	℃	FW353
10	FI_H2O	混合罐水流量	AI	0~20mA	kg/h	FW351
11	FI_METHYL	混合罐醋酸甲酯流量	AI	0~20mA	kg/h	FW351
12	TI_REACTOR	反应器温度	RTD	Pt100	℃	FW353
13	TI_203	分离塔塔板温度	RTD	Pt100	℃	FW353
14	CI_203	分离塔塔顶回收浓度	AI	0~20mA	%	FW351
15	CI_204	侧线采出甲醇浓度	AI	0~20mA	%	FW351
16	FV_201	水流量调节阀	AO	—	—	FW372
17	FV_202	醋酸甲酯流量控制阀	AO	—	—	FW372
18	PV_201	精馏塔塔压调节阀	AO	—	—	FW372
19	PV_203	回收塔塔压调节阀	AO	—	—	FW372
20	CV_203	甲醇塔顶浓度调节阀	AO	—	—	FW372
21	CV_204	侧线采出甲醇浓度调节阀	AO	—	—	FW372
22	TV_203	回收塔塔温调节阀	AO	—	—	FW372
23	FV_H20	混合罐水流量调节阀	AO	—	—	FW372
24	TV_REACTOR	反应器温度调节阀	AO	—	—	FW372
25	LV_201	精馏塔回流罐液位调节阀	AO	—	—	FW372
26	LV_202	精馏塔塔釜液位调节阀	AO	—	—	FW372
27	LV_203	回收塔回流罐液位调节阀	AO	—	—	FW372
28	LV_204	回收塔塔釜液位调节阀	AO	—	—	FW372
29	FV_METHYL	醋酸甲酯流量调节阀	AO	—	—	FW372

DCS 中 I/O 点设置所选择的卡件如图 12-24 所示。

在设置 I/O 点时，不但要对位号设置，更要对其模拟量输入进行设置，还要有报警设置。其中，模拟量输入中包括模拟量的上下限、单位以及信号类型。报警设置中包括高高限、高限、低限和低低限，其有优先级之分。

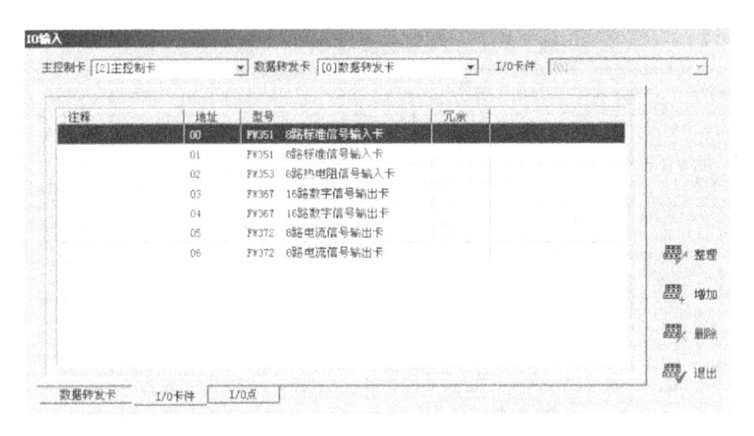

图 12-24　分配 I/O 点所选择的卡件

12.6.3　控制方案的组态实现

完成 I/O 组态后，如果系统中有需要控制的信号和其他一些控制要求，则可以通过控制方案组态来实现。

控制方案分为两种，即常规控制方案和自定义控制方案。常规控制方案是一些比较通用的控制方案，易于组态、操作方便。这些控制方案在系统内部已经编程完毕，只要进行简单的组态即可。系统以 PID 算式为核心进行扩展，设计了手操器、单回路、串级、单回路前馈、串级前馈、单回路比值、串级变比值和采样控制等多种控制方案。自定义控制方案是一些要求比较特殊的控制方案，需要用图形化编程软件来实现。在本次设计中主要用到常规控制方案，共有 10 个控制回路。其设置如图 12-25 所示。

常规回路

主控制卡 [2]主控制卡

No	注释	控制方案	回路参数		回路1	回路1
00	水流量调节	单回路	回路:[FI_201][FIC_201] 输出:[FV_201]	>>	PV	MV
01	精馏塔灵敏板…	串级	回路:[CI_203][CIC_201]-[TI_201][TIC_201] 输出	>>	PV	MV
02	精馏塔塔顶液…	单回路	回路:[LI_201][LIC_201] 输出 [LV_201]	>>	PV	MV
03	精馏塔塔釜液	单回路	回路:[LI_202][LIC_202] 输出 [LV_202]	>>	PV	MV
04	醋酸甲酯流量调节	串级变比值-	回路:[FI_201][FIC_201]-[FI_202][FIC_202] 输出	>>	PV	MV
05	甲醇回收塔塔…	单回路	回路:[LI_203][LIC_203] 输出 [LV_203]	>>	PV	MV
06	甲醇回收塔塔	单回路	回路:[LI_204][LIC_204] 输出 [LV_204]	>>	PV	MV
07	甲醇回收塔塔	单回路	回路:[PI_203][PIC_202] 输出 [PV_203]	>>	PV	MV
09	侧线采出甲醇…	串级	回路:[TI_203][TIC_203]-[CI_204][CIC_204] 输出	>>	PV	MV
08	原料混合水流…	单回路比值	回路:[LI_H20][FIC_H20] 输出 [FV_H20] 其他:[]	>>	PV	MV
10	反应器温度调节	单回路	回路:[TI_REACTOR][TC_REACTOR] 输出 [TV_REACTOR]	>>	PV	MV

整理　增加　删除　退出

常规回路设置

图 12-25　常规控制方案设置

在常规控制方案的设置过程中，要注意设置回路参数。其中，回路位号、回路输入、回路输出都要与定义的 I/O 点一一对应，否则就会出错。另外，需要注意的是，串级控制中，回路 1 为内环，是副回路，回路 2 为外环，是主回路。此外，这些参数也都要与监控主界面上的参数一一对应，尤其是控制的 PV、SV 参数。图 12-26 所示为串级回路设置。

12.6.4　监控组态画面设计

标准画面组态是指对系统已定义格式的标准画面进行组态，其中包括总貌画面、趋势组

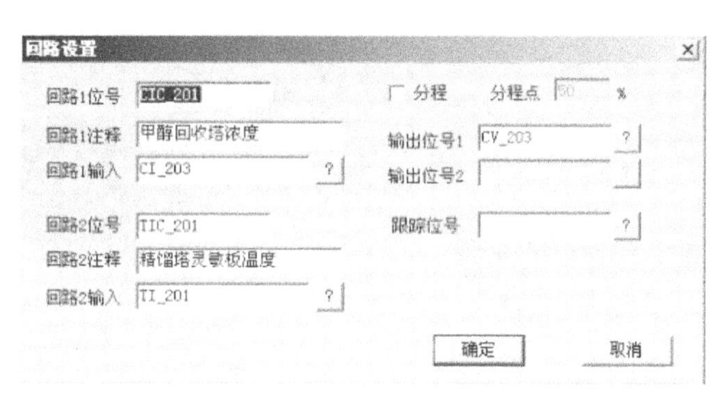

图 12-26　串级回路设置

态、控制分组和数据一览四种操作画面的组态。

1. 分组画面设置

系统的控制分组画面可以实时显示仪表的当前状态，如回路的手自动状态、I/O 信号测点的地址、报警状态等。用户可以直接在仪表盘上操作，十分方便。

分组画面的设置如图 12-27 所示。

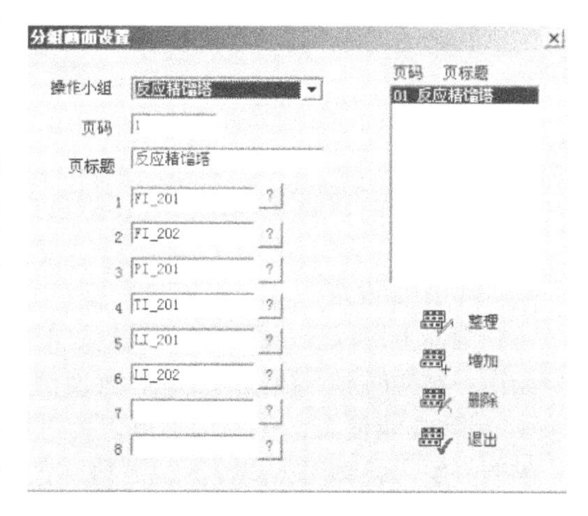

图 12-27　分组画面设置

2. 数据一览画面设置

数据一览画面可以实时显示位号的测量值及单位等，非常直观，一般项目上会用该画面来统一监测重要的数据。

数据一览画面的设置如图 12-28 所示。

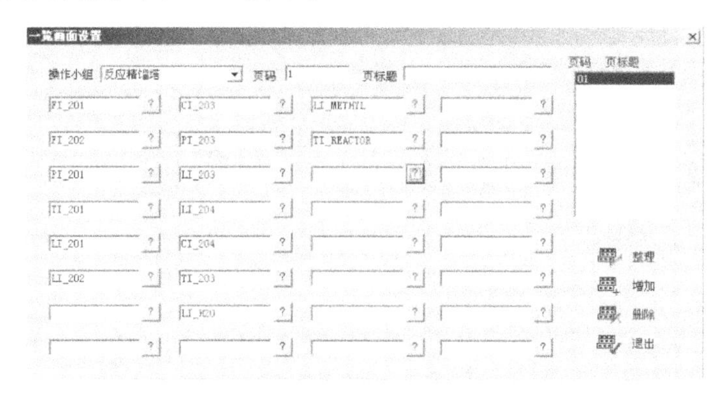

图 12-28　数据一览画面设置

3. 趋势画面设置

趋势画面中的趋势曲线可以直观地显示数据的实时趋势，也可以查阅数据的历史趋势，并且可以进行多个数据的对比观察，是一种非常方便的标准画面。趋势画面的设置要跟位号一一对应，否则会出错。另外，还要在 I/O 点设置时，在趋势服务组态中选择趋势组态，否则也会出错，如图 12-29 所示。

趋势组态设置如图 12-30 所示。

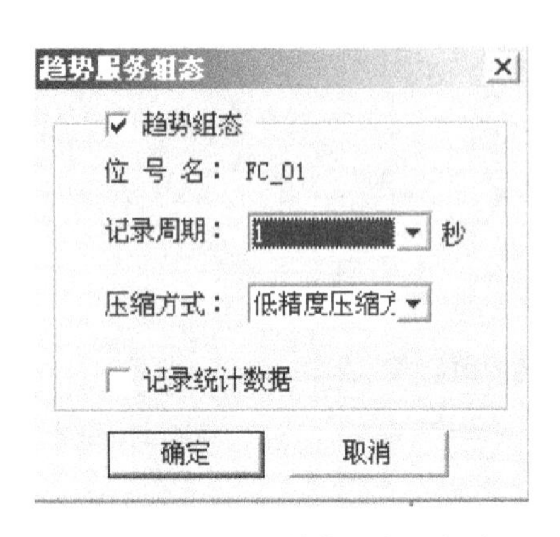

图 12-29 I/O 点的趋势服务组态设置

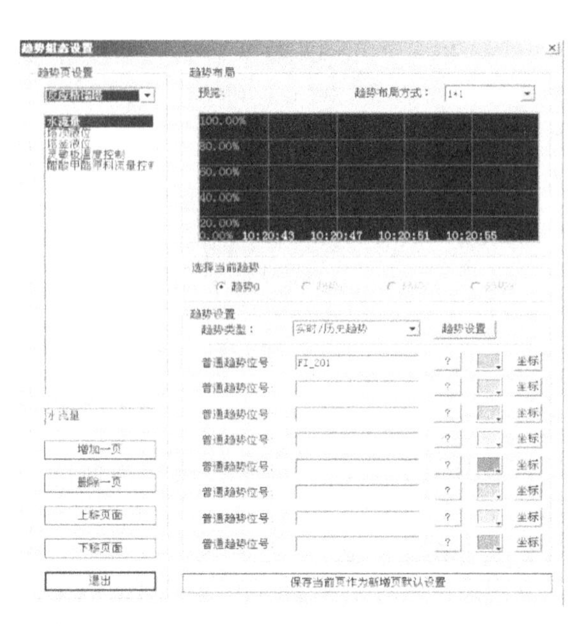

图 12-30 趋势组态设置

4. 总貌画面设置

总貌画面上可以显示所有前面设置过的标准画面的链接，画面索引快捷方便，也可以像一览画面一样实时显示数据的变化，画面信息块的颜色可指示测点状态和报警情况。每页画面最多显示 32 块信息，每块信息可以为过程信息点（位号）和描述、标准画面（系统总貌、控制分组、趋势图、流程图、数据一览等）索引位号和描述。过程信息点（位号）显示相应的信息、实时数据和状态。标准画面显示画面描述和状态。

总貌画面设置如图 12-31 所示。

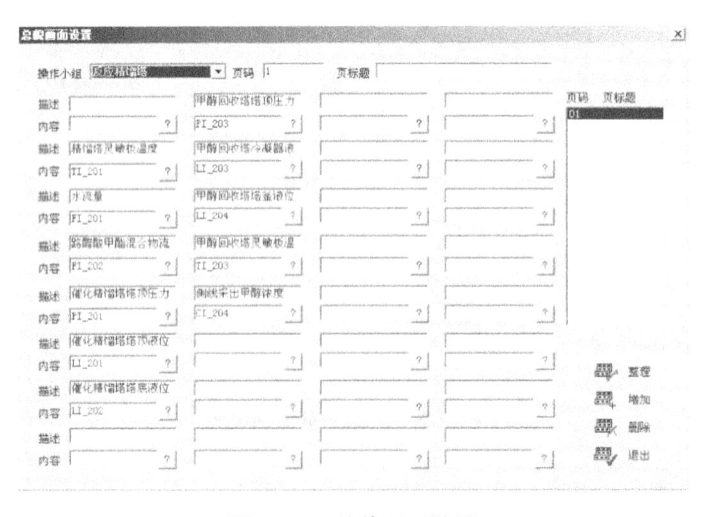

图 12-31 总貌画面设置

5. 报警设置

报警颜色可配置方案涉及报警一览控件、报警实时显示控件、光字牌等模块。可以实现报警颜色按等级划分，从 0 级到 9 级可配置十种不同的颜色以区分报警的重要性。另外，还可以进行语音报警的设置，以便及时提醒工作人员检查错误，确保工艺流程的顺利进行。等级语音报警设置如图 12-32 所示。

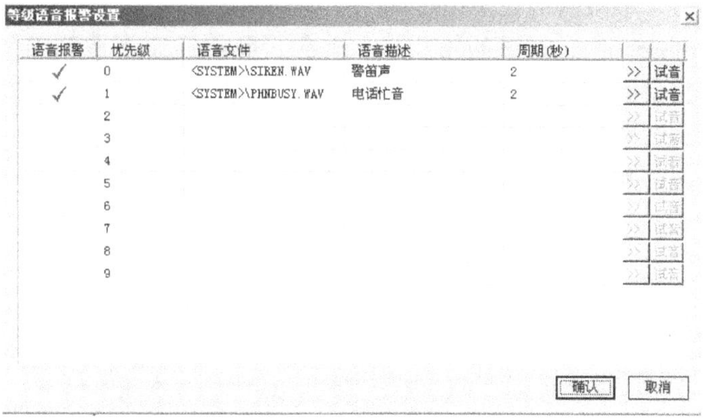

等级语音报警设置

语音报警	优先级	语音文件	语音描述	周期(秒)		
✓	0	<SYSTEM>\SIREN.WAV	警笛声	2	>>	试音
✓	1	<SYSTEM>\PHNBUSY.WAV	电话忙音	2	>>	试音
	2				>>	试音
	3				>>	试音
	4				>>	试音
	5				>>	试音
	6				>>	试音
	7				>>	试音
	8				>>	试音
	9				>>	试音

确认　取消

图 12-32　等级语音报警设置

6. 监控主界面

标准操作画面是系统定义的格式固定的操作画面，实际工程应用中，仅用这样的操作画面还不能形象地表达现场各种特殊的实际情况。因此需要有专门的流程图制作软件来进行工艺流程图的绘制。过滤色填充属性设置如图 12-33 所示。

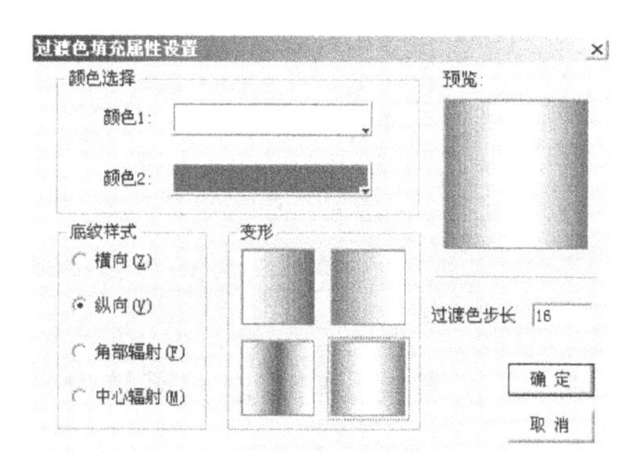

图 12-33　过滤色填充属性设置

7. 报表制作

报表是记录和存储数据的一种常用工具，现场很多重要的数据都是先由报表记录下来，然后由技术人员根据输出的表格数据对系统状态和工艺情况进行分析。报表制作软件从功能上分为制表和报表数据组态两部分。制表主要是将需要记录的数据以表格的形式制作；报表数据组态主要是根据需求对事件定义、时间引用、位号引用和报表输出做相应的设置。报表组态完成后，报表可以由计算机自动生成，如图 12-34 所示。

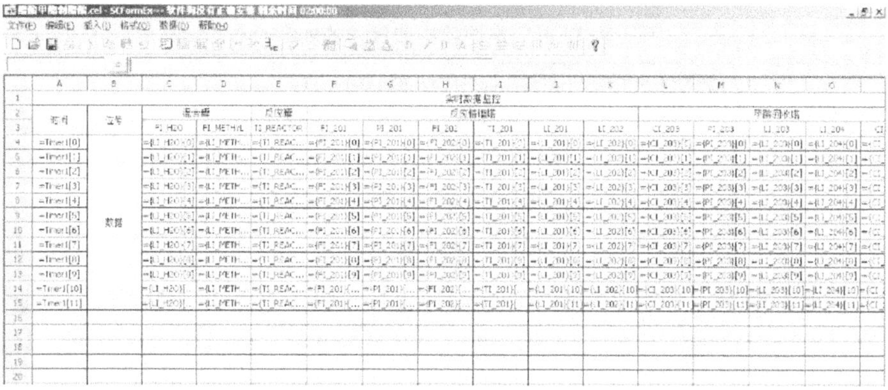

图 12-34　报表制作

12.6.5 组态调试

组态设置完成后，最重要的便是组态调试。在调试之前，首先要将 DCS 机柜电源打开，插上软件狗，插上网线，这是调试的第一步。其次，要将组态下载到 DCS 机柜中。最后才是实时监控。由于这次的设计没有对应的实际设备，因此这次设计的监控界面不能体现实时监控这一特性。因为实验室中有一个精馏塔设备，所以设计人员将局部的 I/O 地址的设置与实验室中的精馏塔地址相对应，从而局部模拟了 DCS 的实时监控，如图 12-35 所示。

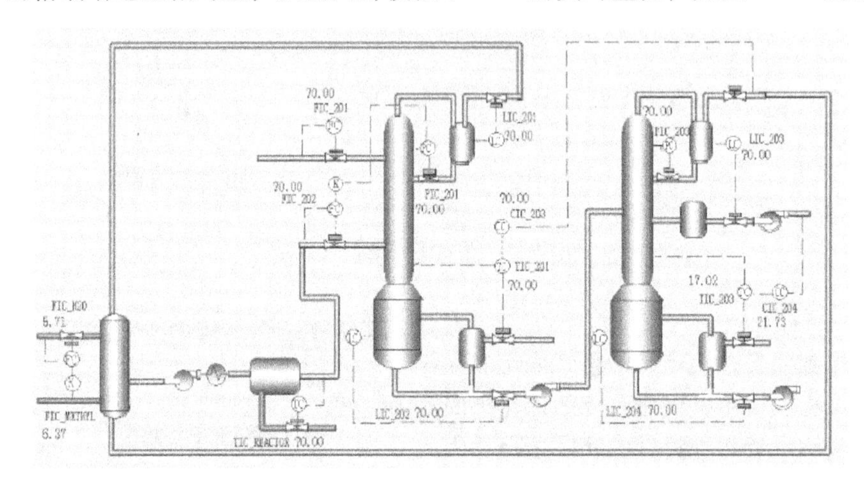

图 12-35 调试后监控界面

12.6.6 仪表供配电与电控系统设计

1. 电控柜

电控柜的主要功能是控制对象的电源控制和电气电路实现。电控柜采用工业现场立式配电柜的形式，所有器件均安装在配电柜内的网孔底板上，布线均按照工业布线标准，采用布线槽和布线板，便于装卸和维修；强电部分均安装透明亚克力保护罩，用于保护操作者的人身安全；配电柜底部配置带制动的滚动轮，方便设备的移动和固定；电控柜通过航空插头电缆与控制柜和控制对象进行连接，电源控制和保护的内容见表 12-11。

表 12-11 电源控制和保护的内容

电源控制和保护	漏电保护	漏电保护电流 30mA
	自动断电	当柜门打开时，设备主动力电路自动断电，照明电路可正常工作，保护人员安全，方便检修；检修时，可通过柜门钥匙开关控制上电
	远程断电	通过分励脱扣线圈实现远程断电
	UPS 电源	当设备运行中意外停电时，不间断电源自动开启，保护设备安全运行

本设计主要针对精馏塔的电气控制，主要通过接触器、继电器、变频器等工业器件，组成控制电路，对精馏塔的运行进行控制，例如：对泵的起动、停止和速度控制；对加热器启动和停止的控制。

2. 控制柜

控制柜主要实现对电控柜和控制对象的远程控制，是系统的控制核心和人机交互界面，本次设计主要使用浙大中控 DCS 控制柜。通过 DCS 监控组态的模拟，与控制柜相连，对现场进行远程控制。

3. 电源及配线

设计标准：除特别说明之外，所有的设计、设备及安装应遵循现行的国家标准和化工行业标准。

仪表及自动化装置的供电包括：常规仪表系统，自动分析仪表，安全联锁系统，工业电视系统，DCS、PLC 和监控计算机等系统。除此以外，还要考虑仪表辅助设施的供电，其包括：仪表盘内照明，仪表及测量管线电伴热系统。仪表工作电源按仪表用电负荷的需要可分为不间断电源和普通电源。通过计算导线截面面积可以确定供电系统的配线。

案例 2　年产 8 万 t 甲基丙烯酸甲酯过程控制方案工程设计

12.7　项目设计概况

1. 项目背景

本项目为某公司年产 8 万 t 甲基丙烯酸甲酯（MMA）项目，以 C_4 馏分和甲醇为主要生产原料，利用直接甲基化法，年制得 8 万 tMMA，产品质量浓度达到 99.9%。本项目所用 C_4 馏分组成见表 12-12。

表 12-12　本项目所用 C_4 馏分组成

成分	含量（质量分数,%）	成分	含量（质量分数,%）
异丁烯	43.02	1-丁烯	26.01
正丁烷	16.01	顺-2-丁烯	3.49
异丁烷	3.8	反-2-丁烯	7.54
丙烷	0.13		

注：测试条件为温度 35℃，压力 0.1MPa。

2. 设计范围

工艺包括叔丁醇合成工段、甲基丙烯醛合成工段、甲基丙烯酸甲酯合成及精制工段、甲醇回收工段的设备及其参数的确定。

工艺包括反应器的设计、选型，包括 5 个反应器；分离设备的设计，包括 11 座塔设备设计、选型校核，5 个气液分离器的设计、选型；换热设备的设计，包括 35 台换热器的设计、校核；输送设备的选用，包括 6 台压缩机、28 台泵的选用；能量集成回收利用网络、物料集成网络。

12.8　工艺流程介绍

本项目有叔丁醇（TBA）合成、甲基丙烯醛（MAL）合成、甲基丙烯酸甲酯（MMA）合成及精制、甲醇回收四个工段，如图 12-36 所示。

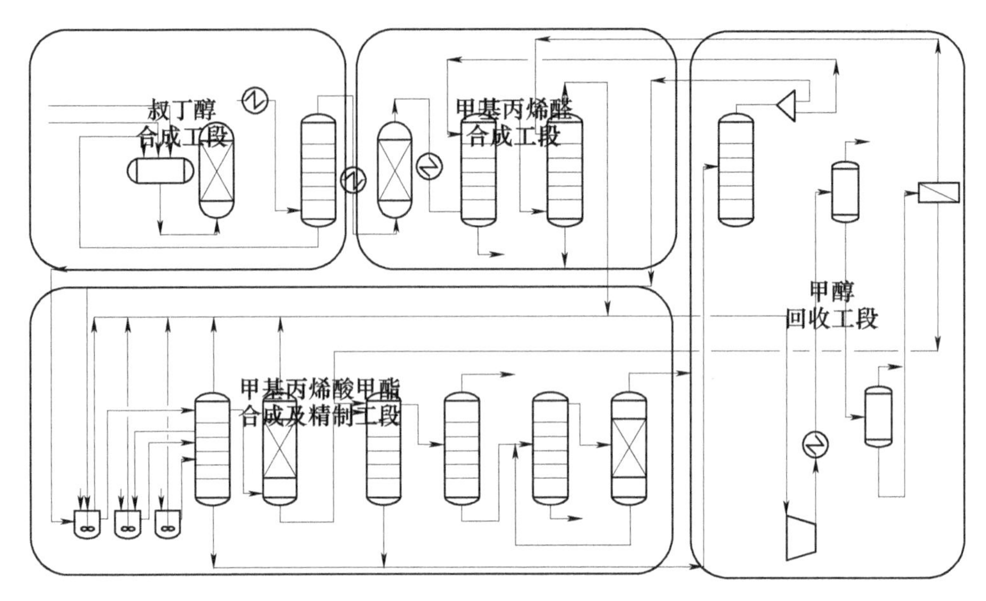

图 12-36　本项目工艺全流程

12.8.1　叔丁醇合成工段

C_4 馏分中的异丁烯在绝热式固定床反应器中水合生成叔丁醇，经过粗叔丁醇精馏塔精馏后得到醇水比 1∶1 的混合液进入下一工段。TBA 合成工段流程图如图 12-37 所示。

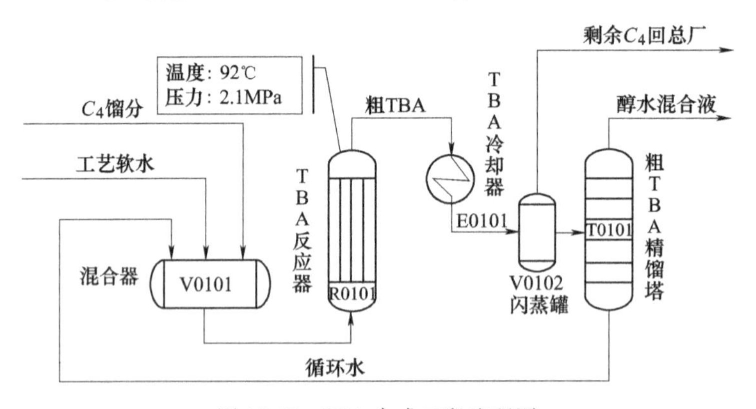

图 12-37　TBA 合成工段流程图

1. 原料混合

来自总厂的 C_4 组分、工艺软水和来自粗 TBA 精馏塔塔釜的水在原料混合罐内进行混合，充分混合后进入 TBA 反应器。

2. 异丁烯水合制叔丁醇

在此部分的绝热式固定床反应器中，C_4 组分和水在 92℃、2. 1MPa 条件下进行水合反应生成叔丁醇。该反应器为一台 ϕ5000mm×18000mm 的绝热式固定床反应器，其中填充磺酸阳离子交换树脂催化剂，该催化剂凭借其大孔的特性，能使反应物快速扩散到其内部，大的表面积能够使大量的催化剂位点参与到催化反应中，这将有助于催化反应更快更好的运行。

3. 反应产物分离

将反应产物经过一台换热器降温至30℃，然后进入粗TBA闪蒸罐进行气液分离。粗TBA闪蒸罐是一台直径为1900mm、高为7300mm的立式丝网除沫分离器，分离出的叔丁醇和水的混合物送至粗TBA精馏塔进行分离，剩余C_4送回总厂利用。

粗TBA精馏塔为一板式塔，共设10块塔板，操作压力为0.1MPa，塔顶设置冷凝器，塔釜设置再沸器。叔丁醇和水的混合物由精馏塔第6块塔板进入，进料温度为35℃。塔顶脱出的叔丁醇和水的混合物经冷凝器冷凝后进入回流罐，一部分回流至精馏塔，一部分为醇水摩尔比1∶1的混合液进入下一工段。塔底脱出的水经再沸器加热至99.65℃后，一部分回流至精馏塔，一部分经回流泵送入原料混合罐。

12.8.2 甲基丙烯醛合成工段

将混合液与氧气在列管式固定床反应器中反应，得到MAL。MAL经脱重塔脱重后用甲醇吸收，甲醇和MAL的混合液进入下一工段，甲醇混合气体进入甲醇回收工段。MAL合成工段流程图如图12-38所示。

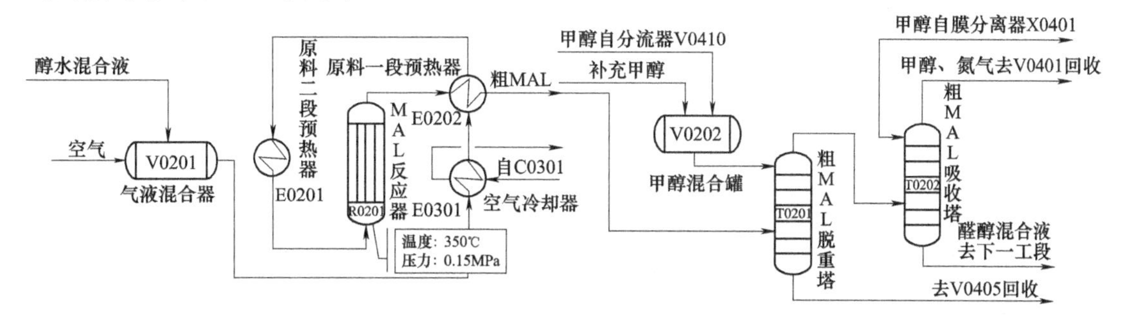

图12-38 MAL合成工段流程图

1. 反应原料的混合

来自上一工段的醇水混合液和空气在气液混合气内进行混合，充分混合后经三段换热器加热至350℃后进入MAL反应器。

2. 异丁烯的氧化反应

在此部分的反应器为ϕ4500mm×10000mm的列管式固定床反应器，其中填充Mo-Bi系催化剂。叔丁醇和水在350℃、0.15MPa条件下进入反应器，在反应器中叔丁醇先脱水生成异丁烯，然后异丁烯发生氧化反应生成MAL。MAL经过换热器冷却至露点温度后送至粗MAL脱重塔。

3. 氧化产物的分离

将反应产物送至粗MAL脱重塔进行分离。粗MAL脱重塔为一台板式塔，设置25块塔板，操作压力为0.13MPa，塔顶不设置冷凝器，塔底不设置再沸器。粗MAL从第25块塔板进料，进料温度为77.9℃；甲醇从第1块塔板进料，进料温度为35℃。塔顶脱出的MAL混合气送入粗MAL吸收塔；塔底采出液相进入甲醇回收工段进行回收。

粗MAL吸收塔为一台板式塔，设置20块塔板，操作压力为0.12MPa，塔顶不设置冷凝器，塔底不设置再沸器。MAL混合气从第20块塔板进料，进料温度为52℃；甲醇自甲醇回收工段来，甲醇从第1块塔板进料，进料温度为35℃。塔顶混合气进入甲醇混合罐；塔底脱出MAL和甲醇的混合液经输送泵送至背包式反应精馏一侧反应器。

12.8.3 甲基丙烯酸甲酯合成及精制工段

图 12-39 所示为 MMA 合成及精制工段流程图，含水量较低的醇醛混合液与甲醇、氧气进入“背包式”反应精馏塔进行氧化酯化反应，生成 MMA，经过精馏等工序精制后得到高纯度的主产品 MMA 和副产品异丁酸甲酯。

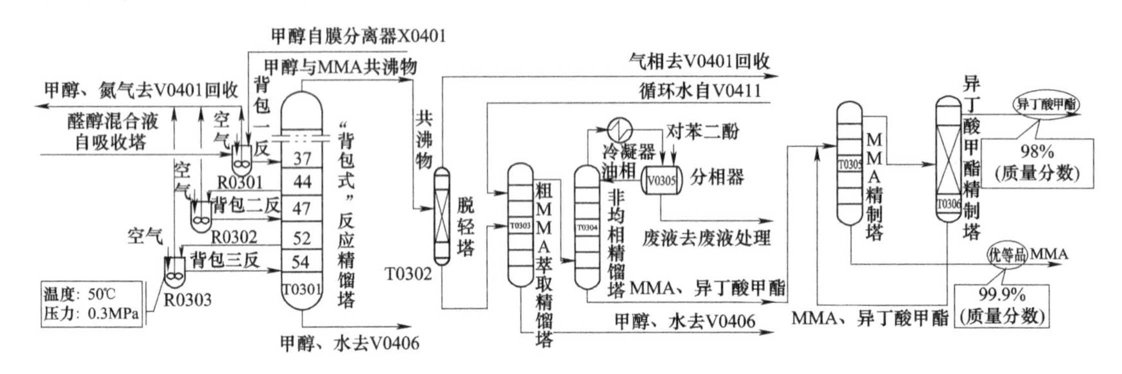

图 12-39 MMA 合成及精制工段流程图

1. 背包式反应精馏

空气经压缩后分为不同摩尔流量的三股物料分别进入背包式反应精馏的反应侧的三个反应釜（R0301、R0302、R0303）中，三个反应釜的操作温度和操作压力均为 50℃ 和 0.3MPa，R0301 的停留时间为 0.6h，R0302 的停留时间为 0.6h，R0303 的停留时间为 0.2h。来自 MAL 合成工段的醇醛混合液首先进入反应釜（R0301）中，循环甲醇进入反应釜（R0301）中，反应釜（R0301）中出来的产物从第 13 块板进入背包式反应精馏的精馏塔（T0301）中，塔（T0301）的总塔板数为 50 块，操作压力为 0.1MPa，从第 14 块板侧线出料，进入 R0302 中，反应产物从第 16 块板进入塔中；从第 23 块板侧线出料，进入 R0303 中，反应产物从第 25 块板进入塔中。塔顶出料经泵送至脱轻塔（T0302）中，塔底出料进入甲醇回收工段进行回收。

2. 反应产物的分离

将反应产物经泵送至脱轻塔进行脱气。脱轻塔为一台填料塔，填料高度为 3m，操作压力为 0.1MPa，塔顶设置部分冷凝器和回流罐，塔釜设置再沸器。粗 MMA 从填料塔塔顶进料，进料温度为 35℃；塔顶脱出的混合气体进入塔顶部分冷凝器，冷凝至 55.6℃，未凝气进入甲醇回收工段，冷凝液进入回流罐；回流罐内的液体回流至塔顶；塔底脱出的粗 MMA 液体经再沸器加热至 64.4℃，气体返回脱轻塔，液体送至萃取精馏塔（T0303）。

将粗 MMA 液体经泵送至粗 MMA 萃取精馏塔（T0303）进行分离。粗 MMA 萃取精馏塔为一台板式塔，设置 36 块塔板，操作压力为 0.1MPa，塔顶设置冷凝器和回流罐，塔釜设置再沸器。粗 MMA 从第 18 块塔板进料，进料温度为 64.4℃；循环水自甲醇回收工段的双效精馏高压塔塔底采出水相，从第 6 块塔板进料，进料温度为 35℃。塔顶脱出的水和 MMA 的混合气体进入塔顶冷凝器，冷凝至 75℃ 后进入回流罐；回流罐内的液体部分回流至塔顶，部分进入非均相精馏塔（T0304）；塔底脱出的甲醇和水的混合液体经再沸器加热至 83℃，气相返回塔中，液相送至甲醇回收工段。

水和 MMA 油水混合液经泵送至非均相精馏塔（T0304）进行分离。非均相精馏塔为一台板式塔，设置 37 块塔板，操作压力为 0.1MPa，塔顶设置冷凝器和分相器，塔底设置再沸器。油水混合液从第33块塔板进料，进料温度为81℃。塔顶脱出的水和MMA的混合气体进入塔顶二段冷凝器后进行分相，酯相返回塔顶，水相去废水处理。塔底脱出的双酯混合物经再沸器加热至106℃后，气相返回塔中，液相送至MMA产品精制塔。

将双酯混合液泵送至MMA产品精制塔（T0305），MMA产品精制塔为一台板式塔，设置94块塔板，操作压力为0.04MPa，塔顶设置冷凝器和回流罐，塔底设置再沸器。双酯混合液从第30块塔板进料，进料温度为99.4℃。塔顶采出双酯混合气体进入塔顶冷凝器，冷凝至66.6℃后进入回流罐；回流罐内的液体部分回流至塔顶，部分进入副产品异丁酸甲酯精制塔。塔底脱出纯度为99.9%（质量分数）的精制MMA溶液经再沸器加热至78.4℃后，气相返回塔中，液相MMA产品冷却至30℃经泵送至MMA产品储罐。

将粗异丁酸甲酯泵送至异丁酸甲酯精制塔（T0306），异丁酸甲酯精制塔为一台填料塔，填料高度为15.4m，操作压力为0.04MPa，塔顶设置冷凝器和回流罐，塔底设置再沸器。粗异丁酸甲酯从填料塔中段进料，进料温度为66.6℃，塔顶采出纯度为98%（质量分数）的精制异丁酸甲酯气体进入塔顶冷凝器，冷凝至65.1℃后进入回流罐；回流罐内的液体部分回流至塔顶，部分异丁酸甲酯冷却至30℃后经泵送至异丁酸甲酯副产品储罐。

12.8.4　甲醇回收工段

MAL合成工段和MMA合成及精制工段未反应的甲醇经精馏、闪蒸、膜分离进行回收得到纯度较高的甲醇，并将回收后的甲醇循环回MAL合成、MMA合成及精制工段进行反应。甲醇回收工段流程图如图12-40和图12-41所示。

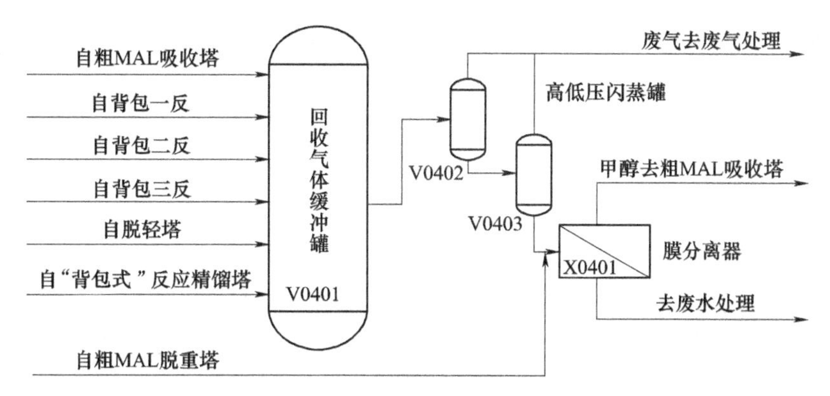

图12-40　含醇气体回收流程图

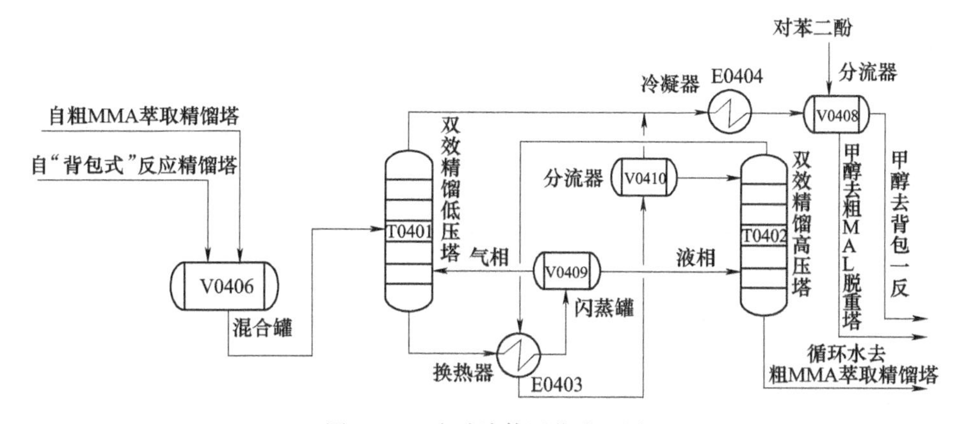

图12-41　含醇液体回收流程图

1. 含醇气体回收

来自 MAL 合成工段和 MMA 合成及精制工段的含醇气体进入甲醇混合罐。甲醇混合罐中的气体压缩至 2.1MPa，然后进入高压闪蒸罐分离。该闪蒸罐是一台直径为 1200mm、高度为 4500mm 的立式丝网除沫分离器。经过闪蒸罐分离后甲醇溶液后进入低压闪蒸罐。低压闪蒸罐是一台直径为 1200mm、高度为 4300mm 的立式丝网除沫分离器，脱出的甲醇液体进入膜分离装置。该膜装置对甲醇的分离因子是 1000，分离出甲醇进入粗 MAL 吸收塔。

2. 含醇液体回收

来自 MMA 合成及精制工段的含醇液体在循环甲醇混合罐内进行混合后泵入双效精馏塔低压塔。塔底脱出的液体经再沸器加热后，一部分回流至低压塔内，一部分泵入双效精馏高压塔。

双效精馏高压塔塔顶蒸气作为热流股进入低压塔塔釜再沸器，降温变为液体后一部分和低压塔塔顶馏出液一部分进入 MAL 合成工段，一部分作为热流股前往循环甲醇冷却器，一部分回到高压塔。

12.9 工艺流程分析

12.9.1 叔丁醇合成工段

关于异丁烯水和反应的动力学数据在国内外已有较多报道。

本工艺 TBA 的反应参考了北京化工大学王硕的研究，考虑 IB 催化水合反应体系，反应式为

$$H_3C-\underset{\displaystyle |}{\overset{\displaystyle CH_3}{\overset{|}{C}}}=CH_2+H_2O \rightleftharpoons H_3C-\overset{\displaystyle CH_3}{\underset{\displaystyle CH_3}{\overset{|}{\underset{|}{C}}}}-OH$$

根据两种不同的反应机理，推导出了两种不同的动力学模型，见表 12-13 所示的异丁烯水和反应速率表达式及机理。具体来说，由 ER 反应机理推导出 ER 反应机理推导出 ER 型动力学模型，根据 LHHW 反应机理推导出 LHHW 型动力学模型。这两种动力学模型的参数由试验数据采用 ASPEN PLUS 软件拟合得出，随后对这两种动力学模型的预测性能进行了比较。拟合的动力学模型及对应的机理见表 12-13，其中，A 为异丁烯；B 为水；C 为叔丁醇；m_{cat}为催化剂装载量（kg）；β 为水相在水油两相总体积中所占的体积分数；α_i 为组分 i 在液相中的活度；K_{eq}为化学反应平衡常数，是温度函数，可表示为

$$K_{eq}=\exp\left(\frac{C}{T}-D\right) \tag{12-1}$$

表 12-13 异丁烯水和反应速率表达式及机理

模型	反应速率方程式	机理
1	$-r_A=\dfrac{\beta m_{cat}k_0\exp(-E/RT)(\alpha_A\alpha_B-\alpha_R/K_{eq})}{(1+K_A\alpha_A+K_B\alpha_B+K_R\alpha_R)^2}$	LHHW
2	$-r_A=\dfrac{\beta m_{cat}k_0\exp(-E/RT)(\alpha_A\alpha_B-\alpha_R/K_{eq})}{1+K_B\alpha_B+K_R\alpha_R}$	ER

表 12-14 为采用 ASPEN PLUS 软件的 Data-Fit 功能拟合后的动力学参数。以 IB 在物系中的摩尔分数的试验值和计算值残差的二次方和 RSS 和决定性指标 ρ^2 作为评价拟合结果优劣的指标。RSS 越小，表明拟合参数更优，ρ^2 越接近 1 拟合结果越佳。

表 12-14　参数拟合结果

模型估值			
参数	单位	LHHW 模型	ER 模型
k_0	kmol/(s·kg)	7.15×10^5	6.83×10
E	kJ/mol	51.8	53.8
K_A	—	3.43	—
K_B	—	339.8	315.5
K_R	—	78.6	117.6
C	K	1.78×10^4	2.57×10^4
D	—	45.7	60.8
RSS	—	5.26×10^{-6}	7.81×10^{-5}
ρ^2	—	0.9984	0.9435

由表 12-14 中的拟合结果可见，两种模型的组分吸附平衡常数差别较大，活化能较为接近，与文献值 54.9kJ/mol 的活化能相比，LHHW 模型和 ER 模型比较接近。从两种模型的 RSS 和 ρ^2 的比较可以看出，LHHW 模型的 RSS 和 ρ^2 都要优于 ER 模型，表明 LHHW 机理比 ER 机理更适合于解释离子交换树脂催化的异丁烯水和反应。LHHW 模型的决定性指标 ρ^2 为 0.9984，已经非常接近于 1，表明拟合的动力学方程式及参数能够很好地反应研究条件下异丁烯水和反应的动力学行为。

12.9.2　甲基丙烯醛合成工段

在 Mo-Bi-Co-Fe 基催化剂上，异丁烯选择性氧化反应生成的产物为甲基丙烯醛、CO、CO_2 和水。最主要的副反应是深度氧化。具体反应方程式如下：

1. 主反应

生成甲基丙烯醛：

$$H_3C-\underset{}{\overset{\overset{CH_3}{|}}{C}}=CH_2+O_2 \longrightarrow H_2C=\overset{\overset{CH_3}{|}}{C}-CHO+H_2O$$

2. 副反应

主要反应为异丁烯深度氧化反应：

$$H_3C-\overset{\overset{CH_3}{|}}{C}=CH_2+6O_2 \longrightarrow 4CO_2+4H_2O$$

$$H_3C-\overset{\overset{CH_3}{|}}{C}=CH_2+4O_2 \longrightarrow 4CO+4H_2O$$

整个过程符合 Mars-Van Krevelen 氧化还原机理。因此该反应所用的催化剂应同时具有酸性和氧化还原性，即该催化剂的活性结构需要较弱、较疏的脱氢中心和供［O］中心组成。虽然异丁烯氧化与丙烯氧化在化学反应途径上是基本相同的，但在催化过程中，异丁烯分子上存在两个等同的 α-CH_3，使其副反应概率增加，选择性更难控制。

由于在催化反应过程中形成了烯丙基中间体，异丁烯选择氧化一般会伴随着少量的芳香化反应。在酸性位上则易于引发深度氧化反应，生成小分子的酸、醛、CO、CO_2 等。另外，异丁烯易水合生成丙酮、乙醛、乙酸等副产物。因此，烯烃氧化包含了复杂的平行和串联副反应，形成了复杂的反应网络。整个反应常常由动力学因素控制，而不是由热力学控制，这也增加了反应机理研究的难度。

中科院张锁江院士等通过在列管式固定床模式中进行了叔丁醇催化氧化制备 MAL 的模拟，对异丁烯选择性氧化中所有催化反应产物进行分析，结合前人催化反应机理的研究，推测了在所研究催化剂上，异丁烯选择性氧化催化反应网络并进行了热力学分析；研究了反应温度、反应压力、异丁烯浓度等反应条件对异丁烯转化率和产物选择性的影响规律；进行了本征动力学测定。提出在氧气过量的条件下，本征动力学方程为

$$r = A\mathrm{e}^{-\frac{E}{RT}}c_{\mathrm{IB}} \tag{12-2}$$

式中，指前因子 $A=7.37\times10^{14}$，反应活化能 $E=169.7\mathrm{kJ/mol}$。

根据文献可知，异丁烯氧化为放热反应，反应过程对温度比较敏感，有时因反应激烈会在床层上端产生“热点”。根据 ASPEN PLUS 模拟反应器，MAL 产率度反应温度做灵敏度分析，设定温度范围在 200~370℃之间，得到的分析结果如图 12-42 所示。

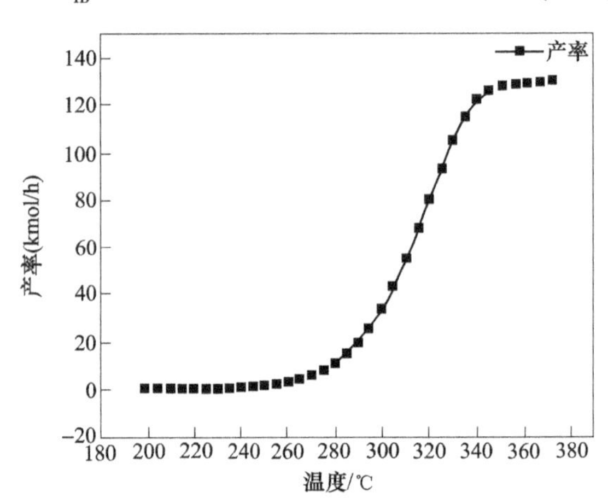

图 12-42　温度对反应结果的影响

由于本反应体系采取的是列管式固定床反应器，在列管之间设置换热介质进行移热，使反应一直在催化剂的活性温度范围内进行，以达到良好的转化率与选择性，并且避免因为绝热放热反应温度的升高导致催化剂失活，因此选择一个合适的反应温度至关重要。由图 12-42 可得，反应温度在大于 350℃时，MAL 产率基本不发生变化，考虑到温度升高后移热介质用量大大增加，故选定反应温度为 350℃。

12.9.3　甲基丙烯酸甲酯合成及精制工段

1. 反应机理

MAL 与甲醇和氧气进行氧化酯化反应生成 MMA 产物。反应方程式如下：

（1）主反应

$$\mathrm{OHC{-}\overset{\overset{\large CH_3}{|}}{C}{=}CH_2 + 1/2O_2 + CH_3OH \longrightarrow H_2C{=}\overset{\overset{\large CH_3}{|}}{C}{-}COOCH_3 + H_2O}$$

（2）副反应

$$\mathrm{H_2C{=}\overset{\overset{\large CH_3}{|}}{C}{-}CHO + H_3C{-}OH \longrightarrow H_3C{-}\underset{\underset{\large H}{|}}{\overset{\overset{\large CH_3}{|}}{C}}{-}\overset{\overset{\large O}{\|}}{C}{-}O{-}CH_3}$$

2. 背包式反应精馏

在 MAL 直接甲基化反应阶段，针对反应持续时间长、反应产物易聚合的特点，使用背包式反应精馏塔（图 12-43）来代替单釜连续反应器（图 12-44）。背包式反应精馏的特点如下：

1）相较于常规反应精馏而言，背包式反应精馏催化剂装卸较为方便，尤其是易失活的催化剂，降低操作费用。

2）该反应持续时间较长，反应与分离条件不一致，普通反应精馏无法满足该体系，精馏塔外配置反应器即可满足此体系。

3）相较于单釜反应器，背包式反应精馏将把产物不断移除，进一步提高了 MMA 的产率。

4）背包式反应精馏有利于提高外置反应器内的醇醛比，从而提高 MAL 的转化率和 MMA 的选择性，两者可接近 100%。

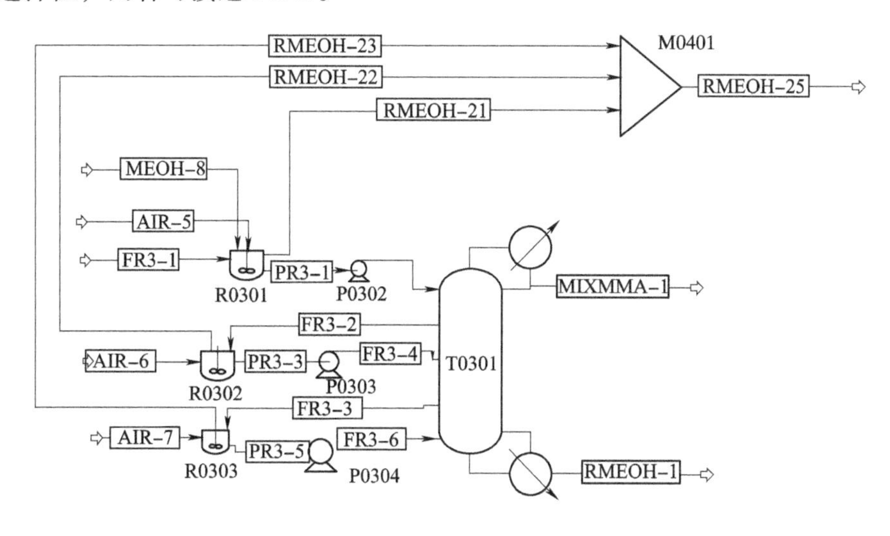

图 12-43　背包式反应精馏塔

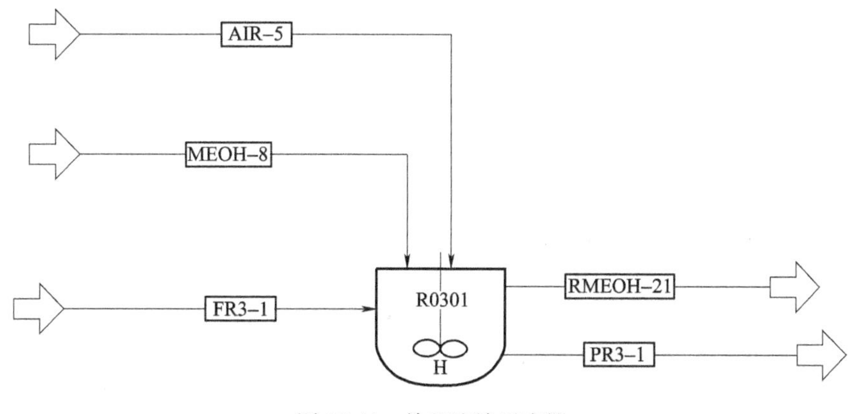

图 12-44　单釜连续反应器

两种反应方式 MMA 的收率见表 12-15，背包式反应精馏比单釜收率提高了 5%左右，年经济效益增加 5700 万元左右。

表 12-15 背包式反应精馏与单釜连续反应器的对比

反应方式	MMA 的收率
背包式反应精馏	92.39%
单釜连续反应器	88.49%

12.9.4 甲醇回收工段

在本项目中甲醇回收工段涉及大量甲醇与水的分离，使用普通精馏方式不仅能耗高，同时塔内气液两相流较大，不利于设备的建造和操作。因此，本项目以逆流双效精馏技术来降低能耗，效果显著。将单塔拆分为双塔，在双塔（图 12-45）中，T0402 为加压精馏塔，塔内压力约为 0.6MPa，塔顶气相温度为 117.9℃，为高品位的热源。T0401 为常压精馏塔，塔底再沸液体的温度为 83.2℃。因此，T0401 的再沸器可以以 T0402 塔顶气相作为热源进行换热。

通过双效精馏技术可以节省冷却水和低压蒸汽各 24.87%。对比两塔均用公用工程可知，节约冷公用工程 39.45%，热公用工程 21.88%。

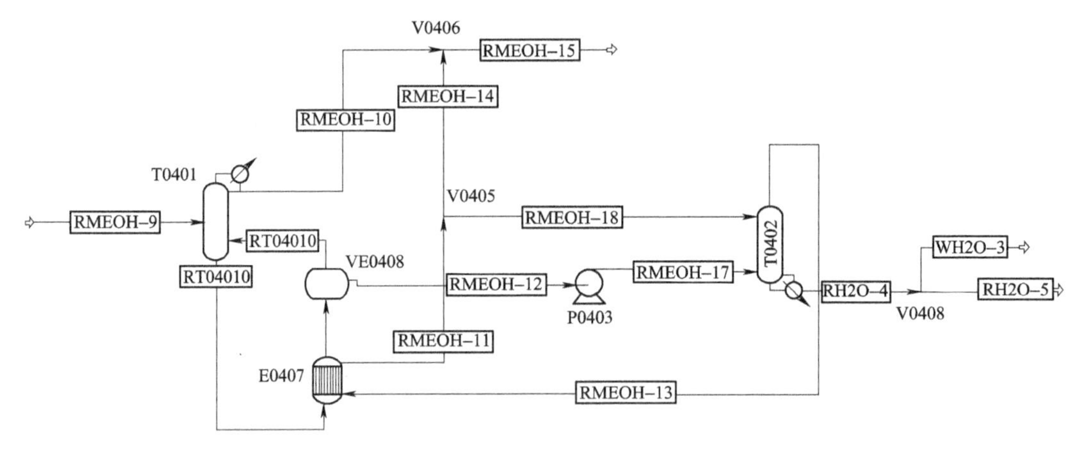

图 12-45 双效精馏

12.10 厂级过程控制方案的设计

本项目为年产 8 万 t 甲基丙烯酸甲酯项目，工艺技术先进、过程复杂、设备台数多、逻辑关系复杂，为易燃易爆、危险、连续生产、高投资运行的化工项目。为确保装置安全、平稳、长周期和高质量运行，要求自动控制系统具有高精度、高可靠性及功能齐全等特点，因而应配置可靠、先进的控制设备。选择的控制系统除满足以上要求之外，还应从脱硫系统处理规模及硫黄回收生产规模、系统投入、系统性能及实用性等多方位考虑。

本项目所涉及的工艺装置、公用工程及辅助设施等，均采用集散控制系统进行实时过程控制和检测，实现安全运行操作，减少事故发生时人员及财产伤害。同时建立完备的实时数据库，为项目运作信息管理和生产调度建立基础。

本项目设置中心控制室（CCR），将项目整体集散控制系统集中在中心控制室，进行集中操作、控制和管理，从而有利于及时应对，快速调节。对于强放热的反应器，采用了SIS（安全仪表系统）进行控制，从而实现安全要求。

此外，项目部分环节采用了ESD（紧急停车系统），即便发生事故也可以很快控制。为了实现化工生产过程自动化，本项目还包括一些自动检测系统、信号联锁系统、自动操纵系统和自动控制系统等方面的内容。

12.10.1　设计依据

HG/T 20505—2014《过程测量与控制仪表的功能标志及图形符号》

GB/T 2625—1981《过程检测和控制流程图用图形符号和文字代号》

HG 20559.5—1993《管道仪表流程图上的物料代号和缩写词》

HG 20519.38—1992《管道等级号及管道材料等级表》

HG 20559.6—1993《管道仪表流程图隔热、保温、防火和隔声代号》

SHB Z 02—1995《仪表符号和标志》

HG 20559.7—1993《管道仪表流程图设备位号》

12.10.2　集散控制系统（DCS）

集散控制系统的设计思想是“危险分散、集中管理”，用来对生产过程进行集中监视、操作、管理和分散控制。DCS通常采用若干个控制器（过程站）对一个生产过程中的众多控制点进行控制，各控制器间通过网络连接并可进行数据交换。操作采用计算机操作站，通过网络与控制器连接，收集生产数据，传达操作指令，以实现DCS的分散控制与集中管理。

DCS之所以在化工生产中有着广泛的应用，关键在于它有如下的特点：

1）采用智能技术。

2）采用分级递阶结构。

3）具有丰富的功能软件包。

4）采用局部网络通信技术。

5）具有强大的人机接口功能。

6）采用高可靠性技术。

12.10.3　安全仪表系统（SIS）

在以石油/天然气开采运输、石油化工、发电、化工等为代表的过程工业领域，紧急停车系统（Emergency Shut Down System，ESD）、燃烧器管理系统（Burner Management System，BMS）、火灾和气体安全系统（Fire and Gas Safety System，FGS）、高完整性压力保护系统（High Integrity Pressure/Pipeline Protection System，HIPPS）等以安全保护和减轻灾害为目的的安全仪表系统（Safety Instrumented System，SIS），已广泛用于不同的工艺或设备防护场合，保护人员、生产设备及环境。随着自控技术和工业安全理念的发展，安全仪表系统已从传统的过程控制概念脱颖而出，并与基本过程控制系统（Basic Process Control System，BPCS）（如DCS）并驾齐驱，成为自控领域的一个重要分支。

IEC 61508/IEC 61511的发布，对安全控制系统在过程控制工业领域的应用有划时代的意义。首先，将仪表系统的各种特定应用，例如ESD、FGS、BMS等都统一到SIS的概念下；其次，提出了以安全完整性等级（Safety Integrity Level，SIL）为指针，基于绩效（Performance Based）的可靠性评估标准；再者，以安全生命周期（Safety Lifecycle）的架构，规定了各阶段的技术活动和功能安全管理活动。这样，SIS 的应用就形成了一套完整的体系，包括设计理念和设计方法、仪表设备选型准入原则（基于经验使用和 IEC 61508 符合性认证）、系统硬件配置和软件组态标称规则、系统集成、安装和调试、运行和维护，以及功能安全评估与审计等。

大体上，安全仪表系统的应用和发展，围绕着两大主题——安全功能（Safety Function）和功能安全（Function Safety）。

12.10.4 现场总线控制系统（FCS）

现场总线控制系统（Fieldbus Control System，FCS）实现了现场总线计数与智能仪表管控一体化，在主要控制器上采用带芯片处理器的智能仪表。

通过使用现场总线，可以大量减少现场接线。用单个现场仪表可实现多变量通信，不同生产装置间可以完全交互操作，增加现场一级的控制功能，系统集成大大简化，并且维护十分简便。

12.10.5 紧急停车系统（ESD）

当系统产生故障或电源产生故障，ESD 可使关键设备或生产装置处于安全状态。ESD 按照安全独立原则要求，独立于 DCS，其安全级别高于 DCS。在正常情况下，ESD 是处于静态的，不需要人为干预。只有当生产装置出现紧急情况时，不需要经过 DCS，而直接由 ESD 发出保护联锁信号，对现场设备进行安全保护，避免危险扩散造成巨大损失。

设置独立于控制系统的安全联锁是十分有必要的，因为这样可以有效减少人为滞后反应的隐藏危害性。

虽然一般安全联锁保护功能也可由 DCS 来实现，但是较大规模的紧急停车系统应按照安全独立原则与 DCS 分开设置。其原因如下：

1）对于大型装置而言，紧急停车系统响应速度越快越好。这有利于最大程度降低损失、保护设备，避免事故扩大。而 DCS 处理大量过程监测信息，因而响应时间有一定滞后。

2）DCS 是过程控制系统，是动态的，需要人工频繁的干预，这有可能引起人为误动作；而 ESD 是静态的，不需要人为干预，这样可以避免人为误动作。

因而本项目在现场和控制室均设有单独的 ESD 按钮，可灵敏实现紧急停车。

12.10.6 控制系统的确定

结合以上自动控制系统的特点分析以及针对本项目的特点，本厂遵循“运行可靠、操作方便、技术先进、经济合理”的原则，根据工艺装置的生产规模、流程特点、产品质量、工艺操作要求，并参考国内外类似装置的自动化水平，对主要生产装置实施集中监视和控制；对辅助装置实施岗位集中监视和控制。设备全厂中央控制室，采用集散控制系统（DCS）和紧急停车系统（ESD）对全厂的生产装置及与工艺生产装置相配套的公用工程部分进行监控，确保装置的安全可靠运行。

12.11　自控仪表的选型

12.11.1　仪表的选用原则

仪表的选用一般遵循以下原则：

1）现场仪表是采集工艺参数的主要工具，是确保自动控制系统正常运行和科学管理的重要基础保证，因此应选用符合工艺控制精度、灵敏度要求的高性能智能型仪表。

2）为节约人力成本，减少维护强度，应选用高稳定性、免维护或低维护的智能仪表。

3）关键工艺参数需要安装现场显示仪表，以方便现场巡视及检修。

4）仪表的选择应考虑环境的适应性。特别是传感器，若直接与物料、反应液接触，很容易腐蚀和结垢，因此应尽量选择非接触式的、无阻塞隔膜式、电磁式和可清洗式的传感器（如超声波、电磁式等）。

5）尽量选用不断流拆卸式和维护周期较长的仪表，方便维护管理。

6）在有易燃易爆物质存在的特殊场合，应严格按照有关标准，选择具有防爆性能的产品。

7）为降低成本，在满足生产方面要求的前提下，优先选用节能型产品。

12.11.2　主要仪表的选用

1. 流量仪表

在本设计中，管径小于70mm的流量测量，采用金属转子流量计；高精度的流量计测量采用螺旋式涡轮流量计；流量强腐蚀性或含固体颗粒的导电介质的流量采用电磁流量计。同时根据不同的工况，也可采用质量流量计和靶氏流量统计等测量仪表。

2. 压力仪表

本设计根据装置工况拟选用弹性式压力计作为压力检测表。这种仪表具有结构简单、使用可靠、示值清晰、牢固可靠、价格低廉、测量范围宽以及有足够的精度等特点，目前在工业上已经得到了广泛使用。同时根据本工艺各装置的压力要求拟选用以铜合金为材料的弹性式压力检测仪表。

3. 温度仪表

本设计中，就地指示仪表采用万向型金属温度计，刻度盘直径为ϕ100mm。集中检测一般采用铠装热电偶（分度号为K）和铠装热电阻（分度号为Pt100）。温度计保护套管材质根据工艺介质的特性选取，一般采用不锈钢304的保护管。

在工艺管道上安装的温度计，连接形式为法兰连接。

4. 物位仪表

本设计中，就地指示的物位仪表选用直接读式液位计；易燃易爆的危险液位指示仪表选用磁翻板液位计；工艺中大型储罐的液位显示选用磁浮子液位计；同时根据特殊工况可选用运动阻尼式液位计、雷达液位计等。

5. 分析仪表

根据工艺要求，采用不同的分析仪表对介质进行在线连续分析，如红外线气体分析仪、磁压式氧分析器、气相色谱仪、pH计、电导仪等自动在线分析仪表。

可燃气体检测器一般选用普通催化燃烧型。

有毒气体检测器一般选用定电位电解型。

6. 调节阀

调节阀阀体材质不低于工艺管道的材料等级。阀内件材质根据介质情况确定。调节阀一般为法兰连接，法兰等级和连接面与工艺管道规格相匹配。阀芯的流量特性一般为线性、等百分比，在特殊场合可采用快开。阀体材料一般为304SS，阀芯材料一般为316SS，特殊需求根据介质的情况确定。

7. 开关阀

开关阀的执行机构一般为气动弹簧复位型，并带阀位开关和电磁阀。

开关阀的结构形式一般为截止阀。对氮气等干净介质，阀座为软阀座。含固体、易燃易爆、有毒或高温高压介质采用金属阀座。阀与工艺管道采用法兰连接，法兰等级和连接面与工艺管道规格相匹配，阀体材料不低于工艺管道的材料等级。

12.11.3　仪表电源

装置控制室的仪表电源为380V(1±10%)、(50±1)Hz 交流电源。其电源为两路自动切换的独立供电回路，分别取自不同的电气低压母线段。

装置控制室设置不间断电源（UPS）。蓄电池后备时间为30min，由UPS对仪表设备供电。

辅助装置仪表电源为10V（1±10%）、(50±1)Hz 单回路交流电源，取自电气独立供应回路。

12.11.4　仪表气源

仪表空气质量符合HG/T 20510—2014《仪表供气设计规范》的有关要求。仪表空气的露点比工作环境或历史上当地年（季）极端最低温度至少低10℃，含尘粒径不应大于3μm，含尘量应小于1mg/m^3，油含量应控制在1×10^{-4}%（质量分数）以下。

仪表气源引自氮氧站。运至用气装置的仪表气源压力不低于0.6MPa(G)。

12.12　设备控制方案

基于本工艺的反应条件及工艺要求，设计出与本工艺相对应的自控方案。考虑到常规单回路反馈控制策略（即PID控制）已在工业现场广泛应用，PID的调节也相对简单，易于让工程师和现场操作人员接受，本工艺过程大部分的控制回路都采用常规单回路PID控制。为提高过程的动态性能，对于特殊的工序，也采用了一些相对复杂的控制策略，具体包括单闭环比值控制和分程控制。

12.12.1　泵的基本控制方案

为了说明泵的基本控制方案，将输送液体的泵系统分为以下三个部分：

1）泵入口侧管道（吸入管路），即从泵的吸入容器的出口管法兰为起端，至泵的入口法兰为止。

2）泵的出口侧管道（出口管路），即从泵的出口法兰起至下游的容器入口法兰为止。

3）泵的公用物料、辅助设施和驱动机构。

1. 管道设计的一般要求

（1）切断阀　泵的进、出口设置切断阀，使每台泵在运转或维修时，能保持独立。切断阀的口径可以小于管道尺寸，但不能小于泵的连接口径。考虑到流体阻力的影响，泵前截断阀选用闸阀。

（2）排气、排净

1）离心泵在壳体上设有带丝堵的排气口。

2）所有离心泵上设有壳体排净口，应配置阀门。

3）其他类型的泵均应有合适的带丝堵的排气口和排净口。

4）泵的入口侧管道和出口侧管道上应根据物料物性、工艺操作和开/停车要求设置装有阀门的排气和排净管，排出物接至合适的排放系统。当需要设置带阀门的排净管时，应设置在泵的入口侧和出口侧位置。

2. 泵仪表控制设计的一般要求

（1）压力测定　所有泵的出口都必须至少设有就地指示压力表，其位置在泵出口和第一个阀门之间，对于离心泵，压力表的量程应大于泵的最大关闭压力。

（2）流量测定和调节　由于泵的出口侧压力降不允许过大，因此泵的流量测定系统设在出口侧。

（3）报警与联锁　在要求严格的场合，例如流量中断会引发工艺、设备或人身事故时，应根据参数变化的灵敏程度，选择低压或高液位、低液位或其他参数报警。更重要的场合还应与泵的动力源联锁、自动停泵或起动备用泵。

3. 泵的基本单元模式

对于本项目，选用的大多数泵为离心泵，对于离心泵可以采用调节叶轮转速方式来控制流量，利用该种方法控制可以节省泵的电耗，泵的出口设有压力指示仪表。泵的控制方案如图 12-46 所示。

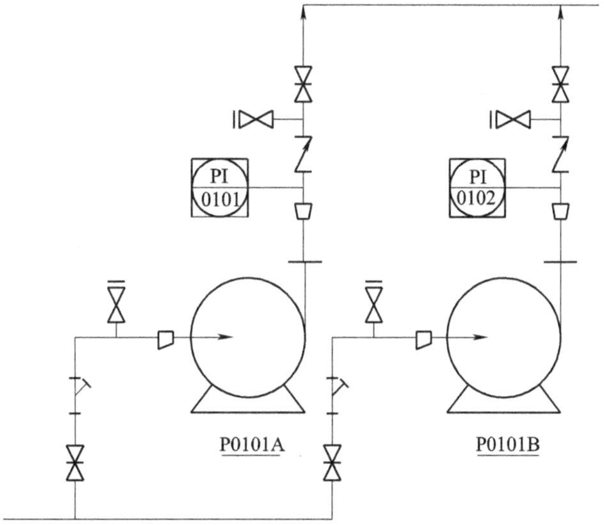

图 12-46　泵的控制方案

12. 12. 2　压缩机的控制方案

压缩机按其工作原理分为两大类：容积型和速度型。容积型压缩机通常有活塞式、螺杆式、水环式；速度型压缩机通常有离心式、轴流式。对于本项目来说，主要使用的压缩机为离心式，故该小节主要讲述离心压缩机的控制方案。

1. 管道设计的一般要求

（1）工艺进气管

1）压缩机进气管道要短，弯头要少，弯曲半径宜大，一般大于 3 倍的管道直径。

2）为防止管道内冷凝液带入压缩机，压缩机入口前必须设置气液分离器，除去冷凝液，当冷凝液为可燃或有害物质时，冷凝液应排入相应的密闭系统。气液分离器应尽量靠近压缩机入口布置，管道坡向气液分离器，以免冷凝液进入压缩机气缸。

3）每台压缩机进气管道上都应设置临时过滤器，通常采用锥形过滤器，过滤面积取大于管道截面面积的2倍，滤网一般为10~30目。管道过滤器应靠近压缩机入口管道处，尽量设置水平管道上便于安装和操作的位置，不宜设在介质自上而下的垂直管道上。

4）压缩机进气管道上设置人孔或可拆短管，用于开机前安装过滤器和清扫管道。

5）进气管直径与压缩机吸入管口不符时，应采用过渡异径管连接，异径管常用底平偏心异径管，严禁采用异径法兰连接。

6）进气管道应设置切断阀，一般为闸阀。

7）压缩机入口设置排气防空管，排气阀应设置快速开、关的切断阀，常用球阀。

8）可燃、易爆或有毒气体压缩机进气管道上设有开停车使用的惰性气体接管口。惰性气体入管口设在压缩机进气切断阀下游，靠近阀门布置以减少死角。置换气体排入排气放空总管。

9）易产生冷凝液的管道应采用伴热管保温。

10）为防止离心压缩机吸入管的喘动，应设有出气管返回进气管的回路。

11）进气管应避免突然缩小管径。

（2）工艺排出气管

1）离心压缩机工艺排出气管道上应设置止回阀，止回阀应设在切断阀上游。

2）在出口阀关闭状态起动压缩机，以及在压缩机正常运行中误操作，关闭出口阀门都会引起压缩机和管道超压。为保护压缩机，出口切断阀上游应设置安全阀，安全阀靠近出口阀设置。当压缩气体为可燃气体时，安全阀设置在出口止回阀上游，安全阀出口管道排放至安全系统，安全阀的排放管不得低于系统的最低点，以防存液而影响安全阀的动作。

3）为防止离心压缩机的喘振，在出口阀上游设置抗喘振回流管。空气压缩机抗喘振管不必返回压缩机入口，应直接放空，放空管至高出房顶，顶端设放空消声器。

4）工艺气体抗喘振回流管的返回气体需经冷却后接至压缩机工艺进气管道上，在回流管道上设置控制阀组。

5）采用大循环方式的回流管道上的控制阀组宜靠近冷却器布置，以缩短管道，减少控制阀组的压力降。

6）段间应设置中间冷却器、气液分离器、缓冲罐及排放管，以减少气体的振动和脉冲。当脉冲衰减器设在段间管道上时，应设在第一段的出口。各段间的气液分离器均应设置安全阀。对可燃气体放空，应集中排放到合适系统。

7）离心压缩机各段应设置回流管路，控制最小回流量（即最小抗喘振流量）。一般多级叶轮的高压级各段最小流量不得低于正常流量的80%；单级叶轮的压缩机各段最小回流量不低于正常流量的50%。离心压缩机抗喘振的回流控制如图12-47所示。

2. 仪表控制设计的一般要求

仪表控制的工艺参数如下：

1）压缩机各级进、出口气体压力。

2）压缩机各级进、出口气体温度。

3）冷却水进水压力、低限报警和联锁停车。

4）各级冷却器、气缸冷却水出口温度。

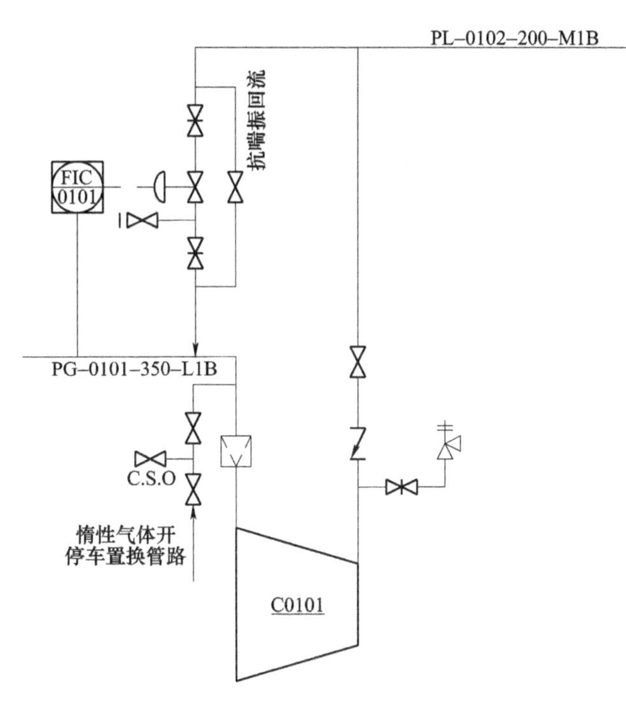

图 12-47　抗喘振回流控制

5）润滑油进口压力、低限报警和联锁停车。

6）气液分离器油位。

7）油箱油位。

3. 离心压缩机的基本模式

喘振是压缩机安全运行的隐患。喘振会使压缩机出口流量、压力不稳定，甚至对压缩机造成损害，因此需要对喘振现象进行防范和控制。

在该项目中用到的压缩机主要为离心压缩机。图 12-48 所示为该项目中多级空气压缩机的基本控制方案。从图 12-48 中可以清楚地看到，系统中设置了连接出口管道与进口管道的回流管道，用以防止喘振。

12.12.3　换热器的控制方案

换热器体分为间壁式换热器、直接混合换热器和蓄热式换热器三种。对于本项目来说，主要采用的是间壁式换热器。

冷热介质的进、出口流向安排，应满足得到最大的（对数）平均温差的需要，并满足工艺过程的要求。液体介质一般应下进上出，但如果由于规定，要求使其上进下出时，则出口应设置向上的液封管或加控制阀，以避免该介质侧液体留空，不利于传热。

列管式换热器易产生污垢的介质（如循环冷却水、悬浮液、易聚合物料）一般走管程；当污垢的介质走壳程时，应当采取措施，例如用正方形排列的浮头式换热器，以便清除污垢。

卧式换热器安装时，需要保持1%的坡度，折流板缺口应与水平方位垂直。

1. 管道设计的一般要求

（1）切断阀　工艺侧一般不设置切断阀，下列情况除外：

1）设备在生产中需要从流程中切断（停用或在线检修）时，在工艺侧应设置切断阀，

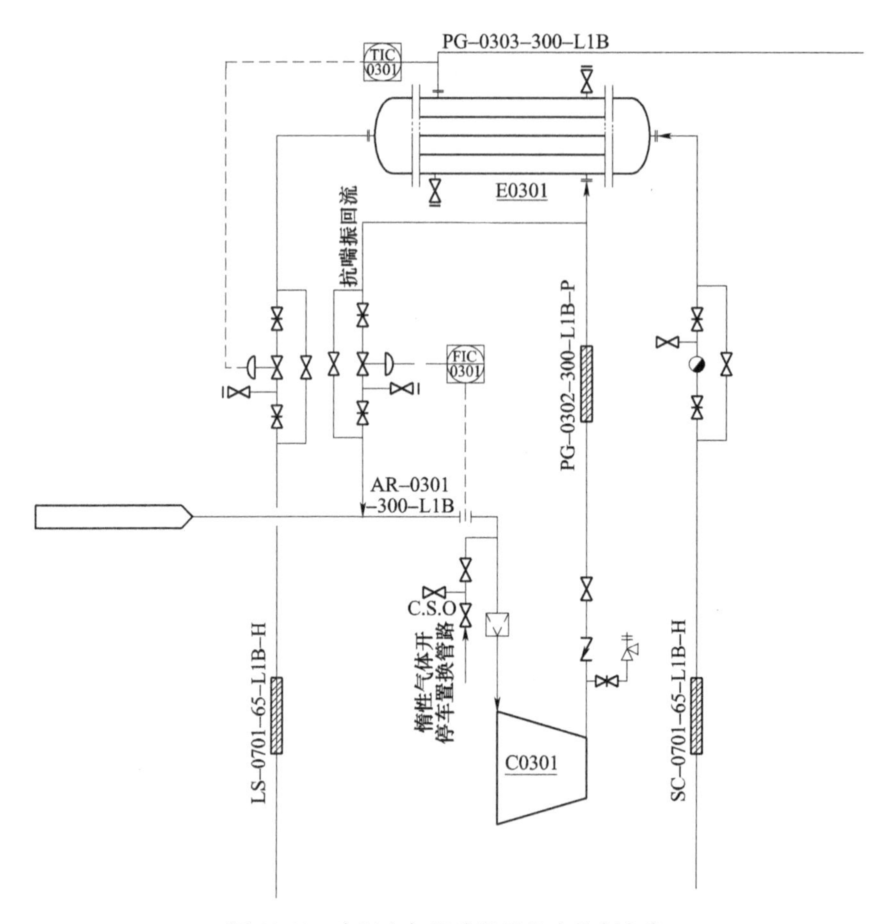

图 12-48　多级空气压缩机的基本控制方案

并需设旁路。

2）两侧均为工艺流体，需调节的一侧按需要设置控制阀、切断阀和旁路管道。

3）两台互为备用的换热器，需分别在工艺侧设切断阀。

4）非工艺侧的传热介质（水蒸气、热传导液、冷却水等），在进出换热器处通常需要设置切断阀。一般可选用闸阀或蝶阀；有粗略的调节流量要求时，选用截止阀。

（2）安全泄压阀　冷介质的进出口均有切断阀时，应在此两个切断阀之间的冷介质出口管上设置安全泄压阀。

（3）排气口和排净口　化工设备的排气口和排净口的设置见 HG/T 20570. 18—1995《阀门的设置》，换热设备（换热器）的排气口和排净口按下述规定。

1）在设计换热器配管时，要使得通过操作管道将气体（开工时候的置换气体或过程中产生的气体）及需排净的液体全部置换、排放和排净，在管道上或在其他设备上不能提供排气和排净口时，应在换热器筒体（封头和管箱）上设置排气和排净口，在换热器筒体上的排气和排净口一般用丝堵，并用堵头堵塞。

2）排气口与排净口设阀门或设丝堵，需根据操作频繁程度及介质种类而定。

3）为了换热设备的顺利排净，在设备或管道的高点也应设排气口。

4）排气口、排净口装阀门后，可能产生冻结或因为阀门价格昂贵（如合金钢阀门），可以取消排气阀，在这种情况下，要指出由于气体没有排净而存在的气（汽）室对换热器引起的腐蚀及热应力的影响。

5）液体走立式换热器壳程时，上管板排气口要装阀。

6）倾斜式（向下倾或向上倾）换热器的壳程走液体，上管板排气口应装阀。

7）如果液体的流向是向下的，装有阀门的排气口应设在靠近出口接管处的合适高度上。

8）液体流向是向上的换热器，若需装安全阀，则推荐装在液体出口侧。

9）通常不凝气的相对分子质量比水蒸气要大，因此不凝气将积聚在水蒸气相的底部，小相对分子质量的不凝气（如在多效蒸发器内），应当设置高点排气口。

10）根据所选用的蒸汽疏水阀类型，即疏水阀排放不凝气的能力来决定是否在疏水阀管道上和蒸汽冷凝水设备上，安装带有阀门的排气口。

11）设备上应在远离蒸汽进口一侧的高点设置装有阀门的排气口。

12）出现冷凝水液面（即调节冷凝水淹没列管高度）的设备，液面计的接口可用于不凝气的排气口。

13）气体冷凝可采用水蒸气相统一的方法来设置排气口，安装一些装有阀门的排气口。

14）当工艺设计中已经提出合理的不凝气排除措施时，可不另在冷凝设备上设置排气口。

15）进料液体被蒸发的汽化器、增浓器、锅炉等应设有一处或几处带阀门的低点排净口，排放沉积物、含大量可溶性物质的液体或难挥发的液体，排净口的大小应与工艺要求相符。

16）立式再沸器顶部封头上不设排气口，如果需要设置，通常采用丝堵。

2. 仪表控制设计的一般要求

（1）检测　检测要求首先应根据工艺要求来决定，通常对于每一台工艺换热器（不包括润滑油冷却器和工艺目的，装在设备上的小型公用工程换热器）应设置温差（即对数平均温差）的监测，一般要求如下：

1）蒸汽加热器在供气管上设置压力指示，冷凝水温度不需要检测。

2）蒸汽发生器和直接制冷冷却器采用压力指示，液体进料温度不设检测点。

3）共用液体公用工程物料（冷却水、热传导液等）的换热器组，只需在公用工程物料进料总管上检测温度。

4）利用壳程液体（包括冷凝水）淹没管程高度的不同而引起有效传热面积变化的换热器，应设置液面指示。

（2）控制　通过换热器进行冷却、加热、蒸发等换热过程的控制，应以工艺物料的要求来选择合适的控制方案，通常采取调节有效传热面或根据工艺物料出口温度来调节冷（热）载体的流量和改变温差等方法来实现温度控制。

管壳式换热器（及再沸器），以蒸汽冷凝水为被调参数，采用冷凝水管上节流阀调节有效传热面，通常不用于蒸汽和冷凝水走管程的情况。

（3）温度检测、指示　冷却器冷却水出口及被冷却的工艺物料出口均应设温度检测，根据重要性分别采用不同的测温措施，例如只设温度计套管、就地温度计，在控制室显示的温度计及可调控其他参数或报警的温度计。

（4）温度控制　根据被冷却的工艺物料出口温度来调节冷载体（冷却水）的流量。控制方案为比较复杂的温度控制模式，冷却水出口只设测温点，被冷却的工艺物料除流量控制外，工艺物料出口设有温度报警和工艺出口温度对冷却水量调节，这里假定被冷却物料压力高于水侧（例如火炬气），当换热器内漏时，水侧压力升高可通过压力监视，可通过报警并切断冷却水管道，工艺系统专业应根据工艺过程要求，在安全分析过程中，对该控制方案进行控制、指示、检测指标的取舍。

3. 换热器的基本单元模式

（1）冷凝器　该类换热器的作用使将工艺物流加热或冷却到目标值。由于物流的流量和温度都会受到干扰，故采用温度-流量串级控制。具体内容如下：

1）冷却水上下水管均设有切断阀，冷却水上水设有止回阀防止冷却水倒流污染冷却水总管中的水。

2）冷却水上水设有温度检测点，下水设有温度和压力的检测点。热物料进出口温度逐步下降；当热物料出口温度低于其允许的下限时，冷却水的阀门开度减小，流量降低，热物料出口温度逐步升高，直到回复正常。

对于以冷却水为冷却介质的冷却器，其基本单元模式如图 12-49 所示。

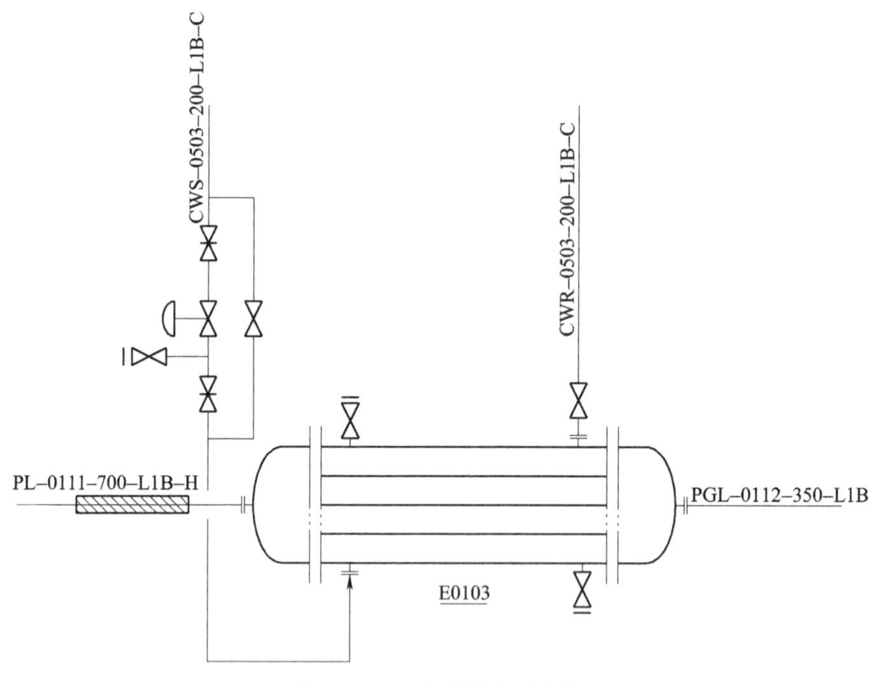

图 12-49　冷却器控制示意图

从图 12-49 中可以清楚地看出冷却器的控制方案，对于这种卧式换热器，在换热器的壳体上下分别设置了放空阀和排净阀，通过测量工艺物流出口温度来控制冷却水进口流量，冷却水出口管道设置放空阀。

（2）再沸器　再沸器是换热器，应符合换热器基本单元模式要求。再沸器作为蒸馏塔系统的一部分，器内液体沸腾产生气体，有其特殊的管道设计要求，并应根据蒸馏塔系统总的工艺要求来决定控制方案和仪表位置。对于釜式再沸器，再沸器顶部设有带有放空功能的角式安全阀，底部设有排净阀，再沸器侧部设有液位检测以及控制仪表，通过液位来控制再沸器出料流量。工艺物料进料管上设有温度检测仪表以及排净阀，出料管道上设有放净阀以及温度检测仪表，并且通过液位来调节出口的流量。而对于蒸汽加热管道，进口管道没有流量调节，通过工艺物料出口蒸发来和蒸汽的流量串级均匀控制来调节蒸汽加热管道进口流量，蒸汽冷凝液管道上设置疏水阀组。

对于以蒸汽为加热介质的再沸器，其基本单元模式如图 12-50 所示。

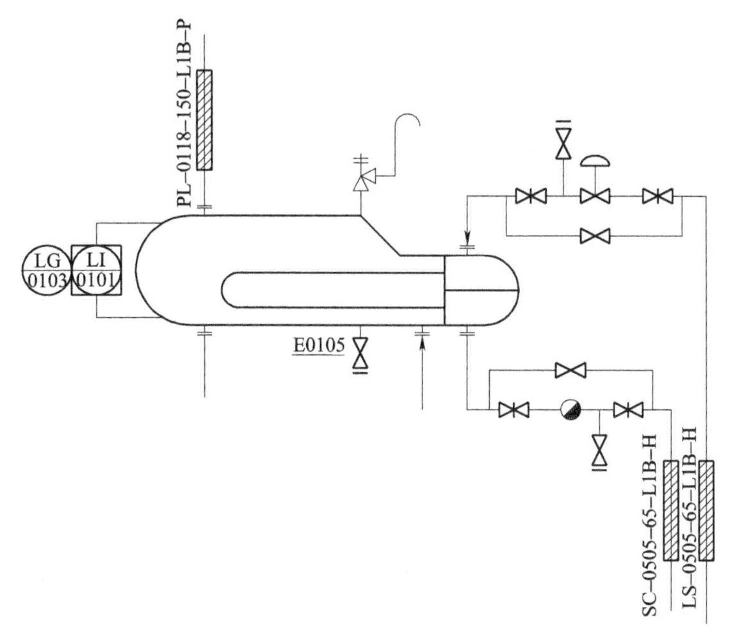

图 12-50　再沸器控制示意图

（3）工艺物流间换热器　该类换热器的作用是用工艺物流将另一股工艺物流加热或冷却到工艺所需要的目标值，通过合理设计系统换热网络，实现系统内部的热量集成。

由于物料间的换热不能通过调整进口流量来实现，要保证进换热器的出口物料温度不至于太高，而与其换热的物料的量是一定的，因此该工艺采用将冷物流设置为旁路的控制方案。当冷物流出口温度过高时，通过调整旁路阀门的开度来减少换热量，以此稳定冷物流的温度。

工艺物流间换热控制如图 12-51 所示。

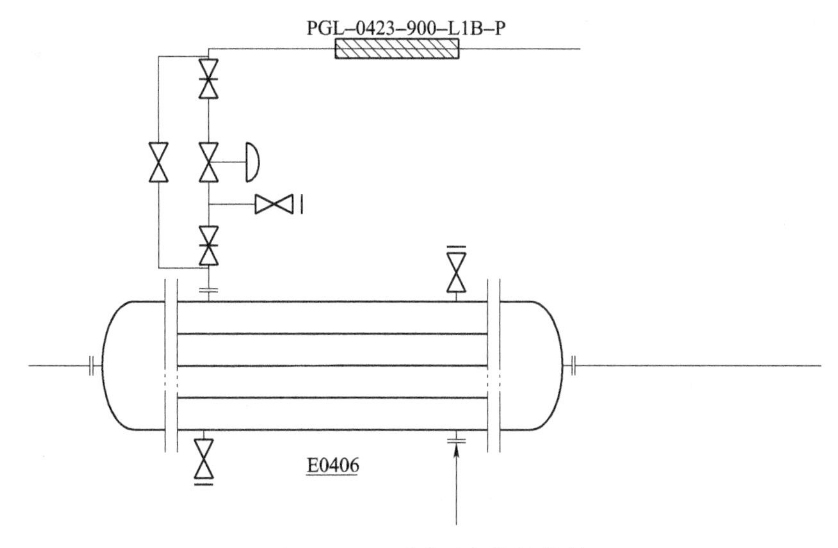

图 12-51　工艺物流间换热控制

12.12.4 反应器系统的控制方案

化学反应器的质量指标一般指反应的转化率或反应生成物的规定浓度，因此必须选择合理的控制变量。为使反应正常、转化率高，要求维持进入反应器的各种物料量恒定。为此，在进入反应器前，往往采用流量控制。为防止工艺变量进入危险区或不正常工况，应当配备报警、联锁装置或设置取代控制系统。

化学反应器是化工生产中的重要设备，反应器控制的好坏直接关系到生产的产量和质量指标。由于反应器在结构、物料流程、反应机理和传热情况等方面的差异，自控的难易程度差异很大，自控的方案也千差万别。

1. 管道设计的一般要求

管道进反应器管口应设置切断阀，出口设置流量控制阀门组，由于反应器反应温度较高，因此进出口管道都应选用带石棉保温层的管道。

2. 仪表设计的一般要求

该反应为高温反应，进反应器管道应设置温度检测仪表。反应器为固定床反应器，接近于平推流，床层温度在径向上变化不大，反应温度随轴向变化，故在反应器床层轴向设置一个温度检测仪表。

3. 列管式固定床反应器的基本单元模式

（1）列管式固定床反应器温度控制　本反应器通过控制原料预热温度来控制反应器床层温度。该控制采用以加热炉内燃料气流量为操纵变量，以反应器进料温度为副变量，以反应器床层温度为主变量的串级控制方案控制反应器床层温度。

（2）列管式固定床反应器液位控制　该反应器根据其工艺要求和泄放量选定合适的调节阀，当液位波动不大时可以由调节出料流量改变液位。当液位超过一定的值时，调节阀打开，以达到保护催化剂的目的。

列管式固定床反应器的基本单元控制模式如图 12-52 所示。

4. 带夹套釜式反应器的基本单元模式

（1）带夹套釜式反应器温度控制　本反应器通过控制原料预热温度来控制反应器床层温度。该控制采用以加热炉内燃料气流量为操纵变量，以反应器进料温度为副变量，以反应器床层温度为主变量的串级控制方案控制反应器床层温度。

（2）带夹套釜式反应器液位控制　该反应器根据其工艺要求和泄放量选定合适的调节阀，当液位波动不大时可以由调节出料流量改变液位。当液位超过一定的值时，调节阀打开，以达到保护催化剂的目的。

带夹套釜式反应器的基本单元控制模式如图 12-53 所示。

12.12.5 气液分离器的控制方案

为保证气液分离器正常操作，其压力是必须控制的主要参数，同时气液分离器底部液位也需要控制，在本工艺中，通过控制气液分离器顶部气体压力来控制气液分离器内压力，通过操纵底部液体流量来控制罐底液位。其具体控制示例如图 12-54 所示。

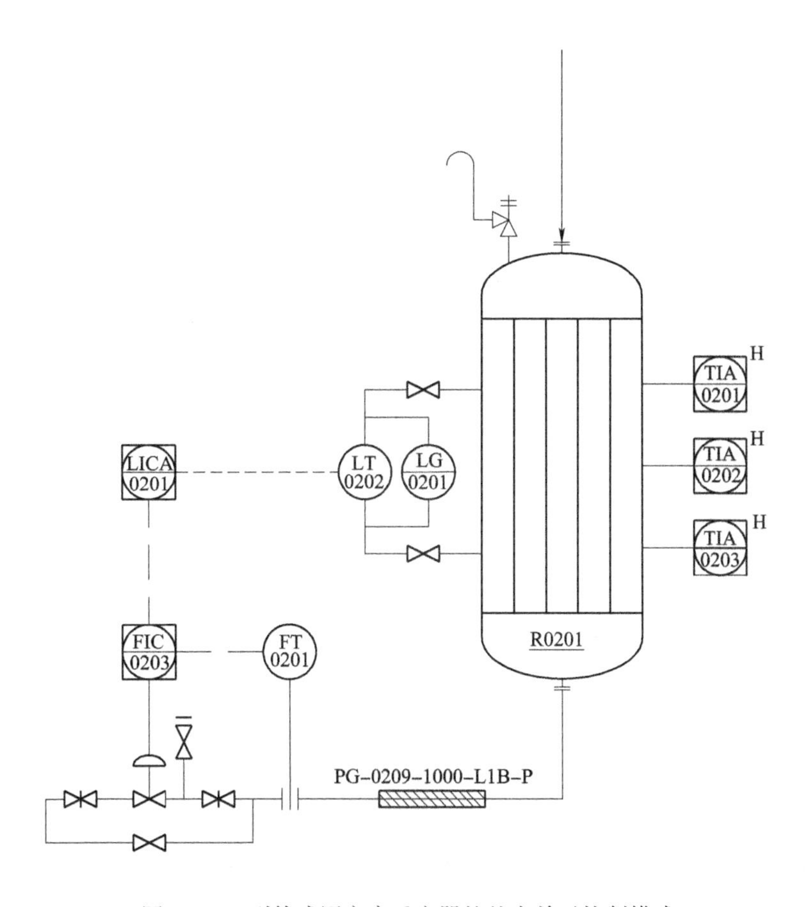

图 12-52　列管式固定床反应器的基本单元控制模式

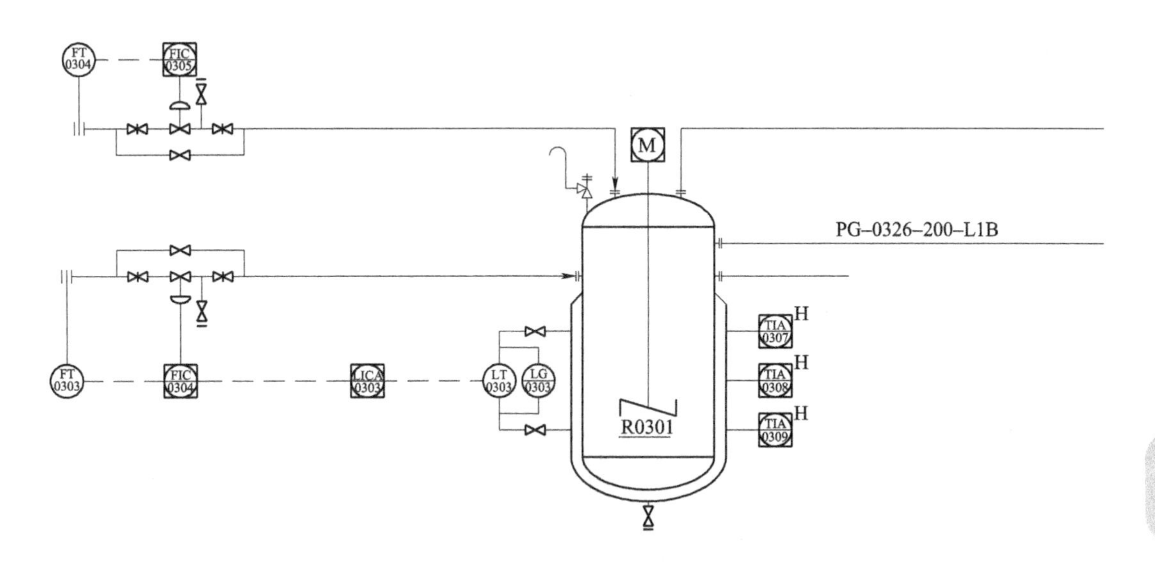

图 12-53　带夹套釜式反应器的基本单元控制模式

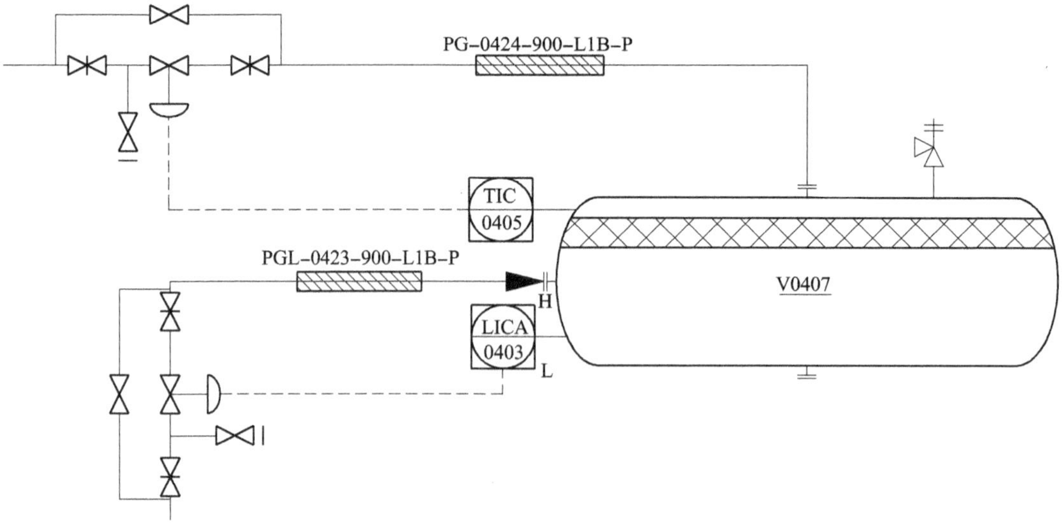

图 12-54 气液分离器 V0407 的压力及液位控制系统

12.12.6 塔设备的控制方案

本工艺过程的塔设备主要包括七个精馏塔、一个吸收塔、一个解吸塔、一个脱重塔、一个萃取塔和一个分离塔。下面主要对精馏塔取其中一个做详细控制方案介绍。

常规精馏塔的稳定操作需要对塔压、回流罐液位、塔釜液位、塔温等被控变量进行严格控制。精馏塔的控制从以下各个变量的控制加以考虑。

（1）压力控制　精馏塔的压力波动对于精馏塔的分离效果有较大的影响，因此需要控制压力。由于系统中精馏塔均为气相出料，选择塔顶气相采出量为操纵变量。

（2）温度控制　在塔压一定的情况下，塔顶、塔釜产品的纯度仅取决于温度。因此根据工艺上对塔顶、塔釜产品的纯度要求，采用不同的控制方案：

1）精馏段质量指标控制：若塔顶产品要求高，则采用精馏段控制方案，即通过调节冷却介质的流量来控制塔顶温度，以保证塔顶产品的纯度。

2）提馏段质量指标控制：若塔釜产品要求高，则采用提馏段控制方案，即通过调节加热蒸汽的流量来控制塔釜的温度，以保证塔釜产品的纯度。

（3）液位控制　为保证整塔的物料平衡，需要对塔釜液位及塔顶回流罐液位进行控制。塔釜液位是通过调节塔釜出料量来控制的，而塔顶回流罐的液位是通过调节塔顶液体回流量来控制的。

（4）再沸器温度控制　再沸器有釜式再沸器、热虹吸再沸器和墙纸循环再沸器。本项目主要使用釜式再沸器控制温度，通过调节再沸器加热介质流量来实现对塔釜温度的控制。

为了了解塔内的操作情况，在必要的地方加装温度、压力测量指示仪表，并将信号送入计算机系统。

以 T0301MMA 精馏塔为例，该塔的完整控制方案如图 12-55 所示。

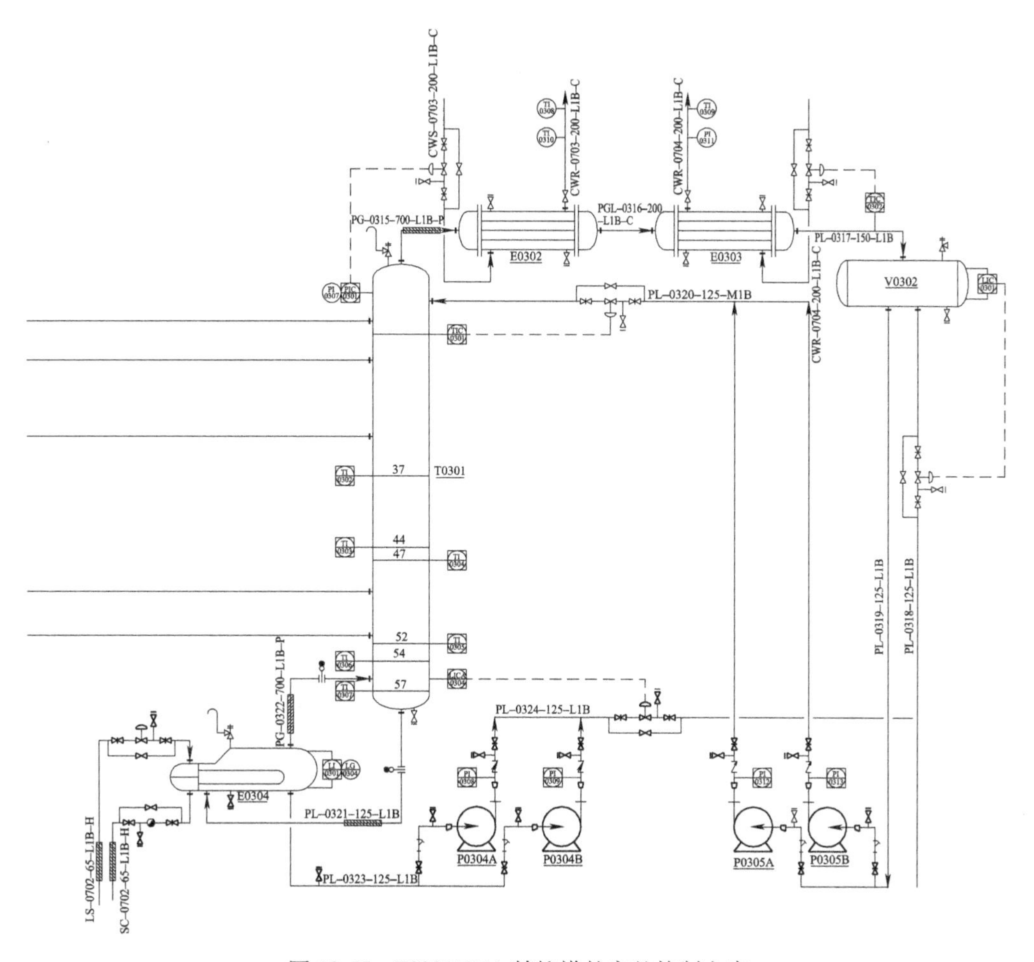

图 12-55 T0301MMA 精馏塔的完整控制方案

12.13 复杂控制方案

单回路简单控制系统能解决化工厂大部分的控制问题，但是它们有一定的局限性。这些局限性主要表现在它们只能完成定值控制，功能单一；对纯滞后较大，出现干扰多而剧烈的对象，控制质量较差；对各个过程变量内部存在相关的过程，控制系统相互之间会出现干扰等。因此在简单控制系统的基础上，又发展了众多的复杂控制系统。针对本工艺特点，主要采用了单闭环比值控制、分程控制等复杂控制系统。

12.13.1 单闭环比值控制

以 T0201 粗 MAL 脱重塔为例，粗 MAL 和甲醇进料比需控制在 2.8∶1，比例一旦失调，将影响脱废率，从而影响后续生产，造成体系的波动，影响产品质量。严重时会造成安全事故。因此需要采用比值控制方案，以保证稳定的进料比。

基于上述特点，在设计进塔的原料配比控制方案时，本项目采用了单闭环比值控制，示意图如图 12-56 所示。

12.13.2 分程控制

本项目的分程控制方案主要用作生产安全的防护措施。采用分程控制可以实现由一只调

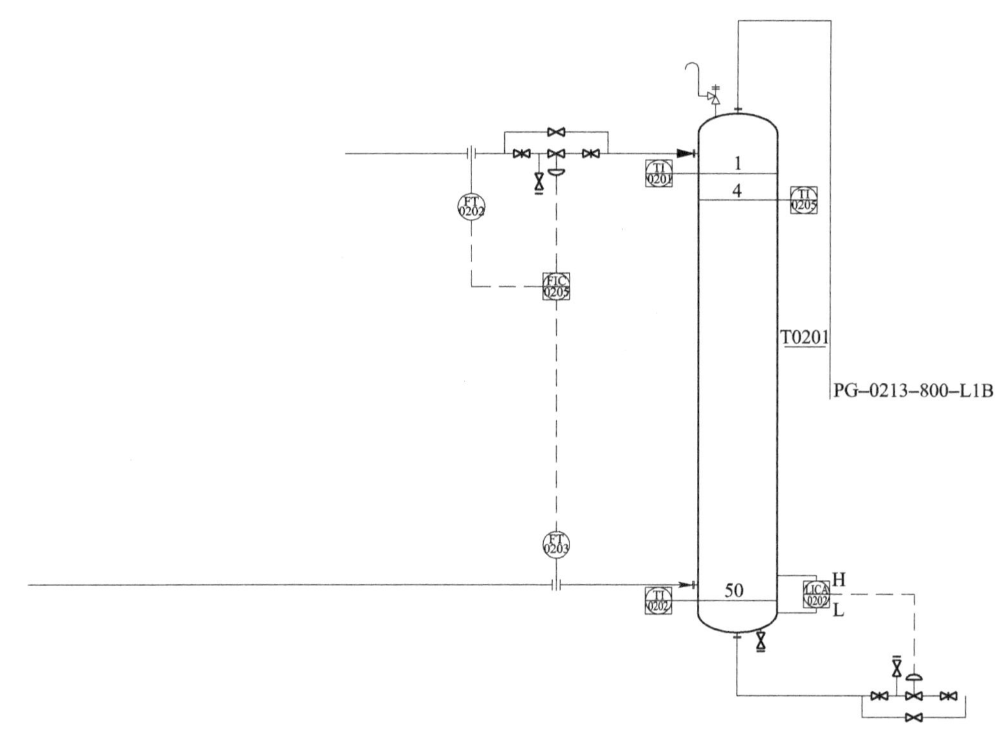

图 12-56　单闭环比值控制示意图

节器的输出信号控制两只或更多的调节阀，每只调节阀在调节器的输出信号的某段范围中工作。以 MMA 储罐的压力控制为例，分程控制示意图如图 12-57 所示。

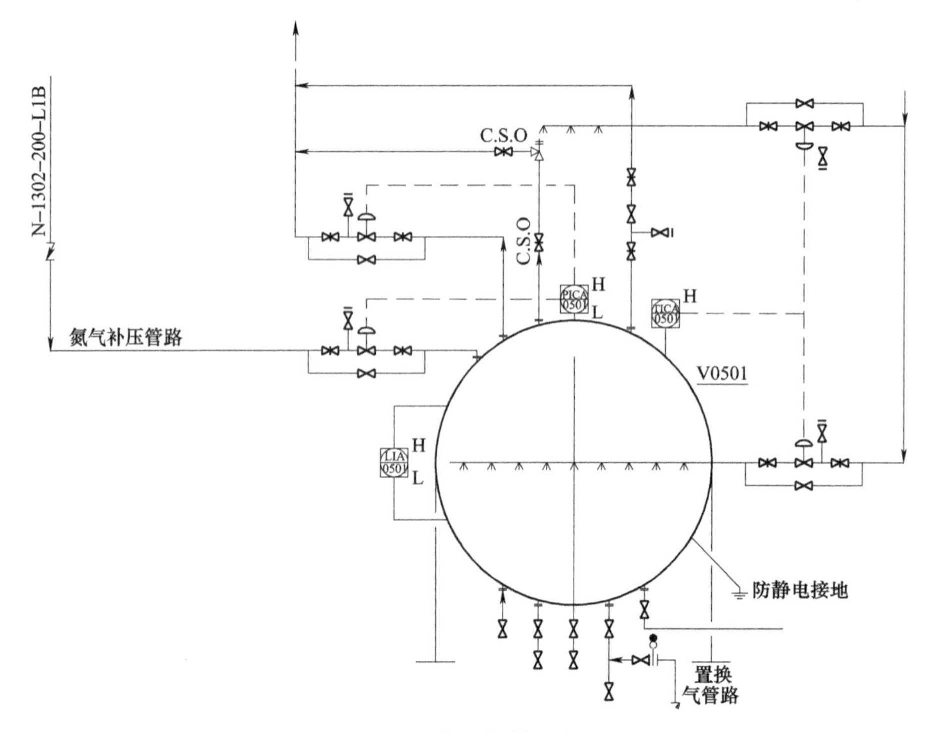

图 12-57　分程控制示意图

12.14　紧急停车系统（ESD）

一旦装置发生故障，该系统将起到安全保护作用的原则进行。在系统故障或电源故障情况下，该系统将使关键设备或生产装置处于安全状态下。重要的现场安全仪表至少为两套。

ESD 按照完全独立原则要求，独立于 DCS，其安全级别高于 DCS。在正常情况下，ESD 是处于静态的，不需要人为干预。作为安全保护系统，凌驾于生产过程控制之上，实时在线监测装置的安全性。只有当生产装置出现紧急情况时，不需要经过 DCS，而直接由 ESD 发出保护联锁信号，对现场设备进行安全保护，避免危险扩散造成巨大损失。

根据有关资料，当人在危险时刻的判断和操作往往是滞后的、不可靠的，当操作人员面临生命危险时，要在 60s 内做出反应，错误决策的概率高达 99.9%。因此设置独立于控制系统的安全联锁是十分有必要的，这是做好安全生产的重要标准。“该动则动，不该动则不动”，这是 ESD 的一个显著特点。

当然一般安全联锁保护功能也可由 DCS 来实现。那么为何要独立设置 ESD 呢？这是因为较大规模的紧急停车系统应按照安全独立原则与 DCS 分开设置，这样做主要有以下几方面原因：

1）降低控制功能和安全功能同时失效的概率，当维护 DCS 部分故障时也不会危及安全保护系统。

2）对于大型装置或旋转机械设备而言，紧急停车系统响应速度越快越好。这有利于保护设备，避免事故扩大；并有利于分辨事故原因记录。而 DCS 处理大量过程监测信息，因此其响应速度难以达到很快。

3）DCS 是过程控制系统，是动态的，需要人工频繁的干预，这有可能引起人为误动作；而 ESD 是静态的，不需要人为干预，这样设置 ESD 可以避免人为误动作。

紧急停车装置在石化行业以及大型钢厂及电厂中都有着广泛的应用。实际上它也是通过高速运算 PLC 来实现控制的，它与 PLC 的本质区别在于它的输入/输出卡件。它一切为了安全考虑，因此在硬件保护上做得较为完善，而且它要考虑到在事故状态下，现场控制阀位及各个开关的位置。

12.15　安全仪表系统（SIS）设计

12.15.1　SIS 简介

在化工生产中，不可避免地存在着各种危险。伴随着社会的发展，环境保护的重视，对安全要求的严苛，人们一直在追求生产过程风险的降低。由此，在工艺流程实现的进程中，设计了不同层级、不同等级的措施，以使必要风险降低，达到社会风险可接受程度，SIS 即为其中之一。过程工程工业中典型的安全保护层模型如图 12-58 所示。

SIS 主要是为保护化工过程仪表与设备，降低化工生产中存在的风险而设计的一套完善的保护系统，它已在不同的工艺或设备防护等场合获得广泛应用。SIS 包括紧急停车系统（ESD）、燃烧器管理系统（BMS）、火灾和气体安全系统（FGS）、高完整性压力保护系统（HIPPS）等多种安全保护系统。

SIS 定义为用于执行一个或多个安全仪表功能的仪表系统。常见的 SIS 由传感器、逻辑控制器以及最终控制元件三部分组成，如图 12-59 所示。SIS 可以包括也可以不包括软件。当操作人员的手动操作被视为 SIS 的有机组成部分时，必须在安全要求规格书中对人员操作动作的有效性和可靠性做出明确规定，包括在 SIS 的绩效计算中。

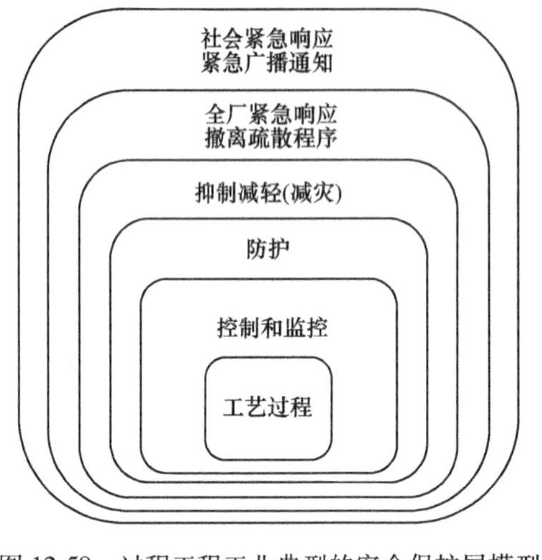

图 12-58　过程工程工业典型的安全保护层模型

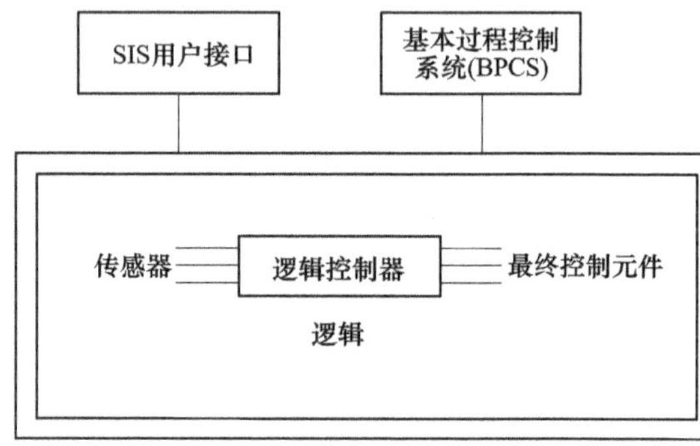

图 12-59　SIS 的组成

SIS 执行 SIF 的绩效考评可通过安全完整性等级（SIL）来反映。SIL 定义为在规定的状态和时间周期内，SIS 圆满完成安全仪表功能（SIF）的绩效能力和可靠性水平。根据 IEC 61508 规定，SIL 共有 4 个等级，其中 SIL1 最低，SIL4 最高。但在实际工业应用场合中，SIL4 极为罕见，SIL3 是其最高级。根据安全仪表功能的操作模式（有要求操作模式和连续操作模式）不同，SIL 划分标准也有别。

各个等级下 SIS 操作失效情况分别见表 12-16、表 12-17。

表 12-16　要求操作模式下失效概率要求

安全完整性等级（SIL）	要求时平均失效概率（PFD_{avg}）	目标风险降低
4	≥10~5 到<10~4	>10000 到≤100000
3	≥10~4 到<10~3	>1000 到≤10000
2	≥10~3 到<10~2	>100 到≤1000
1	≥10~2 到<10~1	>10 到≤100

表 12-17　连续操作模式下失效频率要求

安全完整性等级（SIL）	完成安全仪表功能危险失效目标频率（每小时）
4	≥10~9 到<10~8
3	≥10~8 到<10~7
2	≥10~7 到<10~6
1	≥10~6 到<10~5

12.15.2　SIS 设计

工业上 SIS 设计一般流程：①对相应项目进行危险和风险分析，撰写危险和风险分析报告；②根据危险和分析报告估计所需安全完整性等级；③撰写 SIS 安全要求规格书，包括安全功能要求和完整性要求；④根据安全要求规格书进行 SIS 设计，确定 SIS 设备的选型和结构等；⑤SIS 现场安装、调试和维修，并进行 SIS 的安全验证。

由于 SIS 设计内容诸多，专业覆盖面广泛，设计流程冗长，本项目的 SIS 主要对 R0301 反应器进行了概念性设计，具体工作内容如下：

1. 危险和风险分析

化工生产中存在各种各样的风险，典型的过程危险有火灾、爆炸和毒气释放。因此，需要对化工生产过程进行危险分析，为 SIS 设计提供详细的设计依据。

常用的过程危险和风险分析技术有危险与可操作性分析（HAZOP）、事件树分析（ETA）和故障树分析（FTA）。在本项目中，分析技术选用化工行业较为广泛使用的 HAZOP 方法。

HAZOP 是一种结构化的系统性分析技术，不仅可以辨识工艺流程中的危险，也可以辨识危及生产能力的可操作性问题。

HAZOP 是一个集思广益、循序渐进的创造性过程。其采用一系列的引导词，系统性地辨识出与设计意图的潜在偏差，围绕这些偏差，小组集体探讨导致偏差的原因及后果。

在进行分析时，要将分析对象分割为单元。单元是相对独立的一个节点，能够充分展现其设计意图。根据分析对象的复杂程度和潜在危险的烈度等因素确定单元的大小。一般来说，分析对象越复杂或存在的潜在危险越高，就要考虑将单元分割更细。

2. R0201 反应器的 SIS 设计

在本项目中，粗 MAL 反应器是生产 MMA 的核心设备和工艺流程的心脏，该反应床层有发生飞温的风险，因此，从安全保护角度出发，对本反应器设置了 SIS，其设计如图 12-60 所示，在 R0201 出口气体管路上设计三个温度安全高传感器。正常操作中，能通过基本

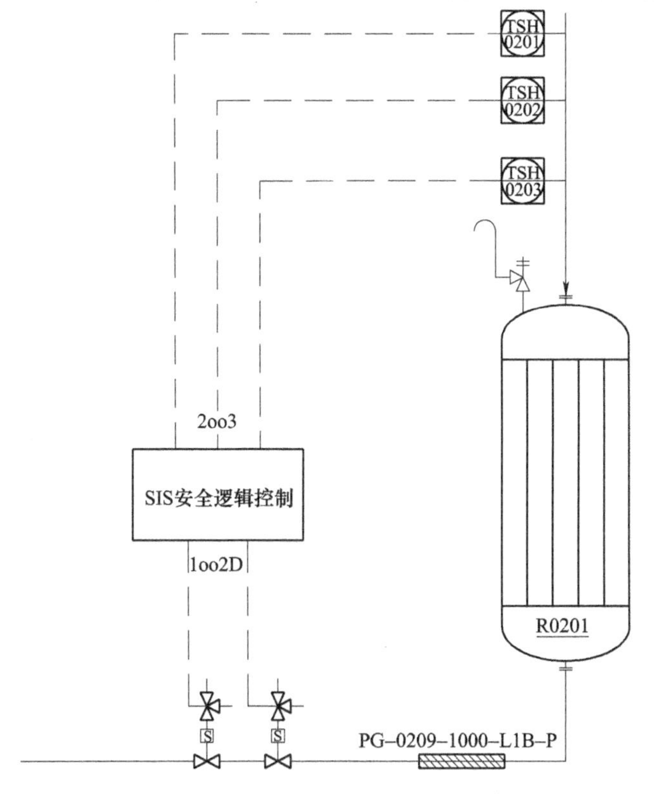

图 12-60　R0201 反应器的 SIS 设计

过程控制系统使出口管道温度保持在正常范围，传感器通过电缆将信号传递给安全逻辑控制器，安全逻辑控制器通过 1oo2D 系统（1oo2 表示 2 选 1 的表决系统结构，即两个通道有一个健康操作即能完成所需的安全功能；D 代表该逻辑控制器带有诊断功能）对信号进行 2oo3 表决和诊断。完成后，输出两个信号，使电磁三通阀带电，从而使进料管道上的切断阀打开，原料能正常进入反应器。当操作出现异常时，如反应器温度飞升，靠基本过程控制系统无法使反应器温度下降时，出塔气体压力升高，超过压力安全高的设定值，信号传递给安全逻辑控制器，通过 2oo3 表决机制，如果确定有两个温度不正常，逻辑控制器输出信号使三通电磁阀失电，从而使原料进料切断阀关闭。与此同时，反应器顶部放空阀打开，将塔内气体排放至火炬气柜，收集起来与本项目废气源一起重新处理。当危险解除后，可通过系统设定恢复正常。

在该反应器 SIS 设计中，将 SIS 与基本过程控制系统分开布局设计，以免两者耦合干扰。此外，采用 2oo3 表决机制，使得系统具有容错能力，避免因测量错误等而导致的停车。

第13章 仿真平台实训

本章分别针对三水箱、化学反应器、TE过程机理模型建立虚拟仿真实验系统，合理设计控制方案，并介绍方案的程序实现及其过程组态监控等功能。

案例1　三水箱仿真实验系统的设计与开发

三水箱实验系统是在参考国内外实验装置的基础上充分考虑性能价格比的基础上设计的一种可以模拟多种对象特性的实验装置。这套系统不但可以面向学生开展现有的一些成型的控制算法实验，还为自编算法的使用者进行实验提供了方便的运行环境。因此，基于三水箱实验系统的实时在线控制与监测是一件极具实际意义的工作。

本案例主要进行下述的三水箱的设计与开发。

1）在Simulink下搭建了三水箱仿真实验系统的仿真模型，并进行了开环特性测试和闭环控制。

2）在力控组态软件下，建立一个应用工程，进行动画显示、报警显示、趋势显示以及历史报表显示。

3）该实验平台可以与实验室三水箱具体实验装置相结合，为学生提供一个更直观和更加具有开放性的实验平台。

13.1　三水箱仿真实验系统

三水箱系统的基本结构如图13-1所示。该装置主要由横截面面积为A的三个有机玻璃圆柱组成。它们之间通过横截面面积为S_n的圆管顺次连接。这里T2有唯一一个流水阀，它的横截面面积也为S_n。从中流出的液体收集在储水器中，P1和P2供水，这样一个闭环系统就建立了。

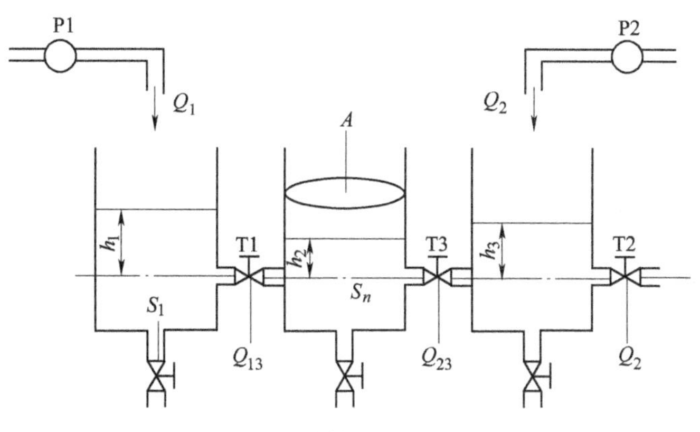

图13-1　三水箱系统的基本结构

13.2 三水箱数学模型的建立

在图 13-1 所示的装置可实现的一个典型工作状态是：当泵 P1、P2 用于供水，连通阀 T1、T2、T3 开启，三个水箱下方的泄漏阀关闭，调整泵 P1、P2 的转速保持液位 h_1、h_2 稳定在各自的给定值上，根据其控制过程，可以得到以下的方程式。

系统的平衡方程为

$$A\frac{\mathrm{d}h}{\mathrm{d}t}=\text{所有流量的总和} \tag{13-1}$$

用于三个水箱，所得结果为

$$A\frac{\mathrm{d}h_1}{\mathrm{d}t}=Q_1-Q_{13} \tag{13-2}$$

$$A\frac{\mathrm{d}h_3}{\mathrm{d}t}=Q_{13}-Q_{32} \tag{13-3}$$

$$A\frac{\mathrm{d}h_2}{\mathrm{d}t}=Q_2+Q_{32}-Q_{20} \tag{13-4}$$

其中未知量 Q_{13}、Q_{32} 和 Q_{20} 可由在一般情况下的托里切利规则决定。定义为

$$q=\lambda S_n\mathrm{sgn}(\Delta h)\ (2g|\Delta h|)^{1/2} \tag{13-5}$$

式中，g 为重力加速度（$\mathrm{m/s^2}$）；sgn（z）为参数 z 的符号；Δh 为每两个相邻水箱的液位差（m）；λ 为流量系数（范围在 0~1 之间）；q 为流通管中的流量（$\mathrm{m^3/s}$）；S_n 为连通管截面面积（$\mathrm{m^2}$）。

所以得到未知量为

$$Q_{13}=\lambda_1S_n\mathrm{sgn}(h_1-h_3)\ (2g|h_1-h_3|)^{1/2} \tag{13-6}$$

$$Q_{32}=\lambda_3S_n\mathrm{sgn}(h_3-h_2)\ (2g|h_3-h_2|)^{1/2} \tag{13-7}$$

$$Q_{20}=\lambda_2S_n\ (2gh_2)^{1/2} \tag{13-8}$$

定义向量为

$$\boldsymbol{x}=(h_1,h_2,h_3)^{\mathrm{T}} \tag{13-9}$$

$$\boldsymbol{u}(t)=(Q_1,Q_2)^{\mathrm{T}} \tag{13-10}$$

则得到如下的数学模型：

$$\dot{x}_1=f_1(x,u)=[-\lambda_1S_n\mathrm{sgn}(x_1-x_3)\sqrt{2g|x_1-x_3|}+u_1]/A \tag{13-11}$$

$$\dot{x}_2=f_2(x,u)=[-\lambda_3S_n\mathrm{sgn}(x_2-x_3)\sqrt{2g|x_2-x_3|}-\lambda_2S_n\sqrt{2gx_2}+u_2]/A \tag{13-12}$$

$$\dot{x}_3=[-\lambda_1S_n\mathrm{sgn}(x_1-x_3)\sqrt{2g|x_1-x_3|}-\lambda_3S_n\mathrm{sgn}(x_3-x_2)\sqrt{2g|x_3-x_2|}]/A \tag{13-13}$$

13.3 基于 Simulink 的三水箱系统

MATLAB 软件是过程控制研究人员常用的一种仿真软件，用该软件进行复杂算法的设计效率很高。本节采用 MATLAB 来建立虚拟的实验对象。在 MATLAB 软件中使用 Simulink，采用模块的形式来直接对微分方程进行图形化的建模，这种方法无论是在对前期模型的搭建

或是后期数据的修改都显得比较直观、易懂。本节采用的是使用 Simulink 工具箱来建立虚拟的实验对象。

13.3.1　对象仿真平台搭建

本次设计的主要控制对象是 h_1、h_2，其参数如下：流量系数 $c_1=0.450289$，$c_2=0.611429$，$c_3=0.461526$；水箱面积 $A=154\text{m}^2$；连接管的截面面积 $S_p=0.5\text{m}^2$；$g=9.81\text{m/s}^2$。

具体步骤如下：

1）在 MATLAB 的命令窗口运行 Simulink 命令，或单击工具箱中的图标，就可以打开 Simulink 模块库浏览器窗口。

2）单击工具栏上的图标或选择选单“File”→“New”→“Model”，新建一个名为“untitled”的空白模型窗口。

3）在“untitled”中搭建系统仿真模型设计图。

在 Simulink 模块库浏览器窗口中有许多模块库，基本模块包括 9 个子模块库，分别是连续系统（Continuous）、非连续系统（Discontinuous）、离散系统（Discrete）、查阅表（Look-up Tables）、数学运算（Math Operations）、模型确认（Model Verification）、宽模型功能（Model-wide Utilities）、信号线路安排（Signal Routing）、接收模块（Sinks）、输入信号源（Sources）和端口与子系统（Ports & Subsystems）子模块库。下面介绍几个常用模块库。

① 输入信号源模块。输入信号源模块是用来向模型提供输入信号的，没有输入口，至少有一个输出口。常用的输入信号源模块见表 13-1。

表 13-1　常用的输入信号源模块

名称	模块形状	功能说明
Constant	[1] Constant	恒值常数，可设置数值
Step	Step	阶跃信号
From Workspace	[simin] From Workspace	从当前工作空间定义的矩阵读数据
Clock	Clock	仿真时钟，输出每个仿真步点的时间
In	(1) In1	输入模块

② 接收模块。接收模块是用来接收模块信号的，常用的接收模块有 Scope、XY Graph、To Workspace、Out 等，见表 13-2。

表 13-2　常用的接收模块

名称	模块形状	功能说明
Scope	Scope	示波器，显示实时信号
XY Graph	XY Graph	显示 X-Y 两个信号的关系图
Out	1 Out1	输出模块
To Workspace	simout To Workspace	把数据写成矩阵输出到工作空间

③ 连续系统模块。连续系统模块构成连续系统的环节。常用的连续系统模块有 Integrator、Derivative、Transfer Fcn 等，见表 13-3。

表 13-3　常用的连续系统模块

名称	模块形状	功能说明
Integrator	$\frac{1}{s}$ Integrator	积分环节
Derivative	du/dt Derivative	微分环节
Transfer Fcn	$\frac{1}{s+1}$ Transfer Fcn	传递函数模型

根据上一节所得到的数学模型进行 Simulink 的仿真实验，主要是利用式（13-2）~式(13-8）中的液位和流量的关系进行模型搭建。

首先根据式（13-2）和式（13-6）建立水箱 1 的仿真模型。根据平衡方程，水箱 1 液位的变化值等于水箱的进水量减去出水量，如图 13-2 所示。

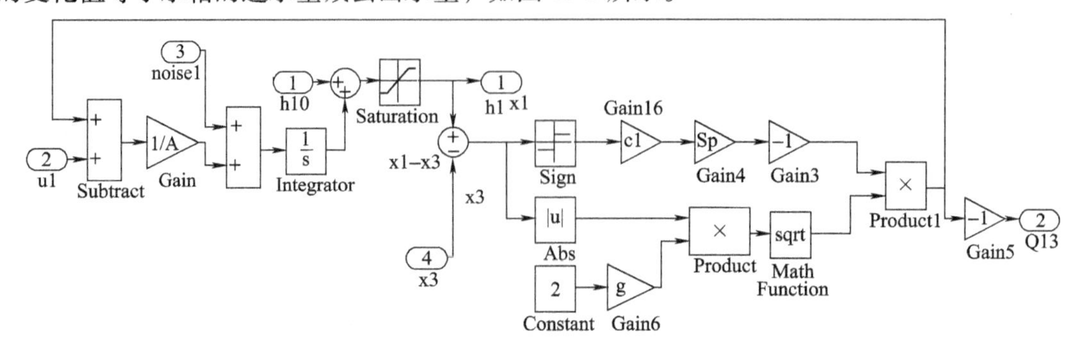

图 13-2　水箱 1 的仿真模型设计

同理，根据式（13-3）和式（13-7），水箱3的仿真模型如图13-3所示。

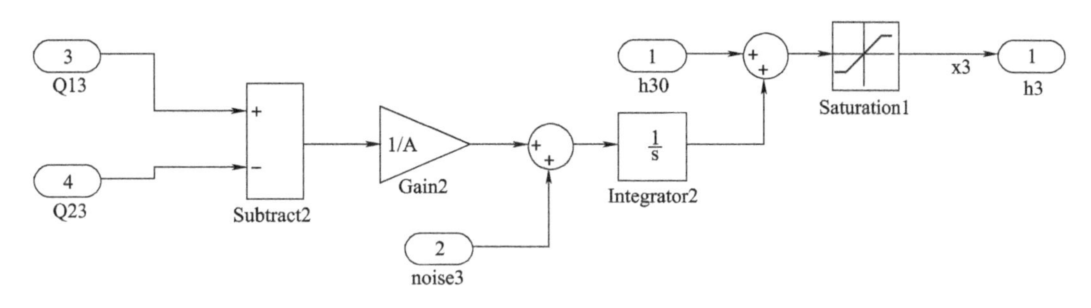

图13-3　水箱3的仿真模型设计

根据式（13-4）和式（13-8），水箱2的仿真模型如图13-4所示。

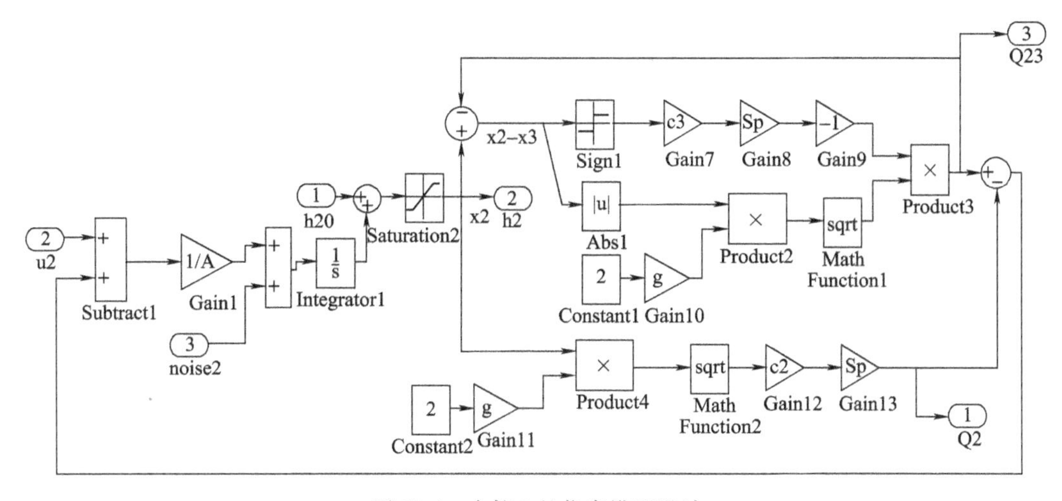

图13-4　水箱2的仿真模型设计

最后，根据三个水箱的液位和流量联系，把三个模型连接起来，构成整个系统的仿真系统，如图13-5所示。

4）保存模型，单击工具栏中的保存图标，将该模型保存为“sanshuixiang. mdl”文件。

这样，对象的仿真模型就建立了，如图13-5所示。

13.3.2　开环特性测试

把图13-5形成一个子系统。拖动鼠标左键，把原理图圈起来，单击鼠标右键，弹出对话框，选择“Create Subsystem”。如图13-6所示，对此系统进行开环特性测试。

1. 假设一

假设h10=15，h20=10，h30=10，u1和u2分别加入一个阶跃信号，噪声干扰忽略不计，如图13-7所示。

首先，设阶跃信号初始值为5，最后值为10。仿真曲线如图13-8所示。此曲线显示，液位一直下降，最后趋于平衡。

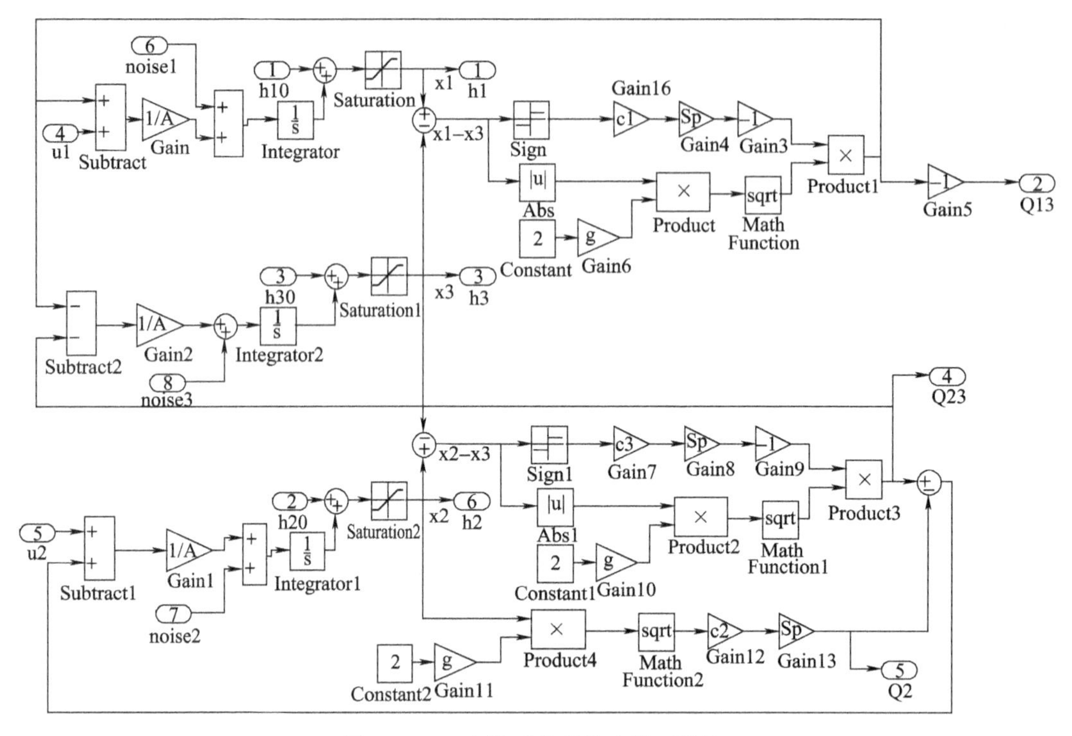

图 13-5　三水箱系统的仿真模型设计

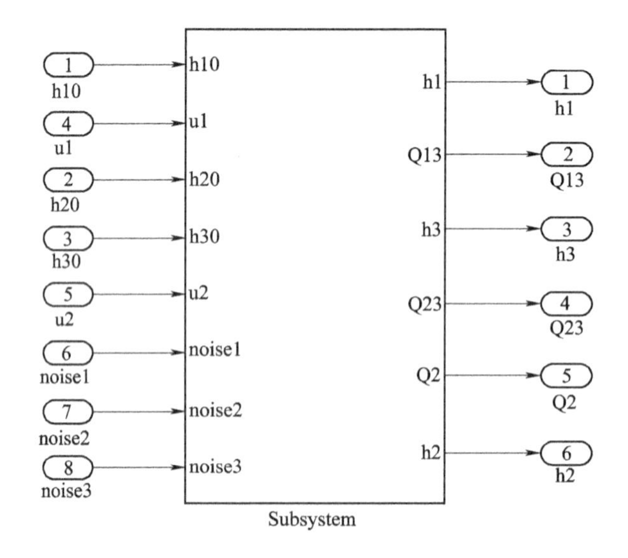

图 13-6　三水箱仿真系统设计

其次，设阶跃信号初始值为 5，最后值为 55。仿真曲线如图 13-9 所示。此曲线显示，液位 1 一直上升，直到达到液位最大值，液位 2 上升到一个新的平衡状态。

综上所述，输入值小时，由于水一直往外流，输入小于输出，因此液位一直下降，最终达到静态平衡；输入值较大时，则反之。

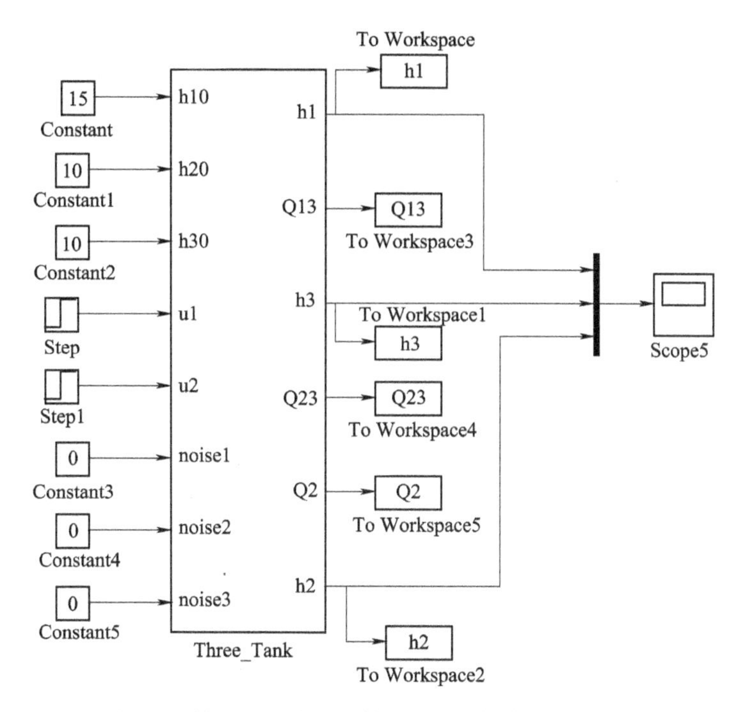

图 13-7 输入流量为阶跃信号的开环仿真模型

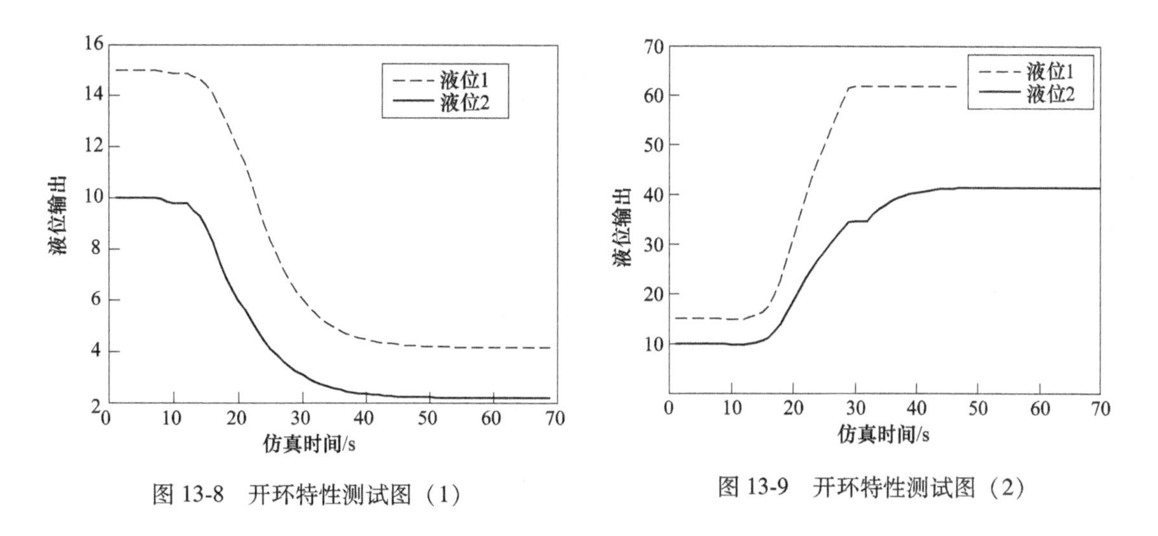

图 13-8 开环特性测试图（1）

图 13-9 开环特性测试图（2）

2. 假设二

假设 h10＝15，h20＝10，h30＝10，u1 和 u2 分别加入一个随机信号，噪声干扰忽略不计，如图 13-10 所示。

第一种情况：加入一个范围为［5，10］的随机信号，这时开环响应曲线如图 13-11 所示。其中由于泵 1 与泵 2 供水量不足，液位 1 和液位 2 分别下降到新的平衡点。

第二种情况：在 10s 时加入一个范围在［5，50］内波动的随机信号，则开环响应曲线如图 13-12 所示。由于泵 1 与泵 2 供水量大幅度变化，造成液位 1 和液位 2 也相应发生较大波动。

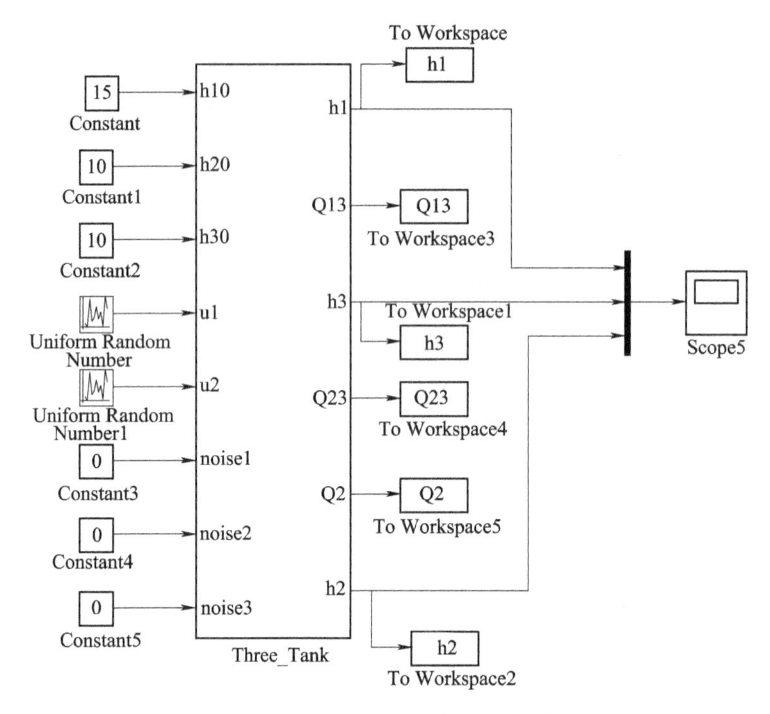

图 13-10　输入流量为随机信号的仿真模型

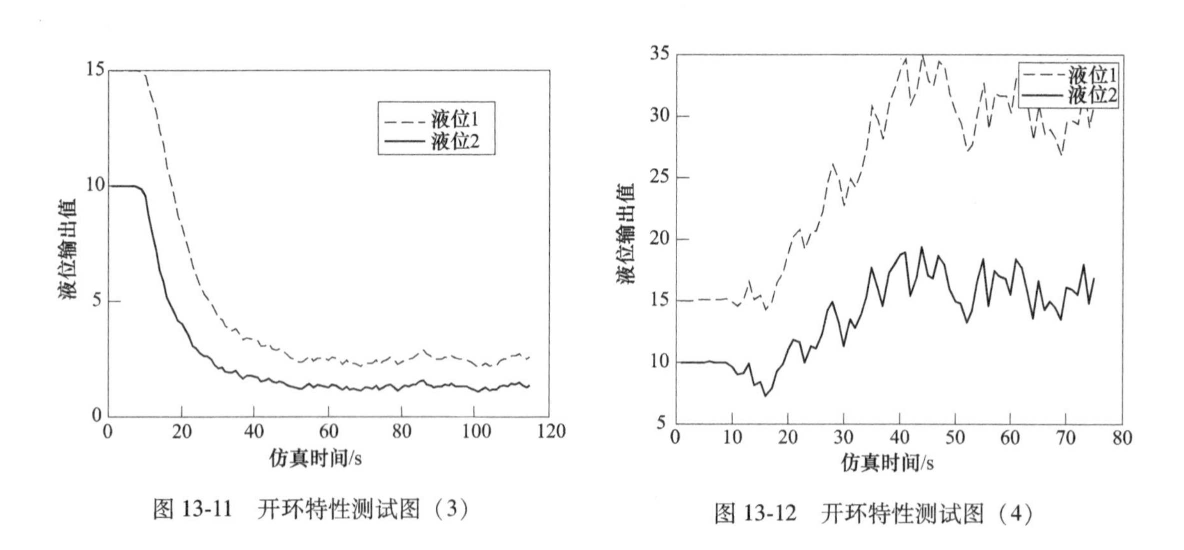

图 13-11　开环特性测试图（3）

图 13-12　开环特性测试图（4）

13.4　控制方案设计与参数整定

对模型进行建立以后，需要对水箱进行开环特性的测试，然后进行控制方案的设计。

13.4.1　闭环控制系统设计

开环特性测试完后，应进行闭环的控制设计。在液位和输入量之间加一个 PID 控制，当液位变化时，通过 PID 控制器调整泵的输入量，使液位最终能够达到平衡。在开环的系统仿真模型的基础上，加入以下的控制，使系统成为一个闭环控制。

1. 液位 1 的控制

首先设计一个测量干扰，即液位 1 的值加一个随机信号，如图 13-13 所示。

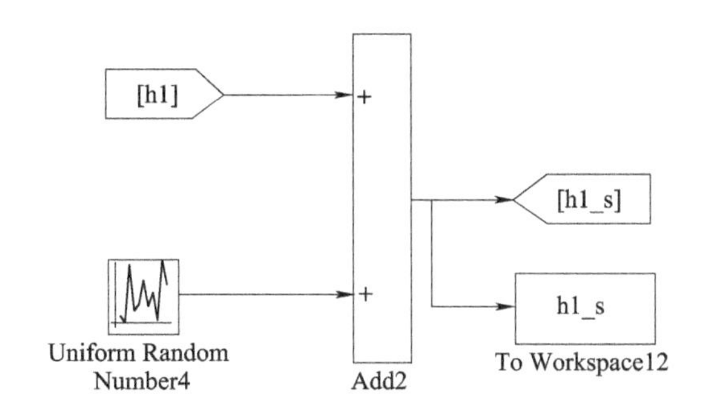

图 13-13　液位 1 的测量干扰

其次，进行闭环的控制，并加入 PID 控制。其中，Saturation 为限幅器，最大值为 100。Signal 为给定信号，如图 13-14 所示。

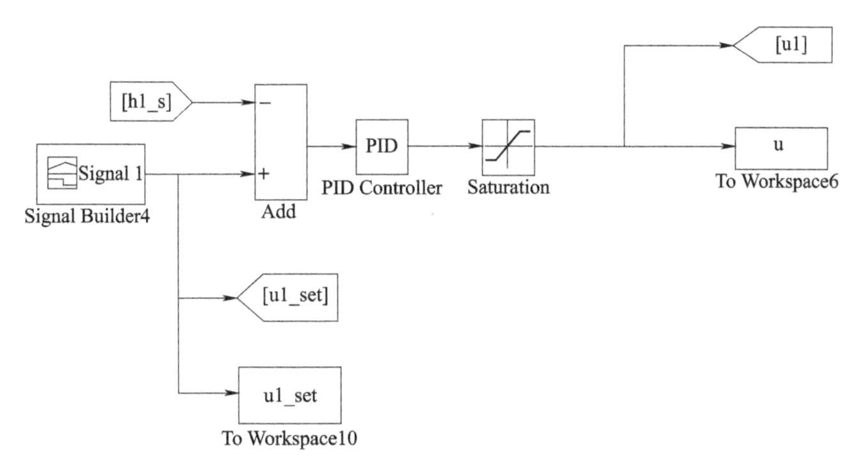

图 13-14　液位 1 的闭环控制

2. 液位 2 的控制

同理，液位 2 的闭环控制和液位 1 一样，如图 13-15 和图 13-16 所示。

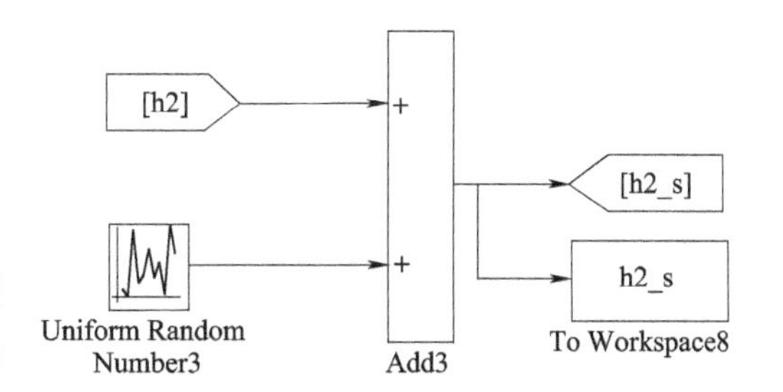

图 13-15　液位 2 的测量干扰

13.4.2　PID 控制器参数整定

对工业过程进行控制一般都采用 PID 控制，基本都能得到满意的效果。比例控制能迅速反映误差，从而减小误差，但比例控制不能消除稳态误差，比例系数的加大，会引起系统的不稳定；积分控制的作用是，只要系统存在误差，积分控制作用就不断地积累，输出控制量以消除误差，但积分作用太强会使系统超调量加大，使系统出现振荡；微分控制可以减小

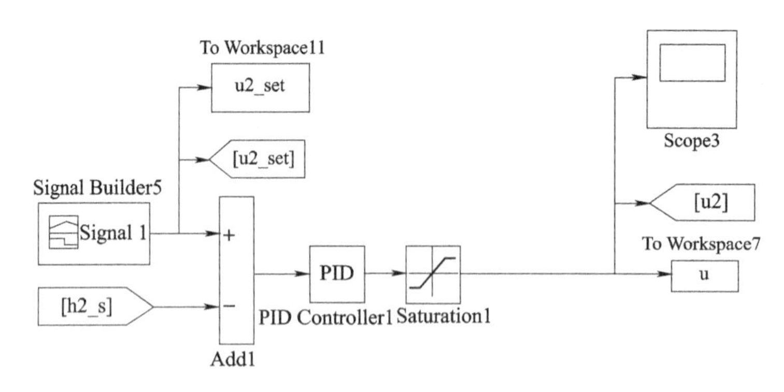

图 13-16　液位 2 的闭环控制

超调量，克服振荡，使系统的稳定性提高，同时加快系统的动态响应速度，减小调整时间，从而改善系统的动态性能。基于现实中一旦加入微分环节，参数调整难度加大，因此，本设计可以采用 PI 控制器，采用衰减比例、等幅振荡、工程整定等方法整定控制回路参数，使其液位最后达到平衡。经过多次设定、整定，最后得到液位 1 和液位 2 的最佳 PID 参数，具体值见表 13-4。

表 13-4　液位 1、液位 2 的 PID 参数值

PID 对象	P	I	D
液位 1	8	0. 15	0
液位 2	7	0. 15	0

13. 4. 3　闭环系统动态特性测试

图 13-17 和图 13-18 所示为无测量操作扰动下的液位输出。曲线显示表明，当给液位一个阶跃信号时，在 PID 控制器的调整下液位最终仍能达到平衡。

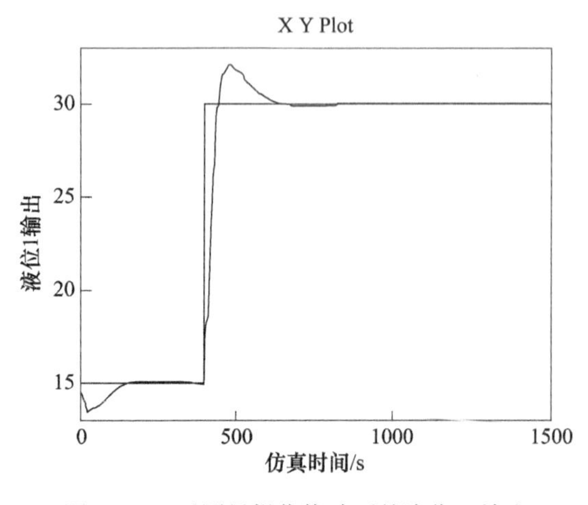

图 13-17　无测量操作扰动下的液位 1 输出

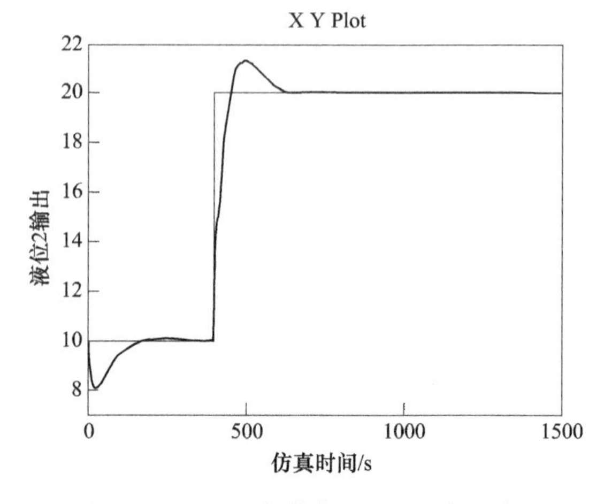

图 13-18　无测量操作扰动下的液位 2 输出

图 13-19 和图 13-20 所示为有测量操作扰动下的液位输出，由于加了操作干扰，因此波形有些波动。

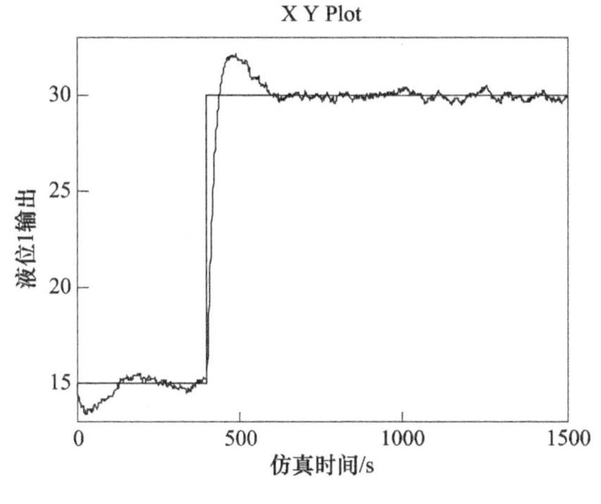

图 13-19 有测量操作扰动下的液位 1 输出

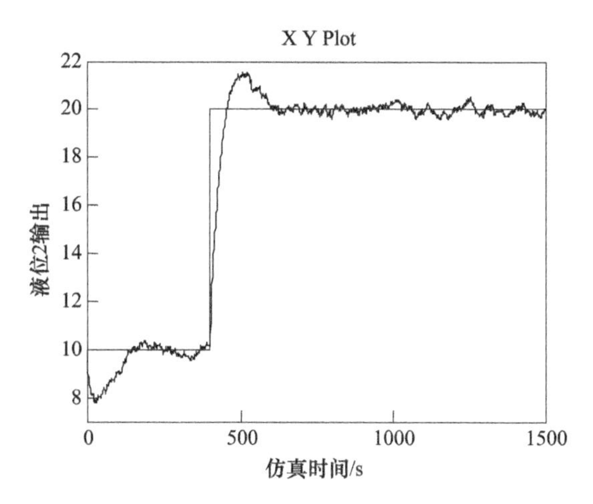

图 13-20 有测量操作扰动下的液位 2 输出

13.5 三水箱仿真实验监控系统设计

13.5.1 力控组态软件平台搭建

根据三水箱仿真实验系统的系统图，在力控软件上搭建一个三水箱仿真实验平台，以实现其动画显示效果。

1. 创建新的应用程序

启动力控工程管理器。出现力控工程管理器窗口，单击“增加新应用”按钮，创建一个新的应用程序目录。在“应用名”文本框内输入要创建的力控应用程序的名称，命名为“三水箱实验平台”。在“路径”输入框内输入应用程序的路径，或者单击“…”按钮来创建路径。最后单击“确认”按钮返回。应用程序列表增加了“三水箱实验平台”。单击进入组态按钮进行开发。

2. 创建窗口

进入开发系统 Draw 后，首先需要创建一个新窗口。选择菜单命令“文件［F］”→“新建”，弹出“窗口属性”对话框，输入要在窗口的标题中显示的名称，命名为“三水箱仿真实验平台”。单击按钮“背景色”，出现调色板，选择灰色作为窗口背景色。其他的域和选项可以使用默认设置。最后单击“确认”按钮退出对话框。

提示：当一个窗口在 Draw 中被打开后，它的属性可以随时被修改。要修改窗口属性，在窗口的空白处单击鼠标右键，在弹出的右键菜单中选择“窗口属性”。

3. 创建图形对象

现在在用户屏幕上有了一个窗口，还能看见 Draw 的工具箱。如果用户想显示网格，激活 Draw 菜单命令“查看［V］”→“网格”。首先，在窗口上画一个水箱。从工具箱中单击“选择子图”按钮，选择“罐”，按下鼠标左键，按住左键的同时拖动鼠标，画出一个水箱。松开鼠标左键，这个矩形就在窗口内创建了。用户现在可以修改水箱的外观。单击该水箱，出现围绕它的小方块（手柄），拖动这些手柄来修改水箱的形状。若要移动该水箱，只要把光标定位在手柄内，拖动鼠标就可以了。在默认状态下，用户画出水箱的填充颜色不一定满足要求，假设希望它是水蓝色，则选定水箱，单击鼠标右键，弹出右键菜单，选择“对象属性（A)”，弹出“改变对象属性”对话框，将其中的填充项通过调色板改为水蓝。选择“插入（D)”→“刻度条”，在水箱上画出刻度条，并选择“插入（D)”→“简单对象”→“文本”，标上尺寸。这样，一个水箱就完成了。

接下来创建阀门、管道和泵。同样单击“选择子图”按钮，选择阀门、管道。其他的元件依照上述方法依次进行搭建。

然后选择“插入（D)”→“简单对象”→“文本”，在上面编辑“三水箱实验仿真平台”，可以调试其字体大小和颜色。搭建好的三水箱仿真实验平台整体效果如图 13-21 所示。

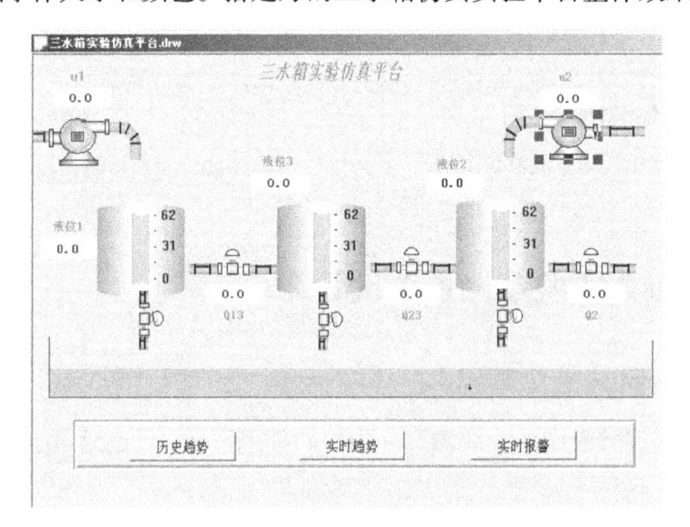

图 13-21　三水箱仿真实验平台整体效果

13.5.2　OPC 方式 MCGS 与 MATLAB 的数据交换

1. MCGS 的 OPC 设置

打开工程，进入设备窗口，单击设备工具箱图标，进入设备管理，添加 OPC 设备到设备窗口，双击 OPC 设备进行 OPC 服务器的属性设置。

2. MATLAB 建立 OPC 连接

在 MATLAB 程序命令窗口输入“opctool”命令进入 OPC 连接设置状态，链接局域网主机，设立两个组对象，分别作为输入组和输出组，单击“连接”按钮建立连接。

3. 建立 SIMULINK 仿真模型

在 MATLAB/SIMULINK 环境下建立两个仿真模型 opcsimuread. mdl 和 opcsimuwrite. mdl，完成数据读写操作。

4. 编写 M 文件 opcrun. m 实现 OPC 通信

```
simopcsimuread. mdl
pause (1)
simopcsimuwrite. mdl
```

该程序的功能：执行数据读出仿真，实现从 OPC 读数据，把 MCGS 传送到 MATLAB 的数据读入，存储到 WORKSPACE；再执行写入仿真，把 MATLAB 运行之后的结果返回 OPC，再传送回 MCGS。

5. 制作动画连接

首先涉及一个概念："变量"。变量是界面运行系统 View 管理数据的一种方法，在开发系统 Draw 中定义、引用。开发系统 Draw、界面运行系统 View 和数据库系统 DB 都是力控的基本组成部分。Draw 和 View 主要完成人机界面的组态和运行，DB 主要完成过程实时数据的采集（通过 I/O 驱动程序）、实时数据的处理（包括报警处理、统计处理等）、历史数据处理等。

前面已经在数据库中定义了几个点，但这些点的数据在 Draw 中需要通过变量来引用。因此还需要定义几个相应的变量，并将这几个变量与数据库中的点连接起来。

（1）定义数据源　力控支持分布式应用，界面运行系统除了可以访问本地数据库（即与界面运行系统运行在同一台计算机上的数据库）外，还可以通过网络访问安装在其他计算机上的力控数据库中的数据。因此，当在开发系统 Draw 中创建变量时，首先要明确变量数据源来源于哪个数据库（本地或远程）。

激活 Draw 菜单"特殊功能［S］"→"数据源"，出现"数据源定义"列表框。可以看到，列表框中已经存在了一个数据源："本地数据库（DB）"。这是系统默认定义的数据源，它指向本机上的数据库。因为在后面应用中用的就是这个数据源，所以要察看一下它是如何定义的。单击"修改"按钮，出现"数据源定义"对话框。选择"本地数据库"后，表示它指向本机上的数据库，用这个数据源创建的变量将从本机数据库上交换实时数据。单击"取消"按钮，退出"数据源定义"对话框。

（2）动画连接　有了变量之后就可以制作动画连接。一旦创建了一个图形对象，给它加上动画连接就相当于赋予它"生命"使其"活动"起来。动画连接使对象按照变量的值改变其显示。例如，阀门关上时是红色的，当它打开时变成绿色。这个阀门还可以像一个触敏的按钮一样动作，每触摸一次就使其关上或打开。有些动画连接还允许使用逻辑表达式，如"OUT_VALVE == 1&& RUN == 1"表示 OUT_VALVE 与 RUN 这两个变量的值同时为 1 时条件成立。又比如，如果用户希望一个对象在水箱的液位高于 60 时开始闪烁，这个对象的闪烁连接的表达式就为"TAGh1>60"。

下面以阀门和水箱为例，阐述一下动画连接的具体步骤。

双击阀门对象，出现动画连接对话框。选用链接"颜色变化"→"条件"。单击"条件"按钮，弹出一个对话框，单击"变量选择"按钮，出现"变量选择"对话框，展开"本地数据库"项，然后选择点名"VALVE"，在右边的参数列表中选择"PV"参数，然后单击"选择"按钮，"颜色变化"对话框"条件表达式"项中自动加入了变量名"VALVE. PV"。在"条件表达式"文本框中继续输入条件表达式内容，使最后的表达式为"VALVE. PV == 1"（力控中的所有名称标识、表达式和脚本程序均不区分大小写）。

在这里使用的变量 VALVE. PV 是个状态值，用它代表阀门的开关状态。上述表达示如果为真（值为 1），则表示阀门为开启状态，这时候希望阀门变成绿色，所以在"值为真时颜色"选项中将颜色通过调色板设为绿色。当上述表达示为假（值为 0）时，表示阀门为关闭状态，这时希望阀门变成白色，所以在"值为假时颜色"选项中将颜色通过调色板选为白色，单击"确认"按钮返回。

下面再来阐述水箱的液位变化和液位值显示的实现。

首先来处理液位值的显示。选中水箱旁的符号（###.###）后双击鼠标左键，出现动画连接对话框。要让###.###符号在运行时显示液位值的变化。选用链接“数值输出”→“模拟”，单击“模拟”按钮，弹出模拟值输出对话框，直接在“表达式”文本框中输入“TAGh1.PV”或者使用刚才的方法：单击“变量选择”按钮，出现“变量选择”对话框，展开“本地数据库”项，然后选择点名“TAGh1”，在右边的参数列表中选择“PV”参数，然后单击“选择”按钮，“条件表达式”项中自动加入了变量名“TAGh1.PV”。

现在已经能够把水箱的液位通过数值的方式显示出来了，而用户还希望代表水箱矩形体内的填充体的高度也能随着液位值的变化而变化，这样就能更加形象地表现水箱的液位变化了。

选中水箱中的矩形后双击鼠标左键，出现动画连接对话框，要让水箱内填充体的高度在垂直方向上变化。选用链接“百分比填充”→“垂直”。单击“垂直”按钮，弹出对话框，在“表达式”文本框中输入“TAGh1.PV”。因为矩形的填充色是水蓝色，所以把背景色项通过调色板变为白色，其余选项可以按照上面的方法分别输入。最后单击“确认”按钮。

力控将一直监视变量“TAGh1.PV”的值。如果值为0，水箱将填充0%，即全空。如果值为62，水箱将是全满的。如果值为31，将是半满的，等等。

其他的对象也依照这个方法，使其能动起来。动画连接效果如图13-22所示。

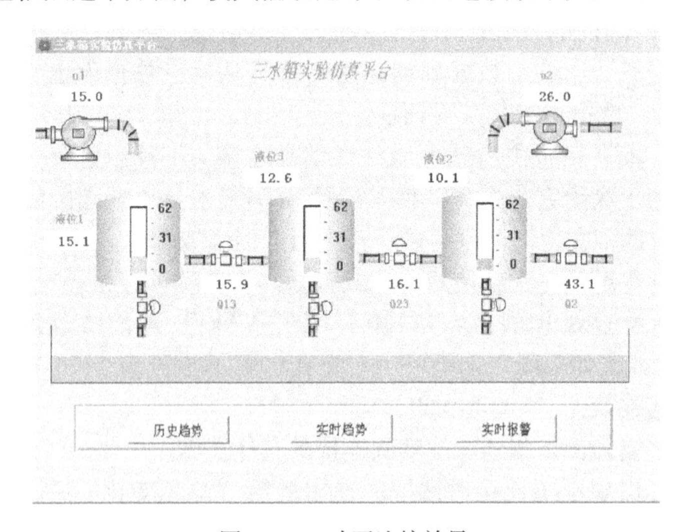

图13-22　动画连接效果

13.5.3　曲线显示

力控的数据库与界面运行系统可以分布运行在不同网络节点上，任意一台工作站的人机界面系统都可以显示运行在其他网络服务器上的实时数据库产生的实时数据和历史数据。力控界面运行系统提供了几种类型的趋势曲线：实时趋势、历史趋势和X-Y曲线。

1. 实时曲线

力控支持分布式实时记录系统，允许在一个网络节点的实时趋势上显示网络上其他节点力控应用程序的实时数据。力控的每个实时趋势对象最多可以显示8个变量，即8支趋势笔。实时趋势是变量的实时数据随时间变化而绘出的变量-时间关系曲线。其横坐标为时间，

纵坐标为变量的过程值。在窗口中新建一个窗口，命名为“实时曲线显示”，单击工具箱中的“实时曲线”按钮，按下鼠标左键，按住左键的同时拖动鼠标，画出实时曲线框，如图13-23所示。双击实时曲线，弹出“实时趋势组态”窗口，如图13-24所示。

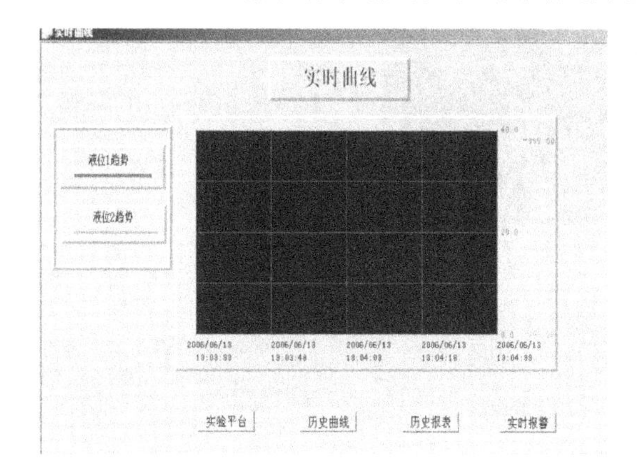

图 13-23　实时曲线

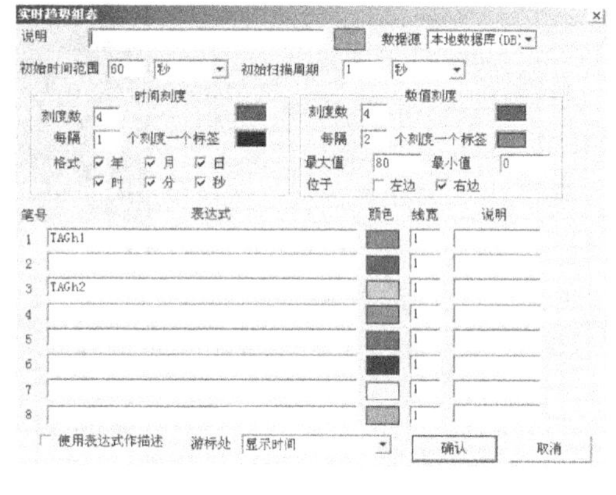

图 13-24　“实时趋势组态”窗口

其中组态的关键参数如下：

（1）说明　此选项用于输入实时曲线的标题，单击说明右侧的调色按钮出现调色板，在调色板中选择说明文字的颜色。

（2）初始时间范围　此选项用于输入时间坐标轴上最大的时间差。

（3）初始扫描周期　此选项用于设置每次从变量中读取数据的时间间隔。

（4）最大值　此选项用于输入显示数值范围的高限。

（5）最小值　此选项用于输入显示数值范围的低限。

（6）数据源　此选项用于选择实时数据的来源。

（7）时间刻度　其中刻度数定义时间坐标轴刻度线的数量，即横向网格的数量。单击右侧的按钮出现颜色选择框，在颜色选择框中选择网格的颜色。每隔一个刻度一个标签定义在时间坐标轴上每隔几个刻度显示一个时间标记。单击右侧的按钮出现颜色选择框，在颜色选择框中选择时间标记的颜色。

（8）数值刻度　其中刻度数定义数值坐标轴上刻度线的数量，即纵向网格的数量。单击右侧的按钮出现颜色选择框，在颜色选择框中选择网格的颜色。每隔一个刻度一个标签定义在数值坐标轴上每隔几个刻度显示一个数值标记。单击右侧的按钮出现颜色选择框，在颜色选择框中选择时间标记的颜色。

（9）趋势笔　曲线图中最多可以定义8支趋势笔，即八条曲线，对每支笔要指定如下5项：①表达式，输入趋势笔的变量名或表达式；②颜色，选择趋势笔的颜色；③线宽，输入趋势笔的宽度；④说明，输入趋势笔的描述；⑤使用表达式作为描述，选择该项可以将表达式的名字作为描述。

输出的实时曲线如图13-25所示。

2. 历史曲线

历史曲线是根据保存在实时数据库中的历史数据随历史时间变化而绘出的二维曲线图。历史曲线引用的变量必须是数据库型变量，并且这些数据库型变量所连接的数据库点参数必须已经指定保存历史数据。历史曲线的创建和实时曲线的组态界面相同。输出的历史曲线如

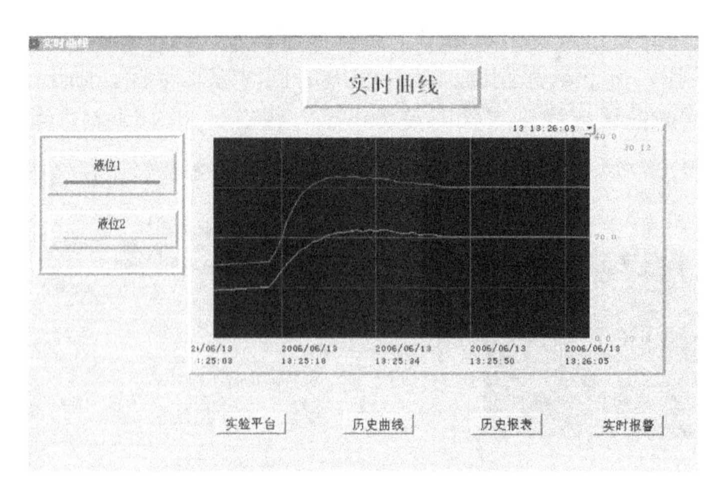

图 13-25　输出的实时曲线

图 13-26 所示。

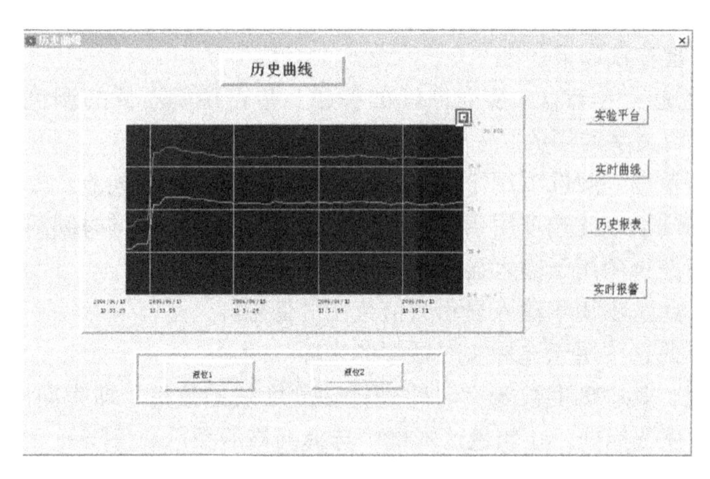

图 13-26　输出的历史曲线

13.5.4　报警显示

当变量被组态了报警参数且其数值超出了正常范围或整个计算机系统状态不正常时，系统必然报警。报警系统是力控组态软件的重要组成部分，也是软件价值的重要表现方面，监控组态软件的通知系统能及时将控制过程和系统的运行情况通知操作人员。

报警可以划分为“过程报警”“系统报警”和“事件”三种形式，由实时数据库进行记录和处理，并且可以组态为图形显示、实时打印、声音报警等通知方式。过程报警是指生产过程情况的报警，主要是过程变量的报警；系统报警是系统运行错误报警以及 I/O 设备运行错误或故障报警等；而事件则是系统对各种系统状态以及用户操作等信息的记录。

“系统报警”和“事件”不需要组态，而“过程报警”需要组态一个图形对象，否则查看报警不方便。事件系统能够记录监控应用软件（组态后的具体应用程序）运行期间发生的全部系统状态变化和操作人员的操作情况，相当于飞机上的黑匣子。操作人员启动、退出系统或某个程序，对生产设备状态的修改、开关阀等操作都会被准确地记录下来，用于岗位考核和事故分析时提供证据。事件系统的记录信息只能查看，不能修改。

所有报警都可以由操作人员给予确认。对于得到确认的报警，只要报警条件与确认前相比没有发生变化，系统就不会反复发生报警，直到报警条件恢复正常后再次具备报警条件，系统才会再次发生报警。

在力控中，只要发生了系统报警，图形界面运行系统 View 就会在当前界面的最顶层报警显示出来。如果某个变量需要做报警处理，就必须在实时数据库 DB 中组态这个变量时组态报警参数。图形界面运行系统 View 只负责报警的显示和确认。力控的事件由 View 记录和显示。力控的报警处理过程是在实时数据库 DB 中进行的，而且只有那些来自过程的变量才能够产生报警信息，可被报警系统处理。在 View 的变量系统中的变量，也只有指向这些过程点的 DB 型变量才和报警有关，能被报警系统予以显示及处理。

1. 创建报警显示

创建新的窗口“报警显示”，在这个窗口中创建报警记录。单击工具箱中的“报警记录”，按下鼠标左键，按住左键的同时拖动鼠标，画出报警记录。如图 13-27 所示。双击报警记录框，弹出“报警组态”窗口，可以设置其颜色、数据源、报警类型和记录格式等。

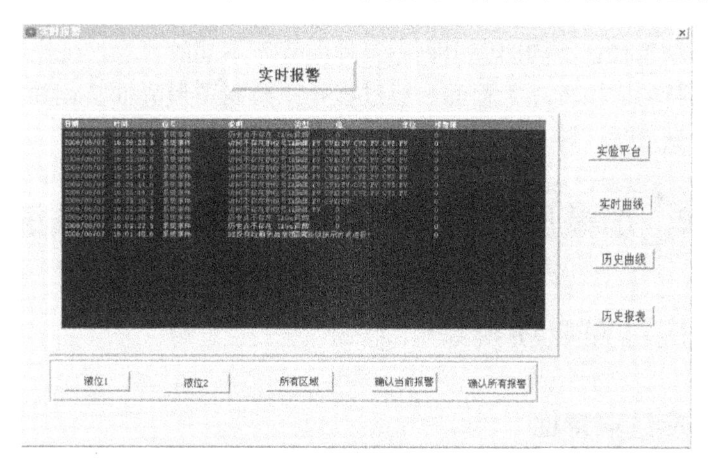

图 13-27　报警记录

2. 历史报表

单击工具箱中的“历史报表”按钮，按住左键的同时拖动鼠标，画出历史报表。历史报表显示的是对象的数值，以方便研究人员对仿真结果进行观察，如图 13-28 所示。

用力控开发的每个应用系统称为一个应用程序工程，每个工程都必须在一个独立的目录中保存、运行，不同的工程不能使用同一目录。这个目录被称为工程路径。在每个工程路径中，保存着力控生成的组态文件，这些文件不能被修改或删除。

创建一个应用程序工程的主要内容如下：

（1）制作工程界面　用力控组态软件提供的各种图形化工具绘制图形界面，描绘实际工艺流程，模拟工业现场和工控设备等。

（2）创建数据库　定义一系列的数据，用于反映监测和被控对象的各种属性，如温度、压力、调节阀输出等。

（3）动画连接　建立数据库中的数据与图形界面中的图形对象的连接关系，从而使界面根据实际数据的变化来产生动画效果。

图 13-28　历史报表

要创建一个新的应用程序工程，首先为应用程序工程指定工程路径。力控组态软件用工程路径标识应用程序工程，不同的应用程序工程应置于不同的目录。工作目录下的文件由力控自动管理。创建新的应用程序工程的一般过程是：绘制图形界面、创建数据库、配置 I/O 设备并进行 I/O 数据连接、建立动画连接、运行及调试。

案例 2　加氢反应制环己胺反应过程控制系统设计

13.6　化学反应过程机理模型

13.6.1　化学反应过程特性

本设计主要研究化学反应过程，化学反应过程包含了化学和物理现象，涉及能量和物料平衡，物料、动量、热量和物质传递，造成了反应的复杂性。反应器结构、反应物、反应机理和传热传质情况等的不同，造成了反应器控制的难度和控制结构的设计差异都比较大。化学反应本质上是物质的分离和重组，可用下列方程式表示一般情况：

$$aA + bB = cC + dD + Q \tag{13-14}$$

式中，A、B 等表示反应物；C、D 等表示产物；a、b、c、d 等表示在反应过程消耗（生成）的相应物质的摩尔分数；Q 表示反应的热效应。

除了固有的物料及能量守恒等特点，化学反应过程还有几个特性：多数反应是在一定的压力、温度和一定量的催化剂条件下进行的；反应过程除了化学变化之外，还伴随物理变化，如热量和体积。

反应过程和其他生产过程相比更为复杂，必须掌握反应的基本原理及规律，才能更好地设计相应的控制方案。

1. 反应速度的影响因素

化学反应速度的影响因素主要包括反应物浓度、反应温度和反应压力等。

1）反应物的浓度越大，单位体积内的物质的量越高，反应速度越大。对于不可逆反应

$\alpha A+\beta B \rightarrow \gamma C$，反应速度 r 和反应物浓度 c_A 和 c_B 的关系如下：

$$r=kc_A^{\alpha}c_B^{\beta} \tag{13-15}$$

式中，k 表示反应速度常数；α、β 表示反应级数。

对于可逆反应 $\alpha A+\beta B \leftrightarrow \gamma C$，$\gamma$ 为正逆反应速度差值，有

$$r=k_1c_A^{\alpha}c_B^{\beta}-k_2c_C^{\gamma} \tag{13-16}$$

式中，k_1 表示正反应速率常数；k_2 表示逆反应速率常数。

2）反应温度对反应速度的影响比较复杂，根据阿伦尼乌斯方程可以表示如下：

$$k=k_0\exp\left(-\frac{E}{R\theta}\right) \tag{13-17}$$

式中，k_0 表示频率因子；R 表示气体常数；E 为活化能；θ 为反应热力学温度。

2. 化学平衡的影响因素

化学平衡常数的影响因素有反应温度、反应压力、反应物的量和生成物的量等。首先，对于所有已达成平衡的体系，当温度、压力和浓度等条件变化，平衡会自发地移动以减弱或消除这些变化。

根据化学平衡常数的定义和阿伦尼乌斯方程，有

$$k_1=k_{01}\exp\left(-\frac{E_1}{R\theta}\right),\quad k_2=k_{02}\exp\left(-\frac{E_2}{R\theta}\right) \tag{13-18}$$

则有

$$K_C=\frac{k_1}{k_2}=\frac{k_{01}}{k_{02}}\exp\left(-\frac{E_1-E_2}{R\theta}\right)=\frac{k_{01}}{k_{02}}\exp\left(-\frac{\Delta H}{R\theta}\right) \tag{13-19}$$

式中，$\Delta H=E_1-E_2$ 为反应热，吸热反应时为正，放热反应时为负。因此，放热反应时，温度上升，平衡转化率下降；而吸热反应时，温度上升，平衡转化率增大。反应温度的选择直接影响了两者的平衡。

3. 转化率的影响因素

转化率的影响因素主要有反应温度、停留时间、反应物浓度、反应物料的比例、加热量或冷却量、反应压力等。图 13-29 所示为转化率（y）与停留时间和反应温度（T）的关系。

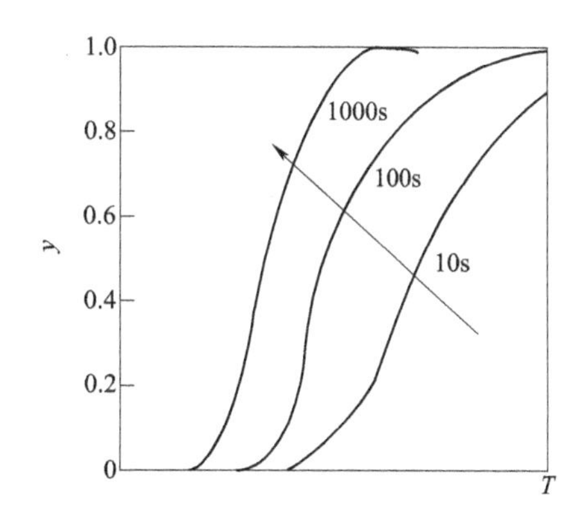

图 13-29　转化率与停留时间和反应温度的关系

13.6.2　苯胺加氢反应过程机理模型

本设计所采用的苯胺加氢反应形式如下：

$$C_6H_7N+3H_2 \rightarrow C_6H_{13}N+\lambda \tag{13-20}$$

$$R_{CHA}=kc_Ac_{H_2}=c_Ac_{H_2}k_0e^{-E/RT_R} \tag{13-21}$$

式中，R_{CHA} 表示苯胺的产率；c_A 表示苯胺的液相浓度；c_{H_2} 表示氢的液相浓度；$k_0=4\times10^4\ m^3\cdot s^{-1}\cdot kmol^{-1}$，表示指前因子；$E=46.49\times10^6 J/kmol$，表示反应的活化能；$\lambda$ 表示过程的反应热。

总的质量平衡：

$$\frac{dV_R}{dt}=F_{H_2}M_{H_2}/\rho \tag{13-22}$$

苯胺组分的平衡方程：

$$\frac{d(V_R c_{H_2})}{dt} = - V_R k c_A c_{H_2} \tag{13-23}$$

氢进料平衡方程：

$$\frac{d(V_R c_{H_2})}{dt} = F_{H_2} - 3V_R k c_A c_{H_2} \tag{13-24}$$

反应器温度平衡方程：

$$\frac{d(V_R T_R)}{dt} = \frac{F_{H_2} M_{H_2} T_0}{\rho} - \frac{\lambda V_R k c_A c_{H_2}}{\rho c_p} - \frac{UA_J(T_R - T_J)}{\rho c_p} \tag{13-25}$$

夹套温度平衡方程：

$$\frac{d(T_J)}{dt} = \frac{F_J(T_{c,in} - T_J)}{V_J} + \frac{UA_J(T_R - T_J)}{V_J \rho c_J} \tag{13-26}$$

以上各公式中相关参数的名称和定义见表 13-5。

表 13-5　式（13-21）~式(13-26) 中相关参数的名称和定义

名称	定义	名称	定义
V_R	反应器的积体	F_{H_2}	氢进料的流率
M_{H_2}	氢的相对分子质量	c_A	苯胺的浓度
T_R	反应器温度	T_J	夹套的温度
A_J	使用夹套面积作为有效传热面积	ρ	反应堆的密度
$T_{c,in}$	冷却液的温度	V_J	夹套的体积
c_p	比热容	U	传热效率
λ	反应热（-190×10^6J/kmol）	c_J	夹套的比热容

13.7　过程控制方案设计

13.7.1　传统控制策略设计

反应通常在补料间歇反应器中进行。该反应器是一个直径为 2m、长度为 4m 的容器。纯苯胺的进料占总反应器体积的 90%。反应器初始的液体温度和夹套温度均为 300K。冷却剂在反应器温度为 300K 时开始通入夹套以保证反应的正常进行。将待氢化的化学组分加入反应器容器中，然后在压力控制下将氢气加入容器中。通过操纵冷却剂到夹套、盘管或外部热交换器的流量来控制反应器的温度。因此，该系统具有两个操纵变量（氢气流量和冷却剂流量）和两个被控变量（压力和温度）。生产环己烷（CHA）反应过程的主要控制任务见表 13-6。

表 13-6　生产环己烷反应过程的主要控制任务

控制任务	说　明
反应器温度控制	为保证反应安全，反应器温度设定值为 450K
产物产率控制	反应主产物 CHA 的产率主要受到升温速度、时间和温度的影响
反应器压力安全控制	为保证反应安全，需要对压力进行安全控制系统设计

由于氢化反应是非常放热的，因此经常出现这样的情况：除热能力不能在正常的操作氢气压力下保持所需的温度。这通常在反应的早期发生，此时另一种反应物的浓度很高，因为它还没有被产物化合物的形成稀释。这种情况要求限制氢气的流速，以便保持温度控制。

通过采用低选器 LS 控制两个传统 PID 控制回路来实现选择性控制，具体控制方案的设计如图 13-30 和图 13-31 所示。温度控制器 TC 的输出 OPTC 同时控制冷却液阀门 AC 和高温覆盖控制器 OR。OR 根据 TC 的输出 OPTC 生成一个输出信号 OPOR，随着输入信号从 50% 减少到 25%，OPOR 从 100%减少到 0%，OPOR 经过低选器 LS 控制阀门 AO。当 OPOR 低于压力控制器输出信号 OPPC，低选器选择由压力控制器 PC 的输出信号 OPPC 控制 AO。TC 的输出 OPTC 同时决定 AC 的开度，当信号为 50%或更少时，阀门 AC 是全开的。

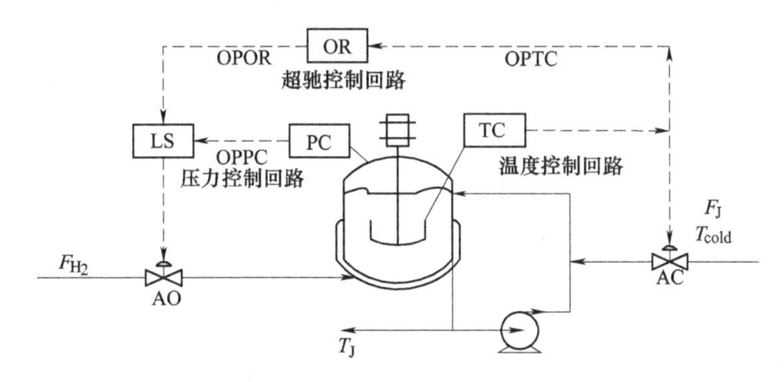

图 13-30 苯胺加氢反应过程变结构控制结构

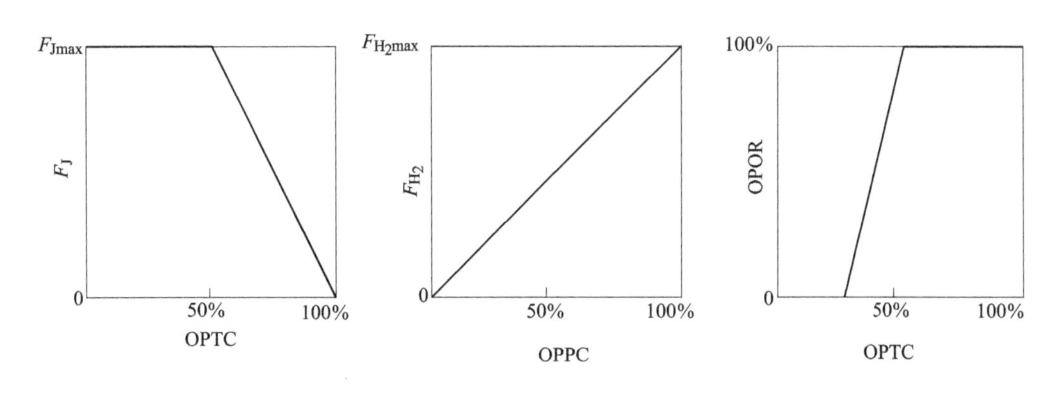

图 13-31 控制阀开度

13.7.2 控制策略改进

1. 压力串级控制回路

苯胺加氢反应过程中由于反应后压力减小的程度很大，为了保持能在一个比较合适的压力中进行反应，因此要对压力进行控制，即压力是被控变量；而要实现对压力的控制，因为对压力影响最直接的变量是进料氢的流量，所以操作变量是氢的流量；实现对氢流量的控制就要控制进料阀门的开度。由于压力的控制过程中压力的最大扰动是氢的流量变化，因此选择进料的流量作为副被控变量，能够快速响应扰动的变化。压力控制系统框图如图 13-32 所示，主控制器是压力控制器，副控制器是流量控制器，主控制器的设定值是 10atm，副控制

器的设定值由主控制器给定，再控制阀门的开度，进而控制氢气的流量。

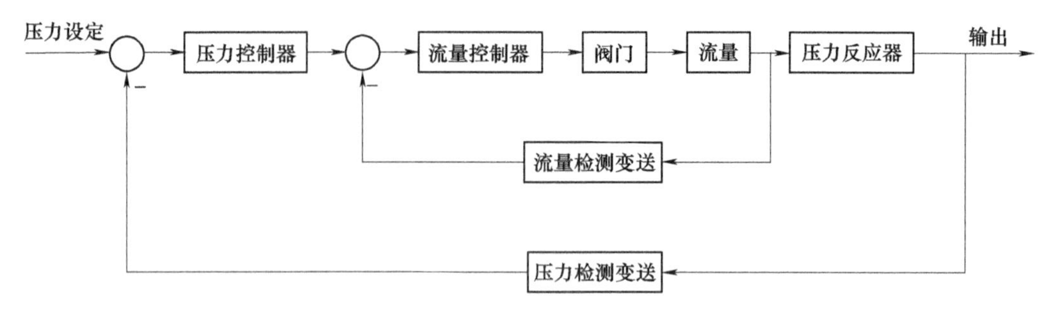

图 13-32　压力控制系统框图

2. 温度串级控制回路

苯胺加氢反应过程中由于反应后温度会上升很快，为了保持能在一个比较合适的温度中进行反应，要对温度进行控制，即温度是被控变量；而要实现对温度的控制，因为对温度影响最直接的变量是冷却水的流量，所以操作变量是冷却水的流量；实现对冷却水流量的控制就要控制进料阀门的开度。由于压力的控制过程中压力的最大扰动是冷却水的流量变化，所以选择冷却水的流量作为副被控变量，能够快速响应扰动的变化。温度控制系统框图如图 13-33 所示，主控制器是温度控制器，副控制器是流量控制器，主控制器的设定值是 450K，副控制器的设定值由主控制器给定，再控制阀门的开度，进而控制冷却水的流量。

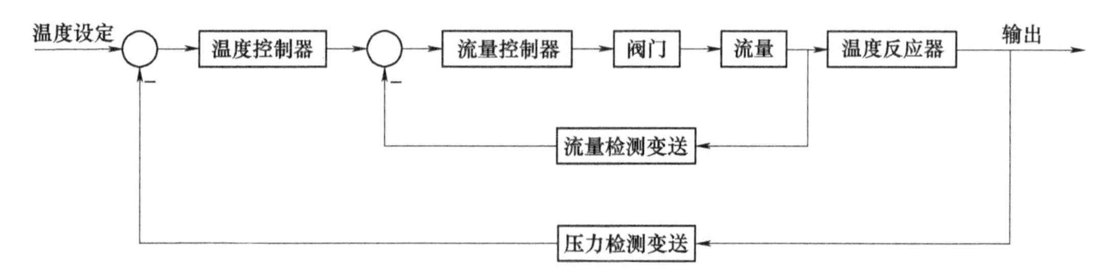

图 13-33　温度控制系统框图

增加复杂回路后的苯胺加氢反应过程示意图如图 13-34 所示。

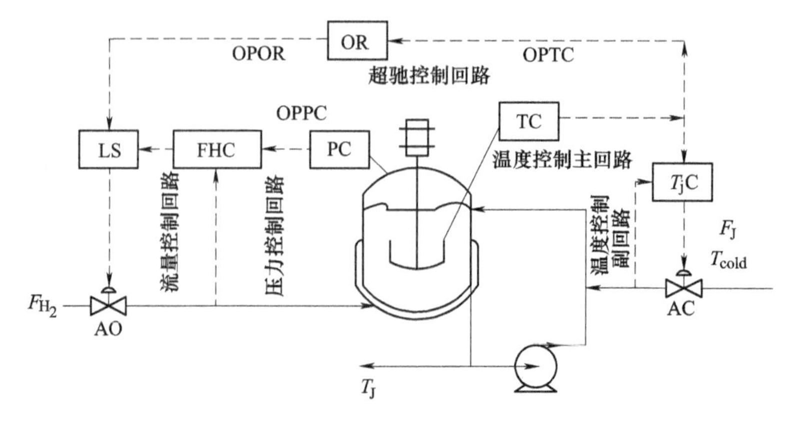

图 13-34　增加复杂回路后的苯胺加氢反应过程示意图

13.7.3　阀门选型

选择控制阀工作流量特性的目的是通过控制阀调节机构的增益来补偿因对象增益变化而造成的开环总增益变化的影响。总开环增益 $K_{开}=K_cK_{v_1}K_{v_2}K_pK_m$，一般调节器（已整定好）增益 K_c、执行机构增益 K_{v1}和检测变送环节增益 K_m不随负荷或设定而变化。为使 $K_{开}$恒定，需用控制阀增益 K_{v2}的变化补偿过程对象增益 K_p。当 K_p随负荷或设定值变化时，通过选择合适的控制阀流量特性，使 $K_{v2}K_p$ 基本不变。

对于流量控制回路，被控变量与操纵变量相同，都为流量，因此流量对象 $K_p=1$。若使用流量变送器时，变送器输出与流量成正比，K_w = 常数；为使系统稳定，选 K_{v2}恒定的控制阀，即线性控制阀。若使用差压变送器而又没有加开放器时，变送器输出与压差成正比，即 $Y_m=KQ^2$；$K_m=dY/dQ=2kQ$；使 K_mK_p 与流量 Q 成正比，为补偿该非线性关系，应选择 K_{v2}与流量 Q 的倒数成正比的控制阀流量特性，即选用快开控制阀。

13.7.4　控制阀正反作用的选择

在压力串级控制系统中，主副控制器可以当作单回路来选择控制器的正反作用，根据负反馈原则，即其开环总增益为正。控制阀为气开阀，增益为正；阀门为开时压力上升，压力对象的增益为正；变送器的增益也为正；压力控制器的增益为正应选择反作用，副控制器同理。

在温度串级控制系统中，主副控制器可以当作单回路来选择控制器的正反作用，根据负反馈原则，即其开环总增益为正。控制阀为气关阀，增益为负；阀门开大时温度下降，温度对象的增益为负；变送器的增益为正；因此温度控制器的增益为正，所以应选择反作用。而副控制器在阀门开大时，温度下降，温度对象的增益为负，所以副控制器增益为正。

13.8　控制系统程序实现与测试

13.8.1　开环对象模型建立

在反应开始时刻，氢气开始进料，这导致压力迅速达到压力的设定点 10atm。温度控制器的设定值是 450K，因此在未达到此温度的阶段，不需要开启冷却液阀门。当温度达到并且超过温度控制器的设定点，温度控制器输出信号“OPTC”从 100%到 50%，这将打开冷却液阀。随着 OPTC 继续减少，覆盖控制器 OPOR 的输出信号减少，当这个信号低于压力控制器的信号（OPPC），低选器（LS）将两个信号中较小的信号给氢气的控制阀门。这种控制策略削弱了氢进料对反应器温度的影响，使其维持反应堆温度接近其设定点，同时压力不受控制迅速降低。未加复杂回路的控制效果如图 13-35 所示。

在 MATLAB 上的仿真程序如下所示：

```
%Program" chafedbatchi. m"
%Nonlinear dyanmic simulation of batch reactor with two reactions
clear
vpa2=20;ta2=342+273;vpa1=1;ta1=184+273;
vpcha2=382/14.7;tcha2=300+273;vpcha1=167/14.7;tcha1=250+273;
bvpa=ta2*ta1*log(vpa2/vpa1)/(ta1-ta2);avpa=log(vpa2)-bvpa/ta2;
```

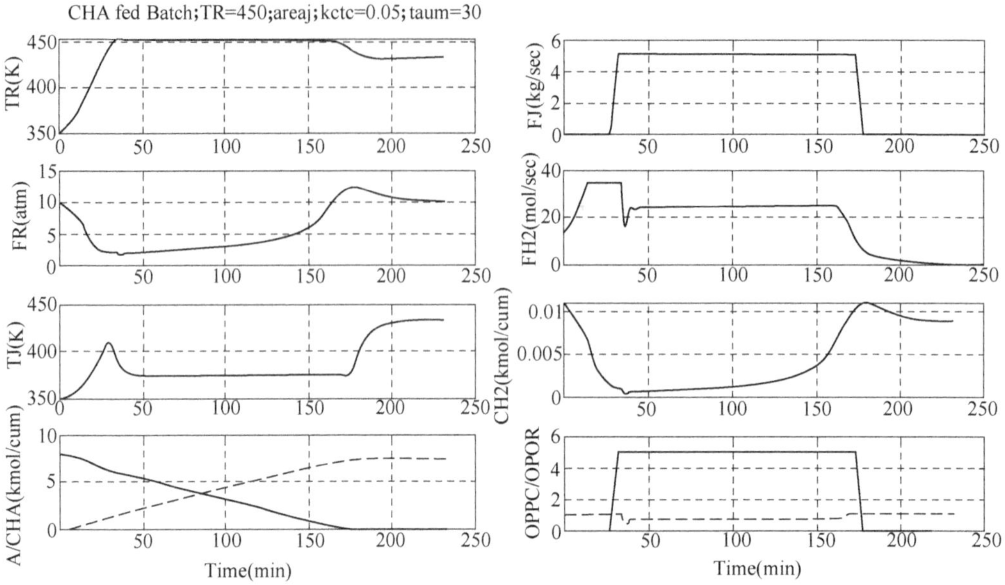

图 13-35　未加复杂回路的控制效果

```
bvpcha=tcha2 * tcha1 * log(vpcha2/vpcha1)/(tcha1-tcha2);avpcha=log(vpcha2)-bvpcha/tcha2;
ca0=8.01;k0=40000;e=46.49e6;t0=300;u=851;lambda=-190e6;
roe=801;ma=93;mcha=99;mh2=2;cp=3137;cj=4183;roej=1000;
dr=2;vrtotal=pi * (dr^2) * dr/2;areaj=2 * pi * dr^2;areahx=areaj;vj=.1 * areahx;areatotal=areahx;
% Initial conditions
vr=0.90 * vrtotal;tj=350;tr=350;ca=8.01;ch2=0.00;ccha=0;time=0;
vrtr=vr * tr; vrca=vr * ca;vrch2=vr * ch2;vrccha=vr * ccha;
%coontroller settings
kctc=0.05;tauitc=60 * 10;sptc=450;kcpc=0.5;tauipc=10 * 60;sppc=10;% cw in c m/min
np=0;erinttc=0;tplot=0;erintpc=0;tcin=300;
fjmax=0.005;%flow in cu m/sec
fh2max=0.035;%flow is kmol/sec
delta=0.5;trlag1=tr;trlag2=tr;tstop=7 * 3600;taum=30;
%squ=2 * [-1 * ones(200,1);ones(200,1);-1 * ones(200,1);1 * ones(200,1);-1 * ones(200,1);1 *
ones(200,1);-1 * ones(200,1);];
%ee=20 * randn(3000,1);
%e11=idinput(3000, 'prbs', [0 0.02], [-10 10]);
%Integration  loop
while time<tstop
     if vr>vrtotal;break;end;
     if ca<8.01 * 0.001;break;end;
     xa=ca/(ca+ch2+ccha);xh2=ch2/(ca+ch2+ccha);xcha=ccha/(ca+ch2+ccha);
psh2=7300;psa=exp(avpa+bvpa/tr);pscha=exp(avpcha+bvpcha/tr);pr=xa * psa+xh2 * psh2+xcha * pscha;
errortc=(sptc-trlag2);optc=kctc * errortc+erinttc;
   opor=1;if optc<0.5; opor=optc * 4;end;if opor<0;opor=0;end;if opor>1;opor=1;end;
   if optc<0.5;optc=0.5;end; if optc>1;optc=1;end;fj=fjmax * (1-optc) * 2;
```

```
    errorpc=(sppc-pr)/5; oppc=0.4+kcpc*errorpc+erintpc;
    if oppc>1;oppc=1;end;if oppc<0;oppc=0;end;
      fh2=fh2max*oppc;
    %low selector
    if opor<oppc;fh2=fh2max*opor;end;
    if vr>vrtotal;fh2=0;end;
%if time>100 tcin=270;end
% tcin=300+ee(np+500);
      %store data for plotting
      if time>=tplot; np=np+1;timep1(np)=time/60;trp1(np)=tr;tjp1(np)=tj;fjp1(np)=fj*1000;
          cap1(np)=ca;ch2p1(np)=ch2;cchap1(np)=ccha;vrp1(np)=vr;fh2p1(np)=fh2;prp1(np)=pr;
          optcp(np)=optc;oppcp(np)=oppc;oporp(np)=opor;
          tplot=tplot+10;
            end
      areahx=vr*areatotal/vrtotal;
      %if time>=100 areahx=0.6*vr*areatotal/vrtotal;end
      q=u*areahx*(tr-tj);k=k0*exp(-e/tr/8314);
%Derivative evaluations
      dvr=fh2*mh2/roe;dvrca=-vr*k*ca*ch2;
      dvrch2=fh2-3*vr*k*ca*ch2;dvrccha=+vr*k*ca*ch2;
      dtj=fj*tcin/vj-fj*tj/vj+q/(cj*roej*vj);
      dvrtr=fh2*t0*mh2/roe-lambda*vr*k*ca*ch2/roe/cp-q/(cp*roe);
      dtrlag1=(tr-trlag1)/taum;dtrlag2=(trlag1-trlag2)/taum;
      %Integration
      time=time+delta;vr=vr+dvr*delta;vrca=vrca+dvrca*delta;vrch2=vrch2+dvrch2*delta;
    vrccha=vrccha+dvrccha*delta; vrtr=vrtr+dvrtr*delta;
    tj=tj+dtj*delta;
    trlag1=trlag1+dtrlag1*delta;
    trlag2=trlag2+dtrlag2*delta;
      tr=vrtr/vr;ca=vrca/vr;ch2=vrch2/vr;ccha=vrccha/vr;
      %anti-reset windup
    if optc>0.5;if optc<1;erinttc=erinttc+errortc*kctc*delta/tauitc;end;end
    if opor>oppc;erintpc=erintpc+errorpc*kcpc*delta/tauipc;end;
end
% %
% % figure(5)
% % plot(er,'r--');grid;xlabel('Time(min)');ylabel('Error');hold on;
plot(err,'b-');legend('PID','GPC-PID');
% % figure(4)
% % plot(timep,tjp1);grid;ylabel('TJ(C)');xlabel('Time(min)');
%   figure(1)
%   plot(timep1,trp1,timep1,trspp1,'--');grid;ylabel('TR (C)');axis([0 400 290 360]);
% % plot(timep,trp,'b-');grid;ylabel('TR (C)');hold on;plot([[25.3:0.3:40]';40*ones(200,1);[39.9:
-0.1:35]']','r--');
```

```
% % figure(2)
% % plot(timep,fcwp);grid;ylabel('Fcw(cu m/min)');
%   figure(2)
subplot(4,2,1);plot(timep1,trp1);grid;ylabel('TR(K)');
title('CHA fed Batch;TR=450;areaj;kctc=0.05;taum=30')
subplot(4,2,2);plot(timep1,fjp1);grid;ylabel('fj (kg/sec)');
subplot(4,2,3);plot(timep1,prp1);grid;ylabel('FR(atm)');
subplot(4,2,4);plot(timep1,1000*fh2p1);grid;ylabel('FH2 (mol/sec)');
subplot(4,2,5);plot(timep1,tjp1);grid;ylabel('TJ(K)');
subplot(4,2,6);plot(timep1,ch2p1);grid;ylabel('CH2 (kmol/cu m)');
subplot(4,2,7);plot(timep1,cap1,timep1,cchap1,'--');grid;ylabel('A/CHA (kmol/cum)');xlabel
('Time (min)');
subplot(4,2,8);plot(timep1,fjp1,timep1,oporp,'--');grid;ylabel('OPPC/OPOR');xlabel('Time (min)');
```

13.8.2 串级控制策略实现

对上述带有串级控制回路的间歇反应过程进行仿真模拟，用 MTLAB 仿真的效果如图 13-36 所示。

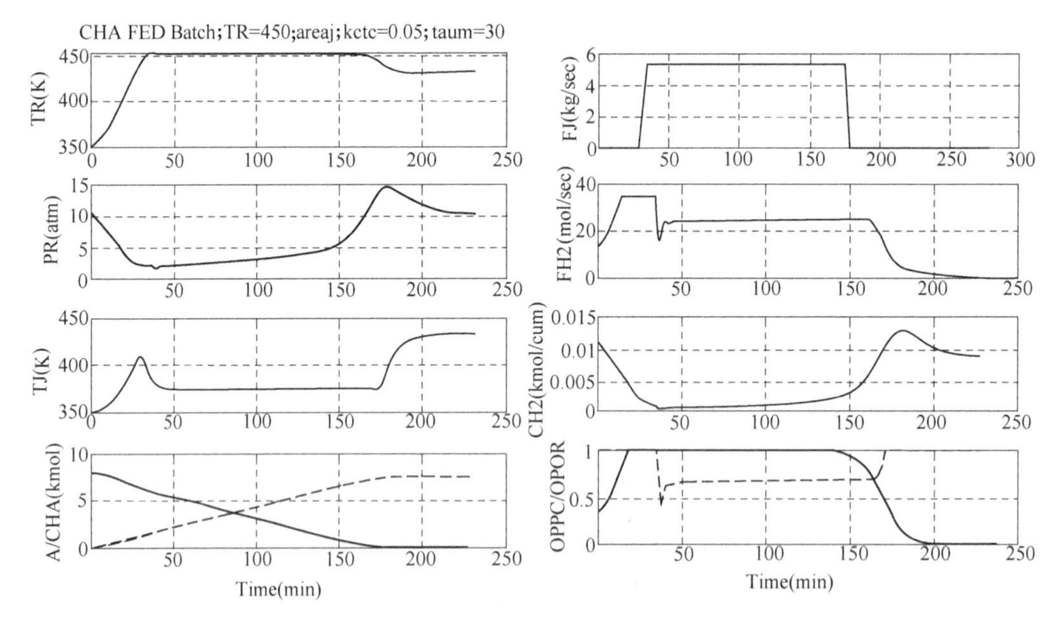

图 13-36 增加复杂回路后的控制效果

程序如下：

```
%Program "chafedbatch.m"
clear
%Calculate vapor pressure constants
vpa2=20;ta2=342+273;vpa1=1;ta1=184+273;
vpcha2=382/14.7;tcha2=300+273;vpcha1=167/14.7;tcha1=250+273;
bvpa=ta2*ta1*log(vpa2/vpa1)/(ta1-ta2);avpa=log(vpa2)-bvpa/ta2;
bvpcha=tcha2*tcha1*log(vpcha2/vpcha1)/(tcha1-tcha2);avpcha=log(vpcha2)-bvpcha/tcha2;
```

```
%Parameter values
ca0=8.01;k0=40000;e=46.49e6;t0=300;u=851;lambda=-190e6;
roe=801;ma=93;mcha=99;mh2=2;cp=3137;cj=4183;roej=1000;
dr=2;vrtotal=pi*(dr^2)*dr/2;
areaj=2*pi*dr^2;
areahx=areaj;
vj=.1*areahx;areatotal=areahx;
%Initial conditions;初始状态
vr=0.90*vrtotal;tj=350;tr=350;ca=8.01;ch2=0.00;ccha=0;time=0;
vrtr=vr*tr;vrca=vr*ca;vrch2=vr*ch2;vrccha=vr*ccha;kctc1=0.1;
%controller settings;控制器设定
kctc=0.5; tauitc=60*10;  sptc=450; kcpc=0.3; tauipc=10*60; sppc=10;
np=0;erinttc=0;erintpc=0;tplot=0;tcin=300;katc1=0.1;fj=0;fh2=0;kcpc1=5;
%Maxiimun flows of h2 and cw;
fjmax=0.005;%flow in cu m/sec;
fh2max=0.035;%flow is kmol/sec;
delta=0.5;trlag1=tr;trlag2=tr;tstop=7*3600;taum=30;
%integration loop;
while time<tstop
    if vr>vrtotal;break;end;
    if ca<8.01*0.001;break;end;
% Calculate pressure from compositions 组分压力 and temperature
    xa=ca/(ca+ch2+ccha);xh2=ch2/(ca+ch2+ccha);xcha=ccha/(ca+ch2+ccha);
psh2=7300;psa=exp(avpa+bvpa/tr);pscha=exp(avpcha+bvpcha/tr);
pr=xa*psa+xh2*psh2+xcha*pscha;
%Temperature Controller sets CW flow
    errortc=(sptc-trlag2);optc=kctc*errortc+erinttc;
    errorfj=optc-fj;opfjc=kctc1*errorfj;
    time>4000&time<5000;tcin=350;
    opor=1;if opfjc<0.5;opor=opfjc*4;end
        if opor<0;opor=0;end;
        if opor>1;opor=1;end;
        if optc<0.5; opfjc=0.5;end;
        if opfjc>1;opfjc=1;end;
        fj=fjmax*(1-opfjc)*2;
    errorpc=(sppc-pr)/5;oppc=0.4+kcpc*errorpc+erintpc;
    if oppc>1;oppc=1;end;
    if oppc<0;oppc=0;end;
    errorfh2=(oppc-fh2)/5;opfh2c=kcpc1*errorfh2;fh2=fh2max*opfh2c;
    time>5000&time<6000;t0=320;
%   low selector 低选器
    if opor<opfh2c;fh2=fh2max*opor;end;
    if vr>vrtotal;fh2=0;end;
% store data for plotting
```

```
if time>=tplot;np=np+1;timep1(np)=time/60;trp1(np)=tr; tjp1(np)=tj;fjp1(np)=fj * 1000;
        cap1(np)=ca;ch2p1(np)=ch2;cchap1(np)=ccha;vrp1(np)=vr;fh2p1(np)=fh2;prp1(np)=pr;
        optcp(np)=optc;oppcp(np)=oppc;oporp(np)=opor;
        tplot=tplot+10;
end
areahx=vr * areatotal/vrtotal;
q=u * areahx * (tr-tj);k=k0 * exp(-e/tr/8314);
%Derivative evaluations
dvr=fh2 * mh2/roe;
dvrca=-vr * k * ca * ch2;
dvrch2= fh2-3 * vr * k * ca * ch2;
dvrccha= +vr * k * ca * ch2;
dtj=fj * tcin/vj-fj * tj/vj+q/(cj * roej * vj);
dvrtr=fh2 * t0 * mh2/roe-lambda * vr * k * ca * ch2/roe/cp-q/(cp * roe);
dtrlag1=(tr-trlag1)/taum;dtrlag2=(trlag1-trlag2)/taum;
%Integration;
time=time+delta;vr=vr+dvr * delta;
vrca=vrca+dvrca * delta;vrch2=vrch2+dvrch2 * delta;
vrccha=vrccha+dvrccha * delta;vrtr=vrtr+dvrtr * delta;
tj=tj+dtj * delta;
trlag1=trlag1+dtrlag1 * delta;
trlag2=trlag2+dtrlag2 * delta;
tr=vrtr/vr;ca=vrca/vr;
ch2=vrch2/vr;ccha=vrccha/vr;
if optc>0.5;
        if optc<1;
                erinttc=erinttc+errortc * kctc * delta/tauitc;end;
end
if opor>oppc;
        erintpc=erintpc+errorpc * kcpc * delta/tauipc;
end;
end
tsium=np * 10/60;
subplot(4,2,1);plot(timep1,trp1);grid;ylabel('TR (K)');
title('      CHA FED Batch;TR=450;areaj;kctc=0.05;taum=30    ');
subplot(4,2,2);plot(timep1,fjp1);grid;ylabel('Fj(kg/sec)');axis([0 300 0 6]);
subplot(4,2,3);plot(timep1,prp1);grid;ylabel('PR(atm)');
subplot(4,2,4);plot(timep1,1000 * fh2p1);grid;ylabel('Fh2(mol/sec)');
subplot(4,2,5);plot(timep1,tjp1);grid;ylabel('TJ(K)');
subplot(4,2,6);plot(timep1,ch2p1);grid;ylabel('CH2(kmol/cu m)');
subplot(4,2,7);plot(timep1,cap1,timep1,cchap1,'g--');grid;ylabel('A/CHA(kmol)');
subplot(4,2,8);plot(timep1,oppcp,timep1,oporp,'g--');grid;ylabel('OPPC/OPOR');
```


13.8.3 控制系统抗扰动能力测试

MATLAB 平台对于单回路加扰动控制的响应曲线如图 13-37 所示，可见，该系统对于温度的控制很标准，基本无差，虽然压力变化有点大，反应回复比较慢，但是这是由反应特性决定的，无法进行大幅度改善，只能在小幅度范围内让其快速回复。

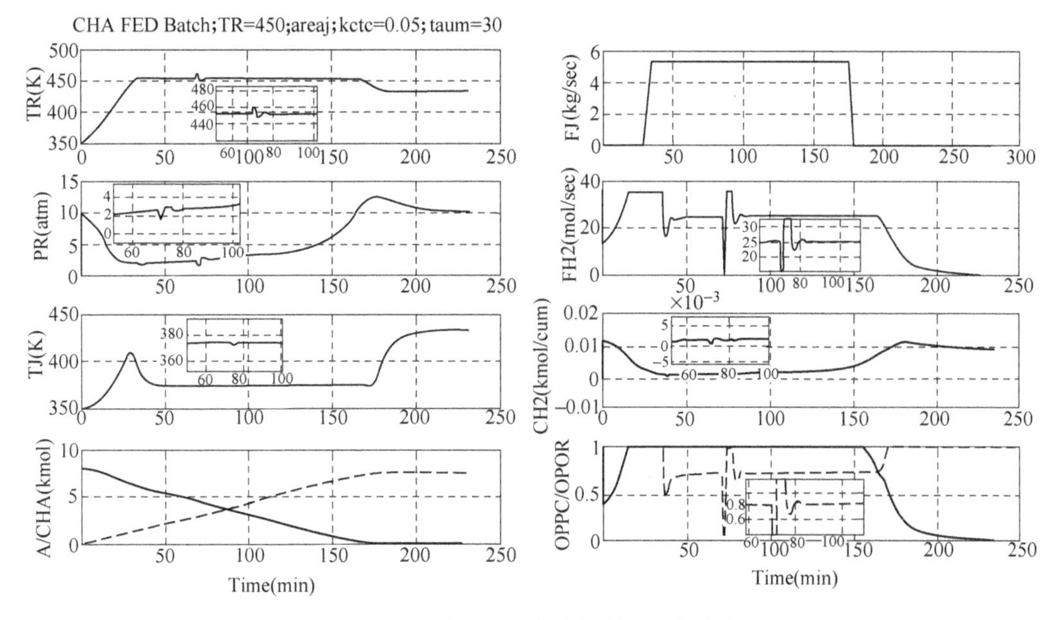

图 13-37　单回路加扰动控制的响应曲线

图 13-38 所示为 MATLAB 平台上串级回路加扰动控制的响应曲线，与未加串级控制的响应曲线对比，可以发现在串级控制系统控制下，系统的响应比单回路快，系统也比单回路更加稳定。串级系统是在原有系统的基础上加了一个副回路，使得系统对于扰动的响应更加快速，可以快速克服扰动，而在 MATLAB 平台程序的实现则是将主控制器的输出给副控制器作为副控制器的设定值，由副控制器输出作为阀门的输入，再控制阀门开度，进而控制流量。

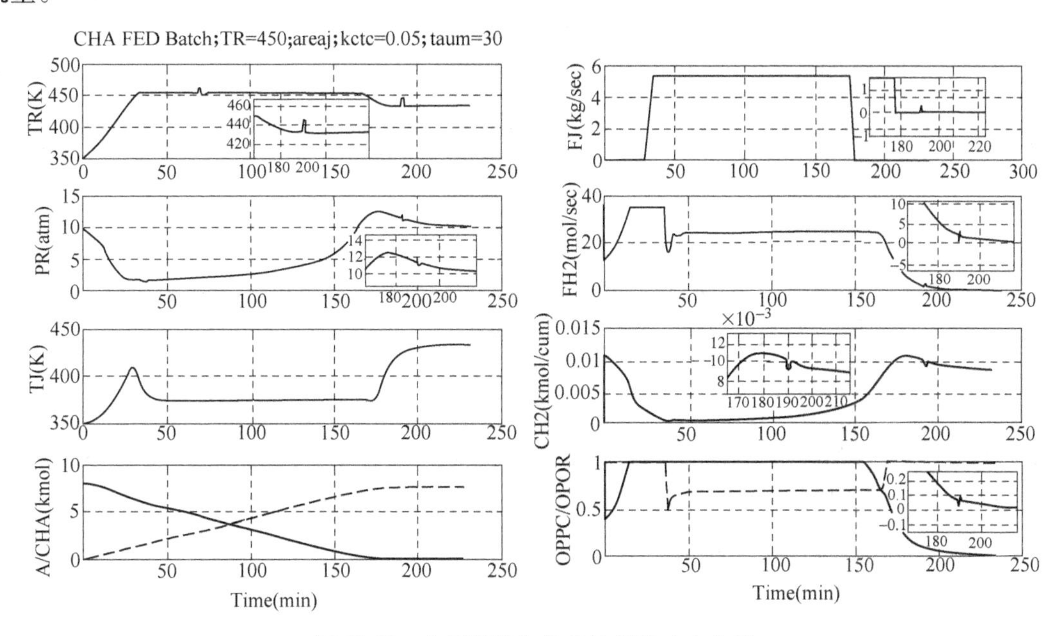

图 13-38　串级回路加扰动控制的响应曲线

13.9 WinCC 监控系统设计

13.9.1 OPC 技术

OPC 的软件标准接口是由 OPC 基金会制定的，是管理该标准的组织，目前 OPC 基金会已经制定并发布了以下相关标准：OPC DA 3.0、OPC HAD1.2、OPC AE1.1、OPC XMLDA1.0 等规范。OPC 技术正得到越来越多的自动化公司及软硬件供应商的支持，因为 OPC 技术能集成不同厂家的硬件设备和软件产品，实现各家设备之间的相互操作，工业现场的数据能从车间汇入整个企业信息系统中。总的说来，OPC 技术具有以下几个特点：

（1）开放性　用户可以轻松地获取工业过程中的实时数据，为实现不同应用程序间的信息共享提供了有效的实现方法。

（2）产业性　OPC 是一个开放的工业标准，得到不同产业的著名厂家的支持，在实现不同厂家的产品的信息时，用户将能节省大量的时间。

（3）互联性　用户可以使用 OPC 客户应用程序方便地访问不同的自动化设备并进行实时控制。

OPC 的应用控制如图 13-39 所示。

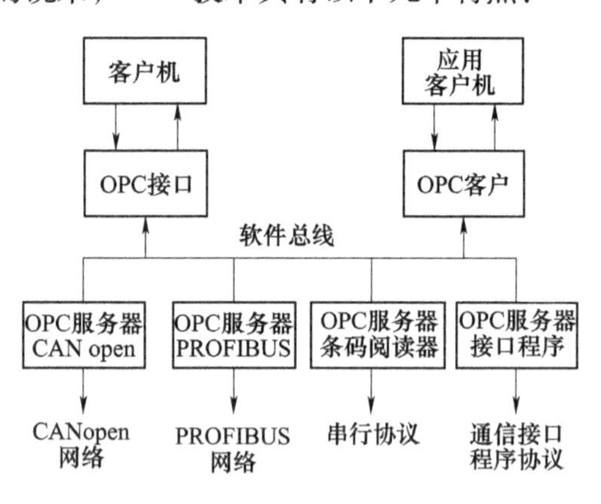

图 13-39　OPC 的应用控制

13.9.2 WinCC 与 MATLAB 的 OPC 互连

随着计算机技术及应用的飞速发展，在工业过程控制系统中组态软件的应用越来越广泛。组态软件具有组态方便、监控功能完善和动态效果显示好等优点，但是在组态软件内部只能通过编程实现简单的控制策略。而 MATLAB 在控制策略编制、算法改进、参数在线调整、仿真调试等方面有着明显的优势，在 MATLAB 中可以根据特定的被控过程建立仿真模型，构造有效的仿真平台，编制先进的控制策略算法，如 PID、人工智能、模糊控制等。但是生成的这些算法不能直接作用到实际对象上，而是需要建立在监控平台组态软件上，通过组态软件与对象进行数据交换。

因此可以使用监控组态软件作为系统主控程序，进行定时数据采样、动态工艺图显示、数据汇总等工作；同时使用 MATLAB 作为后台应用程序进行参数整定、模糊控制、信号处理等复杂算法的编制以及系统仿真，这些生成的控制策略算法，通过监控平台软件可以对被控过程进行更好的控制。

WinCC 完全支持 OPC 技术，其本身就是一个 OPC 服务器。具体来说，WinCC 提供了三个 OPC 服务器，即 OPC DA Server、OPC HDA Server 和 OPC AE Server。通过这三个 OPC 服务器，用户可以实时访问产品开发过程中的实时数据，历史数据和报警信息，并实时改变产品开发过程中的相关条件，如温度、压力等，达到实时控制产品开发过程的目的。图 13-40 所示为 MATLAB 与 WinCC 的 OPC 互连。

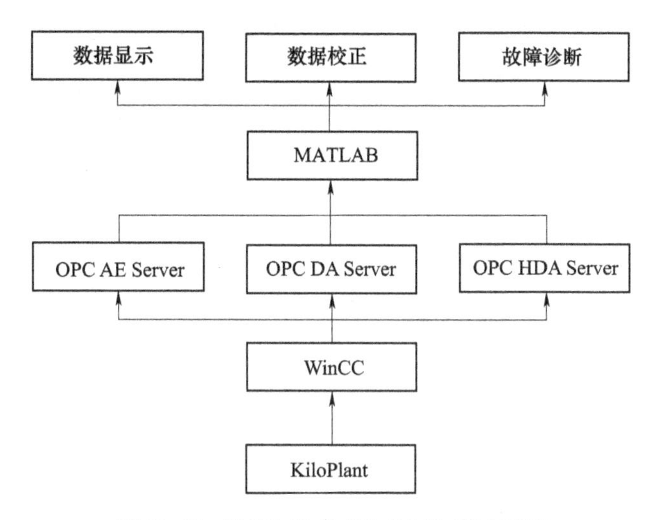

图 13-40　MATLAB 与 WinCC 的 OPC 互连

13.9.3　WinCC 过程监控系统

图 13-41 所示为 WinCC 过程监控系统及实时曲线。

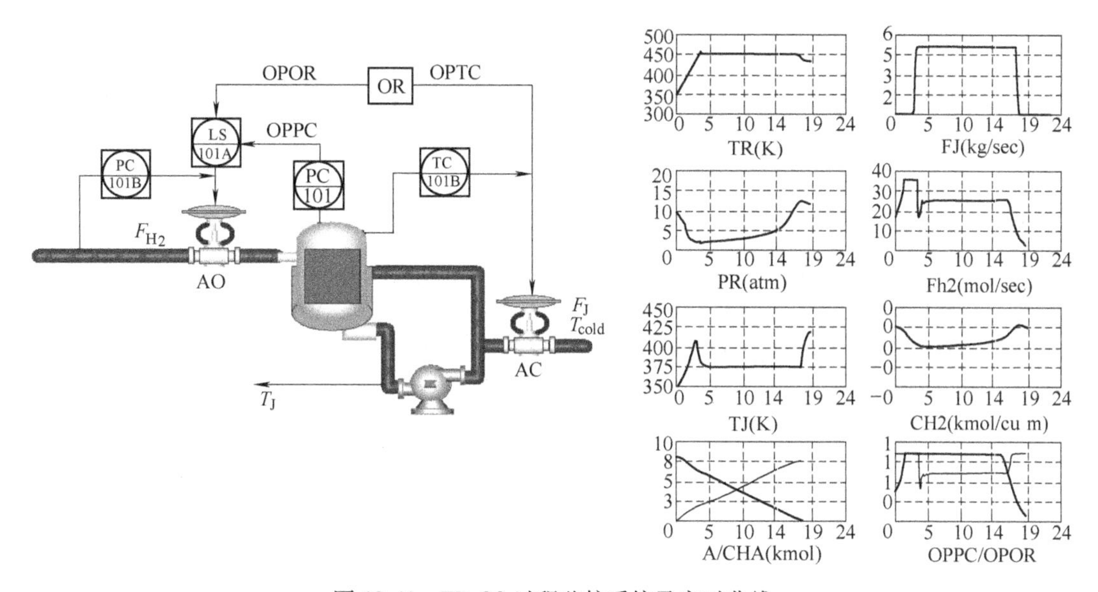

图 13-41　WinCC 过程监控系统及实时曲线

案例 3　基于 TE 过程的系统仿真与分析

TE 过程（Tennessee Eastman Process）是一个实际化工过程的仿真模拟。它是由美国田纳西-伊斯曼（Tennessee Eastman）化学公司过程控制小组的 J. J. Downs 和 E. F. Vogell 提出的，被广泛地应用于过程控制技术的研究。TE 过程模型主要描述了装置、物料和能量之间的非线性关系。

TE 过程模型主要可以被用来进行装置控制方案的设计，多变量控制、优化，模型预测控制，非线性控制，过程故障诊断方法测试与实践教学等。在 TE 过程模型上进行多工况自动切换系统的研究和开发，为后续的实际生产装置的多工况自动切换系统积累了一定的开发经验。由于这是一个仿实际生产装置的数学模型，因此在开发过程中和现场开发是有明显区别的，不用担心方案的设计会影响到实际的生产过程，可以安全进行方案可行性和正确性的测试。

13.10 TE 过程工艺过程分析

13.10.1 TE 过程工艺分析

TE 生产过程主要由四种气态（g）物料参与反应，其中，A、C、D 和 E 为生产所需的主要原料，B 为惰性组分，经过工艺过程所产生的 G 和 H 为目标液体（l）产物，液体 F 为生产过程中所产生的副产品。整个过程主要由四种反应组成，反应方程式如下：

$$A(g) + C(g) + D(g) \rightarrow G(g) \qquad (\text{产品 1})$$

$$A(g) + C(g) + E(g) \rightarrow H(g) \qquad (\text{产品 2})$$

$$A(g) + E(g) \rightarrow F(l) \qquad (\text{副产品})$$

$$3D(g) \rightarrow 2F(l) \qquad (\text{副产品})$$

上述反应均是放热反应，且反应是不可逆的。反应速度是与温度相关的一个函数。生产 G 产品时，对温度是非常灵敏的。相对于反应物浓度而言，这个反应可以近似被看作一阶反应。

整个过程主要有五个操作单元组成：反应器、产品冷凝器、气液分离器、循环压缩机和汽提塔。气态的反应物进入反应器中，生成液态产品气相的反应是在一种不挥发的气相催化剂的作用下进行的。反应器内置有冷凝包用来移除反应产生的热量。产品以气态的形式出来，并夹杂有一些未反应物。催化剂仍然滞留在反应器中。几种组分在各单元中的反应过程流向框图如图 13-42 所示。TE 过程流程如图 13-43 所示。

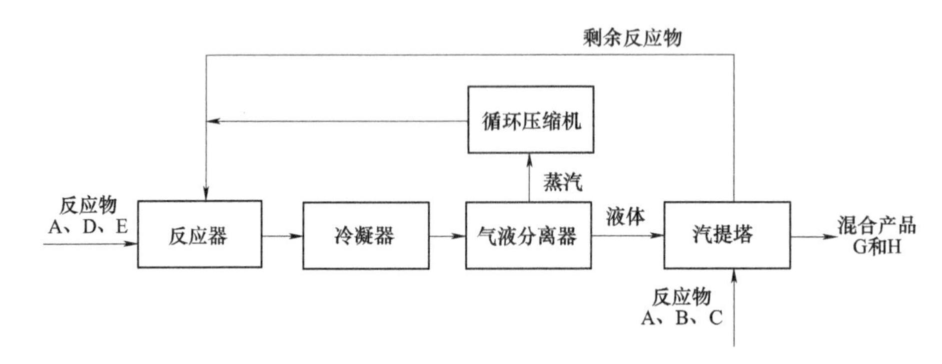

图 13-42 几种组分在各单元中的反应过程流向框图

根据产品 G 和 H 的不同的三种比率，共有六种生产模式，见表 13-7。

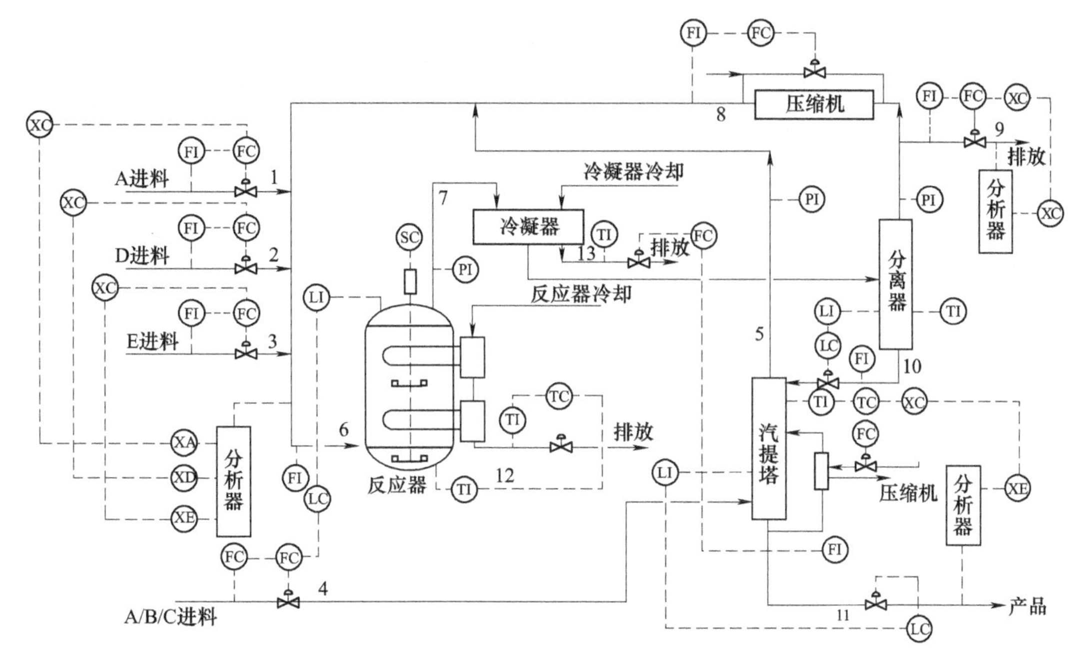

图 13-43　TE 过程流程

表 13-7　TE 过程生产模式

模式	G/H 比率	产品生产率
1	50/50	$7038\text{kg}\cdot\text{h}^{-1}$G 和 $7038\text{kg}\cdot\text{h}^{-1}$H
2	10/90	$1048\text{kg}\cdot\text{h}^{-1}$G 和 $12669\text{kg}\cdot\text{h}^{-1}$H
3	90/10	$10000\text{kg}\cdot\text{h}^{-1}$G 和 $1111\text{kg}\cdot\text{h}^{-1}$H
4	50/50	最大生产率
5	10/90	最大生产率
6	90/10	最大生产率

13.10.2　TE 过程仿真平台

TE 过程的数学模型是一个非线性、开环、不稳定的过程。起初这个数学模型是由 Eastman 化学公司以 FORTRAN 源代码的形式公布给过程学界进行研究，华盛顿大学的 Prof. N. Lawrence Ricker 的过程控制研究室利用 MATLAB 的 Simulink 环境对 TE 过程模型进行了改写。由于基于 TE 过程模型的多工况自动切换系统是在 MATLAB 环境中进行研究的，因此下面就对这个仿真环境进行说明。

TE 的 MATLAB 仿真环境是华盛顿大学的过程控制研究室改写和设计的，它被设计成类似于 DCS 软件运行环境，可以根据自己的需要利用 Simulink 中大量的仿真模块进行控制策略的设计和研究。仿真环境首先是用 MATLAB 的 M 文件对 FORTRAN 源代码进行了转译，然后在利用 Simulink 的 S-FUNCTION 等功能块对 TE 过程模型进行了仿真设计。整个环境主要包括两个操作界面，如图 13-44 所示。

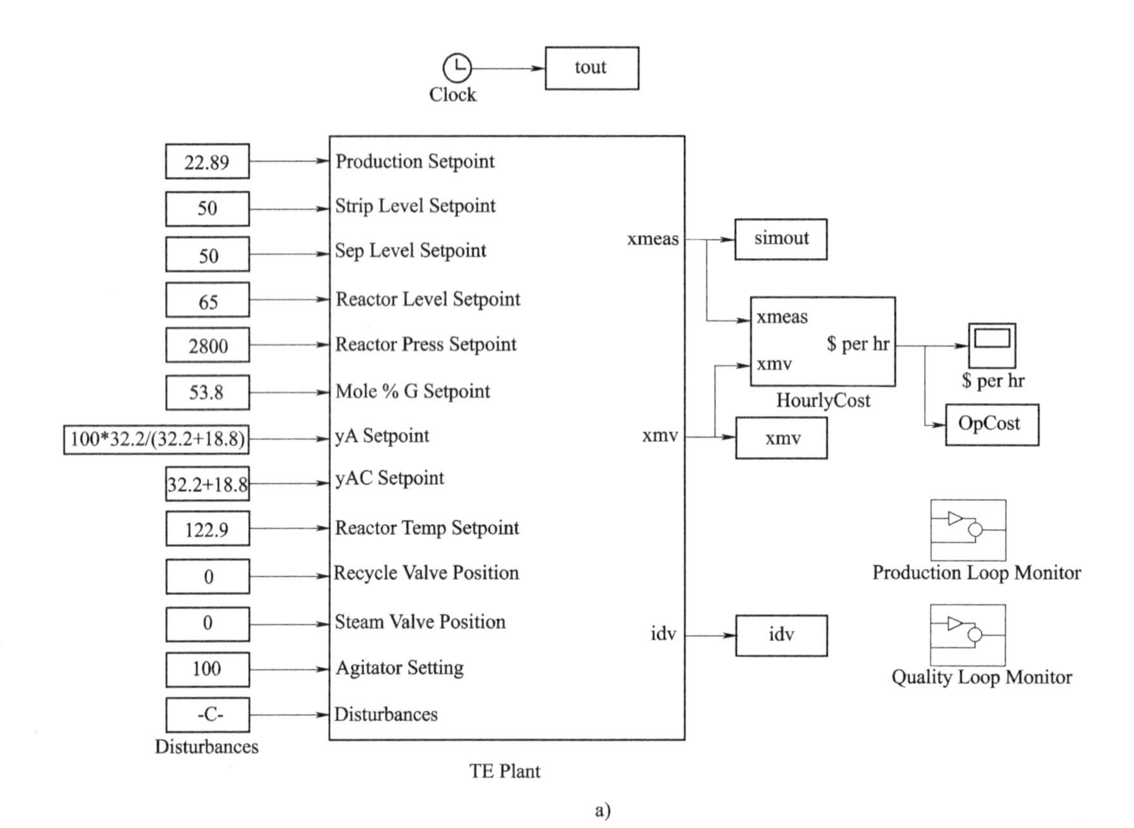

a)

b)

图 13-44　TE 过程模型仿真操作界面

图 13-44a 所示为操作界面 1，图 13-44b 所示为操作界面 2。在 Simulink 中双击界面 1 就能直接进入界面 2，界面 2 实际上是界面 1 的子系统。在界面 1 中可以看见，在中间的矩形框左边是 13 个小方框。TE 过程模型具有 12 个操纵变量和 20 个扰动变量，上面的 12 个方框是相应的 12 个控制回路的设定值和相应的控制对象的说明，最后一个方框则是扰动的输入对话框。右侧的一些方框的作用是将模型计算出来的数据送出到 MATLAB 的 WORKSPACE 中，以便于进行进一步的研究。在操作界面 2 中，主要表现了整个仿真环境设计的框架，在左侧的 MUX 中主要是将 12 个操作变量送入以 S-FUNCTION 形式存在的 TE 过程模型中计算，界面 1 中的扰动是以一个 INPUT 模块送入的；在模型计算完之后的 41 个测量变量值通过右侧的 MUX 功能块进行选择输出，研究者可以根据控制策略的不同进行测量变量的选择。在界面 2 中可以在根据用户的需求选择好操纵变量和测量变量进行控制策略的研究和设计。在控制策略设计完成后，用户可以在 SIMULINK 环境中，选择 SIMULATION 选项中的 CONFIGURE PARANETER 选项进行仿真时间的选择，完毕后就可以开始仿真。仿真完成后，用户可以在系统设计的 SCOPE 功能块中观察控制策略的可行性和正确性。

13.11　TE 过程控制策略设计

13.11.1　控制方案

TE 过程主要有 12 个操纵变量和 41 个测量变量。表 13-8 为 12 个过程操纵变量。表 13-9 为 19 个过程色谱测量值。研究这个过程的首要前提就是要有一套控制方案来操作这个装置。这个过程的控制目标对于化学反应来说是非常典型的，其控制目标如下：

1）要保证过程变量值在期望范围内。

2）在设备的限制条件下，要保证过程操作的条件。

3）在有扰动的情况下，使得产品收率和产品质量的变化尽可能小。

4）要尽量减小影响其他过程的阀门开度。

5）当产品的收率和混合产品的组成发生变化时，能迅速、平稳地从扰动中恢复过来。

表 13-8　过程操纵变量

变量名	变量符号	基础值	低限	高限	单位
D 流量	XMV1	63.053	0	5811	$kg \cdot h^{-1}$
E 流量	XMV2	53.980	0	8354	$kg \cdot h^{-1}$
A 流量	XMV3	24.644	0	1.017	kscmh
AC 混合流量	XMV4	61.302	0	15.25	kscmh
压缩循环阀	XMV5	22.210	0	100	%
放空阀	XMV6	40.064	0	100	%
分离器液体流量	XMV7	38.100	0	65.71	$m^3 \cdot h^{-1}$
汽提塔液体流量	XMV8	46.534	0	49.10	$m^3 \cdot h^{-1}$
汽提塔蒸汽阀	XMV9	47.446	0	100	%
反应器冷凝水流量	XMV10	41.106	0	227.1	$m^3 \cdot h^{-1}$
冷凝器冷却水	XMV11	18.114	0	272.6	$m^3 \cdot h^{-1}$
搅拌速度	XMV12	50.000	150	250	$r \cdot min^{-1}$

上述的每一个操纵变量都是通过设置相应的 XMV 来定义的，其值在 0~100 之间。基础值即 XMV 变量的初始值，XMV 变量的范围为 0~100。在实际过程中，变量的低限为 XMV（i）=0，高限为 100。在研究过程中可以使这些变量超过 0~100 的限制，但是在程序的实际运行过程中，它们会被限制为 0 或者 100。

表 13-9 过程色谱测量值

反应器流量色谱			
组分	变量名	基础值	单位
A	XMEAS23	32.188	mol%
B	XMEAS24	8.8933	mol%
C	XMEAS25	26.383	mol%
D	XMEAS26	6.8820	mol%
E	XMEAS27	18.776	mol%
F	XMEAS28	1.6567	mol%
放空气体色谱			
组分	变量名	基础值	单位
A	XMEAS29	32.958	mol%
B	XMEAS30	13.823	mol%
C	XMEAS31	23.978	mol%
D	XMEAS32	1.2565	mol%
E	XMEAS33	18.579	mol%
F	XMEAS34	2.2633	mol%
G	XMEAS35	4.8436	mol%
H	XMEAS36	2.2986	mol%
产品流量色谱			
组分	变量名	基础值	单位
D	XMEAS37	0.01787	mol%
E	XMEAS38	0.83570	mol%
F	XMEAS39	0.09858	mol%
G	XMEAS40	53.724	mol%
H	XMEAS41	43.828	mol%

表 13-10 中列出了在操作过程中控制系统必须遵循的特殊的操作条件，这些约束条件主要是为了保护生产设备。高限和低限是过程联锁策略的一部分，并且在不满足控制条件时会自动停车。

表 13-10 过程约束条件

过程变量	正常操作限制		停车限制	
	低　限	高　限	低　限	高　限
反应器压力	无	2895kPa	无	3000kPa
反应器液位	50%（11.8m^3）	100%（21.3m^3）	2.0m^3	24.0m^3
反应器温度	无	150℃	无	175℃
产品分离器液位	30%（3.3m^3）	100%（9.0m^3）	1.0m^3	12.0m^3
汽提塔基础液位	30%（3.5m^3）	100%（6.6m^3）	1.0m^3	3.0m^3

关于下游进行精馏产品 G 和 H 的系统，其产品流量变化是很重要的。产品流率的变化超过有效值的±5%，即在 8~16$m^3 \cdot h^{-1}$内，对过程影响较大；如果组分的变化率超过 G 有效值的±5%，即在 6~10$m^3 \cdot h^{-1}$内，对过程的影响也是非常大的。控制策略应该尽量减小产品流率。

在这个复杂的装置中，四种进料量是其他生产设施的产品。尽管如此，对于 A 物料进料流率和 E 物料进料流率则保持相对少的持率；而 C 物料持率则非常的少。对于那些只有很少持率的组分来说，在这个过程中，它们的进料流率的变化即是生产过程中产品需求的变化。这四个流量中的三个的变化是非常重要的，特别是 C 物料的进料流率，必须满足最小值变化应当满足在 12~80$m^3 \cdot h^{-1}$的范围之内；对于 A 和 D 进料，它们应当被保持而避免在 8~16$m^3 \cdot h^{-1}$的范围内；进料 E 的变化不是最主要的问题。

这个过程包含了足够的操纵变量，它已经远远超过了控制一个过程产品质量等的最优化所必需的变量的数目。这个生产过程的操作消耗主要是由于原料的流失决定的。原料的流失主要存在于放空气体、产品流体和可逆的反应中。这个过程的经济消耗主要是由原料的消耗，放空气体中残留的产品和原料，以及处理 F 产品的消耗组成的。压缩机工作的消耗和提馏单元的消耗也被包含在上述消耗中。

TE 过程模型的控制策略设计主要由以下几个阶段组成：

第一阶段进行简单 PID 控制方案的设计。TE 过程模型主要包括 8 个流量参数和 2 个温度参数：流量参数包括 4 个物料进料流量，即放空流量、汽提塔底流量、分离器塔底流量、汽提塔加热蒸汽流量；温度参数主要包括冷凝器和反应器的冷却水温度。在实际生产装置中，这些测量点可以用 FI 和 TI 表示，如图 13-47 所示。在本阶段可以将这些 FI 和 TI 指示仪表改为 FC 和 TC 的简单回路控制，即形成简单的 PID 控制回路。此时，这些操纵变量就变成了这些流量、温度控制回路的控制对象。反应器电动机的搅拌速度的控制可以用 SC 来表示。

第二阶段进行控制方案设计的下一层次的设计（PID 控制器的实现）。在这个阶段首先要假设即使色谱不工作，整套生产装置工作运行良好。当这些色谱还不如常规的流量、温度、液位和压力的测量变送装置准确时，这个假设是很重要的。此外，利用色谱进行成分控制时，滞后是相当大的。

13.11.2　TE 过程模型测试

通常情况下系统在平稳运行时，很难测试一个系统的特性，这就需要一个过程中存在工况切换。工况切换时，系统从一个平稳运行状态进入另一个平稳运行状态，在这个阶段中可以获得这个过程的许多信息，从而对过程进行分析或研究。由于 TE 的生产模式根据产品中 G 和 H 的比率不同存在三种模式，这就为进行三种工况生产的自动切换提供了条件。基于 TE 过程模型的多工况自动切换系统的研究的前提是在 MATLAB 的环境中进行装置的控制策略的设计，在此主要以简单 PID 回路、串级回路和成分回路等控制策略的控制方案为例。

三种生产模式主要变化的指标就是几个进料量。根据进料的不同，产品中的 G/H 的组成也不同，这三种模式的切换主要就是这些进料量的平稳过渡的问题。在设计的过程中主要运用了 Simulink 提供的 RAMP 模块和 MANULSWITCH 功能块，选用 RAMP 模块的作用是让几个进料量能平稳地过渡到相应的数值，MANUL SWITCH 主要是用来切换几个相应的生产模式。TE 过程的测试方案设计如图 13-45 所示。

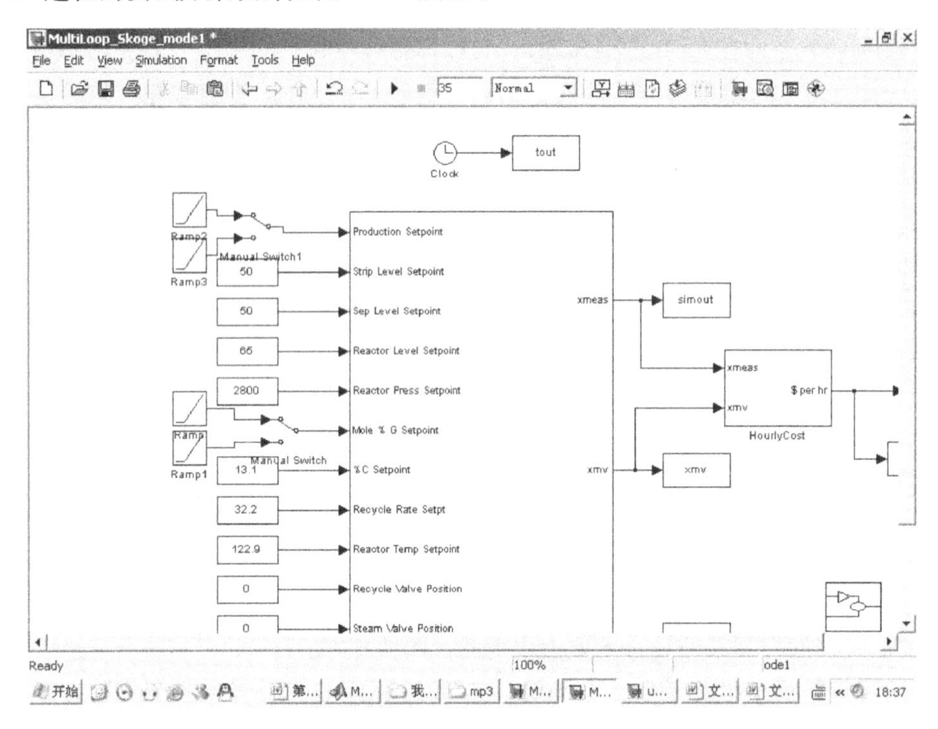

图 13-45　TE 过程的测试方案设计

在图 13-49 中利用 RAMP 给进料量的设定值和 G 成分控制回路的设定值进行设定，通过 MANULSWITCH 控制 RAMP 模块的给定是上升到 G/H 为 90/10 还是下降到 G/H 为 10/90 模式，仿真结果如图 13-46 和图 13-47 所示。

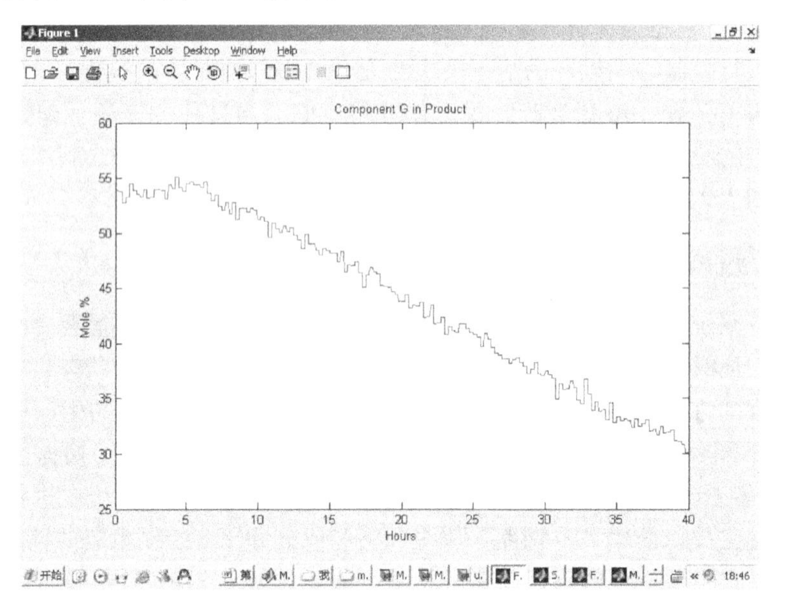

图 13-46　G/H 为 10/90 模式

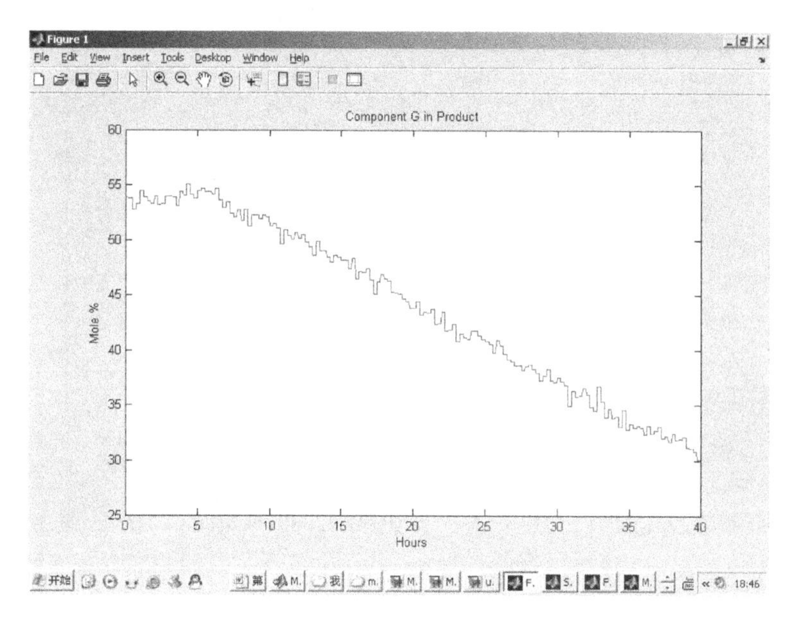

图 13-47　G/H 为 90/10 模式

13.12　TE 过程仿真平台过程监控系统设计

动态数据交换（Dynamic Data Exchange，DDE）是在 Microsoft Windows 系统下使用共享内存在两个应用程序之间进行数据交换的方式，它的特点是如果数据在链接的应用程序中改变，则本程序数据库中的数据也会发生变化，反之亦然。通过采用 DDE 方式，可以利用计算机上的丰富资源来扩充上位机监控软件 MCGS（监视与控制通用系统）的功能，使计算机上的多种应用程序通过 DDE 的方式与 MCGS 进行数据交换。例如，可以使用 Microsoft 的 Excel 从 MCGS 的实时数据库中读取数据，对采集结果进行计算处理，生成电子报表，并且可以将处理结果作为控制参数对生产过程进行控制；还可以使用高级语言开发自己的应用程序以 DDE 方式与 MCGS 进行数据交换，实现更加复杂的功能。以下用 Excel 作为中转举例，说明如何通过 MCGS 与 MATLAB 之间进行通信，并对 TE 过程进行监控。

13.12.1　MCGS 与 Excel 之间的通信

首先将使用 Excel 表单 Sheet1 的第 1 行 ~ 第 10 行的第一列显示 MCGS 数据对象 Dat01 ~ Dat10 的值，把表单 Sheet1 的第 1 行 ~ 第 10 行的第二列输入的值送到 MCGS 数据对象 Dat11 ~ Dat20 中。MCGS 使用 DDE 和 Excel 进行交互的过程如下：

1）首先在 MCGS 的“实时数据库”窗口中进行变量的定义工作，定义 20 个数值类型的变量 Data01 ~ Data20。

2）在 MCGS 组态环境的“工具”菜单中选取“DDE 连接管理”菜单项，弹出图 13-48 所示的“DDE 连接管理”对话框。

3）在“DDE 连接管理”对话框中，把 Dat01 ~ Dat10 设置为 DDE 输出（选中各数据对象对应的 DDE 输出选项框）；把 Dat11 ~ Dat20 设置为 DDE 输入，同时对服务节点进行如下配置：

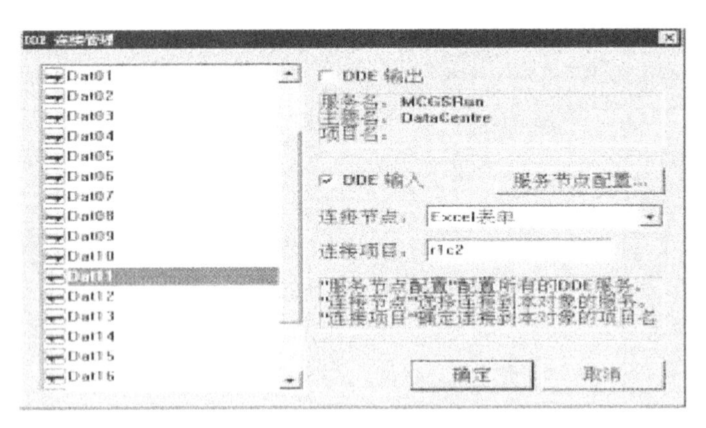

图 13-48　“DDE 连接管理”对话框

① 单击“服务节点配置 ...”按钮，弹出图 13-49 所示的“DDE 服务节点配置”对话框。

② 单击“增加”按钮，弹出图 13-50 所示的“DDE 服务节点”对话框，把服务节点名设为“Excel 表单”，把服务名设为“Excel”，把主题名设为“Sheet1”（当把 Excel 应用软件作为 DDE 服务器时，服务名永远为“Excel”，主题名为对应表单 Sheet 的名称）。

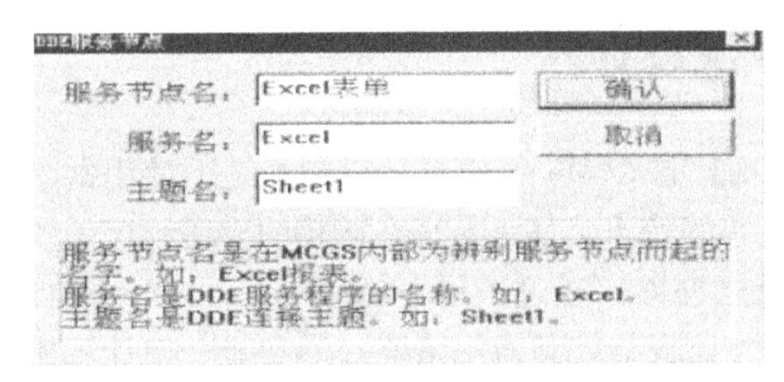

图 13-49　“DDE 服务节点配置”对话框

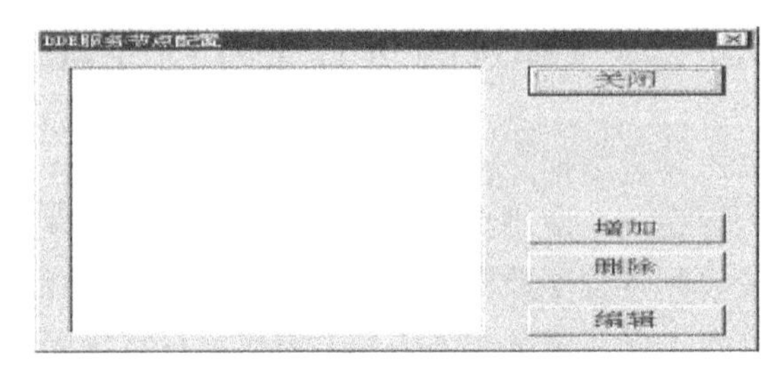

图 13-50　“DDE 服务节点”对话框

4）配置好服务器节点后，把 Dat11 ~ Dat20 的连接节点都设为“Excel 表单”，连接项目分别设为 R1C2 ~ R10C2。

5）运行 Excel，在表单 Sheet1 的 R1C1 到 R10C1 中依次输入“= McgsRun | DataCentre! Dat01” ~ “= McgsRun | DataCentre! Dat10”，这样就完成了所有的 DDE 连接设置工作。

6）当进入 MCGS 运行环境后，MCGS 数据对象 Dat01 ~ Dat10 的值就显示在 Excel 的表单 Sheet1 的第一列中，同时，当改变表单 Sheet1 的第二列值时，MCGS 中数据对象 Dat11 ~ Dat20 的值也随之而改变，如图 13-51 和图 13-52 所示。

13.12.2　MCGS 与 MATLAB 之间的通信

1）将 MCGS 应用程序作为服务器（server）程序，MATLAB 应用程序作为客户（client）程序。

2）为建立 MCGS 与 MATLAB 的 DDE 连接，需要在“实时数据库”窗口中定义变量，在 MCGS 组态环境的“工具”菜单中选取“DDE 连接管理”菜单项，在弹出的对话框中把变量设置为 DDE 输出即可。

3）在 MATLAB 中，则用 ddeinit 函数与服务器建立对话，建立成功则该函数返回一个通

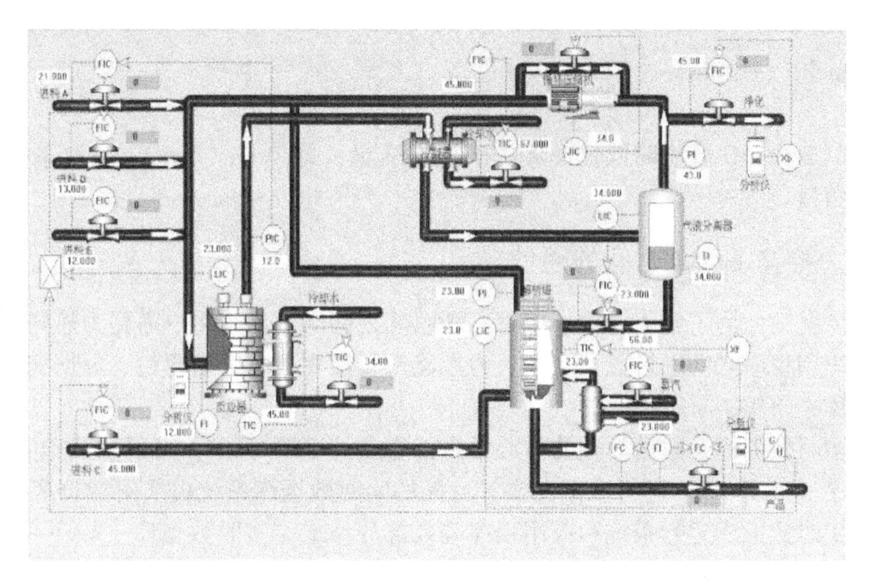

图 13-51　TE 组态运行界面

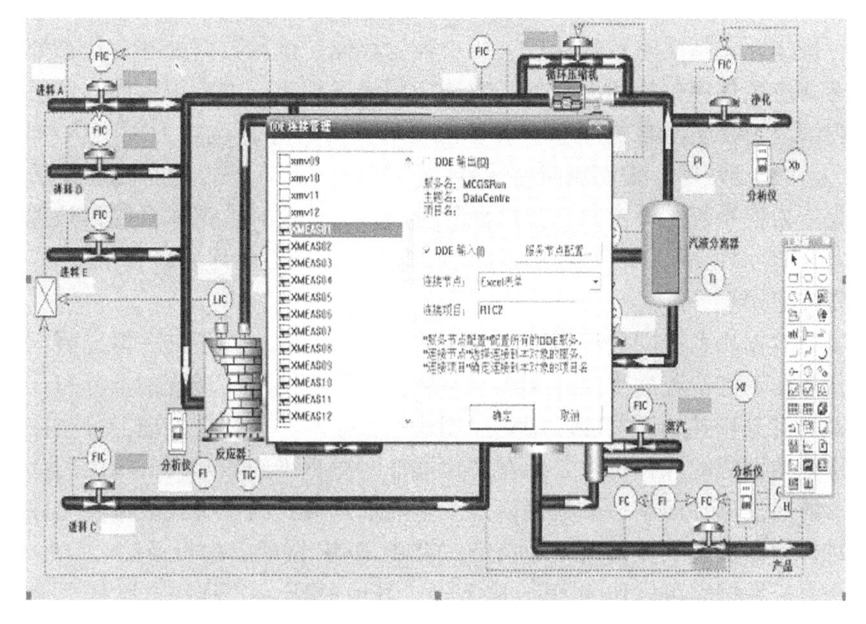

图 13-52　MCGS 组态的 TE 过程模型流程和 DDE 通信设置

道号。以后的操作均对这个通道号进行。通过 dderep 函数向服务器请求数据，ddepoke 函数向服务器发送数据。DDE 对话的内容是通过三个标识名来约定的，客户程序必须填写服务程序的三个标识名。服务器（sever）程序：MCGS 运行环境的程序名是“MCGSRun”。主题（topic）：被讨论的数据域，MCGS 的主题规定为“DataCenter”。项目（item）：被讨论的数据对象，为 MCGS 实时数据库中的数据对象。

4）DDE 初始化：

Channel = ddeinit（‘MCGSRUN’,‘DataCentre’）;

5）MATLAB 将仿真结果发送到 MCGS：

```
    For i=1：n,
Rc=ddepoke (channel, 'PV1', y (i));
End
```

其中，PV1 为 MCGS 实时数据库库中的数据变量，即项目（item）；y 为 MATLAB 中自定义的矩阵变量。

13.12.3 力控与 Excel 之间的通信

在很多情况下，为了解决异构环境下不同系统之间的通信，用户需要力控与其他第三方厂商提供的应用程序之间进行数据交换。力控支持目前主流的数据通信、数据交换标准，包括 DDE、OPC、ODBC 等。

力控的实时数据库是数据处理的核心平台，它支持 DDE 标准，可以和其他支持 DDE 标准的应用程序（如 Excel）进行数据交换。力控的实时数据库系统由实时数据库、实时数据库管理器、实时数据库运行系统和应用程序等几部分组成。实时数据库（以下简称数据库）是指相关数据的集合（包括组态数据、实时数据、历史数据等），以一定的组织形式存储在介质上；实时数据库管理器是管理实时数据库的软件（以下用英文名称 DbManager 作为其标识），通过 DbManager 可以生成实时数据库的基础组态数据；实时数据库运行系统完成对数据库的各种操作，包括实时数据处理、历史数据存储、统计数据处理、报警处理、数据服务请求处理等。应用程序包括两大部分：力控应用程序和第三方应用程序。力控应用程序是指力控系统内部以力控实时数据库系统为核心的客户方程序，包括 HMI（人机界面）运行系统 VIEW、I/O 驱动程序、控制策略生成器以及其他网络节点的力控数据库系统等；第三方应用程序是指力控系统之外由第三方厂商开发的以力控实时数据库系统为处理核心的客户方程序，如 DDE 应用程序、OPC 应用程序、通过力控实时数据库系统提供的 DbCom 控件访问力控数据库的应用程序等。

力控的实时数据库系统同时也是一个分布式数据库系统。由于许多情况要求将数据库存储在地理上分布在不同位置的不同计算机上，通过计算机网络实现物理上分布，逻辑上集中的数据库，即具有分布式的透明性。用力控创建的数据库，数据在物理上分布在不同的地理位置或同一位置的不同的计算机上，但在用户操作时感觉不到数据的分布。用户看到的似乎不是一个分散的数据库，而是一个数据模式为全局数据模式的集中式数据库。在构建力控分布式数据库时，力控系统支持的网络通信方式有 TCP/IP 网络、串行通信。

一方面，力控数据库可以作为 DDE 服务器，其他 DDE 客户程序可以从力控数据库中访问数据。另一方面，力控数据库也可以作为 DDE 客户程序，从其他 DDE 服务程序中访问数据。

在这里采用第二种方法，力控数据库从 Excel 表中读取数据。

当力控数据库作为客户端访问 DDE 服务器程序时，是将 DDE 服务器程序当作一个 I/O 设备。数据库中的点参数通过 I/O 数据连接与 DDE 服务器程序进行数据交换。

现在只就一个模拟 I/O 点进行介绍，具体步骤如下：

首先在数据库中创建一个模拟 I/O 点 TAGh1，TAGh1 的 PV 参数为实型，TAGh1. PV 通过 DDE 方式分别连接到 Excel 工作簿 BOOK1. XLS 的工作单的 R1C1 单元，即 Excel 工作单第一行的左起第一个单元格（CELL）。

1）在 Draw 导航器中展开项目“I/O 设备驱动”，然后依次展开设备类型“DDE”、厂商“Microsoft”，选择驱动程序“DDE”，双击驱动程序名称“DDE”或用鼠标右键单击后在右键菜单中选择“添加设备驱动”。

2）这时出现“DDE 通信定义”对话框。不妨将设备名称定义为“Excel”（设备名称是一个人为定义的名称，可以为任意名字）。在文本框“服务名”中输入 Excel 的服务程序名“Excel”（不要输入程序名的扩展名部分“.EXE”）。在文本框“话题”中输入被访问的主题名（主题名是特定应用程序数据元素的子组）。在数据来自 DDE 应用程序的情况下，主题名和 DDE 应用程序中主题配置名完全相同。当与 Excel 通信时，主题名必须是它保存时赋予电子表格的名称，在这里是“BOOK1.XLS”。

3）单击“确认”按钮返回，在导航器驱动程序“DDE”下面增加了“Excel”一项。现在可以使用新定义的 I/O 设备“Excel”来创建数据连接了。

4）在 Draw 导航器中双击“数据库组态”以启动 DbManager 程序，然后在 DbManager 中双击“TAGh1”点，选择“数据连接”使其展开，选择“I/O 设备”下面的“Excel”项。

5）在上述“数据连接”对话框后，选择“PV”参数，单击“增加”按钮，出现对话框，输入 DDE 的项名“R1C1”，单击“确定”按钮，该点的 PV“连接项列表”中增加了一项数据连接。

6）用同样的方法设置新的模拟 I/O 点，连接的单元地址为“R1C2”。

这样，TAGh1.PV 与 I/O 设备“Excel”之间建立了数据连接，它们将从名为 BOOK1.XLS 的 Excel 电子表格中的 R1C1 和 R1C2 单元格接收数据。TAGh1.PV 可以接收实型数值。

应当注意，在实际运行时要保证首先启动 Excel 程序（然后再启动力控），并打开 Excel 文件“BOOK1.XLS”。另外要保证“BOOK1.XLS”中至少有一个被打开的工作单（如 Sheet1、Sheet2……）。

参 考 文 献

[1] 俞金寿，孙自强．过程控制系统 [M]．2 版．北京：机械工业出版社，2015.

[2] 何衍庆，俞金寿，蒋慰孙．工业生产过程控制 [M]．北京：化学工业出版社，2004.

[3] 孙优贤，邵惠鹤．工业生产过程控制：应用篇 [M]．北京：化学工业出版社，2006.

[4] 孙优贤，褚建．工业过程控制技术：方法篇 [M]．北京：化学工业出版社，2006.

[5] 俞金寿，蒋慰孙．过程控制工程 [M].3 版．北京：电子工业出版社，2007.

[6] 俞金寿，孙自强．过程自动化及仪表 [M]．3 版．北京：化学工业出版社，2015.

[7] 杨延西，潘永湘，赵跃．过程控制与自动化仪表 [M].3 版．北京：机械工业出版社，2017.

[8] DALE E S，THOMAS F E，DUNCAN A M，et al. Process Dynamics and Control [M]. 4th ed. New Jersey：John Wiley & Sons，2017.

[9] 俞金寿，顾幸生．过程控制工程 [M].4 版．北京：高等教育出版社，2012.

[10] 陆德民．石油化工自动控制手册 [M]．3 版．北京：化学工业出版社，2000.

[11] 黄德先，王京春，金以慧．过程控制系统 [M]．北京：清华大学出版社，2011.

[12] 张倩，王雪松，李海港．过程控制实验教程及 MATLAB 实现 [M]．徐州：中国矿业大学出版社，2017.

[13] 罗健旭，黎冰，黄海燕，等．过程控制工程 [M]．3 版．北京：化学工业出版社，2015.

[14] 丁宝苍，张寿明．过程控制系统与装置 [M]．2 版．重庆：重庆大学出版社，2012.

[15] 刘晓玉．过程控制系统：习题解答及课程设计 [M]．武汉：武汉理工大学出版社，2011.

[16] THOMAS E M Process Conrtol：Design Processes and Control System for Dynamics Performance [M]．2nd ed. New York：McGraw Hill，2000.

[17] 慕延华，华臻，林忠海．过程控制系统 [M]．北京：清华大学出版社，2018.

[18] 王砚．Matlab/Simulink 动力学系统建模与仿真 [M]．北京：机械工业出版社，2019.

[19] 刘美．仪表及自动控制 [M]．北京：中国石化出版社，2015.

[20] 孙兰义．化工过程模拟实训：Aspen Plus 教程 [M].2 版．北京：化学工业出版社，2017.

[21] MYKE K. Process Control a Practical Approach [M]．New Jersy：John Wiley & Sons，2016.

[22] WILLIAM L L. Chemical Reactor Design and Control [M]. New Jersy：John Wiley & Sons，2007.

[23] 金以慧．过程控制 [M]．北京：清华大学出版社，1993.

[24] 孙优贤，等．控制工程手册：上册 [M]．北京：化学工业出版社，2016.

[25] 孙优贤，等．控制工程手册：下册 [M]．北京：化学工业出版社，2016.

[26] 李仲民，张琳叶，魏光涛．化工原理典型教学案例 [M]．北京：科学出版社，2018.

[27] 管国锋，赵汝溥．化工原理 [M].4 版：北京：化学工业出版社，2015.

[28] SHINSKEY F G. Process Control Systems：Application，Design，and Tuning [M]. 4th ed. New York：McGraw Hill，1996.

[29] JAMES A K，BRUCE K V. Process Safety：Practical Applications for Safe and Reliable Operations [M]. Boca Raton：CRC Press，2014.

[30] 杨志才．化工生产中的间歇过程：原理、工艺及设备 [M]．北京：化学工业出版社，2001.

[31] 王锦标．计算机控制系统 [M]．3 版．北京：清华大学出版社，2018.